"十四五"时期国家重点出版物

半导体与集成电路关键技术丛书

IC 工程师精英课堂

集成电路
制造工艺与工程应用

第 2 版

温德通 编著

机械工业出版社

本书以实际应用为出发点，抓住目前半导体工艺的先进工艺技术逐一进行介绍，例如应变硅技术、HKMG 技术、SOI 技术和 FinFET 技术。然后从工艺整合的角度，通过图文对照的形式对典型工艺进行介绍，例如隔离技术的发展、硬掩膜版工艺技术、LDD 工艺技术、Salicide 工艺技术、ESD IMP 工艺技术、Al 和 Cu 金属互连，并将这些工艺技术应用于实际工艺流程中，通过实例让大家能快速地掌握具体工艺技术的实际应用。本书旨在向从事半导体行业的朋友介绍半导体工艺技术，给业内人士提供简单易懂并且与实际应用相结合的参考书。本书也可供微电子学与集成电路专业的学生和教师阅读参考。

图书在版编目（CIP）数据

集成电路制造工艺与工程应用／温德通编著.
2 版. -- 北京：机械工业出版社，2024.8（2025.8重印）.--（半导体与集成电路关键技术丛书）（IC 工程师精英课堂）.
ISBN 978-7-111-76462-5

Ⅰ. TN405
中国国家版本馆 CIP 数据核字第 2024472GF1 号

机械工业出版社（北京市百万庄大街 22 号　邮政编码 100037）
策划编辑：吕　潇　　　　　　　责任编辑：吕　潇　翟天睿
责任校对：郑　雪　李　杉　　　封面设计：马精明
责任印制：李　昂
北京利丰雅高长城印刷有限公司
2025 年 8 月第 2 版第 3 次印刷
184mm×240mm・18.5 印张・423 千字
标准书号：ISBN 978-7-111-76462-5
定价：99.00 元

电话服务　　　　　　　　　网络服务
客服电话：010-88361066　　机　工　官　网：www.cmpbook.com
　　　　　010-88379833　　机　工　官　博：weibo.com/cmp1952
　　　　　010-68326294　　金　书　网：www.golden-book.com
封底无防伪标均为盗版　　机工教育服务网：www.cmpedu.com

谨以此书献给所有
热爱半导体行业的朋友

第 2 版前言

集成电路作为人工智能、高性能计算、机器人和生物技术等前沿技术领域的基础，在当前不断升高的技术壁垒和贸易壁垒下，受到的影响尤为严重，集成电路全球供应链的格局可以说发生了天翻地覆的变化。在这个背景下，为了突破技术壁垒，保证国内集成电路产业链的安全和完整，国家也在不断加大对集成电路领域的资源投入，集成电路科学与工程也被列为一级学科，集成电路领域也越来越受到高校和科研机构的重视。在可以预见的将来，集成电路的地位依然无可替代，集成电路日新月异，集成电路产业链从设计到制造，需要大量的专业人才。

恰逢其时，2018 年本书第 1 版出版，有幸受到了许多集成电路业界前辈和同行的关注和肯定，同时该书也被众多高校选为集成电路制造工艺的教材，许多集成电路企业也将该书选为必读书籍。随后，我的第二本书《CMOS 集成电路闩锁效应》也于 2020 年出版。为了更好地服务集成电路制造工艺领域的人才培养，借此次修订之机，我在完善本书现有 PPT 课件的同时，还为本书配备了公开课视频以及专门为视频制作的一系列 PPT 课件。

本书第 1 版出版以来，很多热心读者与我进行了交流和反馈，指出了书上有误的内容，我均在本书里进行了修改和订正，特别是以下几处：

◆ 对第 1 章中部分电路图做了修改。

◆ 对第 1 章和第 2 章中双极型晶体管的内容进行了订正，特别是部分有误的工艺剖面图，删除了 NW 和 PW 图层，使用 p+作隔离墙。

◆ 对第 3 章中 pn 结隔离技术的部分描述做了更正，目前所有的 CMOS 集成电路都是利用反偏的 pn 结进行隔离的，例如 NMOS 和 PMOS 之间的隔离是利用 NW 和 PW 之间形成的反偏 pn 结进行隔离的，例如漏端与衬底之间的 pn 结也是反偏的。

◆ 参考了《硅基集成芯片制造工艺原理》以及公开发布的资料和文献，对第 2 章的 FinFET 工艺流程进行了扩展，增加了更多的工艺流程图和 3D 彩图描述 FinFET 工艺流程的简单制造过程。

真心感谢这些热心的读者，是你们让这本书不断变得更好。让我们一起努力，为我国的集成电路技术的发展踔厉奋进，为我国的集成电路技术人才培养和集成电路知识传播贡献力量。

最后，希望你喜欢这本书！

温德通
2024 年 5 月 31 日

专家推荐

刚打开这本《集成电路制造工艺与工程应用》时眼前突然一亮，发现该书完全不同于国内已出版的关于集成电路制造工艺的众多教材和著作，具有两大鲜明特点。

（1）该书针对目前集成电路生产中的先进纳米级工艺，从工艺整合角度，详细介绍集成电路的制造流程和实现方法，同时包括最新的纳米级技术（如FinFET），在解释机理的基础上突出介绍实际应用，填补了目前已出版的同类教材和著作的短缺。阅读本书将大大缩短刚毕业的本科生和研究生从介入到胜任芯片设计、版图设计、工艺流程管控等相关工作的过渡期，对已从事集成电路研制的人员也具有很大的实用参考作用。

（2）该书另一个特色是为了帮助对工艺流程的理解，包括有大量的立体图和剖面图。由于采用彩色印刷，不但美观，而且使得对工艺流程的理解从抽象变得直观明了。

在目前我国正大力发展集成电路产业的时代，此书的作用就更加不言而喻了。

——贾新章　西安电子科技大学微电子学院　教授

温德通先生的《集成电路制造工艺与工程应用》让我大开眼界，也是我这几年看到的半导体先进工艺制造技术教科书里的出类拔萃之作。书中采用了大量示意图来描述工艺制造过程，让读者直观地理解每一步工艺流程。同时，书中也详尽地讲解了最新的FD-SOI工艺技术和FinFET技术和制造过程。我相信这本书将对半导体专业的大学生、研究生、教师，以及工程技术人员学习和了解半导体芯片制造技术起到重要的作用。希望温德通先生能够不断更新这本书，使其成为半导体产业的经典教科书。

——谢志峰　艾新德鲁夫学院　创始人

近十几年，我国集成电路产业发展迅速，集成电路工艺技术层出不穷，产业界急需一部对新工艺现状进行全面阐述的书籍，温德通先生结合十余年工作经验的积累，花大量的时间研究分析半导体最新工艺，写出了一部基本上覆盖所有半导体最新工艺技术，并兼具科普性与专业性的书籍。《集成电路制造工艺与工程应用》一书内容充实丰富，章节合理有序，通过3D彩图等形式将工艺细节直观、形象地展示出来，不管是半导体入门者还是具有一定工作经验的从业者，通过此书都能更宏观地理解微观的半导体工艺和器件。温先生利用工作之余将其编著成书，这种十年磨一剑的工匠精神非常值得学习和鼓励。

——陈智勇　宁波达新半导体有限公司　董事长兼总经理

本书最大的特色是使用了600余幅3D彩图将抽象的半导体工艺和器件的知识进行了具

体化和形象化的讲解，是一本非常贴合实际应用的不可多得的作品，推荐给半导体行业的学生和初入行的同仁。

——鞠韶复　新存科技（武汉）有限责任公司　董事长

半导体工艺技术涉及面很宽，包括半导体材料、工艺方案、半导体物理及器件理论，甚至还有量子力学理论等。因此要对半导体工艺技术的发展和特点作全面的介绍和比较，有着巨大的挑战性。在《集成电路制造工艺与工程应用》这本书中，作者以其扎实的知识储备和难得的跨领域工作经历为基础，采用独特的视角——从经典的 TTL、PMOS、NMOS、CMOS、BiCMOS、BCD 等，一直到最新的 FD-SOI、FinFET 等；从亚微米、到深亚微米，一直到最先进的纳米——来讲解集成电路工艺技术，循序渐进，深入浅出，很好地诠释了半个多世纪来半导体工艺技术的发展轨迹。在工艺步骤方面配以彩图讲解，也增加了学习的趣味性，增强理解与记忆。正所谓一图胜过千字。除了比较各种工艺技术方案的优劣，作者还总结了各种新的工艺方案所带来的新问题，比如 HKMG 工艺所增加的 SiON 层对等效栅极电容的不良影响。这对读者了解今后工艺技术的发展方向很有帮助。

——吾立峰　北京华大九天软件有限公司　高级副总经理

晶圆制造及测试工艺细节繁复，温德通先生的这本《集成电路制造工艺与工程应用》将晶圆制造的关键步骤提纲挈领地概括提炼出来，并辅以剖面图详细说明，简明易懂，一目了然。纵观国内的半导体工艺书籍，少有如此全面概括晶圆工艺历史及步骤的。此书不但概念全面，实用性也很强，能够全面帮助芯片设计、版图设计、工艺流程管控的人员对于晶圆制造和测试过程中引入的问题加深理解，对于芯片设计到制造整体链条都有很大的参考意义。在国家大力扶持集成电路产业的时代，相信此书的面市将给整个芯片产业及其从业人员带来很好的示范作用和促进作用！

——林峰　深圳阜时科技有限公司　研发部副总经理

《集成电路制造工艺与工程应用》是一本多元化且在实际应用层面有诸多探讨的半导体制程的参考书籍。简洁的文字配以精细的图片，令读者容易明白，期望这本书能引发更多学生和年轻人的兴趣从而投身微电子半导体，造福整个行业。

——吴子杰　华为香港研究所　香港器件与封测实验室主任

从事集成电路设计 23 年，看过大量讲工艺的书。从没有一本像《集成电路制造工艺与工程应用》这样对工艺流程讲解得这么详细。书中彩色插图多，叙述深入浅出，容易理解，可以说是集成电路工艺书中的经典。更难能可贵的是对初学者或对集成电路工艺有兴趣者也是一个不错的选择。

——许尊杰　拓尔微电子科技有限公司　技术专家

专家推荐

《集成电路制造工艺与工程应用》是作者依据多年的产业经验编写而成的,也是他职业生涯的宝贵经验总结。作者采用了有别于传统的半导体工艺教材的编写方法,并没有对各个传统的工艺概念进行大量的解释,而是从工艺实际应用的角度出发去介绍目前应用最广泛的各个工艺技术和一些先进的纳米级工艺技术,还用了大量篇幅去介绍各个工艺技术的物理机理。另外本书最大的特点是作者采用了大量的立体图和剖面深入浅出地介绍各个工艺技术出现的缘由和发展过程,以及这些工艺技术的实际工程应用,使晦涩难懂的工艺知识变得通俗易懂。

——毕杰　ET创芯网(EETOP)创始人兼CEO

集成电路制造工艺是整个半导体产业的基石,芯片设计创新离不开对物理世界的理解和知识运用。《集成电路制造工艺与工程应用》的独到之处在于,作者温德通先生既有在半导体工艺制程一线工作的丰富经验,又曾在芯片设计公司负责和管理多家FAB工艺平台,因此能够以跨界的视角来提炼制造工艺技术全貌,既注重理论体系又强调实际运用。全书中用大量彩色剖面图,帮助读者理解晶圆制造的关键步骤和器件知识,简明易懂,足见作者的功力和匠心。希望本书能给予读者启发和帮助,帮助培养出更多优秀的集成电路人才。

——张竞扬　摩尔精英创始人兼CEO

写作缘由与编写过程——第1版前言

编写本书的想法产生于一个阳光明媚的春天，那是我就职于晶门科技的第四个年头，也就是2014年，如果非要把在中芯国际就职的岁月算进去，应该是我半导体职业生涯的第六个春秋了。当时为了给公司写一份半导体工艺的培训材料，我重新去读了很多有关半导体工艺方面的专业书籍。在翻阅这些专业书籍的过程中，我了解到虽然目前国内市场上介绍半导体工艺的专业书籍非常多，但是它们大多偏向于理论教学领域，而且很多都是过时的技术，能把理论与实际应用很好地结合的图书非常少，也就是我们通常所说的理论与实际应用脱节。这就造成很多半导体的同行虽然从事半导体工作多年，但始终对半导体工艺了解很少，因为他们很难从纷繁复杂的半导体工艺书籍中快速提取有用的知识。另外，我也在网上搜集了很多有关半导体工艺方面的资料，一次偶然的机会我在网上看到几张工艺制程3D图片的PDF文件，感觉这些3D图片画得很有特色，如果对图片添加一些文字注释就可以很好地把某个工艺制程的过程描述清楚，于是我就萌生了以模仿这些3D图片和外加文字描述的方式去编写一本半导体工艺方面书籍的想法，这就是编写本书第4章内容的灵感来源。这些经历也是编写本书的开端，万事开头难，既然走出了第一步，后面的事情就是水到渠成的过程了。虽然没那么简单，不过其他章节的内容的确都是以第4章的内容为基础进行扩展的。内容扩展的过程就是一个把我平生所学的工艺知识进行系统归纳整理的过程，也可以理解为熟能生巧。编写本书的过程也可谓充满曲折和艰辛，从最初的收集材料到现在的成书阶段，历时四年有余，一千多天，三易其稿，千锤万凿，不断加工润色，所付出的努力都是为了使本书更加通俗易懂和增加可读性。时至今日也就是我职业生涯的第十个年头，可以说编写这本书就是十年磨一剑。

下面就和大家聊聊编写过程：

第一步是先有第4章的内容。第4章整章的内容都是图文并茂的，采用3D彩图和通俗的文字描述说明一个一个的工艺流程和通过工艺技术形成的IC立体剖面图，通过IC立体剖面图再现通过工艺技术形成的剖面轮廓，生动形象地讲述了工艺制程整合的整个流程。读者可以了解每个工艺步骤的目的和实现过程，做到所有的工艺过程一目了然，摆脱了教科书式的繁琐理论。这一章内容介绍了亚微米、深亚微米和纳米工艺制程整合的工艺流程，它是整本书的核心。当然了，开始的时候仅仅只有亚微米工艺制程整合的内容，深亚微米和纳米工艺制程整合的内容是在后来不断完善的过程中加上去的，目的是为了让读者能一目了然地窥探不同工艺技术的相同点和不同点，能快速地了解和掌握它们的特点。

第二步是在第4章内容的基础上延伸出第3章的内容，它也延续了第4章内容的特点，采用图文并茂和3D彩图的描述形式。在编写第4章内容时，我发现没有办法插入非工艺流程的彩图对每个工艺步骤进行详细解释，因为第4章内容主要介绍工艺制程整合的工艺流程，如果强行插入其他内容的图片和介绍则会显得喧宾夺主，内容也会变得不伦不类，所以才出现了第 3 章的内容。第 3 章内容是对第 4 章内容中的工艺模块进行物理机理和产生原因进行分析解释。例如第 3.1 节的三种隔离技术（pn 结、LOCOS 和 STI）的原理和随着技术的发展所遇到的瓶颈，以及工艺技术如何一步一步发展克服困难，然后通过实例讲解这些工艺技术在实际工艺流程中的工程应用，让大家能快速地掌握这些工艺技术。第 3 章一共 7 节内容，在这里就不一一介绍了，仅仅列出工艺模块的名称（硬掩膜版、沟道离子注入、LDD 离子注入、金属硅化物、静电放电离子注入和金属化）。

第三步是在编写完了第 3 章和第 4 章内容后，我也希望插入一些很基础的内容，例如对 CVD、PVD、CMP、ETCH、Photo 和 IMP 等进行逐一介绍，但是这部分内容与教材太类似了，在出版社编辑的建议下，最终删掉了这些内容，也就是花费在这些内容上半年多的时间都付之东流了。仅仅依靠第 3 章和第 4 章内容是不能成书的，为了丰富本书的内容，后来又陆陆续续花了一年左右的时间去编写闩锁效应和 ESD 电路设计的内容，这部分内容没有在本书中出现，将会在下一本有关闩锁效应和 ESD 电路设计的图书中出现，因为后来成书的时候内容太多了，最后我计划把它们独立成书。另外，第 3 章和第 4 章内容写得太具体了，它们不能作为序章，为了对第 3 章和第 4 章内容作铺垫，所以写了 1 章关于集成电路发展过程的内容作为全书的开端，介绍了集成电路是如何从双极型工艺技术一步一步发展到 CMOS 工艺技术，首先从双极型工艺技术到 PMOS 工艺技术，再到 NMOS 工艺技术。在功耗方面，双极型工艺技术和 NMOS 工艺技术都遇到了功耗问题，最后引出低功耗的 CMOS 工艺技术，同时为了适应不断变化的应用需求发展出特色工艺技术（BiCMOS、BCD 和 HV-CMOS）。这部分内容后来是 1.1 节和 1.2 节的内容，后来又加入了 1.3 节的内容。

第四步是在编写完了第 1 章 1.1~1.3 节的内容后，由于这部分内容是为了引出 CMOS 工艺技术，它与第 3 章内容衔接得不是很好，所以就增加了 1.4 节 MOS 晶体管按比例缩小的过程中遇到的问题和出现的新技术引出第 3 章的内容，第 3 章的内容本质是为了解决这些问题，也可以认为第 1.4 节的内容是第 3 章内容的概括总结，它起到衔接作用。

第五步是在编写第 1.4 节内容的时候，为了搞清楚 MOS 晶体管在纳米级工艺面临的挑战和出现的新技术，我对应变硅技术、HKMG 技术、FD-SOI 和 FinFET 进行了深入学习，从而把这部分内容改编为第 2 章先进工艺技术的内容。这样第 1~4 章的内容就富有逻辑和清晰地串联起来了。

第六步是对于这本书如果只有前面 4 章的内容，那就显得不够完整，而且过于单薄了，所以就编写了第 5 章关于 WAT 测试的内容，第 5 章的内容与第 4 章的内容紧密相连，把它和第 4 章的内容串起来，算是晶圆完成工艺制程加工后的出货检测。

第七步是给全书写一个后记，如果把第 5 章的内容作为末章，会显得过于唐突。后记的内容作为一个总结，探讨了集成电路工艺技术未来的发展和面临的瓶颈。

总体来说，本书的编写过程是曲折的，也是呕心沥血的。分享本书的编写过程给大家，是为了给大家一个参照，让大家更好地读懂这本书。本书旨在向从事半导体行业的朋友介绍集成电路制造工艺与工程应用，目的是为了能提供一本简单易懂并且能与实际工程应用相结合的书。

温德通

2018 年 7 月

致　谢

　　我要感谢所有给我提供过帮助的企业单位和个人，特别是在我的学术和职业发展道路上一直指引我的人，无论是短暂的只言片语还是多年的指导。

　　首先感谢我的母校西安电子科技大学，特别是微电子学院的老师，是你们孜孜不倦的教导，带领我进入半导体的世界，授予我半导体的知识。感谢贾新章教授抽时间审读了书稿，并提出了许多宝贵的修改意见和建议。

　　也要感谢曾经在上海中芯国际（SMIC）公司一起共事的领导和同事，特别是谢志峰博士给了我在 SMIC 工作的机会，还有 TD 研发部的领导万旭东。另外也要感谢我在 PIE 部门的领导魏峥颖和王艳生，你们是我的导师和挚友。也要感谢一起共事的朱赛亚、马莹、钱俊、赵海、张攀、傅丰华、陈福刚、严祥成、吴旭升和赵丽丽。感谢你们在 SMIC 工作时给我提供过指导和帮助。在 SMIC 的工作经验提升了我对半导体工艺制程的认识，让我有机会深入半导体工艺制程一线工作，能真正有机会把半导体理论知识与实际应用相结合，提升了我对半导体工艺制程的认识，在 SMIC 工作所积累的知识是我半导体职业生涯的基础。

　　也要感谢晶门科技有限公司的领导和同事，特别是吴子杰给予我在晶门科技工作的机会，也要感谢一起共事的同事 James Yam、Ivan Chung 和 Barry Ng，感谢你们在工作中给我提供过帮助。也感谢我曾经的同事卓立文和张睿军在编写本书时提出了很多宝贵的意见。在晶门科技负责处理设计过程中遇到的工艺问题，使我有机会接触不同的工艺类型和工艺平台，也使我能系统地理解和掌握不同的工艺技术，在晶门科技工作所积累的知识是本书成书的关键。

　　也要感谢我多年的挚友，特别是吕潇、张海涛、刘胜厚、娄永乐、王彦龙、何滇、邵要华、孟超、汤立奇和姜绍达，感谢你们在我编写本书的时候提供了大量宝贵的意见和建议。特别是张海涛和王彦龙帮忙校对了第 1 章和第 3 章。吕潇是本书的责任编辑，无论是在本书的编写阶段还是到最后的校对阶段，都提出了很多宝贵的意见和建议。感谢你们为本书所付出的辛劳和汗水。

　　也要感谢我在半导体界的媒体朋友，特别是 EETOP 的 CEO 毕杰，还有摩尔精英的 CEO 张竞扬，感谢你们不遗余力地宣传本书，让更多的半导体朋友了解到它。

　　特别感谢我的家人，特别是我的妻子邓欣怡和我的孩子温天楚，感谢你们全力支持我的工作和生活，使我有时间编写完成本书。也要感谢我的父母和其他家庭成员，是你们的支持和鼓励，让我有信心和毅力写完本书。

温德通

目　录

第 2 版前言

专家推荐

写作缘由与编写过程——第 1 版前言

致谢

第 1 章　引言 ………………………………………………………………… 1

1.1　崛起的 CMOS 工艺制程技术 …………………………………………… 1
　　1.1.1　双极型工艺制程技术简介 ………………………………………… 1
　　1.1.2　PMOS 工艺制程技术简介 ………………………………………… 2
　　1.1.3　NMOS 工艺制程技术简介 ………………………………………… 4
　　1.1.4　CMOS 工艺制程技术简介 ………………………………………… 6
1.2　特殊工艺制程技术 ……………………………………………………… 8
　　1.2.1　BiCMOS 工艺制程技术简介 ……………………………………… 8
　　1.2.2　BCD 工艺制程技术简介 …………………………………………… 10
　　1.2.3　HV-CMOS 工艺制程技术简介 …………………………………… 12
1.3　MOS 集成电路的发展历史 ……………………………………………… 13
1.4　MOS 器件的发展和面临的挑战 ………………………………………… 14
参考文献 ……………………………………………………………………… 18

第 2 章　先进工艺制程技术 ………………………………………………… 19

2.1　应变硅工艺技术 ………………………………………………………… 19
　　2.1.1　应变硅技术的概况 ………………………………………………… 19
　　2.1.2　应变硅技术的物理机理 …………………………………………… 20
　　2.1.3　源漏嵌入 SiC 应变技术 …………………………………………… 25
　　2.1.4　源漏嵌入 SiGe 应变技术 ………………………………………… 26
　　2.1.5　应力记忆技术 ……………………………………………………… 28
　　2.1.6　接触刻蚀阻挡层应变技术 ………………………………………… 29

2.2 HKMG 工艺技术 ... 31
2.2.1 栅介质层的发展和面临的挑战 ... 31
2.2.2 衬底量子效应 ... 33
2.2.3 多晶硅栅耗尽效应 ... 34
2.2.4 等效栅氧化层厚度 ... 35
2.2.5 栅直接隧穿漏电流 ... 36
2.2.6 高介电常数介质层 ... 37
2.2.7 HKMG 工艺技术 ... 38
2.2.8 金属嵌入多晶硅栅工艺技术 ... 39
2.2.9 金属替代栅极工艺技术 ... 42

2.3 SOI 工艺技术 ... 45
2.3.1 SOS 技术 ... 45
2.3.2 SOI 技术 ... 47
2.3.3 PD-SOI ... 49
2.3.4 FD-SOI ... 54

2.4 FinFET 和 UTB-SOI 工艺技术 ... 58
2.4.1 FinFET 的发展概况 ... 58
2.4.2 FinFET 和 UTB-SOI 的原理 ... 61
2.4.3 FinFET 工艺技术 ... 63

参考文献 ... 96

第 3 章 工艺集成 ... 98

3.1 隔离技术 ... 98
3.1.1 pn 结隔离技术 ... 99
3.1.2 LOCOS（硅局部氧化）隔离技术 ... 101
3.1.3 STI（浅沟槽）隔离技术 ... 105
3.1.4 LOD 效应 ... 109

3.2 硬掩膜版（Hard Mask）工艺技术 ... 111
3.2.1 硬掩膜版工艺技术简介 ... 112
3.2.2 硬掩膜版工艺技术的工程应用 ... 114

3.3 漏致势垒降低效应和沟道离子注入 ... 116
3.3.1 漏致势垒降低效应 ... 116
3.3.2 晕环离子注入 ... 117
3.3.3 浅源漏结深 ... 118
3.3.4 倒掺杂阱 ... 119

3.3.5 阱邻近效应 ……………………………………………………………… 120
3.3.6 反短沟道效应 …………………………………………………………… 121

3.4 热载流子注入效应与轻掺杂漏（LDD）工艺技术 …………………………… 122
3.4.1 热载流子注入效应简介 ………………………………………………… 122
3.4.2 双扩散漏（DDD）和轻掺杂漏（LDD）工艺技术 …………………… 127
3.4.3 侧墙（Spacer Sidewall）工艺技术 …………………………………… 129
3.4.4 轻掺杂漏离子注入和侧墙工艺技术的工程应用 ……………………… 132

3.5 金属硅化物技术 ………………………………………………………………… 136
3.5.1 Polycide 工艺技术 ……………………………………………………… 137
3.5.2 Salicide 工艺技术 ……………………………………………………… 137
3.5.3 SAB 工艺技术 …………………………………………………………… 140
3.5.4 SAB 和 Salicide 工艺技术的工程应用 ………………………………… 141

3.6 静电放电离子注入技术 ………………………………………………………… 142
3.6.1 静电放电离子注入技术 ………………………………………………… 143
3.6.2 静电放电离子注入技术的工程应用 …………………………………… 146

3.7 金属互连技术 …………………………………………………………………… 147
3.7.1 接触孔和通孔金属填充 ………………………………………………… 148
3.7.2 铝金属互连 ……………………………………………………………… 148
3.7.3 铜金属互连 ……………………………………………………………… 151
3.7.4 阻挡层金属 ……………………………………………………………… 152

参考文献 ……………………………………………………………………………… 153

第 4 章 工艺制程整合 ……………………………………………………… 155

4.1 亚微米 CMOS 前段工艺制程技术流程 ……………………………………… 155
4.1.1 衬底制备 ………………………………………………………………… 156
4.1.2 双阱工艺 ………………………………………………………………… 157
4.1.3 有源区工艺 ……………………………………………………………… 159
4.1.4 LOCOS 隔离工艺 ……………………………………………………… 161
4.1.5 阈值电压离子注入工艺 ………………………………………………… 162
4.1.6 栅氧化层工艺 …………………………………………………………… 165
4.1.7 多晶硅栅工艺 …………………………………………………………… 166
4.1.8 轻掺杂漏（LDD）离子注入工艺 ……………………………………… 168
4.1.9 侧墙工艺 ………………………………………………………………… 170
4.1.10 源漏离子注入工艺 ……………………………………………………… 171

4.2 亚微米 CMOS 后段工艺制程技术流程 ……………………………………… 173

4.2.1　ILD 工艺 ……………………………………………………………………… 174
　　4.2.2　接触孔工艺 …………………………………………………………………… 175
　　4.2.3　金属层1工艺 ………………………………………………………………… 177
　　4.2.4　IMD1 工艺 …………………………………………………………………… 178
　　4.2.5　通孔1工艺 …………………………………………………………………… 179
　　4.2.6　金属电容（MIM）工艺 ……………………………………………………… 181
　　4.2.7　金属层2工艺 ………………………………………………………………… 183
　　4.2.8　IMD2 工艺 …………………………………………………………………… 185
　　4.2.9　通孔2工艺 …………………………………………………………………… 186
　　4.2.10　顶层金属工艺 ………………………………………………………………… 188
　　4.2.11　钝化层工艺 …………………………………………………………………… 190
4.3　深亚微米 CMOS 前段工艺技术流程 ………………………………………………… 192
　　4.3.1　衬底制备 ……………………………………………………………………… 193
　　4.3.2　有源区工艺 …………………………………………………………………… 193
　　4.3.3　STI 隔离工艺 ………………………………………………………………… 195
　　4.3.4　双阱工艺 ……………………………………………………………………… 197
　　4.3.5　栅氧化层工艺 ………………………………………………………………… 199
　　4.3.6　多晶硅栅工艺 ………………………………………………………………… 201
　　4.3.7　轻掺杂漏（LDD）离子注入工艺 …………………………………………… 202
　　4.3.8　侧墙工艺 ……………………………………………………………………… 206
　　4.3.9　源漏离子注入工艺 …………………………………………………………… 207
　　4.3.10　HRP 工艺 …………………………………………………………………… 209
　　4.3.11　Salicide 工艺 ………………………………………………………………… 210
4.4　深亚微米 CMOS 后段工艺技术 ……………………………………………………… 211
4.5　纳米 CMOS 前段工艺技术流程 ……………………………………………………… 212
4.6　纳米 CMOS 后段工艺技术流程 ……………………………………………………… 212
　　4.6.1　ILD 工艺 ……………………………………………………………………… 213
　　4.6.2　接触孔工艺 …………………………………………………………………… 214
　　4.6.3　IMD1 工艺 …………………………………………………………………… 216
　　4.6.4　金属层1工艺 ………………………………………………………………… 217
　　4.6.5　IMD2 工艺 …………………………………………………………………… 219
　　4.6.6　通孔1和金属层2工艺 ……………………………………………………… 220
　　4.6.7　IMD3 工艺 …………………………………………………………………… 223
　　4.6.8　通孔2和金属层3工艺 ……………………………………………………… 224
　　4.6.9　IMD4 工艺 …………………………………………………………………… 228

4.6.10	顶层金属 Al 工艺	228
4.6.11	钝化层工艺	231

参考文献 233

第5章 晶圆接受测试（WAT） 234

5.1 WAT 概述 234
- 5.1.1 WAT 简介 234
- 5.1.2 WAT 测试类型 235

5.2 MOS 参数的测试条件 238
- 5.2.1 阈值电压 V_t 的测试条件 239
- 5.2.2 饱和电流 I_{dsat} 的测试条件 241
- 5.2.3 漏电流 I_{off} 的测试条件 242
- 5.2.4 源漏击穿电压 BVD 的测试条件 242
- 5.2.5 衬底电流 I_{sub} 的测试条件 243

5.3 栅氧化层参数的测试条件 244
- 5.3.1 电容 C_{gox} 的测试条件 244
- 5.3.2 电性厚度 T_{gox} 的测试条件 245
- 5.3.3 击穿电压 BV_{gox} 的测试条件 245

5.4 寄生 MOS 参数的测试条件 246

5.5 pn 结参数的测试条件 248
- 5.5.1 电容 C_{jun} 的测试条件 249
- 5.5.2 击穿电压 BV_{jun} 的测试条件 249

5.6 方块电阻的测试条件 249
- 5.6.1 NW 方块电阻的测试条件 250
- 5.6.2 PW 方块电阻的测试条件 250
- 5.6.3 Poly 方块电阻的测试条件 251
- 5.6.4 AA 方块电阻的测试条件 253
- 5.6.5 金属方块电阻的测试条件 256

5.7 接触电阻的测试条件 257
- 5.7.1 AA 接触电阻的测试条件 257
- 5.7.2 Poly 接触电阻的测试条件 259
- 5.7.3 金属通孔接触电阻的测试条件 260

5.8 隔离的测试条件 261
- 5.8.1 AA 隔离的测试条件 261
- 5.8.2 Poly 隔离的测试条件 262

5.8.3　金属隔离的测试条件 ………………………………………………… 263

5.9　电容的测试条件 …………………………………………………… **264**

5.9.1　电容的测试条件 ……………………………………………………… 265

5.9.2　电容击穿电压的测试条件 …………………………………………… 266

后记 ……………………………………………………………………… 267

缩略语 …………………………………………………………………… 269

本书配套视频课程 ……………………………………………………… 274

第 1 章

引　言

1.1　崛起的 CMOS 工艺制程技术

本章主要介绍集成电路是如何从双极型工艺技术一步一步发展到 CMOS 工艺技术以及为了适应不断变化的应用需求发展出特色工艺技术的。

首先从双极型工艺技术发展到 PMOS 工艺技术，再到 NMOS 工艺技术，但是无论是双极型工艺技术还是 NMOS 工艺技术都遇到了功耗问题，最后引出低功耗的 CMOS 工艺技术，CMOS 工艺技术是目前工艺技术的主流。但是 CMOS 工艺技术没有办法满足不断变化的应用需求，所以发展出如 BiCOMS、BCD 和 HV-CMOS 等特色工艺技术。

另外还将介绍 MOS 集成电路的发展历史，以及 MOS 晶体管的发展和面临的挑战，也就是 MOS 晶体管按比例缩小的过程中遇到的问题和出现的新技术，为引出下一章先进工艺技术打下基础。

本章 PPT 下载

1.1.1　双极型工艺制程技术简介[1-2]

双极型工艺制程技术是最早出现的集成电路工艺制程技术，也是最早应用于实际生产的集成电路工艺制程技术。随着微电子工艺制程技术的不断发展，工艺制程技术日趋先进，其后又出现了 PMOS、NMOS、CMOS、BiCMOS 和 BCD 等工艺制程技术。

1947 年，第一只点接触晶体管在贝尔实验室诞生，它的发明者是 Bardeen、Shockley 和 Brattain。1949 年，贝尔实验室的 Shockley 提出 pn 结和双极型晶体管理论。1951 年贝尔实验室制造出第一只锗双极型晶体管，1956 年德州仪器制造出第一只硅双极型晶体管，20 世纪 70 年代硅平面工艺制程技术成熟，双极型晶体管开始大批量生产。

双极型工艺制程技术大致可以分为两大类：一类是需要在器件之间制备电隔离区的双极型工艺制程技术，采用的隔离技术主要有 pn 结隔离、全介质隔离以及 pn 结-介质混合隔离等。采用这种工艺制程技术的双极型集成电路，如 TTL（Transistor Transistor Logic，晶体管-晶体管逻辑）电路、线性/ECL（Emitter Couple Logic，射极耦合逻辑）电路和 STTL（Schottky Transistor Transistor Logic，肖特基晶体管-晶体管逻辑）电路等。另一类是器件之间自然隔离的双极型工艺制程技术，I^2L（Integrated Injection Logic，集成注入逻辑）电路采用了这种工艺制程技术。图 1-1 所示为属于第一类采用 pn 结隔离技术的双极型工艺集成电路的剖面图，VNPN 是纵向 NPN（Vertical NPN），LPNP 是横向 PNP（Lateral PNP），n+是 n 型重掺杂扩散区，p+是 p 型重掺杂扩散区，P-Base 是 p 型基区，NBL（N type Buried Layer）是 n 型埋层，P-sub（P-substrate）是 p 型衬底，N-EPI（N-Epitaxial）是 n 型外延层。

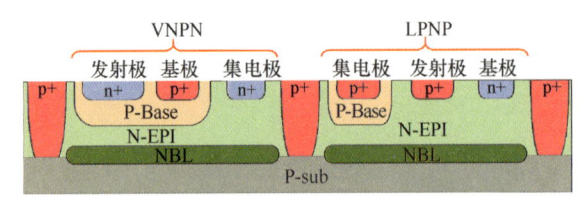

图 1-1　双极型工艺集成电路剖面图

　　由于双极型工艺制程技术制造流程简单，制造成本低且成品率高，另外在电路性能方面具有高速度、高跨导、低噪声、高模拟精度和强电流驱动能力等方面的优势，因此一直受到设计人员的青睐。双极型晶体管是电流控制器件，而且是两种载流子（电子和空穴）同时起作用，它通常用于电流放大型电路、功率放大型电路和高速电路。它一直在高速电路、模拟电路和功率电路中占主导地位，但是它的缺点是集成度低和功耗大，其纵向（结深）尺寸无法跟随横向尺寸成比例缩小，所以在 VLSI（超大规模集成电路）中受到很大限制。在 20 世纪 60 年代之前集成电路基本是双极型工艺集成电路，双极型工艺集成电路也是史上最早发明的具有放大功能的集成电路，直到 20 世纪 70 年代 NMOS 和 CMOS 工艺集成电路开始在逻辑运算领域逐步取代双极型工艺集成电路的统治地位，但是在模拟器件和大功率器件等领域，双极型集成电路依然占据重要的地位。

1.1.2　PMOS 工艺制程技术简介

　　PMOS（Positive channel Metal Oxide Semiconductor，P 沟道金属氧化物半导体）工艺制程技术是最早出现的 MOS 工艺制程技术，它出现在 20 世纪 60 年代。早期的 PMOS 栅极是金属铝栅，MOSFET 的核心是金属-氧化物-半导体，它们组成电容，形成电场，所以称为金属氧化物半导体场效应管。PMOS 是制作在 n 型衬底上的 p 沟道器件，采用铝栅控制器件形成反型层沟道，沟道连通源极和漏极，使器件开启导通工作。PMOS 是电压控制器件，依靠空穴导电工作。由于空穴的迁移率较低，所以 PMOS 的速度很慢，最小的门延时也要 80~100ns。

　　由于 PMOS 源漏离子扩散后需要高达 900℃ 的高温工艺进行退火激活，而铝栅的熔点是 660℃，不能承受 900℃ 的高温，所以 PMOS 的铝栅必须在源漏有源区形成之后再经过一道光刻和刻蚀形成的，这就造成了形成源漏有源区与制造铝栅需要两次光刻步骤，这两次光刻形成的图形会存在套刻不齐的问题。图 1-2 所示为形成 PMOS 源漏有源区的工艺步骤，包括图 1-2a 的光刻、图 1-2b 的显影、图 1-2c 的刻蚀和图 1-2d 的离子扩散。N-sub（N-substrate）是 n 型衬底。图 1-3 所示为形成 PMOS 通孔和铝栅的光刻和刻蚀。图 1-4 所示为形成 PMOS

铝互连和铝栅的光刻和刻蚀。图 1-5a 所示为形成 PMOS 铝栅后的剖面图，源漏有源区的边界与铝栅产生交叠或者间距问题。当源漏有源区与铝栅套刻不齐时会造成器件尺寸误差和电性参数误差，也会造成器件无法形成沟道或者沟道中断等问题从而影响器件性能。为了解决这些问题，在 PMOS 版图设计上采用铝栅重叠设计，也就是铝栅的版图长度要比 PMOS 的实际沟道要长一些，这样就造成铝栅与源漏有源区产生重叠，如图 1-5b 所示，这种铝栅重叠设计会导致栅极寄生电容 C_{gs}（铝栅与源极的寄生电容）和 C_{gd}（铝栅与漏极的寄生电容）增大，另外也增加了栅极长度，所以也会增加器件的尺寸，降低了集成电路的集成度。因为集成电路的集成度较低，所以 PMOS 工艺制程技术只能用于制作寄存器等中规模集成电路。

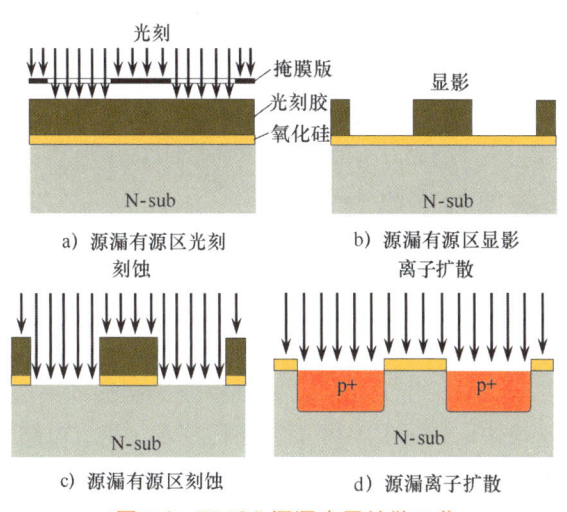

图 1-2　PMOS 源漏离子扩散工艺

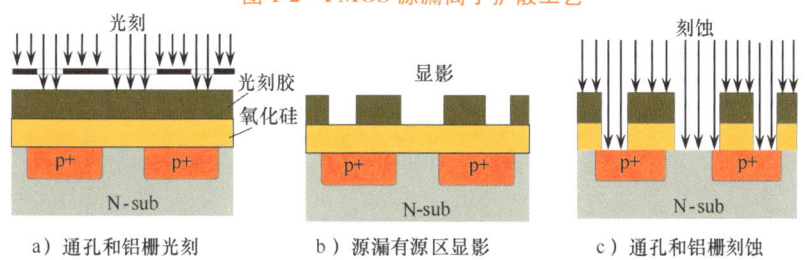

图 1-3　PMOS 通孔和铝栅工艺

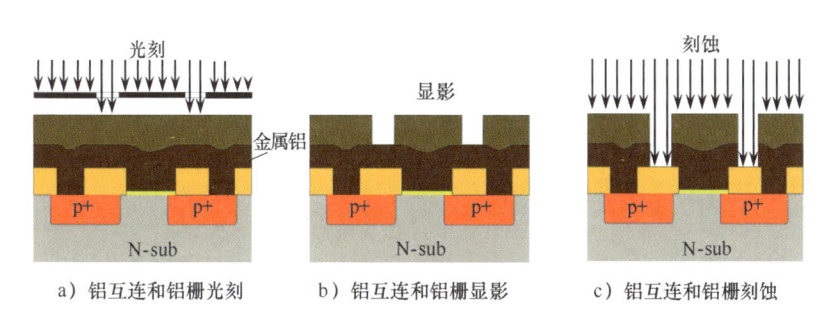

图 1-4　PMOS 铝互连和铝栅工艺

PMOS 是电压控制器件，它的功耗很低，非常适合应用于逻辑运算集成电路。但是 PMOS 的速度很慢，所以 PMOS 工艺集成电路主要应用于手表和计算器等对速度要求非常低的领域。图 1-6 所示为 1974 年加德士半导体利用 PMOS 设计的时钟集成电路[3]。

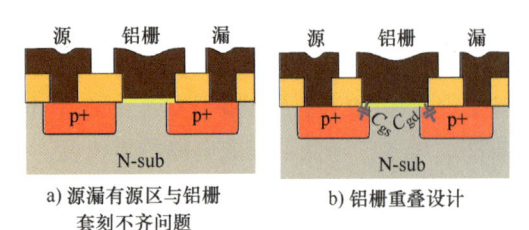

图 1-5　PMOS 栅套刻不齐问题和铝栅重叠设计
a) 源漏有源区与铝栅套刻不齐问题
b) 铝栅重叠设计

图 1-6　加德士半导体 PMOS 时钟集成电路

1.1.3　NMOS 工艺制程技术简介

20 世纪 70 年代初期，出现了 NMOS 工艺制程技术。NMOS 也是电压控制器件，依靠电子导电工作。因为电子比空穴具有更高的迁移率，电子的迁移率 μ_e 大于空穴的迁移率 μ_h，μ_e 大约等于 $2.5\mu_h$，因而 NMOS 的电流驱动能力大约是 PMOS 的 2 倍，所以采用 NMOS 工艺制程技术制造的集成电路性能比采用 PMOS 工艺制程技术制造的集成电路更具优势。NMOS 工艺制程技术出现后，它很快取代了 PMOS 工艺制程技术，集成电路设计人员开始更倾向于采用 NMOS 技术设计电路。20 世纪 70 年代到 80 年代初期，NMOS 工艺制程技术被广泛应用于集成电路生产。由于 NMOS 工艺制程技术具有更高的集成度，并且 NMOS 的光刻步骤比双极型工艺制程技术少很多，它不像双极型工艺制程技术中存在很多为了提高双极型晶体管性能的阱扩散区，如 N-EPI 和 NBL，与双极型工艺制程技术相比，利用 NMOS 工艺制程技术制造的集成电路更便宜。图 1-7 所示为利用 NMOS 和电阻负载设计的逻辑门电路。VDD 是电源电压，VSS 是接地。A 和 B 是与非门和或非门的输入。

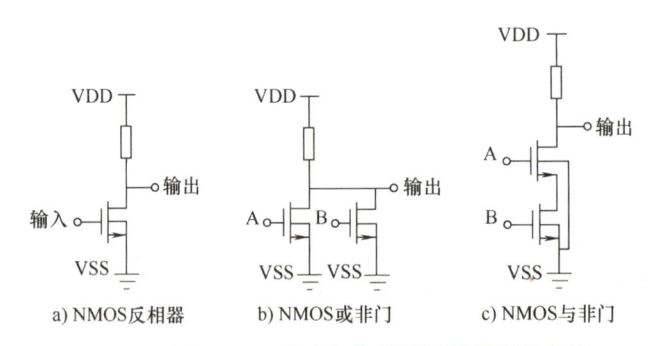

图 1-7　利用 NMOS 和电阻负载设计的逻辑门电路
a) NMOS 反相器　b) NMOS 或非门　c) NMOS 与非门

早期的 NMOS 工艺制程技术也是利用金属铝作为栅极，所以 NMOS 工艺制程技术也存在源漏有源区与铝栅套刻不齐的问题。1968年，随着多晶硅栅（polysilicon）工艺制程技术的出现，多晶硅栅工艺制程技术能很好地解决了源漏有源区与栅套刻不齐的问题，多晶硅栅工艺制程技术被广泛应用到NMOS工艺制程技术和PMOS工艺制程技术上。多晶硅栅具有多方面的优点，多晶硅栅与硅工艺兼容和耐高温退火，多晶硅的熔点是1410℃，所以多晶硅栅工艺制程技术并不像铝栅那样在源漏有源区形成之后才形成栅极，多晶硅栅工艺制程技术是在形成源漏有源区之前进行的，如图1-8所示。另外，多晶硅栅可以作为离子扩散的阻挡层，所以进行源漏离子扩散时，源漏有源区与多晶硅栅是自对准的，不存在源漏有源区与多晶硅栅套刻不齐的问题，这种技术称为自对准技术。图1-9所示为形成NMOS源漏有源区的工艺步骤，包括源漏扩散光刻、源漏扩散显影、源漏扩散刻蚀和源漏扩散离子注入，源漏有源区与多晶硅栅是自对准的。另外，源漏有源区与多晶硅栅的离子扩散是同时进行的，多晶硅本身是半导体，它经过离子扩散重掺杂后，多晶硅的载流子浓度增加了，多晶硅变成导体可以用作电极和电极互连引线。

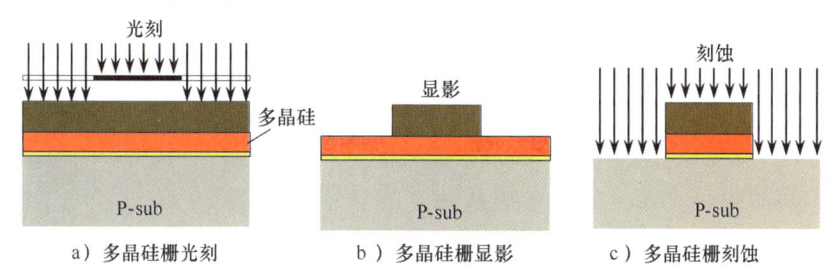

图1-8 多晶硅栅工艺制程技术

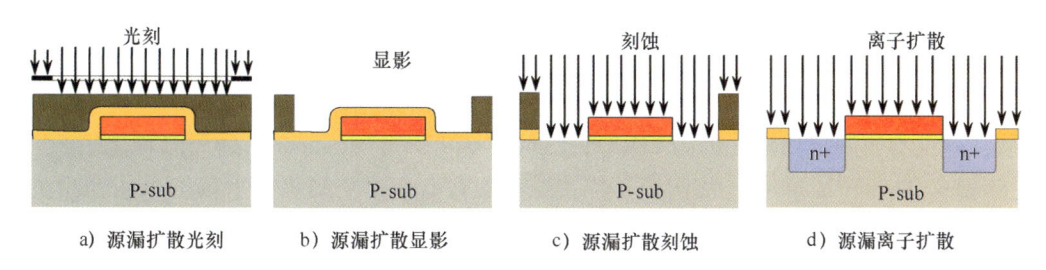

图1-9 NMOS源漏离子扩散工艺

NMOS工艺制程技术采用源漏自对准技术后不需要多晶硅栅重叠设计，这样就有效地改善了NMOS器件的可靠性，减小了栅极寄生电容C_{gs}和C_{gd}，相应地提高了NMOS器件的速度，同时减小了栅极尺寸，源漏有源区的尺寸也相应减小，最终减小了器件的尺寸，提高了速度，同时也增加了NMOS工艺集成电路的集成度。

随着NMOS工艺集成电路的集成度不断提高，每颗芯片可能含有上万门器件，在几兆赫数字时钟的脉冲下工作会变得相当慢，功耗和散热成为限制芯片性能的瓶颈。当器件密度从1000门增加到10000门时，芯片功率从几百毫瓦增加到几瓦，当芯片的功耗达到几瓦时，已不能再用便宜的塑料封装，必须使用昂贵的陶瓷封装工艺制程技术，还要利用空气或水进行冷却。这些都限制了 NMOS 工艺制程技术在超大规模集成电路的应用。

1.1.4　CMOS 工艺制程技术简介

　　1963 年，飞兆（仙童）半导体公司研发实验室的 C. T. Sah 和 Frank Wanlass 提交了一篇关于 CMOS 工艺制程技术的论文，这是首次在半导体业界提出 CMOS 工艺制程技术，同时他们还用了一些实验数据对 CMOS 工艺制程技术进行了简单的解释[4]。CMOS（Complementary Metal Oxide Semiconductor，互补金属氧化物半导体）是把 NMOS 和 PMOS 制造在同一个芯片上组成集成电路，CMOS 工艺制程技术是利用互补对称电路来配置连接 PMOS 和 NMOS 从而形成逻辑电路，这个电路的静态功耗几乎接近为零，这个理论可以很好地解决功耗问题，这一发现为 CMOS 工艺制程技术的发展奠定了理论基础。图 1-10 所示为利用 PMOS 和 NMOS 组成的 CMOS 反相器电路，只有在输入端口由低电平（VSS）向高电平（VDD）或者由高电平（VDD）向低电平（VSS）转变的瞬间，NMOS 和 PMOS 才会同时导通，在 VDD 与 VSS 之间产生电流，从而产生功耗。当输入端口为低电平时只有 PMOS 导通，当输入端口为高电平时只有 NMOS 导通，VDD 与 VSS 之间都不会产生电流，所以静态功耗为零。

　　1963 年 6 月 18 日，Wanlass 为 CMOS 工艺制程技术申请了专利，但是几天之后，他就离开了仙童，因为仙童宣布在他还没有确切的实验数据之前，没有采用新技术的计划，所以 Wanlass 没有机会去完成 CMOS 工艺制程技术项目。

　　1966 年，美国 RCA（美国无线电）公司研制出首颗 CMOS 工艺门阵列（50 门）集成电路。当时用 CMOS 工艺制程技术制造的集成电路的集成度并不高，而且速度也很慢，很容易引起闩锁效应烧毁电路，因此早期的 CMOS 工艺制程技术受到半导体业界的嘲笑。因为 20 世纪 60 年代工艺制程技术还

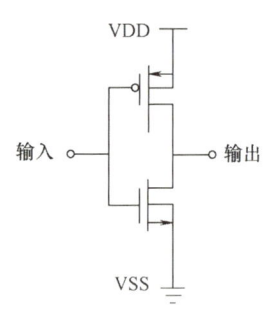

图 1-10　CMOS 反相器电路

很落后，还没有研制出比较先进的 LOCOS（Local Oxidation of Silicon，硅局部氧化工艺）和 STI（Shallow Trench Isolation，浅沟槽）隔离技术，CMOS 工艺制程技术仍然采用简单的 pn 结进行隔离，所以 CMOS 工艺集成电路存在集成度低、寄生电容大、运算速度慢和很容易引起闩锁效应等问题。受到落后的 pn 结隔离技术的限制，早期 CMOS 工艺制程技术的优势并没有发挥出来。图 1-11 所示为 CMOS 反相器电路中寄生的 PNPN 闩锁结构，当输出端口有噪声时，会引起寄生的双极型晶体管 PNP 或 NPN 导通，然后形成导通电流流经电阻 R_p 或者 R_n 形成正反馈，导致另外一个寄生的双极型晶体管导通，那么此时两个寄生的双极型晶体管同时导通形成闩锁效应低阻通路，烧毁芯片。CMOS 工艺制程技术的优点是功率耗散小和噪声容限大，所以早期的 CMOS 工艺制程技术主要用在玩具、手表和计算器等可以容忍较慢速度的电子领域。研究人员发现制造在蓝宝石（Silicon-On-Sapphire，SOS）上的 CMOS 工艺集成电路一个重要特性是它能抵抗相当高强度的辐射而不发生闩锁效应，所以 CMOS 工艺集成电路也被应用在人造卫星和导弹等军事电子领域。在这类以蓝宝石为衬底的电路中 NMOS 和 PMOS 相互氧化物介质隔离，可以打破 CMOS 固有的 PNPN 闩锁结构，所以不会出现闩锁效应

现象，但是蓝宝石衬底的价格非常昂贵，因而没办法得到普及和广泛的应用。图 1-12 所示为制造在蓝宝石上的 CMOS 工艺集成电路的剖面图，NMOS 和 PMOS 是通过氧化硅和 SOS 隔离的。

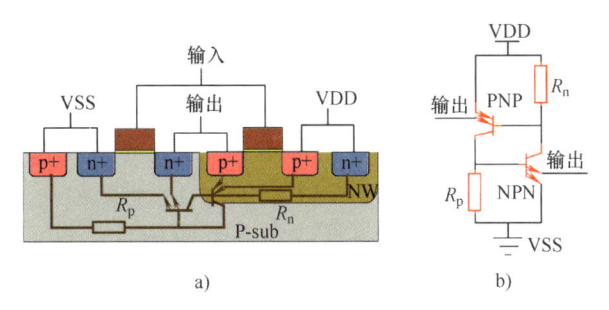

图 1-11 CMOS 反相器电路中寄生的 PNPN 闩锁结构

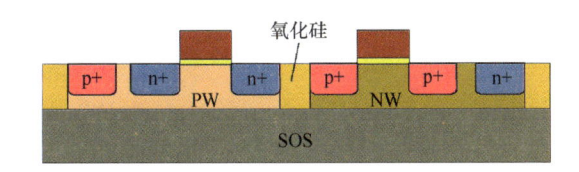

图 1-12 制造在蓝宝石上的 CMOS 工艺集成电路的剖面图

20 世纪 70 年代，半导体研发人员发明了 LOCOS 隔离技术，以及引入更先进的离子注入技术代替离子扩散技术，再加上光刻技术的不断发展，它们已经大幅度提高了 CMOS 工艺集成电路的集成度和电路的运算速度。随着工艺制程技术的不断发展，CMOS 工艺集成电路的制造成本已经下降到和 NMOS 工艺集成电路相当了。此外，CMOS 工艺制程技术能满足电路各种变化的独特性能要求，这使得 CMOS 工艺制程技术对芯片设计者格外具有吸引力。对于一个简单的 CMOS 反向器，无论输入端处于高电平还是低电平，都只有一个器件处于导通状态，仅当开关瞬变的瞬间才会耗散一定功率。对于任意给定的时钟脉冲周期，只有在很短的时间内电路中的两个晶体管同时开启，所以 CMOS 工艺集成电路的功耗比 NMOS 工艺集成电路低很多，这就解决了因为散热导致封装受限制的问题。在功耗规定的封装范围内，与双极型和 NMOS 工艺制程技术相比，CMOS 工艺制程技术能容纳更多的电路，使系统设计者获得更好的系统性能，而不需要额外的风扇冷却，所以 CMOS 工艺制程技术可以很好地降低系统的成本。

图 1-13 所示为利用 LOCOS 制造的 0.35μm CMOS 工艺集成电路的剖面图。它是双阱 CMOS 工艺结构，同时利用 pn 结隔离和 LOCOS 隔离技术。3.3V PMOS 器件制造在 NW 中，3.3V NMOS 器件制造在 PW 中，NW（N-WELL）是 n 型阱。

CMOS 工艺制程技术的另外一个重要优点是无比例的逻辑设计，其逻辑摆幅在电源电压和地电位之间，这使得在选择电路的电源电压时，CMOS 工艺制程技术具有更大的优势。20 世纪 80 年代，随着工艺制程技术不断更新，经过改良后的 CMOS 工艺制程技术以低功耗、高密度的优势，已然成为 VLSI 的主流工艺制程技术。

20世纪90年代，更多先进的工艺制程技术如STI、Salicide（金属硅化物）等被应用到CMOS工艺制程技术中，随着工艺制程技术的不断发展，CMOS器件的特征尺寸逐步按比例缩小，使得CMOS工艺集成电路的工作速度不断提高，同时又可以选择较低的电源电压，CMOS工艺集成电路的性能已经可以与双极型工艺集成电路抗衡。图1-14所示为利用了STI和Salicide工艺制程技术的0.11μm CMOS工艺集成电路的剖面图，它提供1.5V的NMOS和PMOS。21世纪，随着CMOS工艺制程技术的进步飞速向前发展，CMOS工艺集成电路的优点已经凸显出来了，高的集成度、强的抗干扰能力、高的速度、低的静态功耗、宽的电源电压范围和宽的输出电压幅度等使得模拟集成电路设计技术也突飞猛进。由于CMOS工艺制程技术多方面的优越性，使它成为数字电路、模拟电路以及数模混合电路的首选技术，虽然目前超过90%的集成电路芯片使用CMOS工艺制程技术。

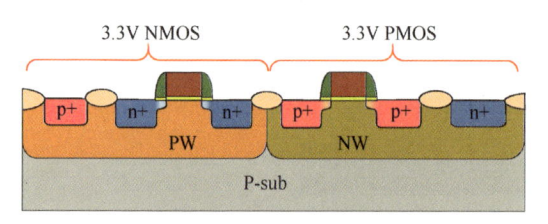

图1-13 利用LOCOS制造的0.35μm CMOS工艺集成电路的剖面图

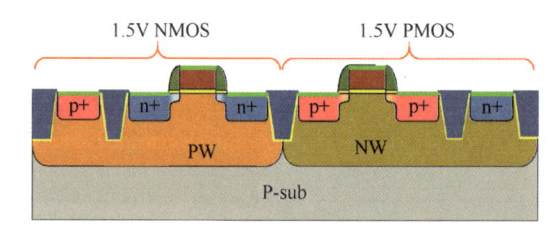

图1-14 利用STI和Salicide工艺制程技术的0.11μm CMOS工艺集成电路的剖面图

1.2 特殊工艺制程技术

1.2.1 BiCMOS工艺制程技术简介[5,6]

随着集成电路的快速发展及其应用领域的不断扩大，通信业界对于大规模集成电路的小型化、高速、低电源电压、低功耗和高性价比等方面的要求越来越高。虽然传统的双极型工艺集成电路具有高速度、强电流驱动和高模拟精度等方面的优点，但双极型工艺集成电路在功耗和集成度方面却无法满足VLSI系统集成多方面的发展需要，而CMOS工艺集成电路在低功耗、高度集成和强抗干扰能力等方面有着双极型工艺集成电路无法比拟的优势，但是20世纪70、80年代的CMOS工艺集成电路速度低、驱动能力差，它只能满足低速的数字集成电路和小功率模拟集成电路的要求。由此可见，无论是单一早期落后的CMOS工艺制程技术，还是单一的双极型工艺制程技术都无法满足VLSI系统集成多方面性能的要求，因此只有融合CMOS工艺制程技术和双极型工艺制程技术这两种工艺制程技术各自的优点，才能满足早期VLSI系统集成多方面的要求，制造具有CMOS工艺制程技术和双极型工艺制程技术特点的BiCMOS工艺制程技术才是早期VLSI发展的必然产物。BiCMOS是双极-互补金属氧化物半导体，简单来说BiCMOS工艺制程技术是将双极型器件和CMOS器件同时制造在同一芯片上[7]，发挥它们各自的优势，克服各自的缺点，综合双极型器件的高跨导、强驱动能力和CMOS器件的低功耗、高集成度的优点，使BiCMOS工艺集成电路集高速度、高集成度和低功耗于一体，为高速、高集成度、高性能及强驱动的集成电路发展开辟了一条新的道路。

按照基本工艺制程技术的类型，BiCMOS工艺制程技术又可以分为以CMOS工艺制程技术为基础的BiCMOS工艺制程技术，或者以双极型工艺制程技术为基础的BiCMOS工艺制程技术。以CMOS工艺制程技术为基础的BiCMOS工艺制程技术对保证MOS器件的性能比较有利，而以双极型工艺制程技术为基础的BiCMOS工艺制程技术对保证双极型器件的性能比较有利。由于实际应用中，影响BiCMOS器件性能的主要是双极型晶体管部分，因此以双极型工艺制程技术为基础的BiCMOS工艺制程技术较为常用。

图1-15所示为0.35μm BiCMOS工艺制程技术的器件剖面图。它是以传统CMOS工艺制程技术为基础，增加少量的工艺步骤而成。它包含3.3V NMOS、3.3V PMOS、纵向NPN结构（VNPN）和横向PNP结构（LPNP）。

BiCMOS工艺集成电路的基本设计思想是芯片内部核心逻辑部分采用CMOS器件为主要单元门电路，而输入输出缓冲电路和驱动电路要求驱动大电容负载，所以输入输出

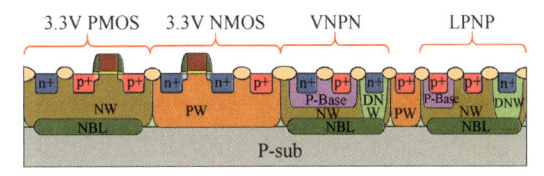

图1-15　0.35μm BiCMOS工艺制程技术的器件剖面图

缓冲电路和驱动电路使用双极型器件，这是最早的BiCMOS工艺集成电路的设计方案。因此BiCMOS工艺集成电路既具有CMOS工艺集成电路的高集成度和低功耗的优点，又获得了双极型工艺集成电路的高速和强电流驱动能力的优势。

随着BiCMOS工艺制程技术的不断进步，在更先进的BiCMOS工艺制程技术中，设计人员已经可以将双极型器件也集成到逻辑门中，因为这样可以大幅提升逻辑门的速度，虽然加入双极型器件的逻辑门会增加大概10%~20%的面积，但是考虑到其负载能力的增强，与CMOS逻辑门相比，在相同驱动能力条件下，BiCMOS逻辑门的实际集成度还是有很大的提升。另外与CMOS逻辑门类似，BiCMOS逻辑门电路的输出端两管轮番导通，所以这种BiCMOS逻辑门的静态功耗几乎接近于零，而且在同样的设计尺寸下，BiCMOS逻辑门的速度会更加快。

图1-16所示为基本的BiCMOS反相器逻辑门电路，为了使表达起来更清楚，MOS器件用符号M_n和M_p表示，M_n表示NMOS，M_p表示PMOS，双极型器件用T表示。T_1和T_2构成推拉式输出级，而M_p、M_n、M_{n1}和M_{n2}所组成的输入级与基本的CMOS反相器逻辑门的输入级很相似。输入信号同时作用于M_p和M_n的栅极。当输入信号为高电压时M_n导通而M_p截止；而当输入信号为低电压时，情况则相反，M_p导通，M_n截止。当输出端接有同类BiCMOS逻辑门电路时，输出级能提供足够大的电流为电容性负载充电。同理，已充电的电容负载也能迅速地通过T_2放电。

上述电路中T_1和T_2的基区存储电荷亦可通过M_{n1}和M_{n2}释放，以加快电路的开关速度。

当输入信号为高电压时 M_{n1} 导通，T_1 基区的存储电荷迅速消散。这种作用与 TTL 门电路的输入级中 T_1 类似。同理，当输入信号为低电压时，电源电压 VDD 通过 M_p 提供激励使 M_{n2} 导通，显然 T_2 基区的存储电荷通过 M_{n2} 而释放。所以门电路的开关速度可得到有效的改善。

在功耗方面，以 32 位的 CPU 采用 CMOS 工艺制程技术为例，CPU 芯片外主线要有较大的带电容负载的能力。32 位的 CPU 包含有 10 个或者更多的接口器件，但同一时间内只有一条主线是激活的，即每一条主线有 90%的时间不工作。如果采用双极工艺制程技术制作传统的接口驱动电路可以保证数据传输速度，但是功耗却大了些。因为单纯双极型接口驱动电路，即使接口驱动电路不被激活时它也在不停地消耗功率，所以整个 CPU 的静态功耗非常大。如果利用 BiCMOS 工艺制程技术制

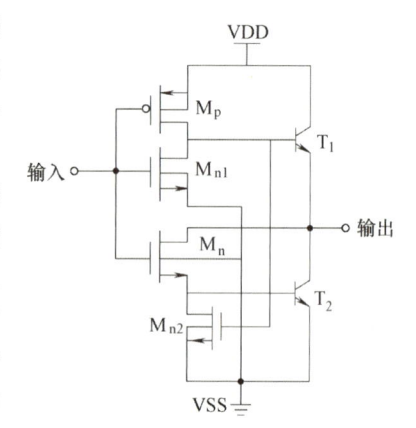

图 1-16　基本的 BiCMOS 反相器逻辑门电路

造接口驱动电路，则不被激活的接口驱动电路功耗非常小，在很多情况下，静态功耗可以节省接近 100%，而传统主线接口驱动电路的功耗约占整个系统功耗的 30%，所以这种省电效果非常显著，因而特别适用于手机、个人数字处理器和笔记本电脑等一类使用电池的通信、计算机和网络设备中。更为有利的是，BiCMOS 数字集成电路的速度与先进的双极型电路不相上下，这与高速数字通信系统的速度要求是相适应的。

目前，BiCMOS 工艺制程技术主要用于 RF 电路、LED 控制驱动和 IGBT 控制驱动等芯片设计，对于高度集成的片上系统（SOC）芯片设计，CMOS 工艺制程技术还是最理想的选择。

1.2.2　BCD 工艺制程技术简介

1986 年，意法半导体（ST）公司率先研制成功 BCD 工艺制程技术。BCD 工艺制程技术就是把 BJT，CMOS 和 DMOS 器件同时制作在同一芯片上。BCD 工艺制程技术除了综合了双极器件的高跨导和强负载驱动能力，以及 CMOS 的高集成度和低功耗的优点，使其互相取长补短，发挥各自的优点外，更为重要的是它还综合了高压 DMOS 器件的高压大电流驱动能力的特性，使 DMOS 可以在开关模式下工作，功耗极低。从而不需要昂贵的陶瓷封装和冷却系统就可以将大功率传递给负载。低功耗是 BCD 工艺集成电路的一个主要优点之一。

BCD 工艺集成电路可大幅降低功率耗损，提高系统性能，节省电路的封装成本，并具有更好的可靠性。在 BCD 工艺集成电路中，DMOS 器件采用厚的栅氧化层，更深的结深和更大的沟道长度。另外，DMOS 器件的独特耐高压结构决定了它的漏极能承受高压，而且可在小面积内做超大尺寸器件，做到高集成度。DMOS 器件适合用于设计模拟电路和输出驱动，尤其是高压功率部分，但不适合做逻辑处理，CMOS 器件可以弥补它这个缺点。

DMOS 与 CMOS 器件结构类似，也是由源、漏和栅组成，但是 DMOS 器件的漏极击穿电压非常高。DMOS 器件主要有两种类型，一种是 VDMOS（Vertical Double Diffused MOSFET，垂直双扩散金属氧化物半导体场效应管），另一种是 LDMOS（Lateral Double Diffused MOSFET，横向双扩散金属氧化物半导体场效应管）。图 1-17 所示为 VDMOS 和 LDMOS 剖面图。图 1-17a 是 VDMOS 分立器件的剖面图，它的漏极是从衬底接线的，它的源极，栅极和漏极不在一个平面，所以它只能做分立器件，而不能与其他 CMOS 集成在一个芯片。图 1-17b 是与 CMOS 工艺制程技术兼容的 VDMOS 的剖面图，它的三端（源极，栅极和漏极）是在一个平面，VDMOS 器件的沟道长度是由轻掺杂的 p 型漂移区决定的，漏极通过轻掺杂的 HVNW 连接沟道，它可以有效防止源漏穿通，在漏极电压较高的情况下，该区域会完全耗尽，因而可以承受很大的电压差。图 1-17c 是与 CMOS 工艺制程技术兼容的 LDMOS 的剖面图，它的三端（源极，栅极和漏极）也是在同一个平面，LDMOS 与 VDMOS 的主要区别是 LDMOS 的电流横向流动。与 CMOS 工艺制程技术兼容的 VDMOS 和 LDMOS 被广泛应用于集成电路设计。P_drift 是 p 型漂移区，N_drift 是 n 型漂移区，HVNW（High Voltage N-WELL）是高压 n 型阱。

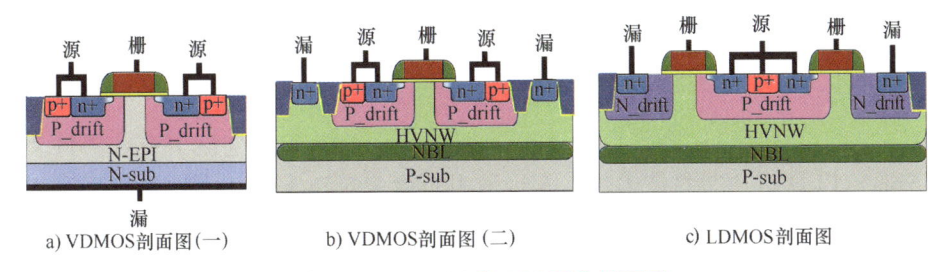

a) VDMOS 剖面图（一）　　b) VDMOS 剖面图（二）　　c) LDMOS 剖面图

图 1-17　VDMOS 和 LDMOS 剖面图

DMOS 器件是功率输出级电路的核心，它往往占据整个芯片面积的一半以上，它是整个 BCD 工艺集成电路的关键。DMOS 的核心部件是由成百上千的单一结构的 DMOS 单元所组成的，它的面积是由一个芯片所需要的驱动能力所决定的。既然 DMOS 器件在 BCD 工艺集成电路中的作用如此重要，所以它的性能直接决定了芯片的驱动能力和芯片面积。对于一个由多个基本单元结构组成的 DMOS 器件，其中一个最重要的参数是 DMOS 器件的导通电阻 $R_{ds_{on}}$。$R_{ds_{on}}$ 是指在 DMOS 器件导通工作时，从漏到源的等效电阻。对于 DMOS 器件应尽可能减小导通电阻，这是 BCD 工艺制程技术所追求的目标。当 DMOS 器件的导通电阻很小时，它就会提供一个很好的开关特性，因为对于特定的电压，小的导通电阻意味着有较大的输出电流，从而可以具有更强的驱动能力。DMOS 的主要技术指标有：导通电阻、阈值电压和击穿电压等。

BCD 工艺制程技术的发展不像标准 CMOS 工艺制程技术那样一直遵循摩尔定律向更小线宽、更快的速度方向发展。BCD 工艺制程技术朝着三个方向分化发展：高压、高功率和高密度。

1）高压 BCD 工艺制程技术主要的电压范围是 500~700V，高压 BCD 工艺制程技术主要的应用是电子照明和工业控制。

2) 高功率 BCD 工艺制程技术主要的电压范围是 40~90V，主要的应用是汽车电子和手机 RF 功率放大器输出级。它的特点是大电流驱动能力和中等电压，而控制电路往往比较简单。

3) 高密度 BCD 工艺制程技术主要的电压范围是 5~50V，一些汽车电子应用会到 70V，在此应用领域，BCD 技术将集成越来越复杂的功能，比如将信号处理器和功率激励部分同时集成在同一块芯片上。

未来电子系统的主要市场是多媒体应用、便携性及广泛互联性的需求。这些系统中会包含越来越复杂的高速集成电路，加上专用的多功能芯片来管理外围的显示、灯光、照相、音频和射频通信等。为实现低功耗和高效率功率模块，需要混合技术来提供高压能力和超低漏电以保证足够的待机时间，同时在电池较低的电压供电下也能保持良好的性能，目前一些新兴 BCD 技术正在形成。

1) RF-BCD 主要用于实现手机 RF 功率放大器输出级。

2) SOI-BCD 主要用于无线通信的各种数字用户线路驱动。SOI-BCD 有利于减少各种寄生效应，但是由于早期 SOI 材料很昂贵，没有得到广泛应用。进入 21 世纪，SOI 才正逐渐成为主流的工艺制程技术，SOI 是许多特定应用的上佳选择。

1.2.3　HV-CMOS 工艺制程技术简介

BCD 工艺制程技术只适合某些对功率器件尤其是 BJT 或大电流 DMOS 器件要求比较高的 IC 产品。BCD 工艺制程技术的工艺步骤中包含大量工艺是为了改善 BJT 和 DMOS 的大电流特性，所以它的成本相对传统的 CMOS 要高很多。对于一些用途单一的 LCD 和 LED 高压驱动芯片，它们的要求是驱动高压信号，并没有大功率的要求，所以一种基于传统 CMOS 工艺制程技术的低成本的 HV-CMOS 工艺制程技术被开发出来。HV-CMOS 工艺制程技术是传统 CMOS 工艺制程技术向高压的延伸，由于 HV-CMOS 工艺制程技术的成本比 BCD 工艺制程技术低，所以利用 HV-CMOS 工艺制程技术生产出来的产品在市场上更具的竞争力。

HV-CMOS 工艺制程技术是把 CMOS 和 DDDMOS（Double Drift Drain MOS）/FDMOS（Field Oxide Drift MOS）制造在同一个芯片上。DDDMOS 和 FDMOS 属于高压 MOS 器件，高压 MOS 器件与 DMOS 不同，DMOS 的优点是高跨导（导通电阻低）、强负载驱动能力和高功率，而高压 MOS 器件的优点是工作电压是中高压（一般小于 40V），尺寸小和集成度高。高压 MOS 器件比 DMOS 的电流驱动能力要差很多，但并不影响芯片功能。高压 MOS 的器件结构决定了它的源极和漏极都能承受高压，高压 MOS 器件适合用于模拟电路和输出驱动，尤其是高压部分，但不适合做逻辑处理，CMOS 器件可以弥补它这个缺点。

图 1-18 所示为 0.13μm HV-CMOS 的高压器件的剖面图，只画出了高压器件 HVNMOS 和 HVPMOS 的剖面图，没有把 CMOS 的部分画出来。PF（P-Field）是 p 型场区，NF（N-Field）是 n 型场区，HVPW 是（High Voltage P-WELL）是高压 p 型阱。HVNMOS 制造在 HVPW 里，源极或者漏极与器件沟道用 STI 隔开，NF 的目的是提高源极或者漏极与衬底 HVPW 的击穿电

压。HVPMOS 制造在 HVNW 里，源极或者漏极与器件沟道也用 STI 隔开，PF 的目的是提高源极或者漏极与衬底 HVNW 的击穿电压。HV-CMOS 工艺制程技术是以传统 CMOS 工艺制程技术为基础，增加少量的高压工艺步骤而成，例如 HVPW、HVNW、NF、PF 和高压栅介质层。

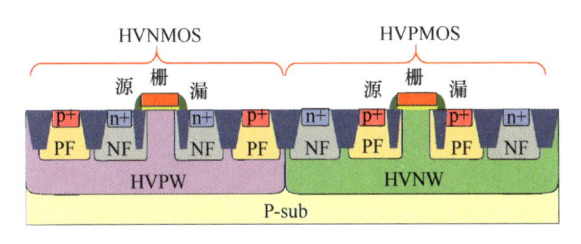

图 1-18 0.13μm HV-CMOS 的高压器件的剖面图

HV-CMOS 工艺制程技术主要应用在 AC/DC 转换电路，DC/DC 转换电路，高压数模混合电路等。HV-CMOS 工艺集成电路主要应用在 LCD 和 LED 屏幕驱动芯片。

1.3 MOS 集成电路的发展历史

1）1962 年，美国无线电公司制造出基于场效应管的芯片。

2）1963 年，飞兆（仙童）半导体公司研发实验室的 C. T. Sah 和 Frank Wanlass 在一篇论文中指出，当处于以互补性对称电路配置连接 PMOS 和 NMOS 形成逻辑电路时，这个电路的静态功耗几乎接近于零。这一发现为 CMOS 工艺制程技术的发展奠定了理论基础。

3）1964 年，通用微电子公司利用 MOS 工艺制程技术制造了第一个计算器芯片组。

4）1967 年，飞兆半导体公司利用 MOS 工艺制程技术制造出 8 位算术运算及累加器。

5）1968 年，飞兆半导体公司的 Federico Faggin 和 Tom Klein 利用多晶硅栅结构改进了 MOS 集成电路的可靠性、速度和封装集成度，制成第一个商用多晶硅栅集成电路（飞兆 3708）。同年，Burroughs 制造出了第一台使用 MOS 集成电路的计算机（B2500 和 B3500）。

6）1971 年，Intel（英特尔）公司推出全球首个单片微处理器 Intel 4004，但并未采用 CMOS 工艺制程技术，而是 PMOS 工艺制程技术。

7）1973 年，Intel 公司推出 8008，仍采用了 PMOS 工艺制程技术。

8）1974 年，美国无线电公司推出 RCA 1802，业界首次将 CMOS 工艺制程技术用于制造微处理器芯片。

9）1975 年，IBM 公司推出 CMOS RISC 芯片。

10）1978 年，Intel 公司推出第二代处理器 Intel 8086，改 PMOS 工艺制程技术为 NMOS 工艺制程技术。

11）1981 年，IDT（艾迪悌-Integrated Device Technology）公司推出 64kb CMOS SRAM。

12）1982 年，Intel 公司推出 80286 处理器，首次将 CMOS 工艺制程技术用于 CPU 制

13

作。距离 CMOS 思想的提出，差不多已经过去了 20 年时间。

13）1985 年，IBM 公司开始在 RISC 大型机中采用 CMOS 芯片，但直到 1997 年 IBM 公司才宣布此后所有的大型机都将只配备 CMOS 而不再采用双极型晶体管。

1.4 MOS 器件的发展和面临的挑战

随着集成电路工艺制程技术的不断发展，为了提高集成电路的集成度，同时提升器件的工作速度和降低它的功耗，MOS 器件的特征尺寸不断缩小，MOS 器件面临一系列的挑战。例如短沟道（Short Channel Effect，SCE）效应，漏极导致势垒降低（Drain Induced Barrier Lowering，DIBL）效应，热载流子注入（Hot Carrier Inject，HCI）效应和栅氧化层漏电等问题。为了克服这些挑战，半导体业界不断开发出一系列的先进工艺技术，例如多晶硅栅、源漏离子注入自对准、LDD 离子注入、Polycide、Salicide、RSD（Raise Source and Drain）、应变硅和 HKMG 技术。另外，晶体管也从 MOSFET 演变为 FD-SOI（Fully Depleted Silicon On Insulator）、体 FinFET 和 SOI FinFET。

1. 铝栅和多晶硅栅工艺技术

MOS 诞生之初，栅极材料采用金属导体材料铝，因为铝具有非常低的电阻，它不会与氧化物发生反应，并且它的稳定性非常好。栅介质材料采用 SiO_2，因为 SiO_2 可以与硅衬底形成非常理想的 Si/SiO_2 界面，如图 1-19a 所示。

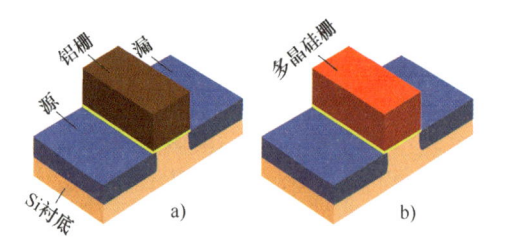

图 1-19 铝栅和多晶硅栅的 MOS 管结构图

随着 MOS 器件的特征尺寸不断缩小，铝栅与源漏有源区的套刻不准问题变得越来越严重，源漏与栅重叠设计导致源漏与栅之间的寄生电容问题越来越严重，半导体业界利用多晶硅栅代替铝栅。多晶硅栅具有三方面的优点：第一个优点是多晶硅不但与硅工艺兼容，而且多晶硅可以耐高温退火，高温退火是离子注入的要求；第二个优点是多晶硅栅是在源漏离子注入之前形成的，源漏离子注入时，多晶硅栅可以作为遮蔽层，所以离子只会注入多晶硅栅两侧的衬底形成源漏有源区，所以源漏有源区与多晶硅栅是自对准的；第三个优点是可以通过掺杂 n 型和 p 型杂质来改变多晶硅栅的功函数，从而调节器件的阈值电压 V_t。因为 MOS 器件的阈值电压是由衬底材料和栅材料功函数的差异决定的，多晶硅栅能很好地解决了 CMOS 技术中的 NMOS 和 PMOS 阈值电压的调节问题，如图 1-19b 所示。

2. Polycide 工艺技术

多晶硅栅的缺点是电阻率高,虽然可以通过重掺杂来降低它的电阻率,但是它的电阻率依然很高,厚度 3kÅ○的多晶硅的方块电阻高达 36Ω/□。虽然高电阻率的多晶硅栅对 MOS 器件的直流特性是没有影响的,但是它严重影响了 MOS 器件的高频特性,特别是随着 MOS 器件的特征尺寸不断缩小到亚微米($1\mu m \geqslant L \geqslant 0.35\mu m$),多晶硅栅电阻率高的问题变得越发严重。为了降低多晶硅栅的电阻,半导体业界利用多晶硅和金属硅化物(Polycide)的双层材料代替多晶硅栅,从而降低多晶硅栅的电阻,Polycide 的方块电阻只有 3Ω/□。半导体业界通用的金属硅化物材料是 WSi_2。图 1-20a 所示为多晶硅和金属硅化物栅的 MOS 管结构图。

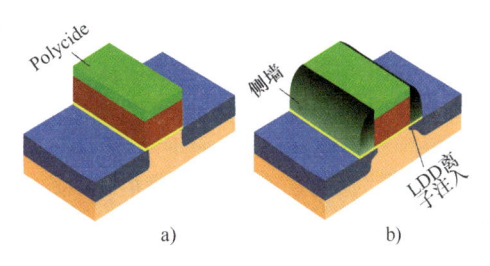

图 1-20 金属硅化物(Polycide)和 LDD 结构的 MOS 管结构图

3. LDD 离子注入工艺技术

20 世纪 60 年代,第一代 MOS 器件的工作电压是 5V,栅极长度是 25μm,随着 MOS 器件的特征尺寸不断缩小到亚微米,MOS 器件的工作电压并没有减小,它的工作电压依然是 5V,直到 MOS 器件栅极长度缩小到 0.35μm 时,MOS 器件的工作电压才从 5V 降低到 3.3V。2008 年,MOS 器件的栅极长度缩小到 45nm,MOS 器件的工作电压缩小到 1V。栅极长度从 25μm 缩小到 45nm,缩小的倍率是 555 倍,而 MOS 器件的工作电压只从 5V 缩小到 1V,缩小的倍率是 5 倍,可见 MOS 器件的工作电压并不是按比例缩小的。随着 MOS 器件的特征尺寸不断缩小,MOS 器件的沟道横向电场强度是不断增强的,载流子会在强电场中进行加速,当载流子的能量足够大时形成热载流子,并在强场区发生碰撞电离现象,碰撞电离会形成新的热电子和热空穴,热载流子会越过 Si/SiO₂ 界面的势垒形成栅电流,热空穴会流向衬底形成衬底电流,由热电子和热空穴形成的现象称为热载流子注入效应。随着 MOS 器件的特征尺寸不断缩小,热载流子注入效应变得越来越严重,为了改善热载流子注入效应,半导体业界通过利用 LDD(Lightly Doped Drain,LDD)结构改善漏极耗尽区的峰值电场来改善热载流子注入效应。图 1-20b 所示为利用 LDD 结构的 MOS 管结构图,图中侧墙是为了保护 LDD 结构,防止重掺杂的源漏离子注入改变 LDD 结构。

4. Salicide 工艺技术

随着 MOS 器件的特征尺寸缩小到深亚微米($0.25\mu m \geqslant L$),限制 MOS 器件缩小的主要效应是短沟道效应。为了改善短沟道效应,MOS 器件的源漏有源区结深也不断缩小,有源区结深不断缩小导致有源区的电阻不断变大,因为有源区的纵向横截面积变小,另外金属互连接触孔的尺寸也减小到 0.32μm 以下,接触孔变小导致接触孔与有源区的接触

○ 1Å = 0.1nm = 10^{-10}m。

电阻升高了，单个接触孔的接触电阻升高到 200Ω 以上。为了降低有源区的电阻和接触孔的接触电阻，半导体业界利用硅和金属发生反应形成金属硅化物（Silicide）降低有源区的电阻和接触孔的接触电阻。可利用的金属材料有 Ti、Co 和 Ni 等，金属材料只会与硅和多晶硅发生反应形成金属硅化物，而不会与氧化物发生反应，所以 Silicide 也称为自对准金属硅化物，即 Salicide（Self Aligned Silicide）。另外有源区和多晶硅栅是同时形成 Silicide，所以不需要再考虑进行多晶硅栅的 Polycide 工艺步骤。图 1-21a 所示为 Salicide 的 MOS 管结构图。

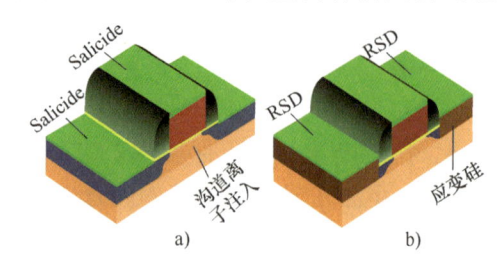

图 1-21 Salicide 和应变硅的 MOS 管结构图

5. 沟道离子注入和晕环/口袋离子注入工艺技术

MOS 器件的特征尺寸缩小到深亚微米导致的另外一个问题是短沟道效应引起的亚阈值漏电流。随着 MOS 器件的栅极长度缩小到 0.25μm，源漏之间的耗尽区会相互靠近，导致它们之间的势垒高度降低，形成亚阈值漏电流。虽然 MOS 器件的栅极长度从 0.33μm 缩小到 0.25μm 时，器件的工作电压也从 3.3V 降低到 2.5V，但是 MOS 器件的亚阈值区的漏电流依然很大。为了降低 MOS 器件的亚阈值区的漏电流，需要增加一道沟道离子注入和晕环（Halo）/口袋（Pocket）离子注入增加沟道区域衬底的离子浓度，从而减小源漏与衬底之间的耗尽区宽度，改善亚阈值区的漏电流。图 1-21a 所示为进行沟道离子注入的 MOS 管结构图。

6. 应变硅和 RSD 工艺技术

随着 MOS 器件的特征尺寸不断缩小到 90nm 及以下时，短沟道效应中的器件亚阈值电流成为妨碍工艺进一步发展的主要因素，尽管提高沟道掺杂浓度可以在一定程度上抑制短沟道效应，然而高掺杂的沟道会增大库伦散射，使载流子迁移率下降，导致器件的速度降低，所以仅仅依靠缩小 MOS 器件的几何尺寸已经不能很好地提高器件性能，需要一些额外的工艺制程技术来提高器件的电学性能，例如应变硅技术。应变硅技术是通过外延生长在源漏区嵌入应变材料使沟道发生应变，从而提高载流子迁移率，最终提高器件的速度。例如 NMOS 的应变材料是 SiC，PMOS 的应变材料是 SiGe。另外，随着源漏的结深的减小，源漏有源区的厚度已经不能满足形成 Salicide 的最小厚度要求，必须利用新技术 RSD（Raise Source and Drain）技术来增加源漏有源区的厚度。RSD 技术是通过外延生长技术，在源漏区嵌入应变材料的同时提高源漏有源区的厚度。图 1-21b 所示为采用应变硅和 RSD 技术的 MOS 管结构图。

7. HKMG 工艺技术

当 MOS 器件的特征尺寸不断缩小至 45nm 及以下时，为了改善短沟道效应，沟道的掺杂浓度不断提高，为了调节阈值电压 V_t，栅氧化层的厚度也不断减小到 2nm 以下。小于 2nm 厚度的 SiON 栅介质层已不再是理想的绝缘体，栅极与衬底之间将会出现明显的量子隧穿效应，衬底的电子以量子的形式越过栅介质层进入栅极，形成栅极漏电流。为了改善栅极漏电的问题，半导体业界利用新型高 K 介电常数（High-k-HK）介质材料 HfO_2 来代替传统 SiON 来改善栅极漏电流问题。SiON 的介电常数是 4~7，而 HfO_2 的介电常数是 25，在相同的等效氧化层厚度（Equivalent Oxide Thickness，EOT）条件下，HfO_2 的物理厚度是 SiON 的 3 倍多，这将显著减小栅介质层的量子隧穿的效应，从而降低栅极漏电流及其引起的功耗。但是 HK 介质材料与多晶硅栅不兼容，所以利用 HK 介质材料代替 SiON 也会引起很多问题，例如多晶硅栅耗尽效应导致有效栅电容减小，HK 介质材料与多晶硅的界面会形成界面缺陷造成费米能级的钉扎现象导致 MOS 管 V_t 漂移，HK 介质材料与衬底之间会形成粗糙的界面导致载流子迁移率降低。目前半导体业界利用金属栅（Metal Gate-MG）取代多晶硅栅极可以解决 V_t 漂移、多晶硅栅耗尽效应、过高的栅电阻和费米能级的钉扎等现象。利用 HK 介质材料代替 SiON 和利用金属栅取代多晶硅栅的技术称为 HKMG 工艺技术。图 1-22a 所示为采用 HKMG 技术的 MOS 管结构图。

8. UTB-SOI 和 FinFET 工艺技术

当 MOS 器件的特征尺寸不断缩小至 22nm 及以下时，仅仅依靠提高沟道的掺杂浓度和降低源漏结深已不能很好地改善短沟道效应。加

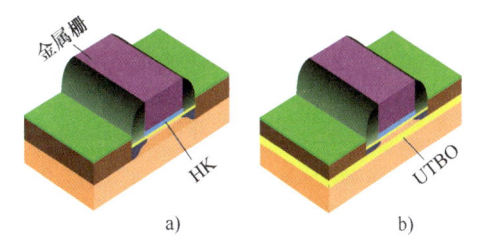

图 1-22 采用 HKMG 技术的 MOS 管和 FD-SOI 晶体管结构图

利福尼亚大学伯克利分校的胡正明教授基于 SOI 的超薄绝缘层上的平面硅技术在 PD-SOI（Partially Depleted SOI）的基础上提出 UTB-SOI（Ultra Thin Body SOI），也就是 FD-SOI 晶体管。FD-SOI 晶体管的沟道厚度很小，它只有 5nm 左右，栅的垂直电场可以有效地控制器件的沟道，从而有效抑制短沟道效应，达到降低器件关闭时漏电流的目的。图 1-22b 所示为 FD-SOI 晶体管的剖面图，图中 UTBO 是 Ultra Thin Body Oxide，即超薄体氧化物。

另外，1989 年，Hitachi 公司的工程师 Hisamoto 对传统的平面型晶体管的结构做出改变提出的基于体硅衬底，采用局部氧化绝缘隔离衬底技术制造出全耗尽的侧向沟道三维晶体管，称为 DELTA（Depleted Lean-Channel Transistor）。胡正明教授的做法与 Hisamoto 的三维晶体管类似，他是提出采用三维立体型结构的体 FinFET 和 SOI FinFET 代替平面结构的 MOSFET 作为集成电路的晶体管，由于三维立体晶体管结构很像鱼的鳍，所以称为鳍型场效应晶体管。图 1-23 所示为体 FinFET 和 SOI FinFET 的剖面图。

FinFET 晶体管凸起的沟道区域是一个被三面栅极包裹的鳍状半导体，沿源-漏方向的鳍与栅重合的区域的长度为沟道长度。栅极三面包裹沟道的结构增大了栅与沟道的面积，增强了栅对沟道的控制能力，从而降低了漏电流，抑制短沟道效应，同时也有效地增加了器件沟道的有效宽度，并且增加了器件的跨导。另外为了改善栅极漏电流，FinFET 晶体管的栅介质采用 HK 材料，栅极采用金属栅。

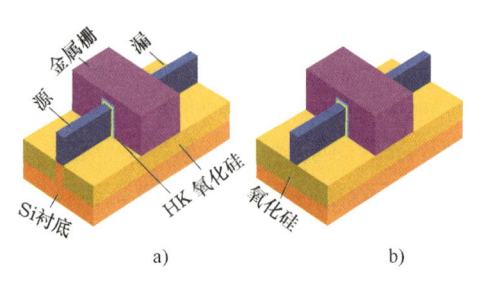

图 1-23 体 FinFET 和 SOI FinFET 剖面图

参 考 文 献

[1] A Wolf. Silicon Processing for VLSI Era, vol. 2-Process Intergration. California Sunset Beach, 1990.
[2] C Y Chang, S M Sze. ULSI Technology [M]. The McGraw-Hill companies, 1996.
[3] Caltex Clock-IC CT7004 in PMOS Technology, 1974.
[4] F. M. Wanlass, C. T. Sab. Nanowatt Logic Hsing Field Effect Metal Oxide Semiconductor Triodes [C]. 1963 Int. Solid State Circuit Conf., pp. 32-33 (Feb. 1963).
[5] T Yuzubira, T Yamaguchi, J Lee. Submicron bipolar-CMOS technology using 16GHz ft double poly-Si bipolay devices [J]. IEDM Technology Digest, 1988: 748.
[6] K Miyata. BiCMOS technology overview [J]. IEDM short course, 1987: 1.
[7] A. R. Alvarez, BiCMOS Technology and Applications [J]. Kluwer, Norwell, MA, 1989.

第 2 章

先进工艺制程技术

随着集成电路制程工艺技术不断发展到纳米级以下，为了不断改善器件的性能，半导体业界不断引入新的先进工艺技术，例如应变硅技术、HKMG 技术、FD-SOI 和 FinFET 技术。

通过介绍这些先进的工艺技术的物理机理和工艺实现过程，让广大的读者可以快速地了解这些先进的工艺技术。

本章 PPT 下载

2.1 应变硅工艺技术

应变硅技术是指通过应变材料产生应力，并把应力引向器件的沟道，改变沟道中硅材料的导带或者价带的能带结构，可以通过合理的器件设计来获得合适的应力方向从而减小能带谷内、谷间散射概率以及载流子（电子和空穴）沟道方向上的有效质量，达到增强载流子迁移率和提高器件速度的目的，通过应用应变硅技术制造集成电路的工艺称为应变硅工艺制程技术。

2.1.1 应变硅技术的概况

20 世纪 80 年代，Si/SiGe 异质结技术快速发展，应变硅技术开始出现。1985 年，Abstreiter 等人[1]在 $Si_{1-x}Ge_x$ 合金衬底上外延生长应变硅，并观察到二维电子气，并基于 Shubnikov-de Haas 和回旋加速共振试验确定了硅导带中原六重简并的 Δ6 能谷分裂成低能量的二重 Δ2 能谷和高能量的四重 Δ4 能谷。但是，当时应变硅是生长在缺陷密度非常高的 $Si_{1-x}Ge_x$ 层上，致使应变硅中的电子霍尔迁移率比体硅低。

1991 年，贝尔实验室的 Fitzgerald 通过运用高温下 Ge 的组分渐变，降低了在 $Si_{1-x}Ge_x$ 层上应变硅的位错密度，把位错密度从 $10^8 cm^{-2}$ 降低到 $10^6 cm^{-2}$，从而把二维电子气的迁移率从 $19000 cm^2/(V·s)$ 提高到 $96000 cm^2/(V·s)$，所以应变硅中的电子霍尔迁移率比体硅有了显著提高[2~4]。Fitzgerald 还提出了应变硅（Strained Silicon）的概念。

1992 年，斯坦福大学的 Welser 等人[5]，在国际电子器件大会（IEDM）上，首次报道了制造在 Ge 的组分渐变缓冲层上的长沟道应变硅 NMOS，该 NMOS 是以 SiO_2 为栅介质，应变硅表面的沟道电子迁移率相对于体硅器件的提高了 70%，也就是应变硅 NMOS 的速度提高 70%。

1993 年，Nayak 等人[6]首次报道了应变硅 PMOS 中空穴迁移率提高了 50%，并提出了应变硅技术使价带中的轻空穴和重空穴带发生分裂，从而提高空穴迁移率的理论。

2000 年，在 VLSI 技术讨论会上，来自东芝的 Mizuno 发表了利用应变硅技术制造在绝缘衬底上的 NMOS 的性能提高了 60%[7]。

2002 年，IBM 在 VLSI 技术讨论会上称其利用应变硅技术研制的短沟道 NMOS 的速度提高了 15%[8]。

2002 年，Intel 公司发布将应变硅技术应用于 90nm CMOS 工艺制程技术。至此，应变硅技术正式应用于集成电路制造工艺制程生产中。

2.1.2 应变硅技术的物理机理

通过计算外电场作用下载流子的平均漂移速度，可以求得载流子的迁移率和电导率。设沿 x 方向施加强度为 E 的电场，考虑电子具有各向同性的有效质量 m_n^*，如在 $t=0$ 时某个电子恰好遭到散射，散射后沿 x 方向的速度为 v_{x0}，经过时间 t 后又遭到散射，在此期间作加速运动，再次散射前的速度 v_x 为

$$v_x = v_{x0} - \frac{q}{m_n^*} E t \tag{2-1}$$

假定每次散射后 v_0 方向完全无规则，即散射后各个方向运动的概率相等，所以，多次散射后，v_0 沿 x 方向分量的平均值为零。因此，只要计算多次散射后第二项的平均值即得到平均漂移速度[9]。

在 $t \sim (t+\mathrm{d}t)$ 时间内遭到散射的电子数为 $N_0 P e^{-Pt} \mathrm{d}t$，每个电子获得的速度为 $-(q/m_n^*)Et$，两者相乘再对所有时间积分就得到 N_0 个电子漂移速度的总和，除以 N_0 就得到平均漂移速度 $\bar{v}_x$，即

$$\bar{v}_x = \bar{v}_{x0} - \int_0^\infty \frac{q}{m_n^*} E t P e^{-Pt} \mathrm{d}t \tag{2-2}$$

因为 $\bar{v}_{x0}=0$，所以

$$\bar{v}_x = -\frac{q}{m_n^*} E \tau_n \tag{2-3}$$

根据电子迁移率的定义

$$\mu = \frac{|\bar{v}_x|}{E} \tag{2-4}$$

得到电子迁移率 μ_n 为

$$\mu_n = \frac{q \tau_n}{m_n^*} \tag{2-5}$$

同理得到空穴迁移率 μ_p 为

$$\mu_p = \frac{q \tau_p}{m_p^*} \tag{2-6}$$

τ_n是电子运动的平均自由时间，τ_p是空穴运动的平均自由时间，它们是散射概率P的倒数，m_n^*是电子在运动方向上的有效质量，m_p^*是空穴在运动方向上的有效质量，q为电子电荷。可见可以通过降低有效质量或者散射概率的方法来提高载流子迁移率。

在普通的硅衬底材料中，硅具有多能谷的能带结构，沿晶向族<100>其导带由六个简并能谷构成，这六个简并能谷分别有六个导带极值，并且导带底附近的等能面形状为旋转椭球面，其电子有效质量在旋转椭球等能面的不同方向上有所不同，沿椭圆短轴运动和长轴运动的有效质量分别为m_t和m_l。如取x，y，z轴分别沿[100]、[010]和[001]方向，则不同极值的能谷中的电子沿x，y，z方向的迁移率是不同。假设电场强度E_x沿x方向，[100]能谷中的电子沿x方向的迁移率μ_1，其余能谷中的电子，沿x方向的迁移率$\mu_2=\mu_3$。设电子的浓度为n，则每个能谷单位体积中有$n/6$个电子，电流密度J_x应是六个能谷中电子对电流的贡献的总和[9]。图2-1所示为推导电导有效质量的示意图。

各个能谷中电子迁移率如下：

在x轴方向上的$2n/6$个电子的旋转椭球等能面的长轴与x轴平行，所以它们的有效质量是m_l，电子的迁移率为

$$\mu_1 = q\tau_n/m_l \tag{2-7}$$

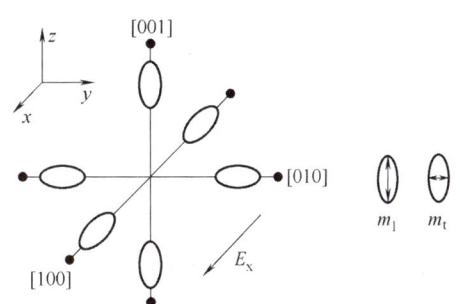

图2-1 推导电导有效质量的示意图

在y轴和z轴方向上的$4n/6$个电子的旋转椭球等能面的短轴与x轴平行，所以它们的有效质量是m_t，电子的迁移率为

$$\mu_2 = \mu_3 = q\tau_n/m_t \tag{2-8}$$

总的电流密度为

$$J_x = \frac{n}{3}q\mu_1 E_x + \frac{n}{3}q\mu_2 E_x + \frac{n}{3}q\mu_3 E_x = \frac{1}{3}nq(\mu_1+\mu_2+\mu_3)E_x \tag{2-9}$$

令

$$\mu_c = \frac{1}{3}(\mu_1+\mu_2+\mu_3) \tag{2-10}$$

那么

$$J_x = nq\mu_c E_x \tag{2-11}$$

μ_c是电导迁移率，那么

$$\mu_c = q\tau_n/m_c \tag{2-12}$$

m_c是电导有效质量，那么

$$\frac{1}{m_c} = \frac{1}{3}\left(\frac{1}{m_l}+\frac{2}{m_t}\right) \tag{2-13}$$

硅的$m_l=0.98m_0$，$m_t=0.19m_0$，所以$m_c=0.26m_0$，m_0是电子惯性质量。可见电子旋转椭球等能面长轴的电导有效质量m_l是短轴的电导有效质量m_t的五倍多。

1. 施加单轴压应力改变导带能带结构

对硅材料施加应力可以使导带底的六个简并能谷发生分裂。当沿［100］方向施加单轴压应力时，原有的六重简并的能谷（Δ6）的简并被解除，能谷发生分裂，分裂为两组：一组是向下移动的能量较低的二重简并能谷即主能谷（Δ2）；一组是向上移动的能量较高的四重简并能谷即次能谷（Δ4）。图 2-2 所示为沿［100］方向施加单轴压应力后能谷示意图。由于主能谷的能量较低，被电子占据的概率较大，对于沿［100］方向，其主能谷等能面的轴向平行于该方向，电子的电导有效质量是 $m_c = \frac{1}{3}m_l = 0.3267m_0$，它比体硅的电子电导有效质量 $m_c = 0.26m_0$ 大，所以施加压应力可以增大压应力方向的电子电导有效质量。对于沿［001］或者［010］方向，其主能谷等能面的轴向垂直于该方向，电子的电导有效质量是 $m_c = \frac{1}{3}$ $m_t = 0.0633m_0$，它比体硅的电子电导有效质量 $m_c = 0.26m_0$ 小，所以施加压应力可以降低垂直于压应力方向的电子电导有效质量。

图 2-3 所示为沿［100］方向施加单轴压应力硅的 Δ2 和 Δ4 能带底部发生应变前和之后的能量示意图，左边是未发生应变的 Δ2 和 Δ4 能带，右边是发生应变的 Δ2 和 Δ4 能带。未应变的硅的

图 2-2　沿［100］方向施加单轴压应力后能谷示意图

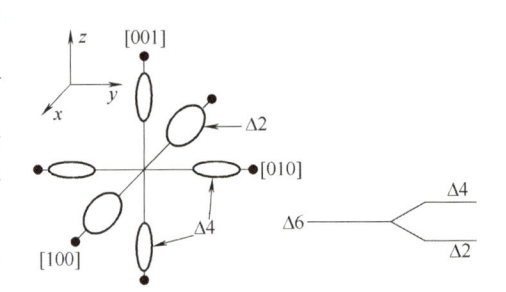

Δ2 和 Δ4 能带底部的能量相差小于 0.1eV，48% 的电子在 Δ2 能谷和 52% 的电子在 Δ4 能谷。当硅受到压应力时能谷分裂，Δ2 能谷能量下降，而 Δ4 能谷能量上升，它们之间存在较大的能量差，从而减小了 Δ2 和 Δ4 能谷之间的声子散射概率，电子散射概率降低。

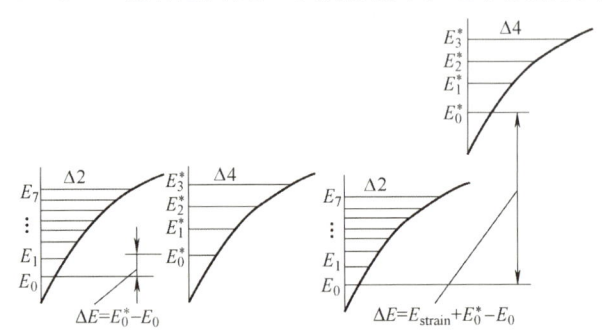

图 2-3　Δ2 和 Δ4 能带底部发生应变前和之后的能量示意图

2. 施加单轴张应力改变导带能带结构

当在［100］方向施加单轴张应力时，原有的六重简并的能谷（Δ6）也会发生分裂，分裂为两组：一组是向上移动的能量较高的二重简并能谷即次能谷（Δ2）；一组是向下移动的能量较低的四重简并能谷即主能谷（Δ4）。图 2-4 所示为沿［100］方向施加单轴张应力后能谷示意图。由于主能谷的能量较低，被电子占据的概率较大，对于沿［100］方向，其主

能谷等能面的轴向垂直于［100］方向，电子的电导有效质量是 $m_c = \frac{4}{6}m_t = 0.1267m_0$，它比体硅的电子电导有效质量 $m_c = 0.26m_0$ 小，所以施加单轴张应力可以降低张应力方向的电子电导有效质量。对于沿［001］或者［010］方向，其主能谷等能面的轴向平行于该方向，电子的电导有效质量是 $m_c = 0.39m_0$，它比体硅的电子电导有效质量 $m_c = 0.26m_0$ 大，所以施加张应力可以增大垂直于应力方向的电子电导有效质量。

图 2-5 所示为沿［100］方向施加单轴张应力硅的 Δ2 和 Δ4 能带底部发生应变前和之后的能量示意图。当硅受到压应力时能谷分裂，Δ2 能谷能量上升，而 Δ4 能谷能量下降，它们之间存在较大的能量差，从而减小了 Δ2 和 Δ4 能谷之间的声子散射概率，电子散射概率降低。

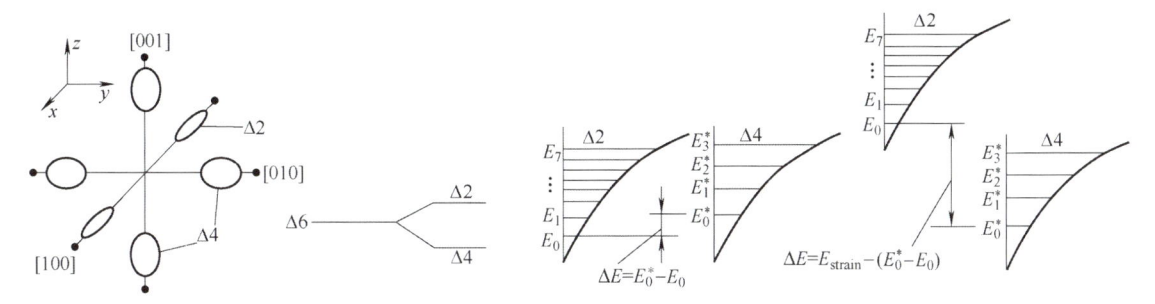

图 2-4 沿［100］方向施加单轴张应力后能谷示意图

图 2-5 Δ2 和 Δ4 能带底部发生应变前和之后的能量示意图

3. 硅价带的能带结构和施加应力改变能带结构

硅材料的价带非常复杂，价带顶位于 $K = 0$，即在布里渊区的中心，能带是简并的。如果不考虑自旋，能带是三度简并的，如果考虑自旋，能带是六度简并的。如果考虑自旋-轨道耦合，可以取消部分简并，得到一组四度简并的状态和另一组二度简并的状态。四度简并的能量表示式为

$$E(K) = -\frac{h^2}{2m_0}\{Ak^2 \pm [B^2k^4 + C^2(k_x^2k_y^2 + k_y^2k_z^2 + k_z^2k_x^2)]^{1/2}\} \quad (2\text{-}14)$$

二度简并的能量表示式为

$$E(K) = -\Delta - \frac{h^2}{2m_0}Ak^2 \quad (2\text{-}15)$$

式中，Δ 是自旋-轨道耦合的分裂能量，约为 0.04eV；常数 A、B、C 由计算不能准确求出，需借助回旋共振试验定出。

由式（2-14）可见，对于同一个波矢 K，$E(K)$ 可以有两个值，在 $K = 0$ 处，能量相重合，这对应于极大值相重合的两个能带，表明硅有两种有效质量不同的空穴。如果根式前取负号，得到有效质量较大的空穴，称为重空穴，有效质量用 m_p^h 表示；如果取正号，则得到有效质量较小的空穴，称为轻空穴，有效质量用 m_p^l 表示。式（2-14）所表示的等能面具有扭曲的形状，为扭曲面。

式（2-15）表示第三个能带，由于自旋-轨道耦合作用，使能量降低了 Δ，与上面两个能带分开，等能面接近球面。对应于第三种空穴有效质量，有效质量用 m_p^3 表示。但是由于这个能带离开价带顶，因此一般只对前两种价带感兴趣，因为自旋-轨道能带的能量比重空穴带和轻空穴带低，空穴主要占据重空穴带和轻空穴带，重空穴带和轻空穴带影响空穴的迁移率。

利用回旋共振试验定出其系数，从而算出硅的空穴电导有效质量 $m_p^l = 0.16m_0$，$m_p^h = 0.53m_0$ 和 $m_p^3 = 0.245m_0$。

为了简单描述硅发生应变时的能带变化情况，利用抛物线表示重空穴带（HH），轻空穴带（LH）和自旋-轨道耦合能带。在硅中引入应力后，不仅使轻重空穴带发生劈裂，而且能带形状也会发生改变。图 2-6 所示为在<001>晶向上施加单轴应力发生应变前后的能量示意图。图 2-6a 是未发生应变时的能带图，重空穴带和轻空穴带在价带顶附近重合。图 2-6b 是施加单轴压应力时的能带图，重空穴带和轻空穴带发生分裂，轻空穴带上升，重空穴带下降，空穴首先占据轻空穴带，空穴平均电导有效质量降低，空穴的电导有效质量是 $m_p^l = 0.16m_0$。图 2-6c 是施加单轴张应力时的能带图，轻空穴带下降，重空穴带上升，空穴首先占据重空穴带，空穴平均电导有效质量升高，空穴的电导有效质量是 $m_p^h = 0.53m_0$。

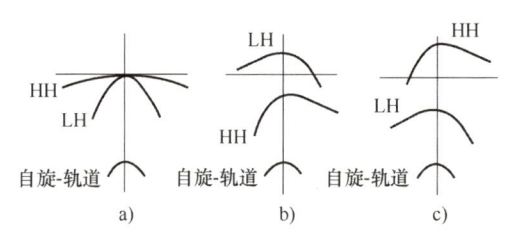

图 2-6　在<001>晶向上施加单轴应力发生应变前后的能量示意图

研究发现，当张应力作用于 NMOS 在<100>或者<110>晶向的沟道上，NMOS 的速度随着应力的增加而增加，而对于压应力正好相反，NMOS 的速度随着应力的增加而减小。对于 PMOS，不管是压应力还是张应力作用于<100>晶向的沟道上，它几乎不会影响 PMOS 的速度，为了通过应变技术提高 PMOS 的速度，PMOS 的沟道必须制造在<110>晶向上。当压应力作用于 PMOS 在<110>晶向的沟道上，PMOS 的速度随着应力的增加而增加，而对于张应力正好相反，PMOS 的速度随着应力的增加而减小。在没有受到应力的情况下，PMOS 在<100>方向上的速度要比在<110>晶向的速度大，这就是为什么通用的衬底晶圆片都是在<100>方向的，而在需要考虑利用应变技术改变 PMOS 的速度的时候才会选择<110>晶向的衬底晶圆片[10]。

随着 CMOS 集成电路工艺制程技术特征尺寸不断缩小到 90nm 及以下时，短沟道效应不断加强，传统的做法是依靠提高器件沟道的掺杂浓度和减小栅氧化层厚度，来达到减小源漏与衬底之间的耗尽层和提高栅控能力，从而达到改善短沟道效应的目的。但是高掺杂的沟道会增大库伦散射，提高栅控能力会形成强电场导致界面散射增强，从而导致载流子迁移率下降，降低了器件的速度，所以单纯依靠几何尺寸上的缩小已经几乎不能改善器件的性能，需要利用应变硅技术来改善器件的载流子迁移率，以补偿高掺杂引起的库伦散射和强电场引起的界面散射，从而提高器件的速度。目前业界通用的应变硅工艺制程技术包括四种：第一种是源漏嵌入 SiC 应变技术；第二种是源漏嵌入 SiGe 应变技术；第三种是应力记忆应变技术；第四种是接触刻蚀阻挡层应变技术。

2.1.3 源漏嵌入 SiC 应变技术

源漏区嵌入 SiC 应变技术被广泛用于提高 90nm 及以下工艺制程 NMOS 的速度，它是通过外延生长技术在源漏嵌入 SiC 应变材料，利用硅和碳晶格常数不同，从而对沟道和衬底硅产生应力，改变硅导带的能带结构，从而降低电子的电导有效质量和散射概率。

硅的晶格常数是 5.431Å，碳的晶格常数是 3.57Å，硅与碳的不匹配率是 34.27%，从而使得 SiC 的晶格常数小于纯硅，并且碳的晶格常数远小于硅的晶格常数，SiC 只需很少的碳原子就可得到很高的应力。图 2-7 所示为在硅衬底上外延生长 SiC 应变材料外延。SiC 会对横向的沟道产生张应力，从而使沟道的晶格发生形变，晶格变大。

图 2-7 在硅衬底上外延生长 SiC 应变材料外延

在 NMOS 的源漏嵌入 SiC 应变材料，如图 2-8 所示，NMOS 的沟道制造在 [100] 方向上，SiC 应变材料会在该方向产生单轴的张应力，得到的主能谷的等能面的轴向都是垂直于沟道方向，沿沟道方向单轴张应力会减小沟道方向的电子电导有效质量和散射概率，源漏嵌入 SiC 应变材料可以有效地提高 NMOS 的速度。

源漏嵌入 SiC 应变材料是选择外延（Selective Epitaxial Growth，SEG）技术。选择外延技术是利用外延生长的基本原理，以及硅在绝缘体上很难核化成膜的特性，在硅表面的特定区域生长外延层而其他区域不生长的

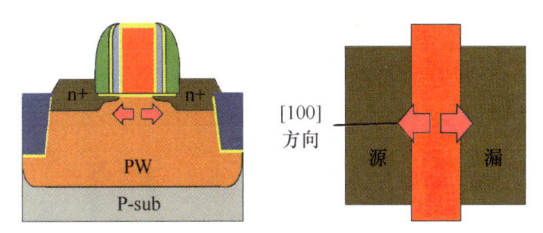

图 2-8 NMOS 源漏嵌入 SiC 应变材料产生的应力方向

技术。外延生长的基本原理是根据硅在 SiO_2 上核化的可能性最小，在 Si_3N_4 上比在 SiO_2 上大一点，在硅上可能性最大的特性完成的。这是因为在硅衬底上外延生长硅层是同质外延，而在 SiO_2 和 Si_3N_4 上是异质外延，所以落在绝缘体上的原子因不易成核而迁移到更易成核的硅单晶区内。

实现源漏嵌入 SiC 应变材料工艺具有一定的难度，因为 SiC 应变材料外延生长工艺的选择性比较差，它在源漏凹槽衬底生长的同时，也会在氧化物等非单晶区域上生长，例如在侧壁和 STI 上生长[11]。可以通过 CVD 淀积和湿法刻蚀技术，进行多次淀积和多次刻蚀的方式来改善外延生长 SiC 应变材料，因为利用 CVD 工艺可以在单晶硅衬底获得单晶态的 SiC 薄膜，而在氧化物等非单晶区域上得到非晶态的 SiC 薄膜，由于非晶态的 SiC 薄膜具有较高的刻蚀率，所以可以通过多次淀积和多次刻蚀循环在源漏单晶硅衬底上选择性生长出一定厚度的单晶态 SiC 薄膜。

另外，SiC 应变材料在高温热退火的热稳定性比较差，在大于 900℃ 的高温热退火中，SiC 应变材料中的部分碳原子会离开替位晶格的位置，一旦替位碳原子离开替位晶格，应力就会失去，离开的碳原子的数量与高温热退火的时间成正比。所以在 SiC 应变材料薄膜形成

后，必须严格控制高温退火的时间，而先进的毫秒退火工艺可以改善这一问题。

图 2-9 所示为 NMOS 的源漏嵌入 SiC 应变材料的工艺流程。

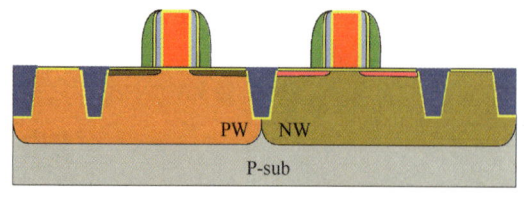

① 选取形成侧墙和 LDD 结构的工艺为起点

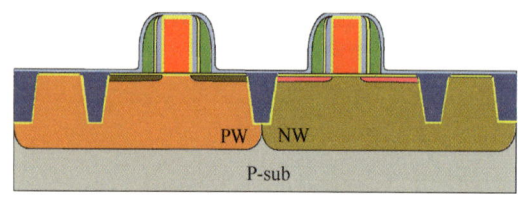

② 通过 LPCVD 淀积一层的 SiO_2 氧化层，作为 SiC 应变材料外延生长的阻挡层

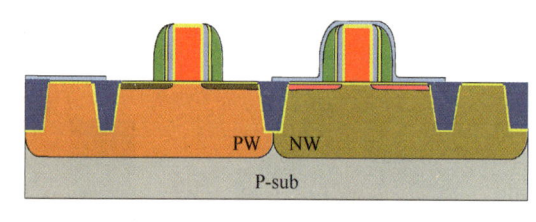

③ 通过光刻和刻蚀，去除 NMOS 区域的 SiO_2 氧化层

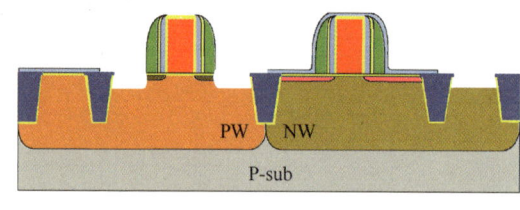

④ 选择性刻蚀硅衬底，在 NMOS 源漏形成凹槽

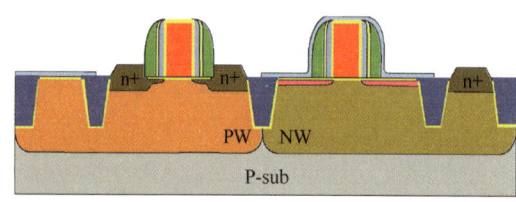

⑤ 通过循环多次 CVD 淀积和多次湿法刻蚀技术，在 NMOS 源漏凹槽硅衬底选择性外延生长单晶态的 SiC 薄膜，同时进行 n 型磷掺杂

图 2-9 NMOS 的源漏嵌入 SiC 应变材料的工艺流程

2.1.4 源漏嵌入 SiGe 应变技术

与通过源漏嵌入 SiC 应变材料来提高 NMOS 的速度类似，通过源漏嵌入 SiGe 应变材料可以提高 PMOS 的速度。源漏嵌入 SiGe 应变技术被广泛用于提高 90nm 及以下工艺制程 PMOS 的速度。它是通过外延生长技术在源漏嵌入 SiGe 应变材料，利用锗和硅晶格常数不同，从而对衬底硅产生应力，改变硅价带的能带结构，降低空穴的电导有效质量。

硅的晶格常数是 5.431Å，锗的晶格常数是 5.653Å，硅与锗的不匹配率是 4.09%，从而使得 SiGe 的晶格常数大于纯硅。图 2-10 所示为在硅衬底上外延生长 SiGe 应变材料外延。SiGe 应变材料会对横向的沟道产生压应力，从而使沟道的晶格发生形变，晶格变小。

在 PMOS 的源漏嵌入 SiGe 应变材料，如图 2-11 所示，PMOS 的沟道制造在 [110] 方向上，SiGe 应变材料会在该方向产生单轴的压应力，该压应力可以使价带能带发生分裂，重空穴带离开价带顶，轻空穴带占据价带顶，从而减小沟道方向的空穴的电导有效质量，最终源漏嵌入 SiGe 应变材料可以有效地提高 PMOS 的速度。

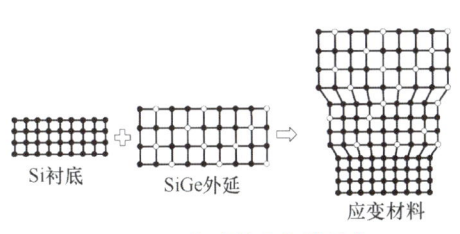

图 2-10　在硅衬底上外延生长 SiGe 应变材料外延

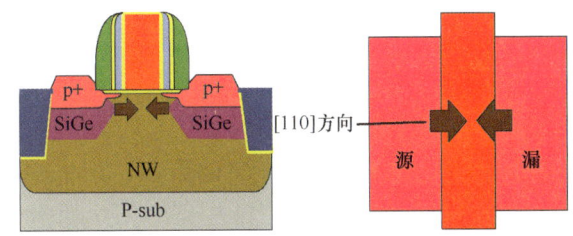

图 2-11　PMOS 源漏嵌入 SiGe 材料的应力方向

源漏嵌入 SiGe 应变材料也是利用选择性外延技术生长的。源漏嵌入 SiGe 应变材料的工艺的硅源有 $SiCl_4$、$SiHCl_3$、SiH_2Cl_2 和 SiH_4，锗源有 GeH_4，硅源中的氯原子（或者 HCl）可以提高原子的活性，氯原子的数目越多，选择性越好，这是因为氯可以抑制 Si 在气相中和掩膜层表面成核。锗含量是 SiGe 应变材料外延工艺的一个重要参数，锗的含量越高，应力越大。但是，锗含量过高容易造成位错，反而降低了应力的效果。

图 2-12 所示为 PMOS 的源漏嵌入 SiGe 应变材料的工艺流程。

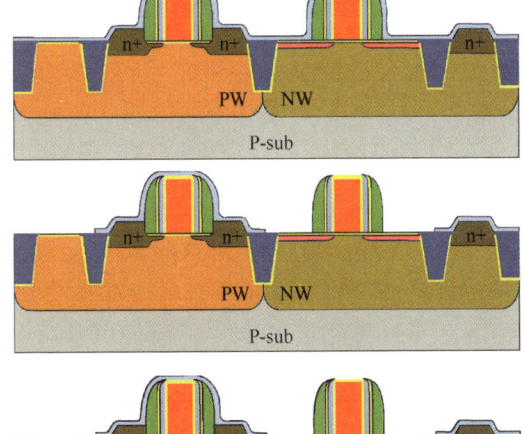

① 利用 LPCVD 淀积一层的 SiO_2 氧化层，作为 SiGe 应变材料外延生长的阻挡层

② 通过光刻和刻蚀，去除 PMOS 区域的 SiO_2 氧化层

③ 选择性刻蚀硅衬底，在 PMOS 源漏形成凹槽

图 2-12　PMOS 的源漏嵌入 SiGe 应变材料的工艺流程

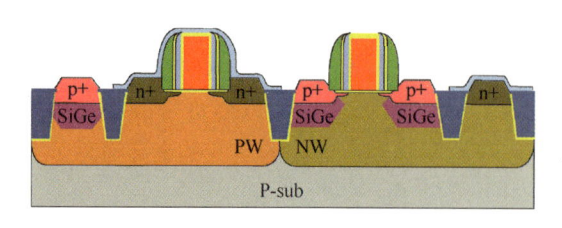

④ 通过外延技术，在 PMOS 源漏凹槽硅衬底选择性外延生长单晶态的 SiGe 应变材料薄膜，同时进行 p 型硼掺杂

图 2-12　PMOS 的源漏嵌入 SiGe 应变材料的工艺流程（续）

2.1.5　应力记忆技术

应力记忆技术（Stress Memorization Technique，SMT），是一种利用覆盖层 Si_3N_4 单轴张应力提高 90nm 及以下工艺制程中 NMOS 速度的应变硅技术[12]。淀积覆盖层 Si_3N_4 薄膜后，通过高温退火把应力传递给源漏和栅极，再通过它们把应力传递到沟道，同时应力会被它们记忆，然后通常酸槽去除应力覆盖层 Si_3N_4 薄膜，完成工艺制程后器件表面不会再有覆盖层 Si_3N_4 薄膜。

如图 2-13 所示，覆盖层 Si_3N_4 会在沟道 [100] 方向产生单轴的张应力，得到的主能谷等能面的轴向都是垂直于沟道方向，沿沟道方向的电子电导有效质量和散射概率都会减小，覆盖层 Si_3N_4 可以有效地提高 NMOS 的速度。

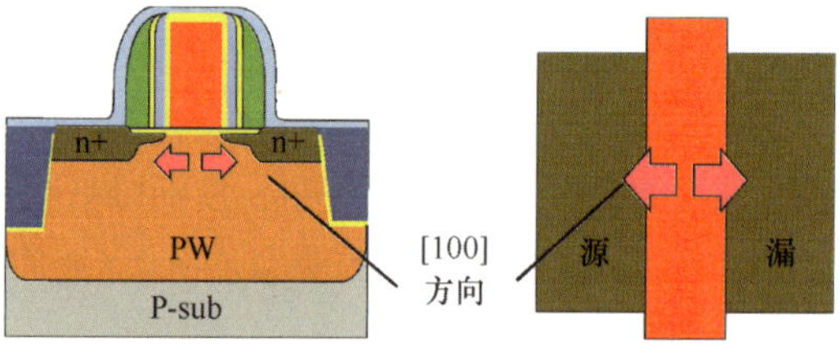

图 2-13　覆盖层 Si_3N_4 在沟道的应力方向

研究表明 SMT 的单轴张应力在提高 NMOS 速度的同时会降低 PMOS 的速度[13]。为了避免 SMT 影响 PMOS 的速度，在淀积覆盖层 Si_3N_4 后，额外增加一次光刻和刻蚀去除 PMOS 区域的覆盖层 Si_3N_4，再进行高温退火[14]。

SMT 是在完成侧墙和源漏离子注入后，通过 PECVD 淀积一层高应力的覆盖层 Si_3N_4，然后通过一次光刻和干法刻蚀的工艺去除 PMOS 区域的覆盖层 Si_3N_4，再通过高温退火过程。在 SMT 中，高温退火过程是关键，因为纳米级别的器件对热量的预算是非常敏感的，所以高温退火工艺必须采用工艺时间非常短，并且能精确控制工艺时间的快速热退火技术或者毫秒退火技术。高温退火后，再利用磷酸将 Si_3N_4 全部去除。

制备 Si_3N_4 薄膜的气体是 SiH_4、NH_3 和 N_2。Si_3N_4 薄膜中也会含有 H 原子，它主要以 Si-H 和 N-H 的形式存在。通过改变 H 原子的含量可以调节 Si_3N_4 薄膜的应力，H 原子的含量越高 Si_3N_4 薄膜的应力就越小，可以根据工艺的要求调节淀积 Si_3N_4 薄膜工艺的条件来改变 Si_3N_4 薄膜中 H 原子的含量，例如（SiH_4+NH_3）/N_2 比例越大，高频电源功率越大，反应温度越低，H 原子的含量就越高，那么 Si_3N_4 薄膜的应力就越低。

图 2-14 所示为 SMT 的工艺流程。

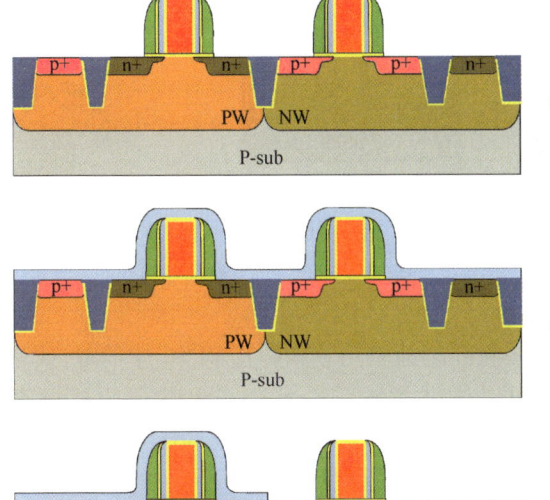

① 选取形成侧墙和源漏离子注入的工艺为起点

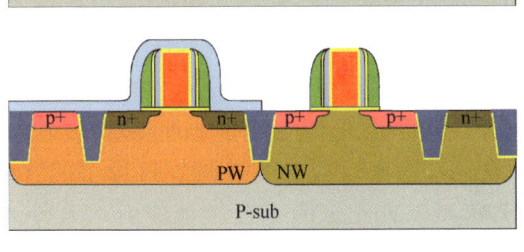

② 通过 PECVD 淀积高应力的覆盖层 Si_3N_4，Si_3N_4 提供单轴张应力

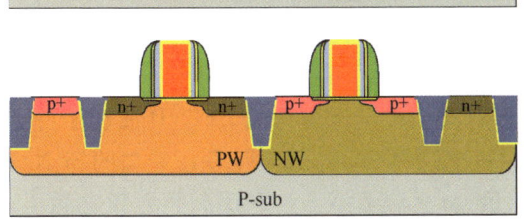

③ 通过光刻和干法刻蚀，去除 PMOS 区域的覆盖层 Si_3N_4，再通高温热退火，把张应力传递给源漏和栅极

④ 再利用磷酸将覆盖层 Si_3N_4 全部去除

图 2-14　SMT 的工艺流程

2.1.6　接触刻蚀阻挡层应变技术

SMT 仅仅是用来提高 NMOS 的速度，当工艺技术发展到 45nm 以下时，半导体业界迫切需要另一种表面薄膜层应力技术来提升 PMOS 的速度。在 SMT 技术的基础上开发出的接触刻蚀阻挡层应变技术（Contact Etch Stop Layer，CESL），它是利用 Si_3N_4 产生单轴张应力来提升 NMOS 速度和单轴压应力来提升 [110] 晶向上 PMOS 速度的应变技术。该应变技术仅适用于 45nm 及其以下工艺的短沟道器件，长沟道几乎不会获得好处。

如图 2-15 所示，与应力记忆技术类似，接触刻蚀阻挡层应变技术也是利用覆盖层 Si_3N_4 会在沟道 [110] 方向产生单轴的张应力，从而减小沟道方向的电子电导有效质量和散射概率，提高 NMOS 的速度。

如图 2-16 所示，对于 PMOS，接触刻蚀阻挡层应变技术是利用覆盖层 Si_3N_4 在 PMOS 沟道 [110] 方向产生单轴的压应力，该方向上的压应力可以使价带能带发生分裂，重空穴带离开价带顶，轻空穴带占据价带顶，从而减小沟道方向的空穴的电导有效质量，提高 PMOS 的速度。

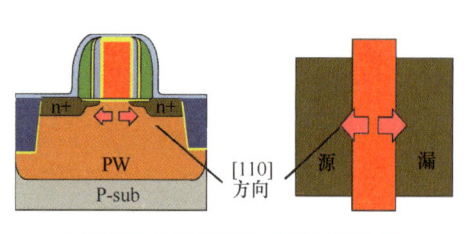

图 2-15　NMOS 在 CESL 的作用下拉应力方向

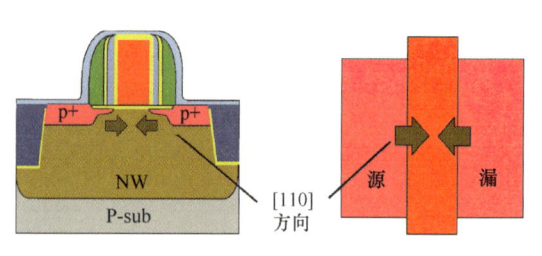

图 2-16　PMOS 在 CESL 的作用下压应力方向

在 CMOS 工艺制程中，SiON 被作为接触孔刻蚀阻挡层和防止 BPSG 中的 B、P 析出向衬底扩散，为了有效利用该层薄膜的应力可以通过调整工艺条件把 SiON 薄膜材料改为 Si_3N_4 薄膜材料。如 2.1.5 节所述，在淀积 Si_3N_4 薄膜的 PECVD 工艺中，SiH_4 和 NH_3 分别提供硅原子和氮原子，Si_3N_4 薄膜中也会含有 H 原子，它主要以 Si-H 和 N-H 的形式存在。通过改变 H 原子的含量可以调节 Si_3N_4 薄膜的应力，H 原子的含量越高 Si_3N_4 薄膜的应力就越小，早期的工艺是通过控制气体的比例、高频电源功率和反应温度来调节 H 原子的含量，但是随着工艺制程要求 Si_3N_4 薄膜的应力越来越高，更先进的工艺制程中引入紫外光照射条件[15]，利用紫外光可以打断 Si_3N_4 薄膜中的 Si-H 和 N-H 键，形成更强的 Si-H 键。利用紫外光照射的工艺主要是淀积张应力的 Si_3N_4 薄膜，它被用来提高 NMOS 的速度。

与淀积张应力的 Si_3N_4 薄膜不同，可以利用双频射频电源的 PECVD 淀积压应力的 Si_3N_4 薄膜[16]，双频射频电源是指它包含高频射频电源和低频电源。淀积压应力的 Si_3N_4 薄膜的气体源除了包含 SiH_4 和 NH_3 外，还包含 H_2 和 Ar（或者 N_2）。利用高频射频电源可以电解重原子气体 Ar，形成 Ar^+ 等离子体（或者称为 Plasma），再利用低频电源加速 Ar^+ 离子形成高能离子体，然后利用高能离子的体轰击效应，使得 Si_3N_4 薄膜更为致密，形成压应力。

图 2-17 所示为接触刻蚀阻挡层应变技术的工艺流程。

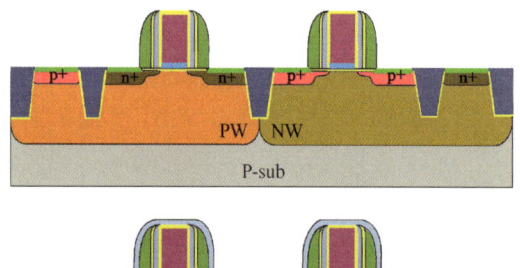

① 选取 45nm 工艺技术已经形成金属硅化物的工艺为起点

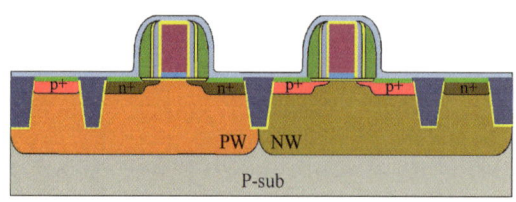

② 通过紫外光 PECVD 淀积高应力的覆盖层 Si_3N_4，覆盖层 Si_3N_4 可以提供单轴张应力

图 2-17　接触刻蚀阻挡层应变技术的工艺流程

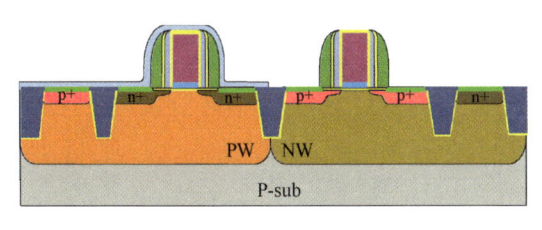

③ 通过光刻和干法刻蚀，去除 PMOS 区域的覆盖层 Si_3N_4

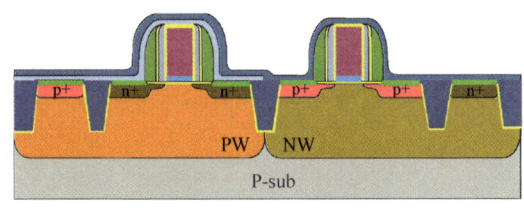

④ 通过双频射频电源 PECVD 淀积高应力的覆盖层 Si_3N_4，覆盖层 Si_3N_4 可以提供单轴压应力

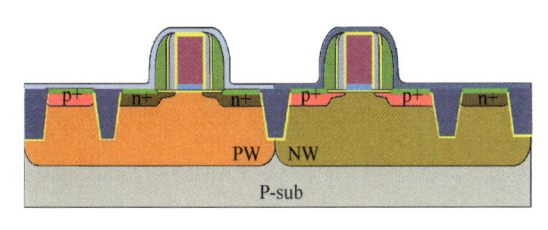

⑤ 通过光刻和干法刻蚀，去除 NMOS 区域的第二次淀积的覆盖层 Si_3N_4

图 2-17　接触刻蚀阻挡层应变技术的工艺流程（续）

2.2　HKMG 工艺技术

2.2.1　栅介质层的发展和面临的挑战

随着集成电路工艺技术的不断发展，为了提高集成电路的集成度，同时提升器件的工作速度和降低它的功耗，集成电路器件的特征尺寸不断按比例缩小，工作电压不断降低。为了有效抑制短沟道效应，除了源漏的结深不断降低和沟道的掺杂浓度也不断增加外，栅氧化层的厚度也不断降低，从而提高栅电极电容，达到提高栅对沟道的控制能力，同时调节阈值电压。栅氧化层的厚度是随着沟道长度的减小而近似线性降低的，每一代大概是前一代的 0.7 倍左右，从而获得足够的栅控能力。另外，随着栅氧化层厚度的不断降低，MOS 管的驱动能力也会相应提高。

20 世纪 60 年代，最初的栅极材料是铝金属，氧化层的介质层是纯二氧化硅，栅极叠层结构是由纯二氧化硅和金属栅极组成。后来开发出多晶硅栅极，栅极叠层结构变为由纯二氧化硅和重掺杂的多晶硅栅极组成。因为通过多晶硅栅极可以实现自对准，另外也可通过调节掺杂多晶硅栅的类型调节器件的阈值电压。NMOS 栅极的多晶硅掺杂类型是 n 型，PMOS 栅极的多晶硅掺杂类型是 p 型。对于厚度大于 4nm 的栅氧化层，它是理想的绝缘体，因为 SiO_2 的禁带宽度高达 9eV，Si 的禁带宽度是 1.12eV，它们之间会形成巨大的势垒高度，在器件正常的偏置电压的条件下，电子或者空穴不可能越过栅氧化层与硅形成的势垒，所以不会形成栅极漏电流。

图 2-18 所示为 NMOS 的能带图，图 2-18a 是栅氧化层的厚度大于 4nm，衬底与栅之间没有形成明显的漏电流。随着栅氧化层厚度的不断降低，当纯二氧化硅的厚度小于 3nm 时，它不再是理想的绝缘体，栅极与衬底之间将会出现明显的量子隧穿效应，衬底的电子以量子的形式穿过栅介质层进入栅，形成栅极漏电流。栅极漏电流会随着栅氧化层厚度的减小而呈现指数级增长，栅氧化层物理厚度每减小 0.2nm，隧穿电流就增大 10 倍，栅极漏电流增加会导致集成电路的功耗急剧增加，功耗增加导致集成电路发热从而影响集成电路的可靠性。另外，PMOS 多晶硅栅极中的硼离子也会穿过栅介质层进入衬底，导致阈值电压漂移。图 2-18b 是栅氧化层的厚度小于 3nm 时，多晶硅栅极的空穴不再进入栅氧化层的价带，而是表现为波动性，直接以量子的形式隧穿栅氧化层的梯形势垒，进入衬底形成漏电流[17]。图 2-19 所示为 1.8V NMOS 和 1.8V PMOS 的栅极漏电流方向。NMOS 的栅极漏电流是由栅极流向衬底，PMOS 的栅极漏电流是由衬底流向栅极。

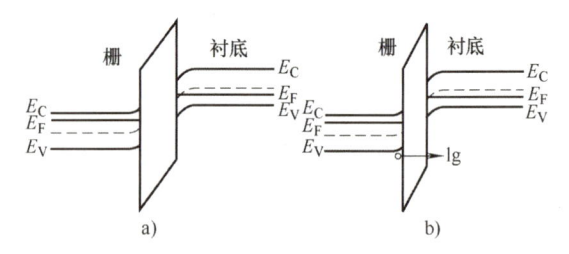

图 2-18　NMOS 的能带图

当集成电路器件的特征尺寸进入 0.18μm 时，栅氧化层的厚度小于 3nm，半导体业界利用 SiON 代替纯二氧化硅作为栅氧化层的介质层的材料。SiON 具有三方面的优点：第一点是 SiON 具有较高的介电常数，在相同等效栅电容的情况下，SiON 会具有更厚的物理氧化层；第二点是 SiON 具有较高的电子绝缘特性，在相同物理厚度的情况下，利用 SiON 作为栅氧化层的栅极漏电流大大降低；第三点是 SiON 中的氮元素对 PMOS 多晶硅栅极掺杂的硼离子具有较好的阻挡作用，SiON 可以防止硼离子在热退火处理的过程中扩散并越过栅氧化层到达衬底的沟道中影响器件的阈值电压。

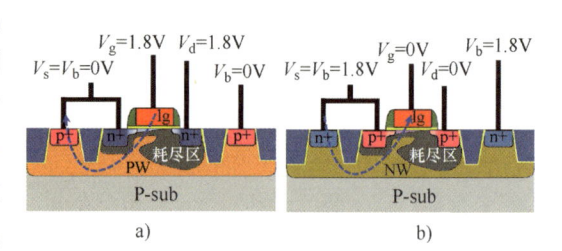

图 2-19　1.8V NMOS 和 1.8V PMOS 的栅极漏电流方向

早期生长栅氧化层 SiON 材料是利用炉管预先淀积一层纯二氧化硅薄膜，然后再利用原位和非原位热处理氮化二氧化硅薄膜形成 SiON 薄膜，氮化的气体是 N_2O、NO 和 NH_3 中的一种或几种。这种工艺技术简单，缺点是掺杂氮元素的含量太少，对硼离子的阻挡作用有限，并且 SiON 中的氮元素不是均匀分布在栅氧化层中的，它主要分布在靠近 SiO_2 和 Si 衬底的界面，造成 SiO_2 和 Si 衬底之间的界面缺陷，会导致沟道的载流子散射，降低载流子的迁移率。用炉管热处理氮化得到的氮氧化硅（SiON）主要应用于工艺特征尺寸在 0.11μm 及以上的工艺技术。

随着工艺特征尺寸进入 90nm 及以下，栅氧化层厚度缩小到 2nm 左右，栅极漏电流和硼离子扩散变得越来越严重，这就要求作为栅氧化层的氮氧化硅的氮元素含量越来越高，同时使它靠近上表面从而改善 SiO₂ 和 Si 衬底之间的界面。更先进的等离子氮化工艺被应用于生长栅氧化层 SiON 材料，以提高栅介质层中的氮含量，并较好的控制氮的分布[18]。这种技术也是首先利用炉管预先淀积一层纯二氧化硅薄膜，然后利用氮气和惰性气体（如氦气或氩气）的混合气体，在磁场和电场感应下产生活性极强的氮等离子体，同时活性极强的氮等离子体会撞击二氧化硅薄膜表面，形成断裂的硅氧键，活性极强的氮离子会取代部分断裂的硅氧键中的氧的位置，并在后续的热退火步骤中形成稳定的硅氮键，从而使氮元素靠近上表面。

由于 MOS 器件的栅漏电流与栅氧化层的厚度成指数关系，随着工艺特征尺寸进入 45nm，栅氧化层 SiON 的厚度小于 2nm，将引起不希望的高栅漏电流，导致整个芯片的待机功耗急剧增加、可靠性问题和栅介质层完整性问题，所以用由 SiON 和多晶硅组成的栅极叠层结构已经不能满足 MOSFET 器件高性能的要求。另外，NMOS 栅漏电流是栅氧化层物理厚度缩小的主要制约因素，NMOS 的栅漏电流是 PMOS 栅漏电流的 10 倍[19]，因为栅漏电流主要是由载流子的隧穿引起的，而空穴隧穿要通过更高的势垒。

2007 年 1 月，Intel 公司宣布在 45nm 技术节点利用新型 High-K（高 K 介电常数）介质材料 HfO₂ 来代替传统 SiON 作为栅介质层来改善栅极漏电流问题，同时利用金属栅代替多晶硅栅，开发出 HKMG 工艺。

2.2.2 衬底量子效应

随着器件的特征尺寸减少到 90nm 以下，栅氧化层厚度也不断减小，载流子的物理特性不再遵从经典理论，其量子效应会变得非常显著。纳米器件的沟道掺杂浓度高达 $3\times10^{17}\text{cm}^{-2}$ 以上，栅氧化层的厚度小于 2nm，在 1~1.2V 电压下，栅极在垂直于沟道的方向上的沟道表面反型层的电场强度很强，表面能带强烈弯曲，栅氧化层与衬底界面的强垂直电场会形成一个势阱，载流子被限制在一个很窄的沟道表面的势阱内，这种局域化导致垂直于界面方向载流子运动的二维量子化，使传导载流子成为只能在垂直于界面方向运动的二维电子气。二维量子化使能带呈阶梯形的子带，使电子波函数呈调制的二维平面波，同时也会影响载流子迁移率等参数。它们在表面法线方向上的运动要通过量子力学来分析。在垂直运动方向上，载流子将具有离散本征能级的二维电子气，所以对纳米 CMOS 工艺的器件必须考虑量子效应。

对于沟道反型层中电荷的分布分析求解，一个简单的解析表达式处理是不合适的，反型层载流子的峰值分布取决于不同能带中所有载流子的波函数，要求对耦合有效质量的薛定谔方程和泊松方程自洽求解，才能完全地描述反型层载流子行为。反型层载流子的分布取决于栅电压和器件参数，Lee 等人基于数值仿真结果和试验数据，提出一个精确度较好的简单的估算反型层中电荷中心 X_ac 的经验模型[20]，它的表达式如下：

$$X_\text{ac}=6.20\times10^{-5}\left(\frac{V_\text{g}+V_\text{th}}{t_\text{ox}}\right)^{-0.4} \tag{2-16}$$

式中，V_g是栅电压；V_{th}是阈值电压；t_{ox}是栅氧化层厚度。

对于90nm以下的工艺技术，用经验模型的公式（2-16）分析反型层，得到电荷的质心偏离界面0.8~1nm，该电荷中心会在栅极下产生一个额外的串联电容。如图2-20所示，图2-20a是NMOS的衬底经典模型和量子效应模型电荷分布，对于经典模型，电荷中心位于沟道表面的附近，而对于量子效应模型，电荷中心与衬底界面距离为X_{ac}，图2-20b是能带图和衬底电荷分布，图2-20c是栅电容的等效电路，C_g是栅耗尽的等效电容，C_{ox}是栅氧化层的等效电容，C_{sub}是衬底量子效应的等效电容。当栅氧化层厚度减小到2nm以下，电容C_{sub}的影响变得越来越严重，已经不再可以忽略。

a) NMOS的衬底电荷分布　　b) 能带图和衬底电荷分布　　c) 栅电容的等效电路

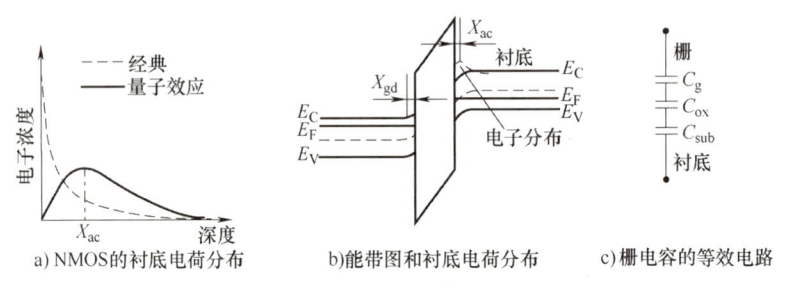

图2-20　额外串联电容的原理图

2.2.3　多晶硅栅耗尽效应

当栅与衬底之间存在压差时，它们之间存在电场，静电边界条件使多晶硅靠近氧化层界面附近的能带发生弯曲，并且电荷耗尽，从而形成多晶硅栅耗尽区。该耗尽区会在多晶硅栅与栅氧化层之间产生一个额外的串联电容。当栅氧化层厚度减小到2nm以下，此电容的影响也会变得越来越严重，已经不再可以忽略。

多晶硅栅耗尽的宽度不像衬底量子效应那么复杂，它只需要采用简单的静电学就可以估算栅耗尽区的宽度。重掺杂的栅的掺杂浓度比轻掺杂的沟道的掺杂浓度要高，在亚阈值区，氧化层界面电位移的连续性意味着栅极的能带弯曲小于衬底的能带弯曲。考虑一个偏置到反型区的NMOS的n型重掺杂的多晶硅，平带电压（V_{FB}）和衬底电压降（ϕ_s）、栅电压降（ϕ_g）、氧化层电压降（V_{ox}）之和等于栅压（V_g）[21]

$$V_g = V_{FB} + V_{ox} + \phi_s + \phi_g \tag{2-17}$$

利用栅氧化层的边界条件和高斯定理对式（2-17）进行化简求解，当$V_g > V_{th}$时，求得栅耗尽的宽度X_{gd}的公式如下：

$$X_{gd} = \frac{\varepsilon_o \varepsilon_{si}}{C_{ox}} \left[\sqrt{1 + \frac{2C_{ox}^2}{\varepsilon_o \varepsilon_{si} q N_{gate}}(V_g - V_{th} + \gamma_s \sqrt{2\phi_b})} - 1 \right] \tag{2-18}$$

$$\approx \frac{C_{ox}(V_g - V_{th} + \gamma_s \sqrt{2\phi_s})}{q N_{gate}}$$

式中，$\gamma_s = \sqrt{2\varepsilon_o \varepsilon_{si} N_{gate}}/C_{ox}$；$C_{ox} = \varepsilon_o \varepsilon_{si}/t_{ox}$；$\phi_b = E_i - E_f$；$N_{gate}$是栅的掺杂浓度。

图 2-21a 所示为 NMOS 的能带图，图 2-21b 所示为栅耗尽的等效电容、栅氧化层的等效电容和衬底量子效应的等效电容的等效电路图，图 2-21c 所示为栅耗尽和衬底量子化的示意图。

a) NMOS的能带图　　b) 等效电路图　c) 栅耗尽和衬底量子化

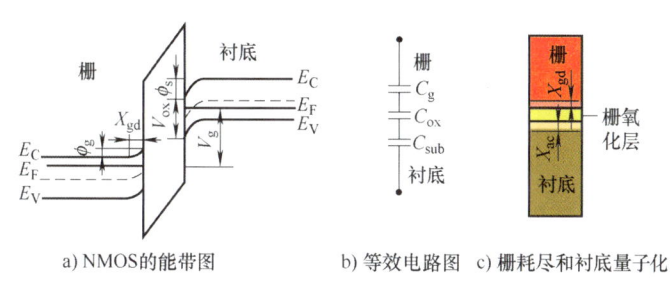

图 2-21　多晶硅栅耗尽效应

2.2.4　等效栅氧化层厚度

业界通常利用低频和高频的电容电压（C-V）特性曲线提取 MOS 器件栅介质的电学厚度。MOS 器件的栅介质的电学厚度是栅中电荷的质心与衬底电荷的中心的距离，随着栅氧化层厚度不断缩小到 2nm 以下，器件的栅极与衬底形成电容的大小受到沟道中反型层载流子量子效应和反向偏置时栅极耗尽层的附加电容的影响变得越来越严重。所以对栅氧化层的电学分析的时候也必须把栅极耗尽层和量子效应附加的电容，为了更好理解它们，引入一个新的定义，电容的有效厚度（Capacitance Effective Thickness，CET），CET 也称为电容介质的电学厚度[22]。

$$\mathrm{CET}(V) = \frac{\varepsilon_o \varepsilon_{\mathrm{SiO}_2} S_{\mathrm{gate}}}{C(V)} \quad (2\text{-}19)$$

式中，ε_o 是真空介电常数；$\varepsilon_{\mathrm{SiO}_2}$ 是 SiO$_2$ 的介电常数；S_{gate} 是栅面积；$C(V)$ 是给定的电压 V 对应的电容，它包括栅极耗尽层和衬底量子效应附加的电容。CET 与栅极的掺杂类型、栅极的功函数、栅极耗尽层的厚度、衬底的掺杂类型和栅电压有关。

另外，还引入另一个新的定义，介质的等效氧化层厚度（Equivalent Oxide Thickness，EOT），它与 $C(V)$ 的关系[23]为

$$C(V) = \frac{\varepsilon_{\mathrm{SiO}_2} S_{\mathrm{gate}}}{\mathrm{EOT}} \quad (2\text{-}20)$$

对于另外一种替代介质，也可以通过调节物理厚度测得相同的 C-V 曲线，那么

$$\frac{\varepsilon_{\mathrm{SiO}_2} S_{\mathrm{gate}}}{\mathrm{EOT}} = \frac{\varepsilon_{\mathrm{ox}} S_{\mathrm{gate}}}{t_{\mathrm{ox}}} \quad (2\text{-}21)$$

可得

$$\mathrm{EOT} = \frac{\varepsilon_{\mathrm{SiO}_2}}{\varepsilon_{\mathrm{ox}}} t_{\mathrm{ox}} \quad (2\text{-}22)$$

式中，$\varepsilon_{\mathrm{ox}}$ 是替代介质的介电常数；t_{ox} 是替代介质物理厚度，它能产生与等效厚度为 EOT 的

氧化层一样的 C-V 曲线。

对于考虑栅极耗尽层和量子效应附加电容的栅电容的等效电路公式如下：

$$\frac{1}{C_g} = \frac{1}{C_{gd}} + \frac{1}{C_{ox}} + \frac{1}{C_{ac}} \tag{2-23}$$

$$= \frac{X_{gd}}{\varepsilon_o \varepsilon_{Si}} + \frac{t_{ox}}{\varepsilon_o \varepsilon_{ox}} + \frac{X_{ac}}{\varepsilon_o \varepsilon_{Si}}$$

式中，真空的介电常数 $\varepsilon_o = 8.85 \times 10^{-12}$；硅的介电常数 $\varepsilon_{Si} = 11.7$；SiO_2 的介电常数 $\varepsilon_{SiO_2} = 3.9$；依据式（2-22）和式（2-23）可得

$$\frac{\varepsilon_o}{C_g} = \frac{X_{gd}}{11.7} + \frac{EOT}{3.9} + \frac{X_{ac}}{11.7} \tag{2-24}$$

依据式（2-19）和式（2-24）可得

$$CET = \frac{\varepsilon_o \varepsilon_{SiO_2} S_{gate}}{C(V)} = \frac{\varepsilon_o \varepsilon_{SiO_2} S_{gate}}{G_g} = \left[EOT + \frac{3.9(X_{gd} + X_{ac})}{11.7} \right] S_{gate} \tag{2-25}$$

可见，当栅氧化层越薄 EOT 就越小，那么 X_{gd} 和 X_{ac} 对栅电容的电学厚度 CET 的贡献越多，也就是栅极耗尽层和衬底量子效应对栅电容的影响越多。对于 EOT = 13Å，$V_g = 1.2V$ 和 $V_t = 0.4V$，进一步假设 $N_{sub} = 1.5 \times 10^{17} cm^{-3}$ 和 $N_{gate} = 1.5 \times 10^{20} cm^{-3}$，通过简单的估算，可得粗略的 X_{gd} 和 X_{ac} 值，$X_{gd} = 10.5Å$，$X_{ac} = 8Å$，栅极耗尽层和量子效应一起对 CET 贡献了 6.2Å，而栅介质的贡献是 13Å。可见对于很薄的 EOT，再通过缩小栅介质的厚度的方法对减小 CET 的作用已经不大了，因为栅极耗尽层和量子效应的作用已经占了 CET 的 30% 左右了。基于目前的技术和硅材料衬底，衬底量子效应是没有办法减小的，只能通过改进工艺或者研发新的栅极材料来减小或者消除栅极耗尽层对电容的影响，例如利用金属栅代替多晶硅栅来消除栅极耗尽层对等效栅电容的影响。

2.2.5 栅直接隧穿漏电流

随着栅氧化层厚度的不断降低，当 SiON 的厚度小于 2nm 时，它不再是理想的绝缘体，栅极与衬底之间的电子将出现量子化现象，它表现为波动性，载流子以波的形式绕过栅氧化层的势垒形成量子隧穿效应，形成隧穿电流，并在栅极与衬底之间形成栅漏电流。对于栅极的直接隧穿电流还没有一个简单的解析方程，严格的隧穿电流的物理模型包括自洽求解薛定谔方程和泊松方程，以及计算不同量子态下所有载流子的波函数来分析载流子的分布[24]，才能完全地描述载流子的行为。

Lee 等人基于实验数据和电路仿真，建立了一个经验公式去描述栅氧化层直接隧穿模型[25-26]。对于栅电压小于硅带隙电压 1.12V 的器件，栅极漏电流包括两个分量：电子导带（ECB）隧穿和空穴价带（HVB）隧穿。对于 NMOS，反向偏置栅极的漏电流主要由 ECB 提供，对于 PMOS，反向偏置栅极的漏电流主要由 HVB 提供，如图 2-22 所示。

对于 ECB 和 HVB 隧穿模型，直接隧穿的栅极漏电流都可以表示如下：

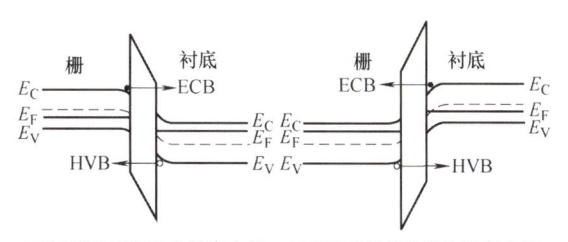

a) NMOS的能带图和隧穿电流　b) PMOS的能带图和隧穿电流

图 2-22　MOS 能带图和隧穿电流

$$J=\frac{q^3}{8\pi hX\phi_b\varepsilon_{ox}}C(V_g,V_{ox},t_{ox},\phi_b)\exp\left\{-\frac{8\pi\sqrt{2m_{ox}\phi_b^3}}{3hq|E_{ox}|}\left[1-\left(1-\frac{V_{ox}q}{\phi_b}\right)^{3/2}\right]\right\} \quad (2\text{-}26)$$

在式（2-26）中有两个关键项，一个是指数项，它是表示导带边界载流子隧穿概率的 WKB（Wenzel, Kramers, Brillouin）近似。WKB 近似方法是量子力学中的一种近似方法，通过对普朗克常量做幂级数展开，取近似，将薛定谔方程转化为常微分方程，从而使量子力学中的问题得到解决。它通常是先将量子系统的波函数变为一个指数函数，然后半经典展开，再假设波幅或相位的变化很慢，通过计算得到波函数的近似解。另一个 C 项是为了在低栅压的范围内能正确描述 J_g-V_g 的变化关系的经验形状因子。

$$C(V_g,V_{ox},t_{ox},\phi_b)=\exp\left[\frac{20}{\phi_b}\left(\frac{|V_{ox}|-\phi_b}{\phi_{bo}}+1\right)^\alpha\left(1-\frac{|V_{ox}|}{\phi_b}\right)\right]\frac{V_g}{t_{ox}}N \quad (2\text{-}27)$$

在式（2-27）中的 N 与隧穿载流子密度相关。对于反型区和积累区，N 的表达式如下：

$$N=\frac{\varepsilon_{ox}}{t_{ox}}\left\{S\ln\left[1+\exp\left(\frac{V_{ge}-V_{th}}{S}\right)\right]+V_t\ln\left[1+\exp\left(-\frac{V_g-V_{fb}}{V_t}\right)\right]\right\} \quad (2\text{-}28)$$

式中，S 是亚阈值摆幅；V_t 是热电压。

该模型中包含拟合参数 m_{ox}、势垒高度 ϕ_b 和 ϕ_{bo}，以及 α，需要依据不同的栅偏置电压、多晶硅栅掺杂和衬底掺杂类型进行调整，从而使模型的隧穿电流与实际的栅极漏电流接近。通过实验证明利用该模型计算得到的结果与实验数据符合得很好[24]。对于尺寸为 W/L = 10μm/1μm 的 NMOS，栅压为 1V，当栅氧化层厚度为 2nm 时，ECB 隧穿的电流大约是 0.01μA，当栅氧化层厚度为 1.5nm 时，ECB 隧穿的电流大约是 1μA，当栅氧化层厚度为 1nm 时，ECB 隧穿的电流大约是 700μA。随着栅氧化层厚度的不断减小，栅极漏电流呈指数增加。

2.2.6　高介电常数介质层

随着器件尺寸不断缩小，栅极介质层 SiON 的厚度会降低到 2nm 以下，栅极多晶硅耗尽、衬底量子效应和栅极漏电流变得越来越严重。而栅极漏电流对集成电路的影响尤为重要，它会严重影响集成电路的功耗和可靠性。依据式（2-22），选用高 K 材料代替 SiON 作为栅极介电层，可以在相同的等效栅氧化层厚度的情况下，得到物理厚度更大的栅介质层，从而改善栅极漏电流。

长期以来，研究人员在高 K 材料领域进行了大量的基础研究，发现了很多高 K 材料，例如从早期的 Si_3N_4、Al_2O_3 到后期的 Ta_2O_5、TiO_2、Ta_2O_3 和 HfO_2 等。但是这些高 K 材料都不能很好地与目前的工艺兼容，它们只能满足工艺的某一方面的特定的要求。

Si_3N_4 与 Si 的晶格匹配得很好，Si_3N_4 自身以及与 Si 衬底形成的界面具有良好的热稳定性，并且 Si_3N_4 中氮元素的存在可以有效地阻挡 PMOS 栅极硼杂质向衬底扩散，但是 Si_3N_4 会引起载流子迁移率下降，而且介电常数较低，均值在 7 左右。它无法满足先进 CMOS 工艺栅介质层厚度逐渐缩小的要求。

Al_2O_3 的禁带宽度为 8.9eV，其热力学稳定性非常好，结晶温度高，并且能与 Si 衬底形成良好的界面，但是它的相对介电常数也较低，仅为 9 左右。它也无法满足先进 CMOS 工艺栅介质层厚度逐渐缩小的要求。

TiO_2 的介电常数高达 80，但是其禁带宽度仅为 3.5eV，并且结晶温度较低，只有 400℃，在后续高温退火处理时产生结晶化，并将引起栅极漏电流显著增大，而且 TiO_2 与 Si 衬底及多晶硅栅极之间存在界面反应问题。所以它与硅工艺存在不兼容问题。

Ta_2O_3 的介电常数为 25 左右，但是其结晶温度只有 700℃，并且其禁带宽度很小，Ta_2O_3 与 Si 的导带偏移量只有 0.38eV，如此低的势垒高度，载流子很容易越过势垒形成栅极漏电流。另外，Ta_2O_3 在 Si 上的热稳定性极差，在界面处易生成 SiO_2/硅酸盐，导致界面存在大量缺陷，这些缺陷电荷中心会造成载流子散射，严重影响了反型层中载流子的迁移率。所以它也不适合用于 CMOS 工艺制程栅介质层。

HfO_2 的介电常数 25 左右，其禁带宽度为 5.9eV，并且 HfO_2 与 Si 的导带偏移量 1.5eV，载流子不足以越过 1.5eV 的势垒高度形成栅极漏电流。HfO_2 与 Si 直接接触会显著降低载流子迁移率，其结晶温度低于 600℃，不过可以对 HfO_2 掺杂 Si、N 等可以使其结晶温度提高到 1000℃，但是对 HfO_2 掺杂后形成的 HfSiO 或者 HfSiON 的介电常数会降低，HfSiO 的介电常数比较低，只有 7~15，而 HfSiON 的介电常数会随着 N 元素的含量变化而增大，最大可达 16。对 HfO_2 掺杂 N 离子可以提高结晶温度，减小栅极漏电流，抑制硼穿通效应。对 HfO_2 掺杂 Si 离子可以改善界面态，提高载流子迁移率。

通过改变工艺流程和利用金属栅极可以使 HfO_2 与目前的硅工艺兼容。另外，通过对栅极嵌入金属材料也可以使 HfSiON 与目前的硅工艺兼容。所以目前 HfO_2 和 HfSiON 是最适合用作栅极高 K 介质材料。

2.2.7　HKMG 工艺技术

随着器件尺寸不断缩小到 45nm 及以下工艺技术，栅极介质层 SiON 的厚度降低到 2nm 以下，为了改善栅极漏电流，半导体业界利用高 K 介质材料 HfO_2 和 HfSiON 取代 SiON 作为栅氧化层。HfO_2 和 HfSiON 介质材料有两方面的优点：第一点是 HfO_2 和 HfSiON 介质材料具有很高的电子绝缘特性。第二点是 HfO_2 和 HfSiON 介质材料的介电常数是 15~25，而 SiON 的介电常数是 4~7，在相同的 EOT 条件下，HfO_2 和 HfSiON 介质材料的物理厚度是 SiON 的 3~6 倍多，这将显著减小栅介质层的量子隧穿效应，从而有效的改善栅极漏电流及其引起的

功耗。依据式（2-22）可得

$$\text{EOT} = \frac{\varepsilon_{\text{HK}}}{\varepsilon_{\text{SiO}_2}} t_{\text{SiO}_2} \tag{2-29}$$

但是利用 HfO_2 和 HfSiON 介质材料代替 SiON 也会引起很多问题，例如由于 HfO_2 和 HfSiON 介质材料与衬底之间会形成粗糙的界面，并存在缺陷中心，缺陷中心会造成载流子散射，导致载流子迁移率降低。HfO_2 和 HfSiON 介质材料中的 Hf 原子会与多晶硅的硅原子发生化学反应形成 Hf-Si 键，从而形成缺陷中心，导致无法通过离子掺杂来改变多晶硅的功函数，造成费米能级的钉扎现象，费米能级的钉扎现象会造成器件的阈值电压发生漂移，并且无法通过多晶硅栅的离子掺杂来调节器件的阈值电压。另外，高 K 介质材料的高 K 值得益于内部偶极子结构，但是在栅介质层下表面附近的偶极子会发生振动并传递到沟道的硅原子，造成晶格振动，形成载流子声子散射，也会导致器件沟道中载流子的迁移率降低，从而降低了器件的速度。

由于多晶硅栅与 HfO_2 或 HfSiON 介质材料结合会产生许多问题，为了解决这些不兼容问题，半导体业界利用金属代替多晶硅作为器件栅极材料，利用金属栅代替多晶硅可以改善费米能级的钉扎现象，同时金属栅极具有极高的电子密度，可以有效解决多晶栅极耗尽问题。另外，在高 K 介质材料与衬底之间的界面插入一层极薄的 SiON 薄膜，利用 SiON 薄膜作为过渡层可以得到理想的 SiON 与 Si 的界面，这样可以有效的改善高 K 介质材料与衬底之间的界面，也可以改善偶极子的振动对载流子迁移率的影响。SiON 薄膜是利用 Si 的高温热氧化技术（ISSG 工艺）形成的。利用高 K 介质材料代替常规栅氧化层 SiON 和金属栅代替多晶硅栅的工艺称为 HKMG 工艺技术，HK 是 High-K 的缩写，MG 是 Metal Gate 的缩写，也就是金属栅。

实现 HKMG 是一项极具挑战性的工艺技术，它要求用新的金属栅极材料、高 K 介质材料和集成方案。选择不同的金属栅极材料可以得到不同的栅极功函数，从而控制阈值电压 V_t。为了实现 HKMG 工艺技术，半导体业界提出了二种主要的集成方案：一种先栅（Gate-First）工艺技术，也称金属嵌入多晶硅栅（Metal Inserted Poly Silicon，MIPS）工艺技术，它的栅介质材料是 HfSiON，同时在高 K 介质材料和多晶硅栅之间插入一层金属材料；一种是后栅（Gate-Last）工艺技术，也称金属替代栅（Replacement Metal Gate，RMG）工艺技术，它的栅极是金属材料，它的栅介质材料是 HfO_2。

2.2.8 金属嵌入多晶硅栅工艺技术

金属嵌入多晶硅栅工艺技术是指在高 K 介质材料与多晶硅栅之间嵌入高熔点金属 TiN 层和不同功函数层，功函数层称为"覆盖层（Cap layer）"。嵌入 TiN 的目的是为了解决金属嵌入多晶硅栅工艺中多晶硅栅耗尽，嵌入功函数覆盖层可以解决费米能级的钉扎现象。

由于金属嵌入多晶硅栅工艺制程技术需要经历源漏离子注入高温退火激活工艺，对于大多数金属栅极材料，在经过高温退火（源漏离子注入后需要高温退火）后，功函数都会漂移到带隙中间，从而失去调节阈值电压的作用。调整高 K 介质材料与金属栅之间覆盖层的材料是先栅工艺获得NMOS和PMOS所需栅极功函数的常用手段，从而实现功函数调整。比如在NMOS栅极工艺中，覆盖层的材料是一层厚度1nm的La_2O_3薄层，La_2O_3材料含有更多负电性原子，在经过高温热处理后，覆盖层与高K介质材料的界面发生互混，形成n型功函数的材料，以达到调整NMOS阈值电压V_t目的。而在PMOS栅极工艺中，覆盖层的材料是一层厚度1nm的Al_2O_3薄层，Al_2O_3材料含有更多正电性原子，在经过高温热处理后，覆盖层也会与高K介质材料的界面发生互混，形成p型功函数的材料，以达到调整PMOS阈值电压V_t目的。

淀积覆盖层的工艺是原子层淀积（Atomic Layer Deposition，ALD）或物理气相淀积技术。原子层淀积是通过将气相前驱体脉冲交替的通入反应器，化学吸附淀积在衬底上并反应形成淀积膜的一种方法，是一种可以将物质以单原子膜形式逐层的镀在衬底表面的方法，它是一种纳米级的技术，以精确控制方式实现纳米级的超薄薄膜淀积。PVD通常是采用金属淀积（La和Al）后加氧化实现。形成覆盖层的工艺是工艺整合的一个挑战，因为PMOS和NMOS上分别需要淀积不同的材料，并且它们的厚度只有1nm左右，也就是它包括利用光刻和刻蚀分别去除PMOS上的La_2O_3和NMOS上Al_2O_3的覆盖层，去除它们的同时而不对高K介质层产生损伤是非常困难的。

高K介质材料HfO_2的介电常数是25，但是HfO_2在温度超过500℃时会发生晶化，产生晶界缺陷，同时晶化还会造成表面粗糙度增加，这会引起漏电流增加，从而影响器件性能。所以HfO_2不符合金属嵌入多晶硅栅工艺技术，可以通过对HfO_2进行掺杂来改善它的高温性能，对HfO_2进行掺Si和氮化形成HfSiON，HfSiON具有极好的高温稳定性，但是它的介质常数只有7~15。

金属嵌入栅极工艺的高K介质材料是通过MOCVD淀积的HfSiO，然后通过热氮化或者等离子氮化生成HfSiON。淀积HfSiO时的温度比较高，高达600℃~700℃，因为较高的淀积温度可以配合后续的高温氮化和热处理工艺，高温氮化后热处理工艺的温度高达1000℃，高温热处理有助于去除薄膜中的C杂质，C杂质会在HfSiON中形成施主能级，会增大栅极的漏电流。淀积采用Hf的前驱体是TDEAH或者HTB，Si的前驱体是TDMAS或TEOS，与O_2反应生成HfSiO。

$$TDEAH\{Hf[N(C_2H_5)_2]_4\}+TDMAS\{Si[N(CH_3)_2]_4\}+O_2 \rightarrow HfSiO_x+CO_2+H_2O+NO_x$$

$$HTB\{Hf[O-C(CH_3)_3]_4\}+TEOS\{Si[O-C(CH_3)_3]_4\}+O_2 \rightarrow HfSiO_x+CO_2+H_2O$$

金属嵌入栅极工艺技术与传统的Poly/SiON工艺技术流程类似，只是多了要在高K介质材料与多晶硅栅嵌入"覆盖层"的工艺步骤。图2-23所示为简单的HKMG金属嵌入多晶硅栅工艺技术流程。

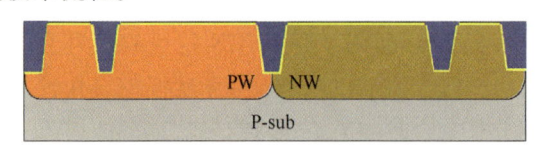

① 通过ISSG工艺技术淀积一层的SiON薄膜，目的是改善高K介质材料与衬底硅的界面态

图2-23　HKMG金属嵌入多晶硅栅工艺技术流程

② 通过 MOCVD 淀积一层高 K 介质层 HfSiO，然后再经过高温氮化形成 HfSiON

③ 通过原子层淀积技术淀积厚度 1nm 的 La_2O_3 薄膜，形成 NMOS 上覆盖层，目的是通过改变 NMOS 栅极的功函数来调节 NMOS 的阈值电压 V_t

④ 通过 RFPVD 淀积厚度 5~10nm 的 TiN 金属覆盖层，形成金属栅，改善栅极多晶硅耗尽

⑤ 通过光刻和刻蚀去除 PMOS 区域的栅介质层和金属薄膜

⑥ 通过 ISSG 工艺技术淀积一层的 SiON 薄膜，目的是改善高 K 介质材料与衬底硅的界面态

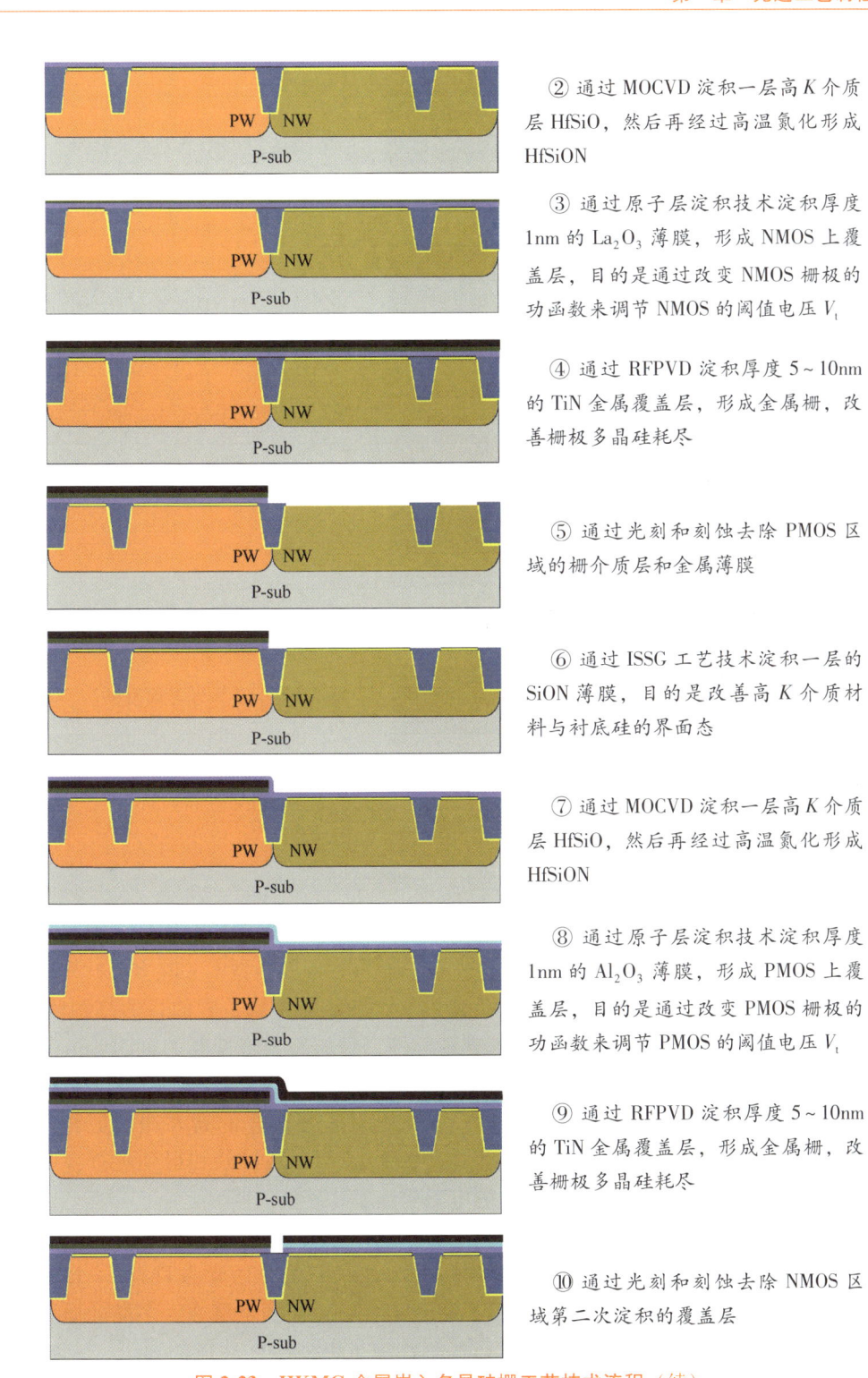

⑦ 通过 MOCVD 淀积一层高 K 介质层 HfSiO，然后再经过高温氮化形成 HfSiON

⑧ 通过原子层淀积技术淀积厚度 1nm 的 Al_2O_3 薄膜，形成 PMOS 上覆盖层，目的是通过改变 PMOS 栅极的功函数来调节 PMOS 的阈值电压 V_t

⑨ 通过 RFPVD 淀积厚度 5~10nm 的 TiN 金属覆盖层，形成金属栅，改善栅极多晶硅耗尽

⑩ 通过光刻和刻蚀去除 NMOS 区域第二次淀积的覆盖层

图 2-23　HKMG 金属嵌入多晶硅栅工艺技术流程（续）

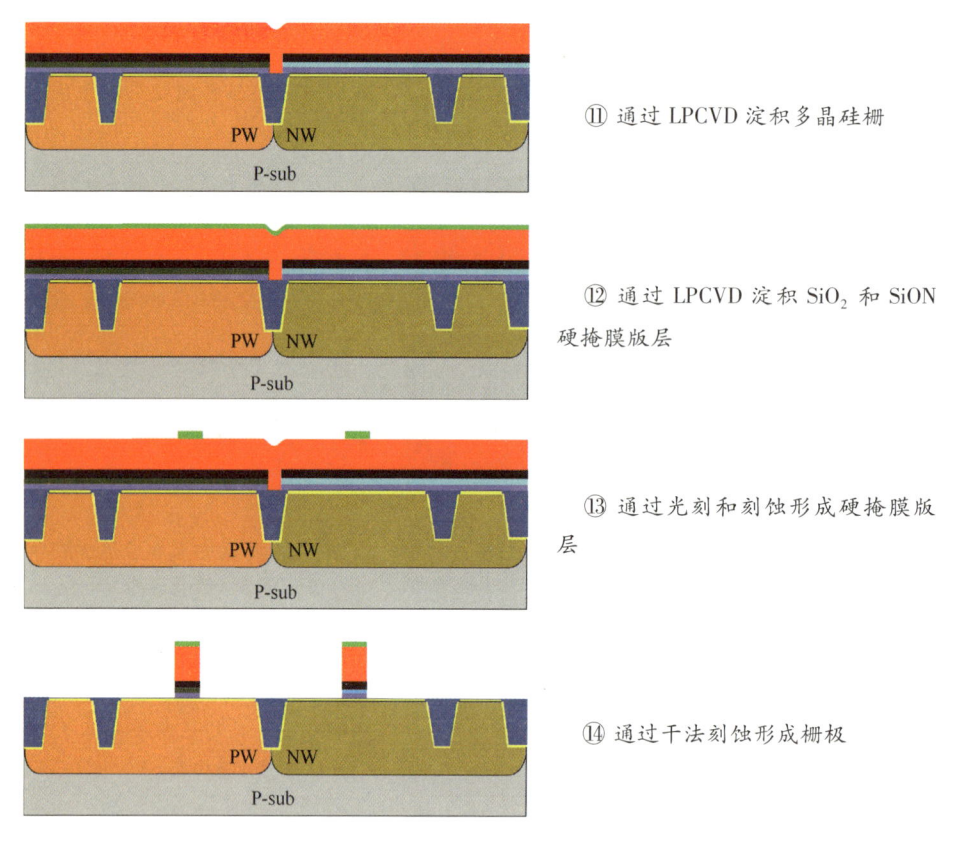

⑪ 通过 LPCVD 淀积多晶硅栅

⑫ 通过 LPCVD 淀积 SiO_2 和 SiON 硬掩膜版层

⑬ 通过光刻和刻蚀形成硬掩膜版层

⑭ 通过干法刻蚀形成栅极

图 2-23　HKMG 金属嵌入多晶硅栅工艺技术流程（续）

2.2.9　金属替代栅极工艺技术

金属替代栅极工艺技术分两部分，第一部分与传统的 Poly/SiON 工艺技术流程类似。金属替代栅极工艺的第二部分是在完成 ILD 工艺以后，再利用刻蚀技术去除多晶硅栅和栅介质层，然后再淀积高 K 介质层、以及合适的 n 型和 p 型功函数金属，它的目的是调整 MOS 管的阈值电压 V_t，最后用低阻金属（铝）填充栅沟槽，目的是为降低栅的电阻。虽然金属替代栅极工艺的工艺步骤比金属嵌入多晶硅栅工艺多，并且工艺复杂，但是金属替代栅极工艺的器件性能要比金属嵌入栅极工艺的好，因为金属替代栅极工艺的高 K 介质层和栅极金属材料是在高温热退火后形成的，可以选择性能更好的高 K 介质材料和得到更符合要求栅极金属材料，并且它的稳定性更好，金属栅的电阻要比多晶硅栅的低。

金属替代栅极工艺是通过原子层淀积技术淀积高 K 介质材料 HfO_2，它的介电常数是 25。因为金属嵌入多晶硅栅工艺的高 K 介质材料是 HfSiON，它的介质常数只有 7～15。相对而言，金属替代栅极工艺的高 K 介质材料 HfO_2 更具有优势，而当金属嵌入多晶硅栅工艺进入 28nm 工艺制程时，高 K 介质材料 HfSiON 已经不能满足提高器件性能的要求，金属嵌入多晶硅栅工艺被金属替代栅极工艺取代。

在金属替代栅极工艺中 PMOS 的金属栅极材料是 TaN，NMOS 的金属栅极材料是 TaAlN。因为金属替代栅极工艺中金属栅极是淀积在多晶硅沟槽里的，它要求淀积工艺要具有很好的台阶覆盖率，所以选择原子层淀积技术淀积金属栅极。

图 2-24 所示为 HKMG 金属替代栅极工艺技术流程。PMOS 的有源区是 SiGe 应变材料，利用应变材料 SiGe 可以提高载流子空穴的迁移率，从而提高 PMOS 的速度。

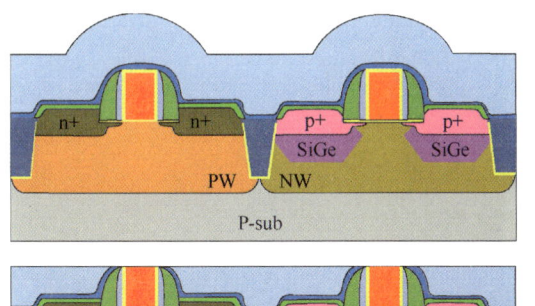

① 通过 CVD 淀积 ILD 层

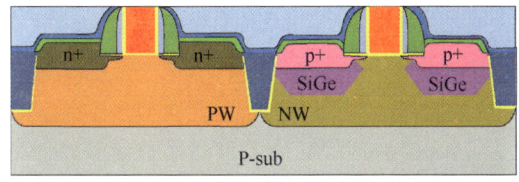

② 通过 CMP 进行 ILD 平坦化

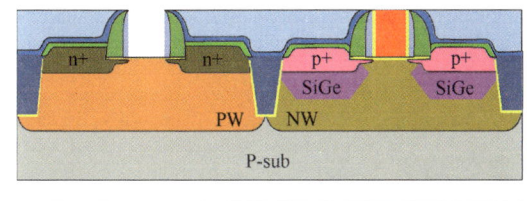

③ 通过光刻和干法刻蚀去掉 NMOS 的多晶硅栅极

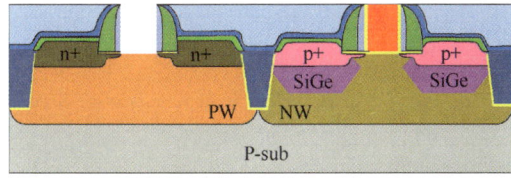

④ 通过湿法刻蚀去掉氧化硅

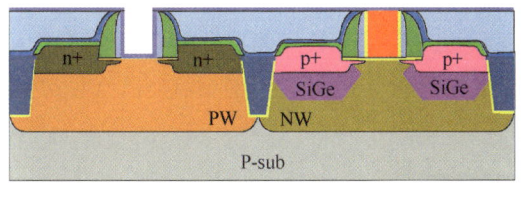

⑤ 通过 ISSG 工艺技术淀积一层的 SiON 薄膜，目的是改善高 K 介质材料与衬底硅的界面态。再通过原子层淀积技术淀积高 K 介质材料 HfO_2

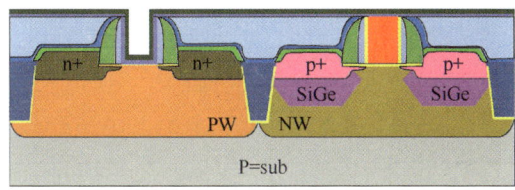

⑥ 通过原子层淀积技术淀积 n 型金属栅 TaAlN

图 2-24　HKMG 金属替代栅极工艺技术流程

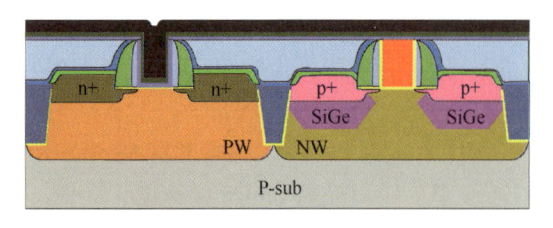

⑦ 通过原子层淀积技术淀积低阻金属填充栅沟槽

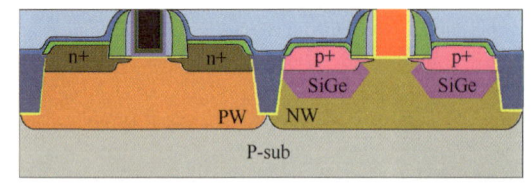

⑧ 通过 CMP 进行平坦化，清除多余的金属

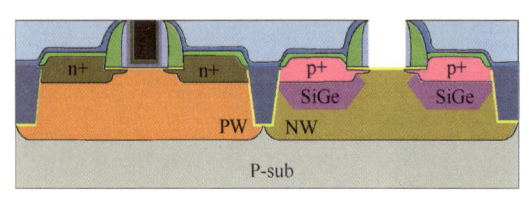

⑨ 通过光刻和干法刻蚀去掉 PMOS 的多晶硅栅极

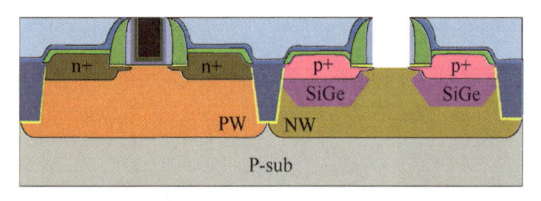

⑩ 通过湿法刻蚀去掉氧化硅

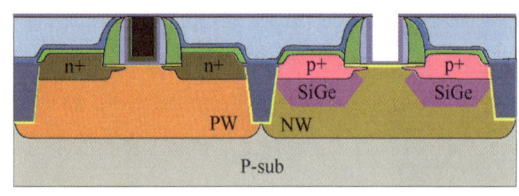

⑪ 通过 ISSG 工艺技术淀积一层的 SiON 薄膜，目的是改善高 K 介质材料与衬底硅的界面态。再通过原子层淀积技术淀积高 K 介质材料 HfO_2

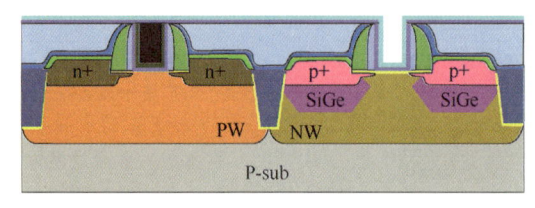

⑫ 通过原子层淀积技术淀积 p 型金属栅 TaN

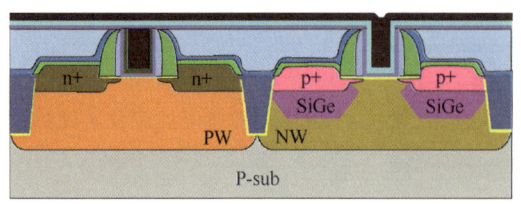

⑬ 通过原子层淀积技术淀积低阻金属填充栅沟槽

图 2-24　HKMG 金属替代栅极工艺技术流程（续）

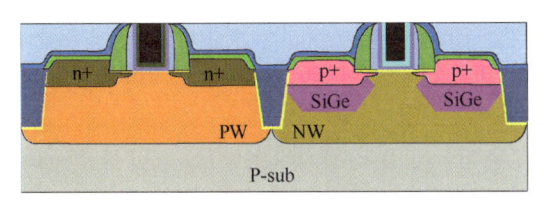

⑭ 通过 CMP 进行平坦化，清除多余的金属

图 2-24　HKMG 金属替代栅极工艺技术流程（续）

图 2-25 所示为 32nm HKMG 金属替代栅极工艺技术的 NMOS 和 PMOS 的剖面图。NMOS 利用 RSD 工艺技术使源和漏有源区凸起，同时进行源和漏掺杂，因为 32nm 工艺技术的结深非常小，通过外延生长技术使源和漏有源区凸起，可以增加有源区的厚度，从而可以形成更厚的 Salicide，减小 NMOS 源和漏的接触电阻。PMOS 利用外延生长形成 SiGe 源和漏有源区，同时进行源和漏掺杂，凸起的源和漏有源区可以形成更厚的 Salicide，减小 PMOS 源和漏的接触电阻，另外 SiGe 应变硅可以在沟道产生应力，提高载流子的速度，最终提高 PMOS 的速度。

虽然 HKMG 利用金属栅极和高 K 栅介质层解决了多晶硅耗尽问题和栅极漏电问题，但是它也在硅衬底和高 K 栅介质层引入了 SiON 界面层，SiON 的介电常数比较低，在 4~7 之间，引入的 SiON 界面层的物理厚度在 0.6nm 左右，所以 SiON 界面层的削弱了高 K 栅介质层对先进工艺中栅极电容的贡献。因为在技术上没有办法实现移除 SiON 界面层，SiON 界面层的问题将一直存在，未来工艺的方向是仅仅只能通过提高工艺技术把 SiON 界面层的物理厚度从 0.6nm 降低到 0.3nm 左右。另外，衬底量子化效应的问题也会一直存在，在技术上也没办法改善它，只能在新材料的方向上作努力。图 2-26 所示为 HKMG 工艺技术 MOS 栅极的等效电容。

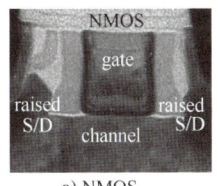

a) NMOS

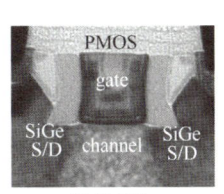

b) PMOS

图 2-25　32nm HKMG 金属替代栅极工艺技术 NMOS 和 PMOS 的剖面图（来源于网络）

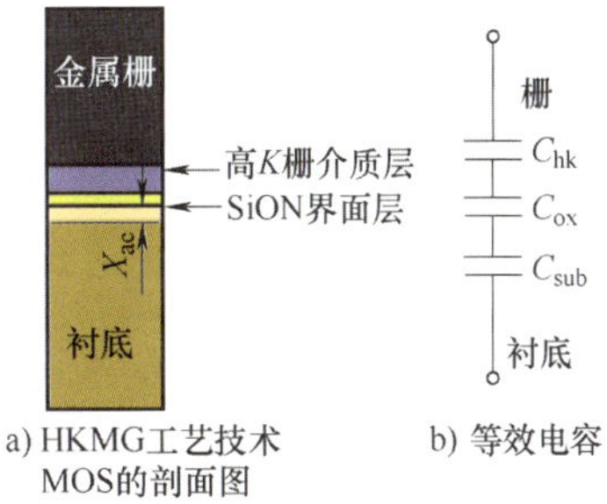

a) HKMG 工艺技术 MOS 的剖面图

b) 等效电容

图 2-26　HKMG 工艺技术 MOS 栅极等效电容

2.3　SOI 工艺技术

2.3.1　SOS 技术

SOS（Silicon on Sapphire）是一种通过外延生长技术在高纯度人工生长的蓝宝石

（Al_2O_3）晶体上形成异质的外延层，外延层的薄层厚度通常小于 $0.6\mu m$。SOS 技术就是把集成电路制造在这薄薄的外延层上，SOS 技术是最早出现的绝缘体上硅（Silicon on Insulator，SOI）CMOS 工艺技术。

1963 年，在北美航空（后来改名波音公司）自动控制部工作的 Harold M. Manasevit 发现可以通过外延生长技术在蓝宝石上形成外延层。1964 年，他和他的同事 William Simpson 在应用物理学杂志上发表了他的研究成果。

因为 SOS 蓝宝石衬底是一种优良的电绝缘体，在 SOS 工艺集成电路中，器件仅制造于蓝宝石衬底表层很薄的硅薄层中，器件与器件之间由氧化物隔开，正是这种结构使得 SOS 技术具有了体硅（传统的硅衬底称为体硅）无法比拟的优点：第一，SOS 工艺集成电路的全介质隔离可以彻底消除体硅 CMOS 工艺集成电路中因为寄生晶体管而导致的闩锁效应，使得 SOS 工艺集成电路的集成密度高以及抗辐照特性好；第二，SOS 工艺集成电路的全介质隔离可以降低阱与阱之间的寄生电容和漏电流，使得 SOS 集成电路拥有高速度和低功耗。

体硅 CMOS 工艺集成电路在重离子、质子、中子和其他粒子面前非常脆弱，当重离子和带电粒子经过硅晶格时，会产生新的电荷，新产生的电荷会引起软错误和闩锁效应。而 SOS 工艺集成电路具有很强的抗辐射能力和非常低的寄生电容，利用 SOS 衬底可以有效地提高集成电路的性能和抗闩锁效应的能力，所以 SOS 工艺集成电路被广泛应用于航空航天和军事领域。对于早期的体硅 CMOS 和 SOS 工艺集成电路，辐射导致体 CMOS 产生新的电荷，如图 2-27 所示，新的电荷会流经衬底和 NW 形成电流，并会导致闩锁效应。辐射导致 SOS CMOS 产生新的电荷，如图 2-28 所示，但是这些电荷仅仅存在于 PW 或者 NW，并不会导致闩锁效应。

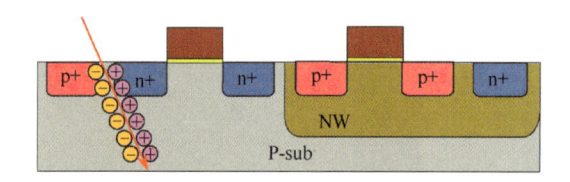

图 2-27　辐射导致体 CMOS 产生新电荷

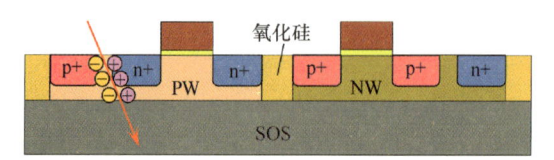

图 2-28　辐射导致 SOS CMOS 产生新电荷

在蓝宝石上生长外延单晶薄膜层，只是取得了一定程度的成功，难以扩大应用，因为 SOS 衬底材料在商业制造方面面临着一系列的挑战，在 SOS 形成外延的过程中，蓝宝石和硅之间晶格失配会形成位错、孪晶和堆垛层错等缺陷，质量难以控制。此外，蓝宝石的介电常数为 10，此数值较大，不能完全解决衬底的寄生电容。蓝宝石与硅的热膨胀系数相差一倍，这使得在外延降温时，在硅中形成压应力。在靠近蓝宝石的界面会有铝离子扩散到硅中，铝在硅中是一种 p 型掺杂剂，从而污染靠近界面的硅衬底，所以在制造高密度和小尺寸的集成电路变得异常困难。另外，SOS 硅晶圆的产量非常有限，所以利用 SOS 技术制造的集成电路也变得非常昂贵，没有办法普及。

2.3.2 SOI 技术

20 世纪 80 年代，SOS 工艺集成电路价格昂贵，并不适合普及民用，所以研究人员利用先进工艺制程技术在衬底和表面硅薄层之间嵌入一层绝缘层材料，研发出新的绝缘体上硅（SOI）材料，SOI 材料的结构是表面硅薄层-二氧化硅绝缘层材料-硅衬底，集成电路制造在表面硅薄层。利用 SOI 材料制造集成电路的技术称为 SOI 技术。无论是一般的体硅衬底晶圆还是 SOS 晶圆，都是在底部单晶上生长出来的，但是在氧化物上是没有办法生长出单晶的，业界制造 SOI 晶圆的方法都是利用嵌入或者键和的方法形成埋层氧化物隔离顶层硅薄膜层和硅衬底。目前制造 SOI 晶圆的技术主要有三种：第一种是注入氧分离技术（Separation by Implanted Oxygen，SIMOX）；第二种是键合回刻技术（Bond and Etch-back SOI，BESOI），第三种是智能剪切技术（Smart-Cut）。

1. SIMOX 技术

SIMOX 技术是最早出现的 SOI 晶圆制备技术之一，它是利用离子注入技术把氧离子注入硅中形成氧化隔离埋层，通过氧化隔离埋层隔离衬底和顶层硅薄膜层。图 2-29 所示为利用 SIMOX 技术制备 SOI 晶圆流程。图 2-29a 是晶圆衬底裸片；图 2-29b 是氧离子注入，通过高能量（200keV）把高剂量（$1.8×10^{18}cm^{-2}$）的氧离子注入硅晶圆，高能量注入的氧离子会分布在硅晶圆表面下方；图 2-29c 是高温退火，通过 3~6 小时的高温（1350℃）退火，硅晶圆里的氧离子和硅发生化学反应，在硅晶圆表面下方形成一层厚度小于 240nm 的二氧化硅绝缘层材料。而在此二氧化硅绝缘层的上方则会产生一层结晶层，它们就组成了硅薄层-二氧化硅绝缘层材料-硅衬底的 SOI 结构。

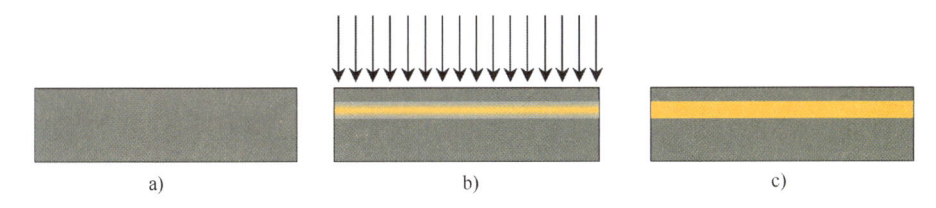

图 2-29 利用 SIMOX 技术制备 SOI 晶圆流程

SIMOX 技术的优点是氧化物理层（即埋层氧化物 Burrier Oxide-BOX）具有比较好的均匀性，能够通过注入能量控制 BOX 上面硅的厚度。另外，BOX 和顶层硅之间的界面也非常平整。但是 SIMOX 技术的缺点是采用此技术制备的 SOI 晶圆，BOX 和顶层硅的厚度只能在有限的范围内进行调整。在现有技术中，采用 SIMOX 技术制备的 SOI 材料，BOX 的厚度通常无法超过 240nm，而顶层硅薄膜厚度无法超过 300nm。对于 240nm 的 BOX，它的厚度太薄会导致顶层与衬底击穿，另外顶层硅薄膜和衬底之间的寄生电容也会相应增加。如果顶层硅薄膜厚度达不到要求时，可以再通过外延生长技术生长硅外延层增加顶层硅薄膜厚度，最后利用 CMP 的方法将晶圆表面磨平，去除因为外延生长的过程中在表面产生的杂质，另外还可以增加表面光滑度提高集成电路的特性，不过这样也会增加制备 SOI 晶圆的成本。另外，SIMOX 技术还会造成表面薄膜的损伤，造成顶层硅薄膜的质量不如体单晶硅。埋层 SiO_2 的质量不如热氧化生长的 SiO_2，SIMOX 技术还需要昂贵的大束流注氧专用离子注入机，并且要进行长时间的高温热退火，因而成本较高。

2. BESOI 技术

BESOI 技术是通过键合技术把两片晶圆紧密键合在一起，晶圆与晶圆之间形成的二氧化硅层作为氧化物埋层，再利用回刻技术把一侧的晶圆的厚度削薄到所要求的厚度后形成 SOI 晶圆。

利用 BESOI 技术制备 SOI 晶圆流程如图 2-30 所示。图 2-30a 是准备两片晶圆衬底裸片 A 和裸片 B；图 2-30b 是对晶圆 B 进行热氧化处理，利用热氧化在晶圆 B 上生成一层二氧化硅绝缘层，同时控制氧化环境的温度使氧化层和硅层界面低缺陷和低杂质；图 2-30c 是把晶圆 A 和晶圆 B 进行低温键和，利用硅熔融键合（Silicon Fusion Bonding，SFB）把另外一片未氧化的晶圆键合到氧化层上。需要三个步骤完成硅熔融键合过程，首先在低温（400℃）的环境中亲水处理两片晶圆，同时会在晶圆表面形成羟基-OH 键，再利用范德华力（Van der Walls force）把两片晶圆通过-OH 键结合，最后通过高温（1100℃）热退火驱赶氢离子，使结合的界面形成 Si-O-Si 键，从而加固键和；图 2-30d 是利用回刻技术形成顶层硅薄膜，通过回刻技术去除多余的晶圆，最后利用退火和 CMP 形成平滑清洁的 SOI 晶圆表面。

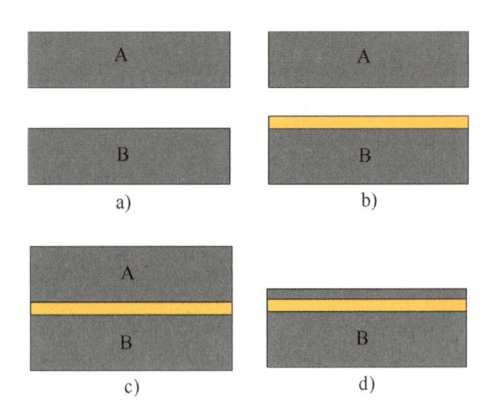

图 2-30　利用 BESOI 技术制备 SOI 晶圆流程

BESOI 技术可以避免 SIMOX 技术中遇到的问题（注入伤害、BOX 和顶层硅薄膜厚度不足），BESOI 技术的优点在于顶部硅薄膜是体硅，不会产生由于高能离子注入造成的损伤和缺陷，BOX 是热氧化膜，它的缺陷密度和针孔密度均较低，BOX 层和顶层硅薄膜厚度可以在很大的范围内调整，但是不能得到很薄的顶部硅薄膜，另外界面缺陷和顶部硅薄膜的均匀性难以控制。BESOI 技术也需要高成本的回刻和 CMP 的处理，并且在回刻时会耗费很多晶圆材料，不可回收再利用。

3. Smart-Cut 技术

Smart-Cut 技术是从 BESOI 技术衍生而来，先准备两片硅晶圆，利用热氧化在一片晶圆生成一层二氧化硅绝缘层，再通过离子注入将剂量大约 $1.8×10^{18}cm^{-2}$ 的氢离子注入该硅晶圆衬底，这是处理一片晶圆的过程，另外一片晶圆不需要经过特别加工。后序工艺步骤与 BESOI 技术类似，把两片晶圆键和。两片晶圆键合以后，再经 400~600℃ 的热反应，有氢离子注入的晶圆会因为存在氢离子的缘故而在富含氢离子的位置产生断裂，并在断裂面和氧化层间形成一层硅薄膜层。最后，再通过高温（1100℃）驱赶氢离子，使结合的界面形成 Si-O-Si键，从而强化化学键，提升硅薄膜层的品质，同时，也对表面进行 CMP 处理。

利用 Smart-Cut 技术制备 SOI 晶圆流程如图 2-31 所示，图 2-31a 是准备两片晶圆衬底裸片 A 和裸片 B；图 2-31b 是对晶圆 B 进行热氧化和氢离子注入处理；图 2-31c 是把晶圆 A 和晶圆 B 进行低温键合；图 2-31d 是利用热反应剥离晶圆 B 形成顶层硅薄膜，利用高温热退火加固键合，以及 CMP 处理。

与 BESOI 技术类似，Smart-Cut 技术的优点在于顶部硅薄膜是体硅，BOX 是热氧化膜，BOX 层和顶层硅薄膜厚度可以在很大的范围内调整，可以利用离子注入的能量来控制顶部硅薄膜厚度，所以可以得到厚度很薄、均匀性很好的顶部硅薄膜。另外，剥离的晶圆材料还可以重复利用，它可以有效地降低成本。利用 Smart-Cut 技术制备 SOI 晶圆是目前最通用、最廉价的技术，业界提供 Smart-Cut 技术的公司是法国的 Soitec 公司。

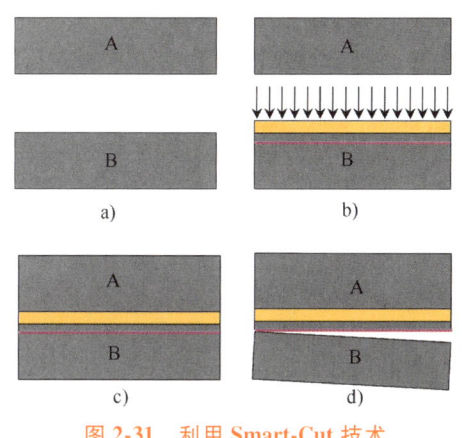

图 2-31　利用 Smart-Cut 技术制备 SOI 晶圆流程

2.3.3　PD-SOI

SOI 晶圆出现后，它迅速取代 SOS 晶圆成为低功耗和高性能集成电路的首选，SOI 工艺集成电路主要应用在汽车电子、无线通信、军事和航空航天等领域。图 2-32 所示为体 CMOS 集成电路器件寄生电容的示意图。在体 CMOS 中，不仅器件的源漏有源区与阱会产生很大的寄生电容，而且阱与阱之间也会产生很大的寄生电容。SOI CMOS 集成电路与体 CMOS 集成电路类似，只不过体 CMOS 集成电路器件与器件之间依靠阱进行隔离，而 SOI CMOS 集成电路是依靠氧化物进行隔离，氧化物可以实现更好的隔离，并且 SOI CMOS 阱之间是不接触的，所以不存在漏电和寄生 BJT 的问题，也就不存在闩锁效应。图 2-33 所示为 SOI CMOS 集成电路剖面图，器件内部是利用 LOCOS 进行隔离，器件与器件之间是利用深槽隔离（Deep Trench Isolation，DTI）技术进行隔离，阱与阱之间的氧化物产生的寄生电容非常小，所以可以有效地提高 SOI CMOS 集成电路的速度。

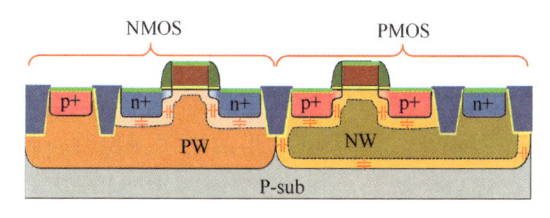

图 2-32　体 CMOS 集成电路器件的寄生电容

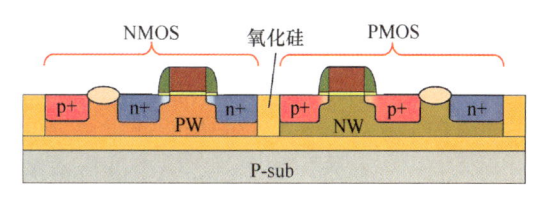

图 2-33　SOI CMOS 集成电路剖面图

根据顶层硅薄膜的厚度和器件工作时耗尽层的厚度不同，SOI 器件可以分为两大类：一类是厚膜的部分耗尽 SOI 器件（Partially Depleted SOI，PD-SOI），它的顶层硅薄膜厚度大于等于 1000Å，当器件工作在饱和区时，它的耗尽层的小于顶层硅薄膜厚度，所以它是部分耗尽的；另一类是薄膜的全耗尽 SOI 器件（Fully Depleted SOI，FD-SOI），它的顶层硅薄膜厚度小于等于 500Å，当器件工作在饱和区时，它的耗尽层的大于顶层硅薄膜厚度，它的体阱区是全耗尽的。PD-SOI CMOS 集成电路器件的剖面图如图 2-34 所示，FD-SOI CMOS 集成电路器件的剖面图如图 2-35 所示。

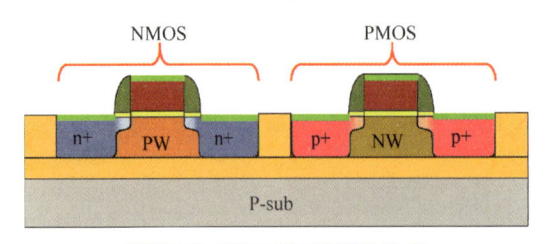

图 2-34　PD-SOI CMOS 集成电路器件的剖面图

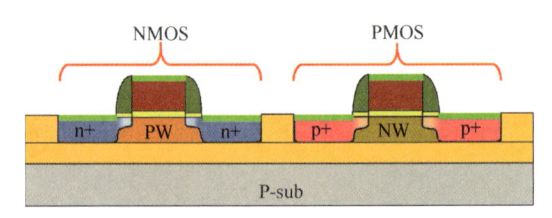

图 2-35　FD-SOI CMOS 集成电路器件的剖面图

PD-SOI 器件的源漏有源区紧贴 BOX 和 DTI 边缘，相对于传统的 SOI CMOS 集成电路，PD-SOI CMOS 集成电路可以进一步降低 pn 结寄生电容，从而提升集成电路的速度，但是当 PD-SOI 工作在饱和区时，由于它的阱区是部分耗尽的，并且它的阱是没有接电压的，所以它是处于电学悬空状态的，这种浮体结构会导致一些负面的浮体效应（floating-body effect），例如翘曲效应（kink-effect）、寄生双极晶体管效应、栅感应漏极漏电流（Gate Induced Drain Leakage，GIDL）和自加热效应等。PD-SOI CMOS 集成电路器件工作在饱和区的耗尽层分布如图 2-36 所示，NMOS 中的 PW 和 PMOS 中的 NW 都是部分耗尽的。

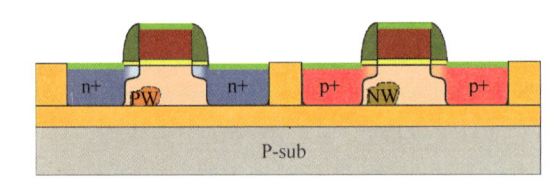

图 2-36　PD-SOI CMOS 集成电路器件的耗尽层分布

1. 翘曲效应

翘曲效应是指当漏电压高于某值时，PD-SOI 器件的输出特性曲线出现上翘的现象。翘曲效应可以简单理解为当 PD-SOI NMOS 器件的漏电压很高时，沟道电子经漏极耗尽区附近的高电场加速获得足够的能量，通过碰撞电离产生电子-空穴对，新产生的电子迅速穿过沟道到达漏极，而空穴则流向硅膜中电位最低（即体浮空区域）处。由于 PD-SOI NMOS 器件中氧化埋层的隔离作用，体浮空区产生了空穴积累，使浮空区的电位升高，并对源区和体区之间 pn 结形成正向偏置。浮空区的电位升高导致体浮空区的势垒高度减低，随着漏电压的增加，漏电流不再饱和，而是迅速增加，出现翘曲效应。2.5V PD-SOI NMOS 器件的电流和电压曲线如图 2-37 所示，当漏极电压 Vd 大于 1.5V 时，漏电流 I_d 突然增加。PD-SOI PMOS 器件的翘曲效应不显著。因为空穴的电离率较低，碰撞电离产生的电子-空穴对远低于

NMOS 管，所以翘曲效应不显著。翘曲效应可以增大电流和跨导，有利于器件速度的提高，翘曲效应对数字电路的性能有一定的好处，但是翘曲效应会带来跨导的突然增加，影响模拟电路的输出阻抗和增益，翘曲效应具有频率响应特性，会引起电路工作不稳定，所以翘曲效应对模拟电路是十分有害的。通过体接触可以抑制翘曲效应，也就是把阱体区连出去接到一个固定的电位上，从而控制体电势的变化，达到控制阱体区的势垒高度，最终改善器件的性能。体接触的 2.5V PD-SOI NMOS 器件的电流和电压曲线如图 2-38 所示。

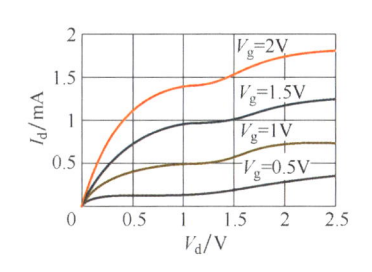

图 2-37 2.5V PD-SOI NMOS 器件的电流和电压曲线

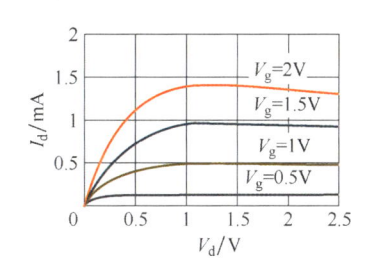

图 2-38 体接触的 2.5V PD-SOI NMOS 器件的电流和电压曲线

2. 寄生双极晶体管效应

寄生双极晶体管效应是指在 PD-SOI 器件中存在一个寄生的双极晶体管，例如 PD-SOI NMOS 器件中存在双极晶体管 NPN，如图 2-39 所示。PD-SOI 的源极是 NPN 的发射区，阱是基区，漏极是集电区。在体硅器件中，双极晶体管的基区是通过衬底接地，而在 PD-SOI NMOS 器件中，阱是悬空的，形成基极悬空的寄生双极晶体管。当漏极发生碰撞电离引起空穴在体浮空区中堆积时，体浮空区的电势被抬高，当体浮空区的电势上升到使源与体之间 pn 结正偏时，触发寄生双极晶体管导通。

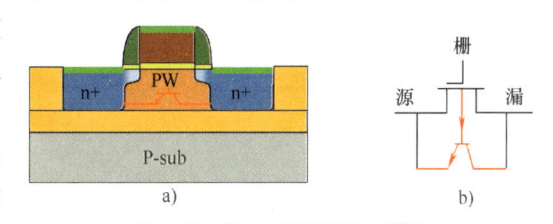

根据双极晶体管的理论，基极开路时集电极击穿电压 V_{CEO}（也就是 PD-SOI 的源漏穿通电压）比基极接地时的击穿电压 V_{CBO} 要低。当 PD-SOI 器件中寄生的双极晶体管导通时，沟道电流 I_c 在漏区碰撞电离产生的流入体浮空区的电流为基区电流 I_b，若倍增因子为 M，I_b 会被寄生双极管放大为 $\beta * I_b$，则漏极电流 $I_d = M(I_c + \beta * I_b)$，被放大的基极电流与沟道电流一起被漏极再倍增，增大的漏极电流在器件中形成正反馈，当漏极电压足够大使 $\beta(M-1)=1$ 时，器件发生击穿。通过体接触可以抑制寄生双极晶体管效应，因为体区的多子可以通过体接触流出来，堆积程度被削弱，另外把寄生双极晶体管的基区连出去接到一个固定的电位上，可以控制基区电势的变化，达到改善 PD-SOI 的源漏穿通电压的目的。寄生双极晶体管效应导致 PD-SOI NMOS 器件击穿电压降低如图 2-40 所示。体接触可以改善 PD-SOI NMOS 器件的电压和电流特性曲线如图 2-41

图 2-39 PD-SOI NMOS 器件的寄生双极晶体管 NPN

所示，抑制寄生双极晶体管 NPN 导通。

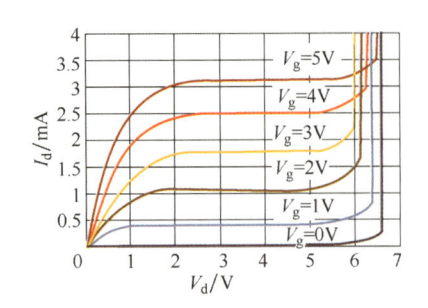

图 2-40　寄生双极晶体管效应导致 PD-SOI NMOS 器件击穿电压降低

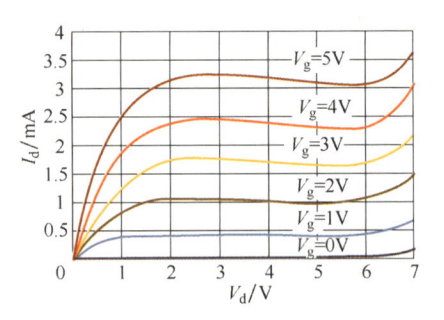

图 2-41　体接触可以改善 PD-SOI NMOS 器件的电压和电流特性曲线

3. 栅感应漏极漏电流

栅感应漏极漏电流（GIDL）是指由栅电压引起的漏电流。对于 PD-SOI NMOS，当器件处于关闭状态时，如果漏电压足够大，栅与漏交叠处栅氧层中的电场很强，在漏极交叠处的栅氧与硅界面发生能带弯曲甚至反型，电子就会从价带隧穿到导带，产生电子-空穴对，电子迅速流向漏极，引起漏电流的增加。一部分空穴可能注入阱体区，形成栅感应漏极漏电流。并且栅电压越负，漏电流将越大。对 PD-SOI 器件，注入阱体区的空穴会抬高体区电位，也会触发寄生双极晶体管，双极晶体管将对 I_{GIDL} 漏电流进一步放大。阱体区是作为寄生双极晶体管的基区，I_{GIDL} 漏电流是寄生双极晶体管的基区电流。当沟道长度减小，即寄生双极晶体管的基区宽度减小，寄生 BJT 的增益将变大，使 I_{GIDL} 变得更加明显。图 2-42 所示为 PD-SOI NMOS 器件栅感应漏极漏电流的原理图，其中图 2-42a 是 I_{GIDL} 漏电流被放大原理示意图；图 2-42b 是 I_{GIDL} 漏电流被放大等效电路图。通过体接触也可以抑制 GIDL 现象，因为体接触可以改善浮体效应，从而抑制双极晶体管的增益。另外利用 LDD 结构可以降低交叠区的电场，也可以达到抑制 GIDL 现象的目的。

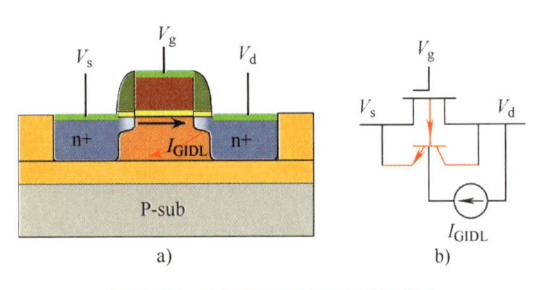

图 2-42　PD-SOI NMOS 器件栅感应漏极漏电流的原理图

4. 自加热效应

自加热效应（self-heating effect）是指 BOX 不但提供了电学隔离，同时也造成了热隔离。因为 SiO_2 的热导率约为硅的 1/100，在 SOI 器件工作时，它自身产生的热量不易传递出去，形成热量堆积，导致自加热效应。图 2-43 所示为体硅 CMOS 工作时产生的热量通过衬底传递散热示意图。图 2-44 所示为 SOI CMOS 工作时产生的热量堆积在硅薄膜体区。随着 SOI 器件硅薄膜的温度急剧升高，晶格散射加强，导致电子载流子迁移率下降，输出特性曲线表现为在漏电压较大时，出现漏电流随着电压增大而降低的负电导效应。在 I_d-V_d 特性曲线里饱和区曲线会略微下降，而不是微微上升。可参考图 2-38，漏电流随着 V_d 增加而降低。

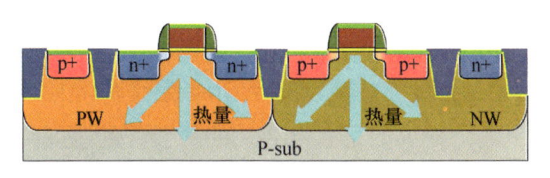

图 2-43 体硅 CMOS 工作时产生的热量通过衬底传递散热示意图

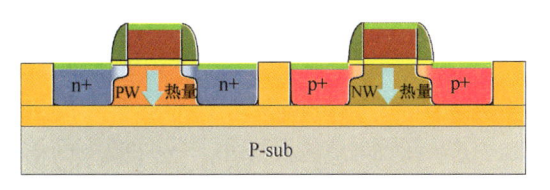

图 2-44 SOI CMOS 工作时产生的热量堆积在硅薄膜体区示意图

SOI 器件受自加热效应的影响程度强烈依赖于器件的散热能力，与硅薄膜和氧化埋层厚度强相关。硅薄膜越厚，器件工作时自身的温度就会越低，因此 FD-SOI 比 PD-SOI 受自加热效应的影响更为严重。氧化埋层越厚，器件工作时自身的温度就会越高，这是由于氧化埋层的热导率差造成的。另外，SOI 器件的面积也会影响自加热效应，它的面积越大，受自加热效应影响就越弱。外部环境的温度也会影响自加热效应，因为氧化埋层在低温时的导热能力比常温时更差，因此低温时的自加热效应更严重。通过体接触也可以改善自加热效应，因为体接触不但提供体区多子的泄放路径，也可以提供散热通路，一部分的热量可以通过体接触经由硅薄膜和金属传递出去。

5. 体接触

由于 PD-SOI 器件中存在阱体区，会产生翘曲效应、寄生双极晶体管效应、栅感应漏极漏电流和自加热效应等浮体效应。为了抑制浮体效应，通常把体接到一个固定的电位上，从而控制体电势的变化，这种方法称为体接触。常用的体接触有三种类型：T 型栅、H 型栅和 BTS（Body-Tied-to-Source，源极和体区相连）型栅。

T 型栅就是 PD-SOI 器件栅极的形状是字母 T 形，体接触只在 T 的顶端，所以它是不对称的，存在边缘效应。由于硅薄膜的厚度很薄，所以等效体电阻是很大的，当器件的宽度越大，等效体电阻也会越大，浮体效应就会越明显，所以它并不能很好的抑制浮体效应。虽然 T 型栅 PD-SOI 器件存在边缘效应，但是它占用的版图面积小，它非常适用于小尺寸的器件。图 2-45a 所示为 T 型栅 PD-SOI NMOS 的版图，图 2-45b 所示为其沿 A-B 方向的横截面图。

a) T型栅PD-SOI NMOS的版图

b) 沿A-B方向的横截面图

图 2-45 T 型栅 PD-SOI NMOS 器件

H 型栅就是 PD-SOI 器件栅极的形状是字母 H 形，体接触只在 H 的两端，所以它是对称的，它不存在边缘效应。由于硅薄膜的厚度很薄，所以等效体电阻是很大的，虽然它不存在边缘效应，但是它存在中心效应，因为当器件的宽度越大，中心位置的等效体电阻也会越大，浮体效应也会越明显，它的抗浮体效应会比 T 型栅器件好很多。但是它占用的版图面积大，栅电容也较大，降低了器件的速度。图 2-46 所示为 H 型栅 PD-SOI NMOS 的版图，图 2-46b 所示为其沿 A-B 方向的横截面图。

BTS 型栅就是 PD-SOI 器件直接在源极形成 p+ 体接触，同时 p+ 体接触短接到源。BTS 型栅 PD-SOI 器件的源漏是不对称，源漏极不能互换，电路设计不灵活。由于体接触占据源极，使得有效沟道宽度减小。另外源极的体接触引进了较大的寄生电容，使得器件的速度降低，性能也变差。图 2-47a 所示为 BTS 型栅 PD-SOI NMOS 的版图，图 2-47b 所示为其沿 A-B 方向的横截面图。

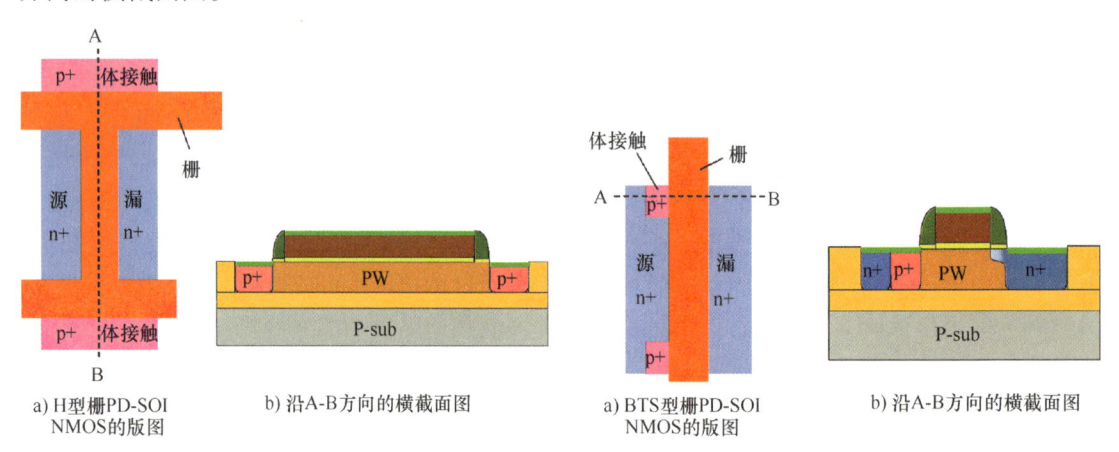

图 2-46 H 型栅 PD-SOI NMOS 器件

图 2-47 BTS 型栅 PD-SOI NMOS 器件

2.3.4 FD-SOI

PD-SOI 不但存在浮体效应，并且随着 SOI 工艺技术发展到纳米级，PD-SOI 器件的短沟道效应变得越来越严重，而对于 FD-SOI（Fully Depleted SOI，全耗尽 SOI）器件，当器件工作在饱和区时，硅薄膜体区是全耗尽的，源和体之间的势垒很小，空穴很容易在源区被复合而不会发生累积，所以浮体效应对 FD-SOI 器件的影响非常小，另外 FD-SOI 器件源漏极很薄的结深可以减小源漏极耗尽层横向扩散的宽度，从而有效的抑制短沟道效应，FD-SOI 器件被广泛应用于纳米级工艺。

FD-SOI 除了可以改善浮体效应和短沟道效应外，还具有许多其他方面的优点，包括具有独特的背面偏置能力，低的电源电压（最小的电源电压接近阈值电压，可以达到 0.4V），低的漏电流，低的寄生电容，强的抵御辐射的能力，强的晶体管匹配特性和高的器件工作速度等。这些优点使 FD-SOI 被应用在智能手机处理器、自动驾驶芯片、物联网芯片、通讯收发器和汽车电子等应用。

对于 FD-SOI 器件，它并不是通过沟道掺杂来调节阈值电压 V_t，因为 FD-SOI 器件的氧化埋层的厚度很薄，它只有 20nm，如此薄的氧化埋层，它就如同 FD-SOI 的第二个栅氧化层，衬底就是栅极，所以只需通过简单的调节背面偏置电压，就可以获得较低的、中等的和较高的阈值电压 V_t。另外，还可以根据需要对背面偏置栅极的电压进行动态调节，使 FD-SOI 器件在高的或低的功耗下运行。还可以利用背面偏置栅极对工艺变化进行修正，以及在可靠性上对 V_t 漂移进行补偿。图 2-48 所示为 FD-SOI 器件提高背面偏置栅极的示意图，FD-SOI NMOS 通过 PW 提供背面偏置，FD-SOI PMOS 通过 NW 提供背面偏置。

借助背面偏置栅极也可以降低 FD-SOI 器件的电源电压，它的最小值可以达到 0.4V。因为通过提高背面偏置栅极的电压可以加强沟道的控制，使器件的沟道强反型，

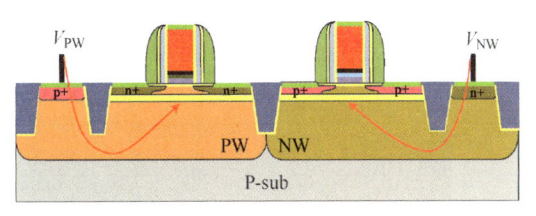

图 2-48 FD-SOI 器件提高背面偏置栅极的示意图

在降低电源电压的情况下可以保持最大工作电流不变。器件的动态功率是与电源电压的平方成正比，所以 FD-SOI 器件可以在驱动能力不变的情况下，通过降低电源电压的方法降低器件的动态功率。

相对于传统的体 CMOS，FD-SOI 器件是利用介质隔离的，并且体区是全部耗尽的，所以 FD-SOI 可以大幅降低了源漏与衬底，以及阱之间的寄生电容，FD-SOI 非常适合应用于射频电路中。

由于 FD-SOI 器件并不是通过沟道注入调节阈值电压和抑制短沟道效应的，所以与传统的体 CMOS 相比，FD-SOI 器件并不会出现严重的二级效应，所以利用 FD-SOI 器件能够改进晶体管的匹配性、增益和降低寄生效应，从而降低设计模拟电路时的难度。

图 2-49 所示为 FD-SOI 工艺技术流程图。FD-SOI 的工艺技术与 MOSFET 平面工艺制程是兼容的，FD-SOI 的工艺技术的前段工艺制程采用了 HKMG（金属嵌入多晶硅栅）技术和应变硅技术，后段依然是大马士革结构的铜制程。这里的①~㉓只是简单描绘了前段工艺流程。

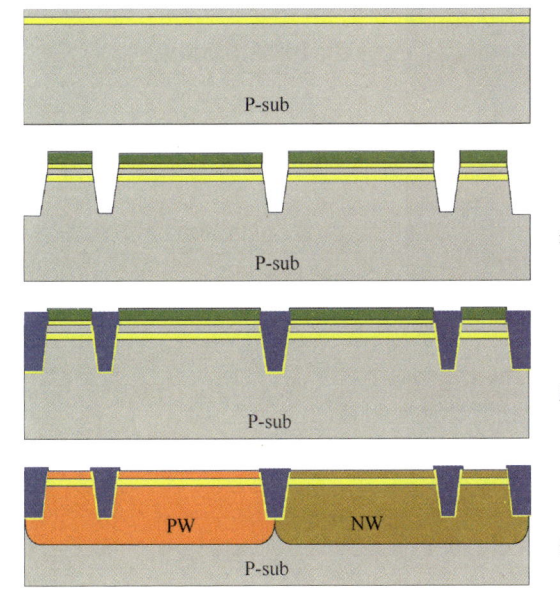

① SOI 衬底制备

② 淀积 SiO_2 和 Si_3N_4，并通过光刻和刻蚀形成 STI

③ 通过 HDP CVD 淀积 SiO_2，然后通过 CMP 平坦化

④ 去除 SiO_2 和 Si_3N_4，并通过光刻和离子注入形成 NW 和 PW

图 2-49 FD-SOI 工艺技术流程

⑤ 通过光刻和刻蚀，去除 NW 和 PW 接触的氧化埋层

⑥ 通过选择性外延生长 PW 和 NW 的接触区

⑦ 淀积 SiON，HfSiON，La_2O_3 和 TiN 金属覆盖层

⑧ 通过光刻和刻蚀去除 PMOS 区域的栅介质层

⑨ 淀积 SiON，HfSiON，Al_2O_3 和 TiN 金属覆盖层，并通过光刻和刻蚀去除 NMOS 区域二次淀积的栅介质层

⑩ 淀积多晶硅栅极

⑪ 通过 LPCVD 淀积 SiO_2 和 SiON 栅极硬掩膜版层

⑫ 通过光刻和刻蚀形成硬掩膜版层

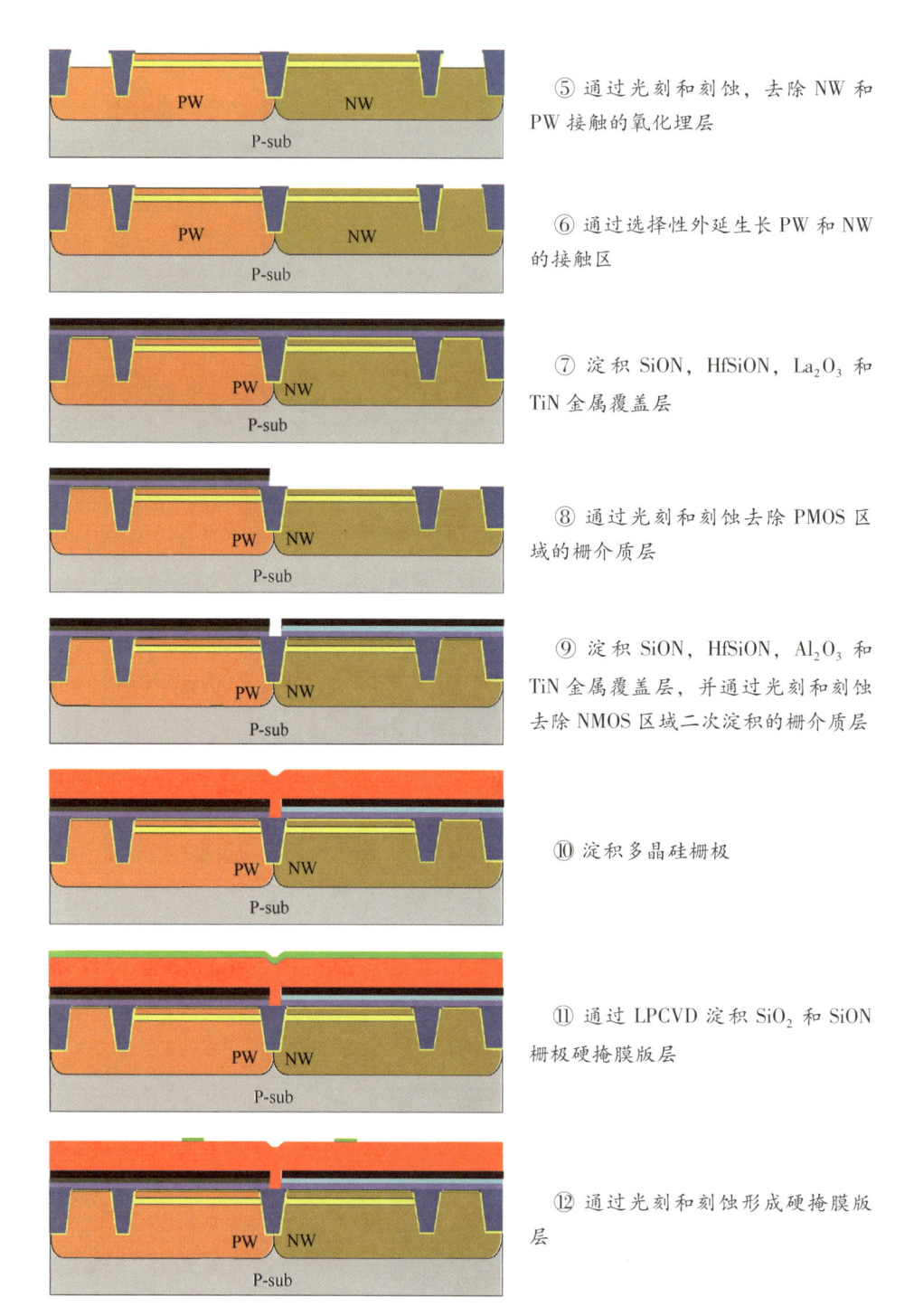

图 2-49　FD-SOI 工艺技术流程（续）

⑬ 通过刻蚀形成栅极

⑭ 淀积 SiO_2 和 Si_3N_4，并通过刻蚀形成侧墙

⑮ 通过光刻和离子注入形成 LDD 结构

⑯ 淀积 SiO_2，Si_3N_4 和 SiO_2，并通过刻蚀形成第二重隔离侧墙

⑰ 利用 LPCVD 淀积一层的 SiO_2 氧化层，作为外延生长应变材料的阻挡层

⑱ 通过光刻和刻蚀，去除 NMOS 区域的 SiO_2 氧化层。再通过选择性回刻技术刻蚀硅衬底，在 n 型有源区形成凹槽

⑲ 通过外延生长 SiC 应变材料的 n 型有源区

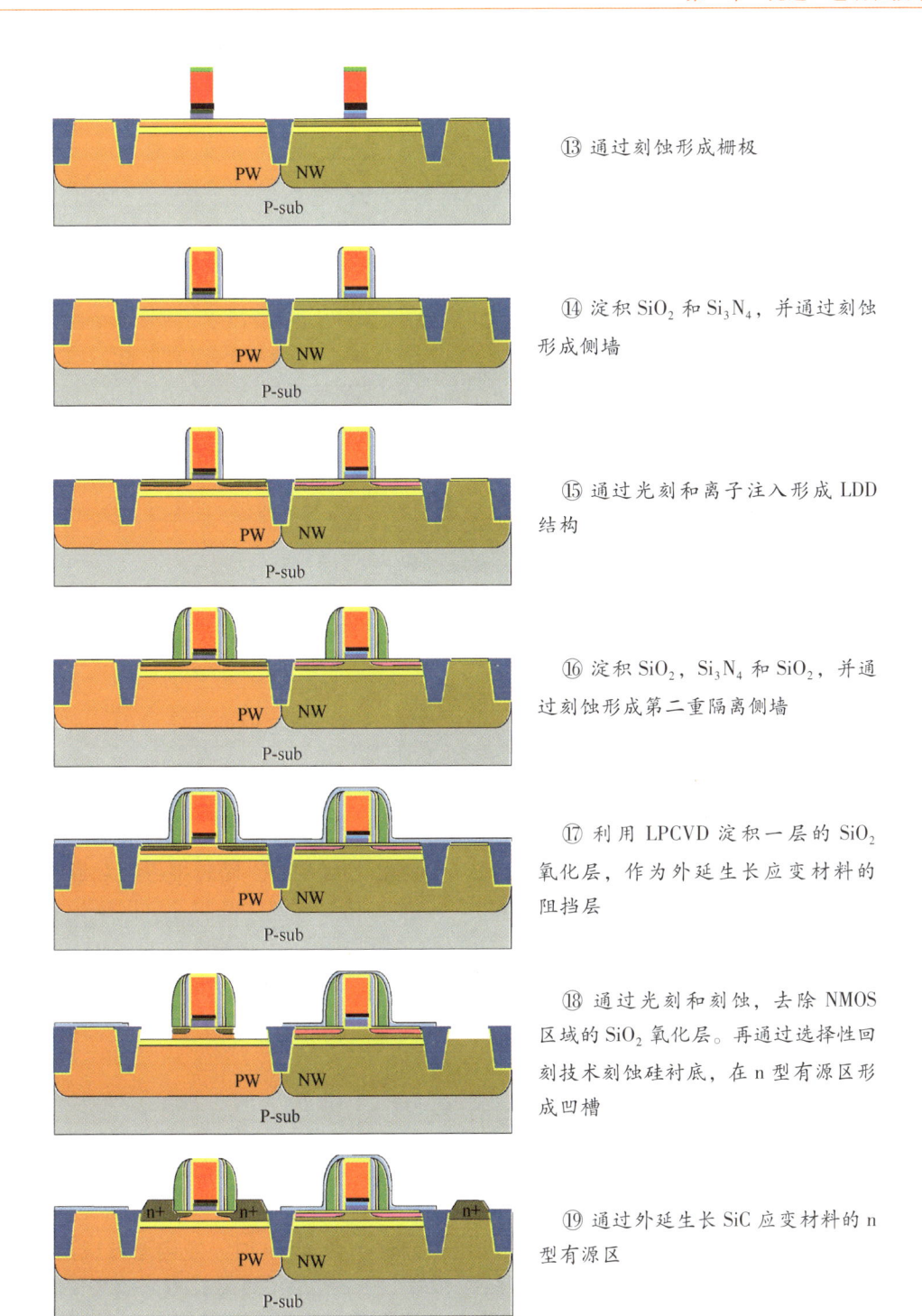

图 2-49　FD-SOI 工艺技术流程（续）

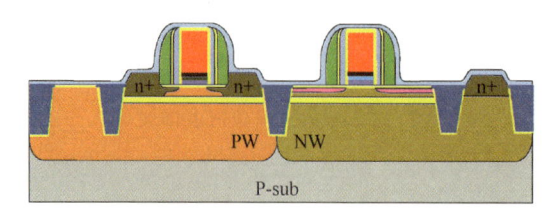

⑳ 利用 LPCVD 淀积一层的 SiO_2 氧化层，作为外延生长 SiGe 应变材料的阻挡层

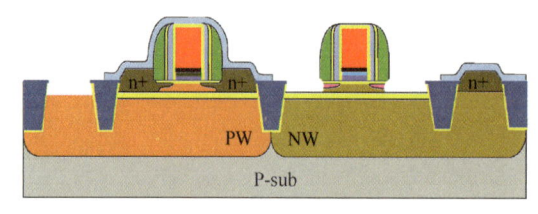

㉑ 通过光刻和刻蚀，去除 PMOS 区域的 SiO_2 氧化层。再通过选择性回刻技术刻蚀硅衬底，在 p 型有源区形成凹槽

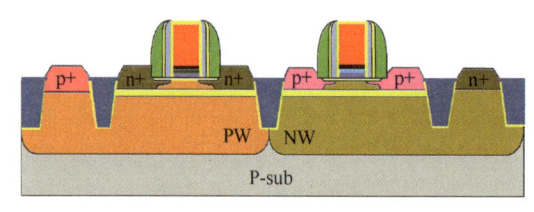

㉒ 通过外延生长 SiGe 应变材料的 p 型有源区

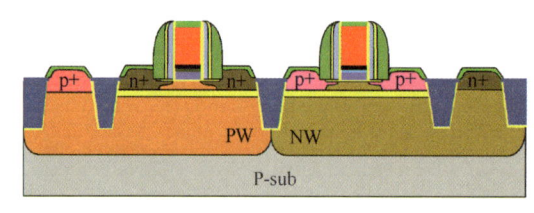

㉓ 形成 Salicide

图 2-49　FD-SOI 工艺技术流程（续）

FD-SOI 工艺技术是利用外延生长技术使源和漏有源区凸起，同时进行源和漏掺杂，因为 FD-SOI 的有源区厚度很薄，通过外延生长技术使源和漏有源区凸起，可以增加有源区的厚度和表面积，从而可以形成更厚的 Salicide，减小源和漏的接触电阻。在 PMOS 源和漏有源区外延生长 SiGe 应变材料和在 NMOS 源和漏有源区外延生长 SiC 应变材料可以在器件沟道产生应力，提高载流子速度，最终提高 FD-SOI 器件的速度。

2.4　FinFET 和 UTB-SOI 工艺技术

2.4.1　FinFET 的发展概况

随着集成电路制造工艺技术的特征尺寸按比例缩小到 22nm 时，短沟道效应愈发严重，仅仅依靠提高沟道的掺杂浓度、降低源漏结深和缩小栅氧化层厚度等技术来改善传统平面型晶体管结构的短沟道效应遇到了瓶颈，器件亚阈值电流成为妨碍工艺进一步发展的主要因素。尽管提高器件沟道掺杂浓度可以在一定程度上抑制短沟道效应，然而高掺杂的沟道会增大库伦散射，使载流子迁移率下降，导致器件的速度进一步降低，这个结果是与工艺发展的目标相背离的。

1989 年，Hitachi 公司的工程师 Hisamoto 对传统的平面型晶体管的结构作出改变，在设计 3 维结构 MOS 晶体管的过程中[27,28]，提出了一种全耗尽的侧向沟道晶体管，称为 DELTA 晶体管（Depleted Lean-Channel Transistor）[29]，如图 2-50 所示，这种 DELTA 的结构与三栅 FinFET（Fin Field Effect Transistor）的结构十分相似。同时，在平面 MOSFET 领域中，研究者提出了顶栅和底栅联合控制沟道的双栅 MOSFET 结构，以降低短沟道效应。经过计算验证，这种双栅结构可以比 FD-SOI 更有效地抑制短沟道效应，并且数值模拟也表明其在尺寸按比例缩小方面具有较大的潜力，更适合用于制造 22nm 以下的集成电路[30-32]。但是由于双栅 MOSFET 制作过程过于复杂，很难与现有的硅平面工艺兼容，所以没有在实际工艺技术中普及应用。

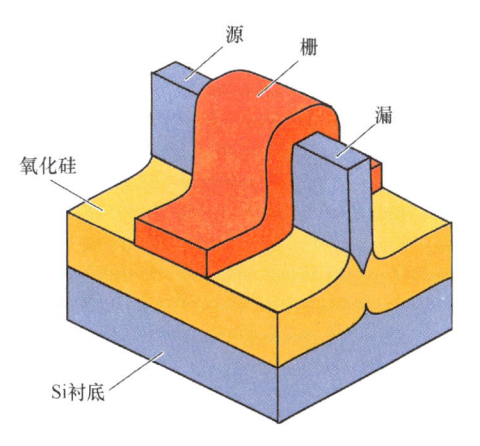

图 2-50　3 维 DELTA 的结构的 MOS 晶体管

1998 年，美国国防部高级研究项目局（DARPA）出资赞助胡正明教授在加州大学带领一个研究小组研究 CMOS 工艺技术如何拓展到 25nm 领域。胡正明教授在 3 维结构的 MOS 晶体管与双栅 MOSFET 结构的基础上进一步提出了自对准的双栅 MOSFET 结构，因为该晶体管的形状类似鱼鳍，所以称为 FinFET 晶体管[33]。1998 年，胡正明教授及其团队成员成功制造出第一个 n 型 FinFET[34]，它的栅长度只有 17nm，沟道宽度 20nm，鳍（Fin）的高度 50nm。1999 年，胡正明教授及其团队成员成功制造出第一个 p 型 FinFET[35]，它的栅长度只有 18nm，沟道宽度 15nm，鳍的高度 50nm。胡正明教授除了提出 FinFET 晶体管，还在 PD-SOI 的基础上提出了 UTB-SOI 晶体管。2000 年，胡正明教授及其团队发表了 FinFET 和 UTB-SOI 的技术文章，同年，胡正明教授凭借 FinFET 获得美国国防部高级研究项目局最杰出技术成就奖。

依据胡正明教授的研究结果，有两种途径可以实现工艺特征尺寸进入到小于 25nm 工艺制程：一种是采用三维立体型结构的 FinFET 晶体管代替平面结构的 MOSFET 作为集成电路的晶体管。图 2-51 所示为体 FinFET 和 SOI FinFET 晶体管的立体图。FinFET 晶体管凸起的沟道区域是一个被三面栅极包裹的鳍状半导体。沿源-漏方向的鳍与栅重合区域的长度为晶体管沟道长度。栅极三面包裹沟道的结构增大了栅与沟道的面积，增强了栅对沟道的控制能力，同时栅极到内部鳍的距离缩小了，从而使栅极可以有效地控制沟道降低了器件关闭时的漏电流，抑制短沟道效应。研究发现为了更好地抑制 DIBL，需要满足 L_g/W_{fin} 大于 1.5[36]，L_g 是栅长，W_{fin} 是鳍宽度，对于 25nm 栅长的晶体管，W_{fin} 大约 16.7nm。另外一种是基于 SOI 的超薄绝缘层上的平面硅技术，称为 UTB-SOI（Ultra Thin Body SOI，超薄体 SOI），也就是 FD-SOI 晶体管，研究发现要使 UTB-SOI 正常工作，绝缘层上硅膜的厚度应限制在栅长的四分之一左右。对于 25nm 栅长的晶体管，UTB-SOI 的硅膜厚度应被控制在 6nm 左右。UTB-SOI

的顶层硅薄膜厚度很小，晶体管的沟道紧贴栅，使栅可以有效地控制沟道，从而降低了器件关闭时的漏电流，抑制短沟道效应。图2-52所示为UTB-SOI晶体管的立体图。

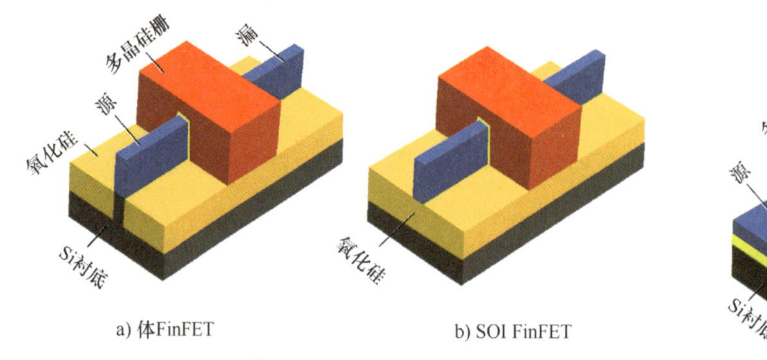

图2-51 体FinFET和SOI FinFET晶体管立体图

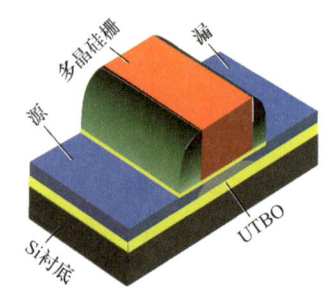

图2-52 UTB-SOI晶体管立体图

有关FinFET和UTB-SOI的技术文章发表以后，当时半导体厂商根本没有技术能力可以制造出顶层硅薄膜厚度6nm的SOI晶圆，也就是没办法实现UTB-SOI，所以几乎所有半导体厂商的研发方向都转向了FinFET技术。

2001年，15nm FinFET被制造出来[37]，它的栅长度只有20nm，沟道宽度10nm，栅介质层的电性厚度2.1nm。

2002年，10nm FinFET被制造出来[38]，它的栅长度只有10nm，沟道宽度12nm，栅介质层的电性厚度1.7nm。

2004年，HKMG FinFET被制造出来，它的栅长度只有50nm，沟道宽度60nm，栅介质层高K材料是HfO_2，功函数材料是钼（Mo）。

2009年，法国Soitec公司推出了可以实现UTB-SOI技术的12in（300mm）的SOI晶圆样品，这些晶圆的原始硅顶层薄膜厚度只有12nm，需要经过处理去掉6nm厚度的硅膜，最后便可得到6nm厚度的硅膜，这便为UTB-SOI技术的实用化铺平了道路。

2011年，Intel公司宣布推出22nm FinFET工艺技术，它的晶体管结构与早期Hisamoto研发的Delta FET非常类似，它依然采用阱隔离技术而不是局部氧化隔离。图2-53所示为Intel 22nm FinFET的立体图，左边是利用很薄的鳍构成单个器件，右边利用两条很薄的指状的鳍构成一个器件，目的是增大FinFET的宽度，从而提高晶体管的速度。

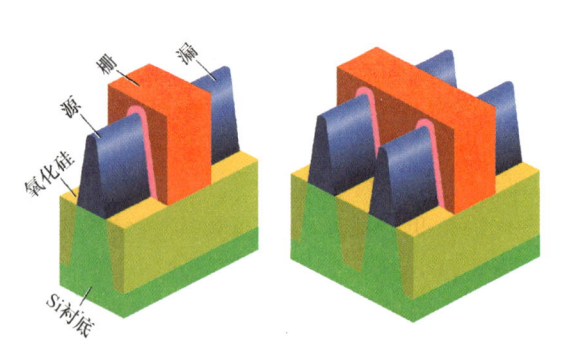

图2-53 Intel 22nm FinFET的立体图

2.4.2 FinFET 和 UTB-SOI 的原理

简单来说，无论是 UTB-SOI 还是 FinFET，它们都是利用栅控制很薄的硅沟道薄膜。为什么 UTB-SOI 和 FinFET 要把硅沟道薄膜的厚度制造得很薄，它的原理是什么呢？这可以从 MOSFET 的能带图去理解，MOSFET 的剖面图如图 2-54 所示，MOSFET 处于关闭状态时沟道区域和衬底区域的能带图如图 2-55 所示，图 2-55a 是沟道距离栅极 $X_a \leqslant 0.25L_g$ 的沟道区域的能带图，栅极对该区域的沟道形成有效的控制，漏极的电压 V_d 不足以导致沟道的势垒高度降低。图 2-55b 是距离栅极 $X_b > 0.25L_g$ 的沟道区域的能带图，它距离栅极较远，栅极对该区域的沟道没有形成有效的控制，由于短沟道效应中 DIBL 效应导致沟道区域的势垒高度降低了 φ_{DIBL}，虽然 MOSFET 处于关闭状态，但是电子依然很容易越过势垒，在沟道的正下方会形成漏电流。为了有效地抑制短沟道效应，必须设法使沟道中任何点到栅的距离在 $X_a \leqslant 0.25L_g$ 的范围内。L_g 是器件的沟道长度。

图 2-54 MOSFET 的剖面图

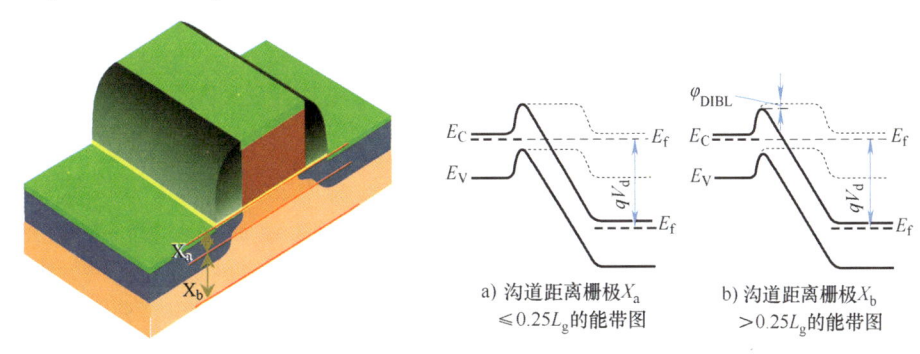

图 2-55 MOSFET 处于关闭状态时沟道区域和衬底区域的能带图

a) 沟道距离栅极 $X_a \leqslant 0.25L_g$ 的能带图
b) 沟道距离栅极 $X_b > 0.25L_g$ 的能带图

图 2-56 所示为 MOSFET 向 UTB-SOI 和 FinFET 发展图。为了有效地抑制短沟道效应，依据平面 MOSFET 的结构，UTB-SOI 是通过超薄绝缘层把 MOSFET 中距离栅极大于 $0.25L_g$ 的沟道区域与源漏极隔离，从而改善短沟道效应。FinFET 是直接把 MOSFET 中距离栅极一定范围的沟道提取出来，形成凸起的高而薄的鳍，高而薄的鳍就是 FinFET 的沟道，FinFET 的栅极则是三面包围着沟道，能通过三面的栅极控制沟道的导通与关断，加强栅极对沟道的控制，鳍的厚度在 $0.67L_g$ 左右。

三维立体型 FinFET 与平面型 MOSFET 的主要区别是 MOSFET 的

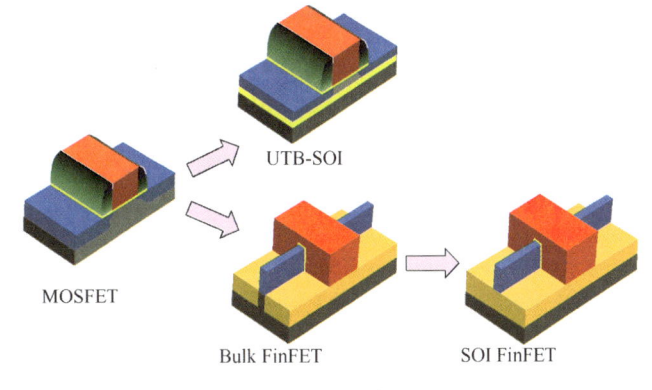

图 2-56 MOSFET 向 UTB-SOI 和 FinFET 发展图

栅极位于沟道的正上方，只能在栅极的一侧控制沟道的导通与关断，栅极、源极和漏极都在一个平面。而 FinFET 的栅极则是三面包围着沟道，能通过三面的栅极控制沟道的导通与关断，栅极成类似鱼鳍的叉状 3D 架构，栅极、源极和漏极不在一个平面。FinFET 的沟道是由衬底凸起的高而薄的鳍构成，源漏两极分别在其两端，沟道的三面紧贴栅极的侧壁，这种鳍型结构的沟道厚度很小只有 $0.67L_g$ 左右，所以沟道内部与栅的距离也相应缩小，同时栅与沟道的接触面积也增大，最终加强了栅对整个沟道的控制，也可以有效地抑制器件短沟道效应，减小亚阈值漏电流。FinFET 无需高掺杂沟道，离散的杂质离子的散射效应也得到了有效地降低，与重掺杂的平面型 MOSFET 相比，载流子的迁移率将会大幅提升，所以 FinFET 的速度也将大幅提升。

UTB-SOI 与平面型 MOSFET 的主要区别是 MOSFET 的沟道与衬底是相互连接在一起的，栅极不能强有效地控制远离栅极的衬底，源漏会在远离栅的衬底的区域形成漏电流，短沟道效应严重影响 MOSFET 的性能。UTB-SOI 的沟道与衬底是通过氧化埋层隔离的，UTB-SOI 的沟道非常薄，它只有 $0.25L_g$，栅极可以有效地控制沟道导通和关断，抑制短沟道效应，减小亚阈值漏电流。UTB-SOI 也无需高掺杂沟道，所以也可以有效地降低离散的杂质离子的散射效应，与重掺杂的平面型 MOSFET 相比，它载流子的迁移率将会大幅提升，UTB-SOI 的速度也将大幅改善。

图 2-57 所示为 25nm UTB-SOI NMOS 和 PMOS 的剖面图，它的沟道厚度只有 5nm，所以栅极可以有效地控制沟道，改善短沟道效应。NMOS 的源漏有源区是外延生长的 SiC 应变材料，SiC 应变材料可以在 NMOS 的沟道产生张应力，提高电子的迁移率，最终提高 NMOS 的速度。PMOS 的源漏有源区是外延生长的 SiGe 材料，SiGe 应变材料可以在 PMOS 的沟道产生压应力，提高空穴的迁移率，最终提高 PMOS 的速度。凸起的源和漏有源区可以形成更厚的 Salicide 和增大源漏的接触面积，可以降低 NMOS 源和漏的接触电阻。

图 2-57　25nm UTB-SOI NMOS 和 PMOS 的剖面图（来源于网络）

体 FinFET 与 SOI FinFET 相比，体 FinFET 的衬底是体硅晶圆，SOI FinFET 的衬底是 SOI 晶圆，体硅衬底比 SOI 衬底具有更低的缺陷密度和更低的成本。此外，由于 SOI 衬底中氧化埋层的热传导率较低，体硅衬底的散热性能要优于 SOI 衬底，所以 SOI FinFET 在高功耗领域的应用受到限制。SOI FinFET 比体 FinFET 具有较低的寄生结电容，SOI FinFET 在高频和低功耗领域更具优势。

UTB-SOI 与 SOI FinFET 相比，它们的衬底都是 SOI 晶圆，所以在寄生结电容方面是类似的。UTB-SOI 仍采用平面型晶体管工艺技术，所以 UTB-SOI 与平面 MOSFET 是兼容的，它们的工艺制造流程类似，而 SOI FinFET 和体 FinFET 是立体结构，它们的工艺是立体晶体管工艺技术，在工艺实现上要比 UTB-SOI 复杂，成本也比 UTB-SOI 高很多，所以 UTB-SOI 在研发上更简单更具有优势，而实现 FinFET 技术将是一个巨大挑战。与 SOI FinFET 的应用领域类似，UTB-SOI 主要应用在频率较高和低功耗的领域，例如物联网和移动设备等。

2.4.3 FinFET 工艺技术

FinFET 的工艺技术与平面型 MOSFET 的工艺技术是不兼容的，FinFET 前段工艺制程采用了立体结构，同时包括 HKMG 技术和应变硅技术，后段依然是大马士革结构的铜制程。

FinFET 工艺的难点是形成 Fin 的形状，Fin 的尺寸是最小栅长的 0.67 倍左右，对于 22nm 的工艺技术，Fin 的宽度是 14.67nm，它远小于最精密浸入式光刻机所能制造的最小尺寸。Fin 的有源区并不是通过光刻形成的，而是通过 SADP（Self-Aligned Double Patterning）工艺技术形成的，它只需要一次光刻步骤，然后通过类似栅极侧墙的辅助工艺制造出 Fin 的形状。

图 2-58 所示为 SADP 工艺流程图。首先淀积一层辅助层多晶硅或者 Si_3N_4，然后通过一道光刻和刻蚀形成一个类似栅极的结构，通常称它为心轴（mandral），再淀积一层氧化硅作为硬掩膜版，通过控制氧化硅的厚度可以控制 Fin 的宽度 W_{fin}，利用干法刻蚀形成类似栅极侧墙的形状，去除辅助层，剩下的形状就是形成超薄的 Fin 的硬掩膜版，再利用干法刻蚀形成超薄的 Fin。

FinFET 工艺制程技术采用外延生长技术嵌入 SiGe 和 SiC 应变材料，并进行源和漏掺杂，同时

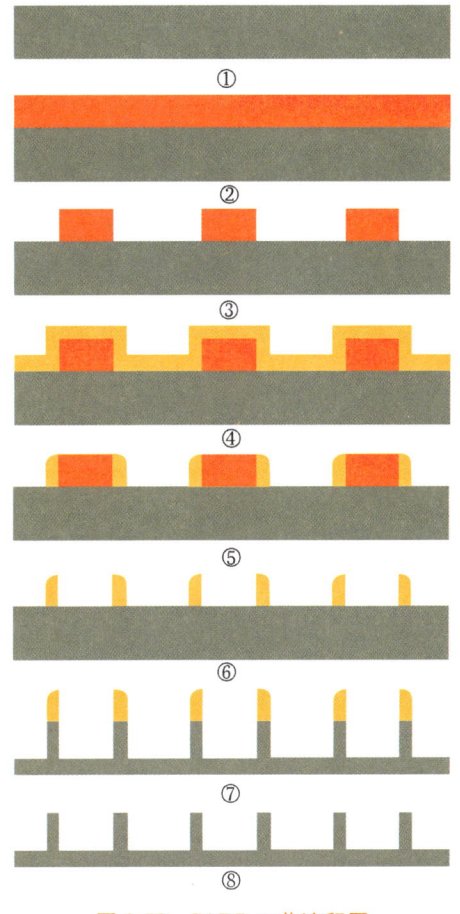

图 2-58 SADP 工艺流程图

使源和漏有源区凸起增加有源区的厚度和表面积，从而可以形成更厚的 Salicide，减小 22nm 工艺制程技术的源和漏的接触电阻，应变技术可以提高器件的速度，改善 FinFET 的性能。图 2-59 所示为 FinFET 沿栅方向的剖面图。左边是 NMOS，右边是 PMOS，它们都是通过多条很薄的指状的 Fin 有源区并联的方式增大器件的宽度，从而增大 FinFET 驱动能力。

下面只简单介绍 FinFET 工艺技术前段和中段工艺流程，FinFET 后段工艺流程采用 Cu 制程。图 2-60 所示为工艺流程参考的版图，只包含 NMOS 和 PMOS，左边是 PMOS，右边是 NMOS。FinFET 工艺流程见表 2-1。

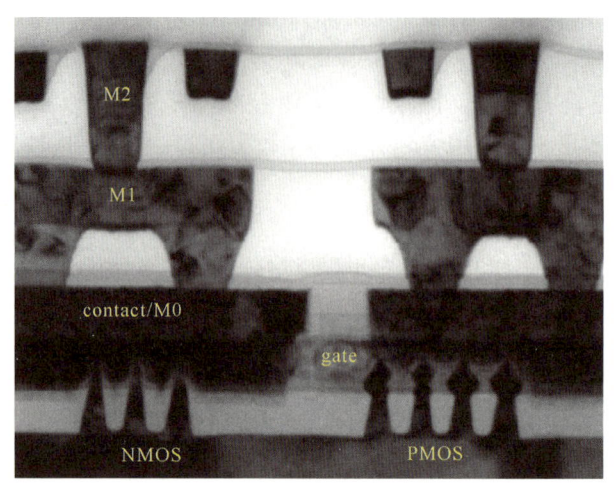

图 2-59　FinFET 沿栅方向的剖面图

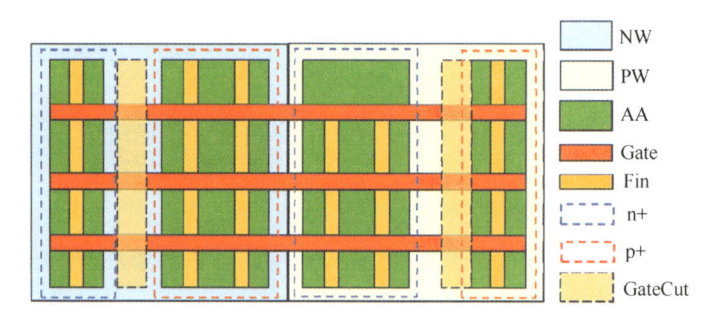

图 2-60　工艺流程参考版图

表 2-1　FinFET 工艺流程

序号	流程	序号	流程
1	硅衬底制备	7	源漏形成金属硅化物
2	制造 Fin	8	制造 HKMG 栅极
3	制造双阱	9	制造 MD 金属层
4	制造假栅极	10	制造 VG 栅极金属通孔
5	制造 LDD 结构	11	制造 VD 金属通孔
6	源漏生长应变硅外延层	12	制造 M0 金属层

1. 硅衬底制备

1）衬底选材。选择 p 型裸片作为衬底，在制造器件前，要对衬底进行必要的清洗，从而得到清洁的衬底表面。图 2-61 所示为裸片的剖面图。

2）淀积初始氧化硅。淀积一层 SiO_2 薄膜，目的是隔离光刻胶，防止光刻胶中的有机物与硅接触污染衬底硅，以及防止后面工序中激光刻号的融渣损伤衬底。

3）量测氧化层厚度。

4）晶圆刻号。用激光在晶圆底部凹口附近刻出晶圆的编码。

5）清洗。清除激光刻号时留在晶圆表面的尘埃和颗粒。

6）第零层光刻和刻蚀处理。

7）去除初始氧化层。

8）清洗。将晶圆放入清洗槽中，得到清洁的表面。

2. 制造 Fin

1）淀积前置氧化硅。淀积一层 SiO_2 薄膜，作为氮化硅的应力缓冲层和硬掩膜版。图 2-62 所示为淀积前置氧化硅的剖面图。

2）量测氧化层厚度。

3）淀积 Si_3N_4 层。利用 LPCVD 淀积一层 Si_3N_4 层，作为硬掩膜版。图 2-63 所示为淀积 Si_3N_4 层的剖面图。

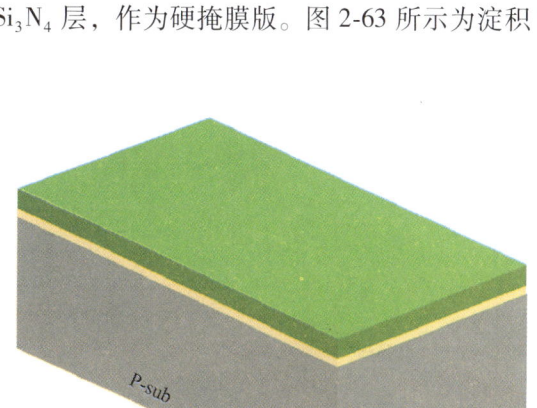

图 2-61 裸片的剖面图

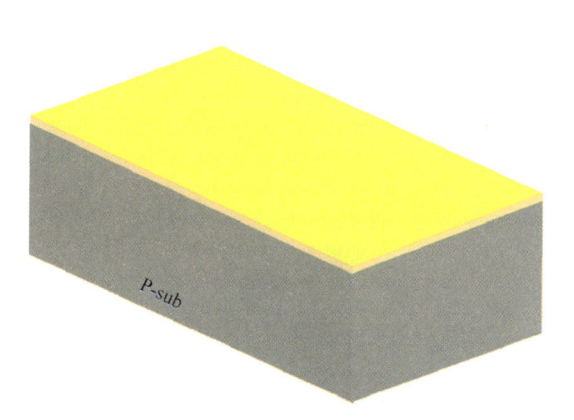

图 2-62 淀积前置氧化硅的剖面图

图 2-63 淀积 Si_3N_4 层的剖面图

4）量测 Si_3N_4 层厚度。

5）淀积无定形碳（Amorphous Carbon）。无定形碳作为心轴（Mandrel）和硬掩膜版刻蚀辅助层。图 2-64 所示为淀积无定形碳层的剖面图。

6）旋涂 DARC 层，目的是改善光刻后显影的图像。图 2-65 所示为旋涂 DARC 层的剖面图。

7）AA_MDL 光刻处理。通过微影技术将 AA_MDL 掩膜版上的图形转移到晶圆上，形成 AA_MDL 的光刻胶图案。AA_MDL 光罩是通过逻辑运算得到的。图 2-66 所示为电路的版图，它包括 Fin 和 AA。图 2-67 所示为 AA_MDL 光刻处理的剖面图。图 2-68 所示为 AA_MDL 显影的剖面图。

图 2-64　淀积无定形碳层的剖面图　　　　图 2-65　旋涂 DARC 层的剖面图

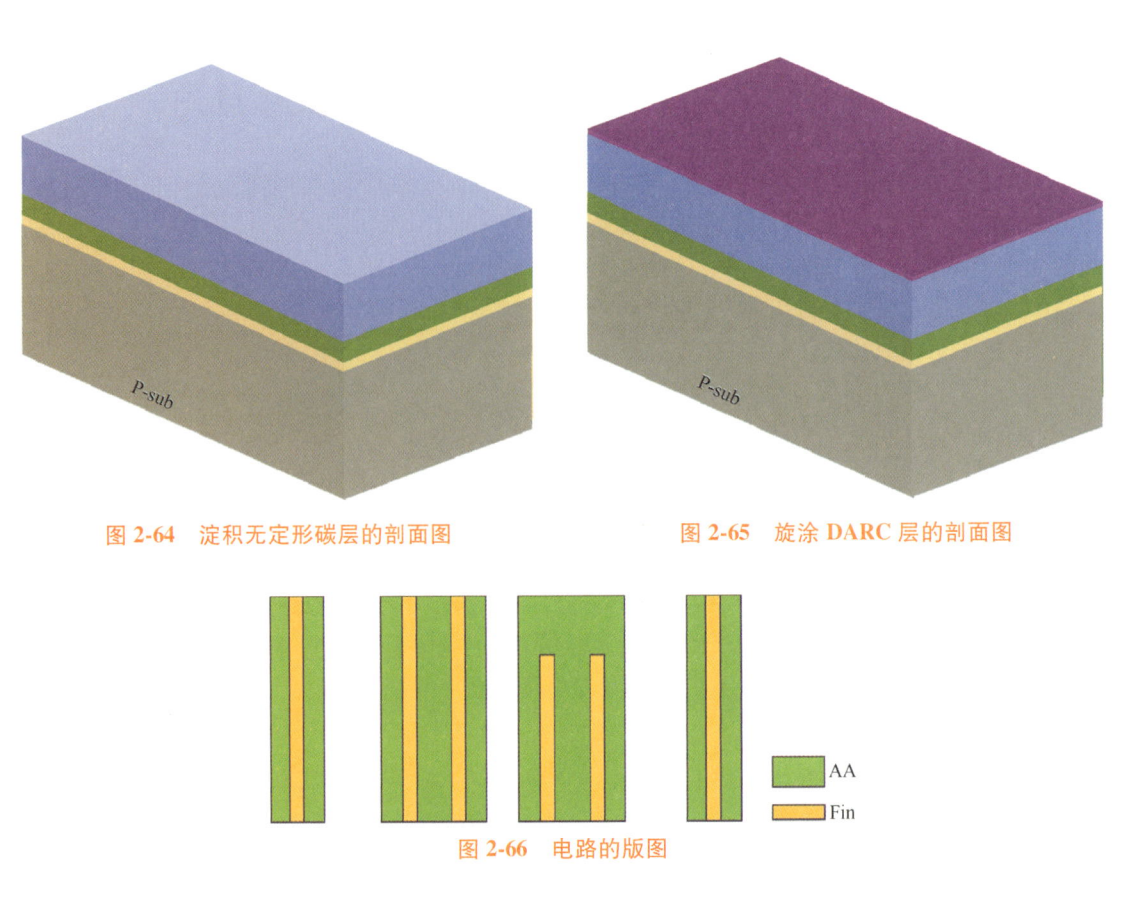

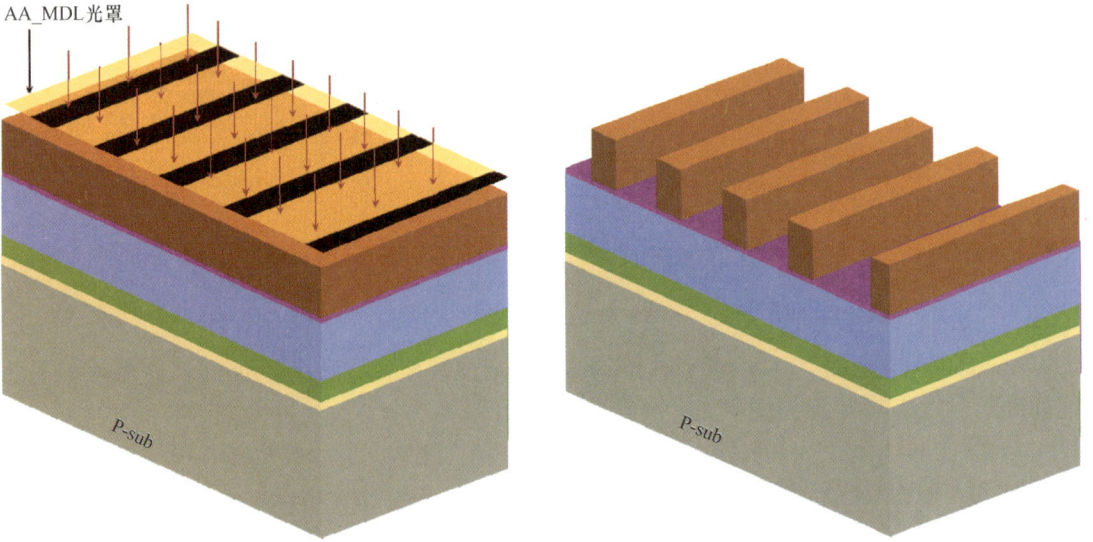

图 2-66　电路的版图

图 2-67　AA_MDL 光刻处理的剖面图　　　　图 2-68　AA_MDL 显影的剖面图

8）检查显影后的图形，包括量测套刻、CD 和扫描缺陷。

9）AA_MDL 刻蚀处理，形成心轴的图形，作为硬掩膜版刻蚀辅助层。Si_3N_4 作为刻蚀停止层，刻蚀机台可以捕捉到终点。图 2-69 所示为 AA_MDL 刻蚀的剖面图。

10）去除光刻胶和 DARC 层。图 2-70 所示为去除光刻胶和 DARC 层的剖面图。

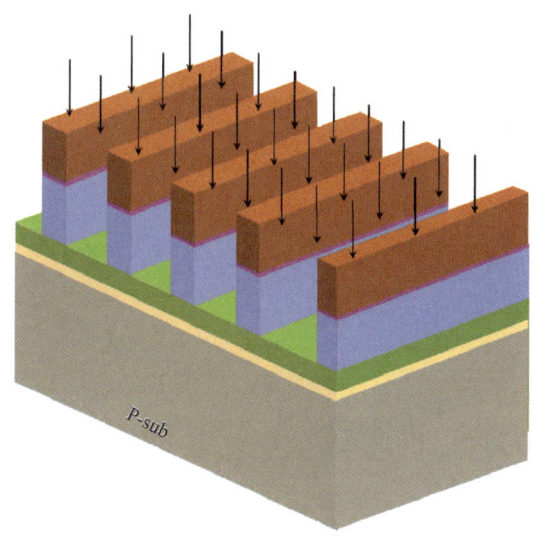

图 2-69　AA_MDL 刻蚀的剖面图

图 2-70　去除光刻胶和 DARC 层的剖面图

11）量测 AA_MDL CD 并检查刻蚀后的图形。

12）淀积侧墙 SiO_2。通过控制淀积时间来控制侧墙 SiO_2 的厚度，从而控制 Fin 的宽度 W_{fin}。图 2-71 所示为淀积侧墙 SiO_2 的剖面图。

13）刻蚀 SiO_2 形成侧墙，Si_3N_4 作为刻蚀停止层。在无定形碳侧边形成线宽很小的 SiO_2 侧墙。图 2-72 所示为刻蚀侧墙 SiO_2 的剖面图。

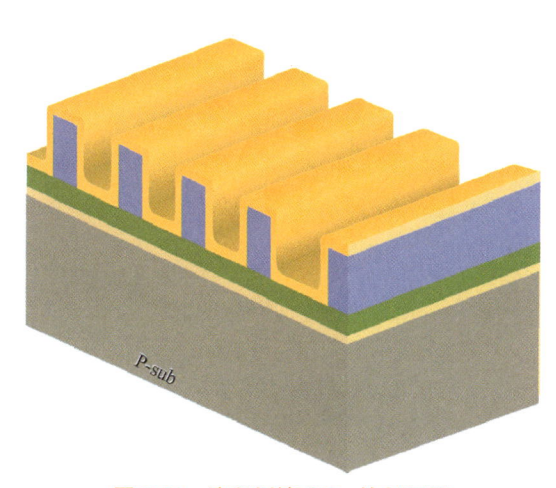

图 2-71　淀积侧墙 SiO_2 的剖面图

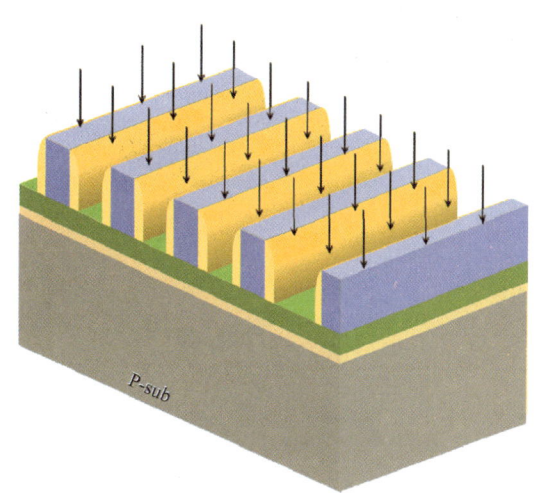

图 2-72　刻蚀侧墙 SiO_2 的剖面图

14）刻蚀去除无定形碳层。刻蚀去除无定形碳层，留下 SiO_2 侧墙作为硬掩膜版。Si_3N_4 作为刻蚀停止层。图 2-73 所示为刻蚀无定形碳层的剖面图。

15）旋涂 BARC 层，目的是提高光刻和刻蚀的精度。图 2-74 所示为旋涂 BARC 层的剖面图。

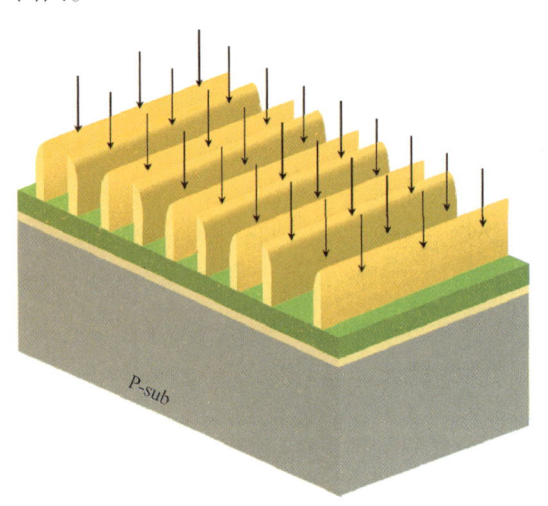

图 2-73　刻蚀无定形碳层的剖面图

图 2-74　旋涂 BARC 层的剖面图

16）ARH 光刻处理。通过微影技术将 ARH 掩膜版上的图形转移到晶圆上，形成 ARH 的光刻胶图案。ARH 光罩是通过逻辑运算得到的。图 2-75 所示为 ARH 光刻处理的剖面图。图 2-76 所示为 ARH 显影的剖面图。

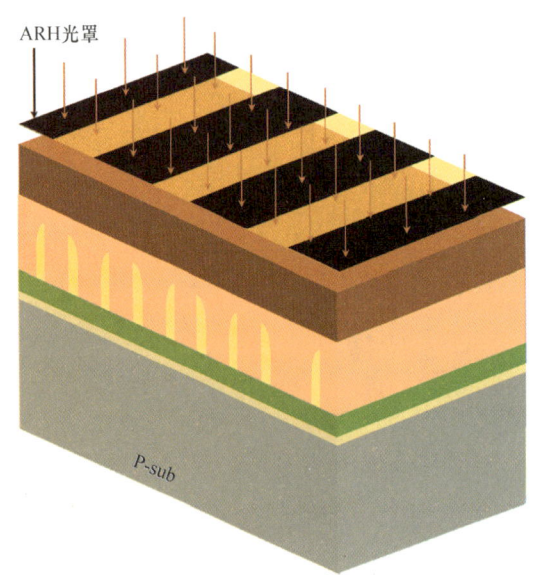

图 2-75　ARH 光刻处理的剖面图

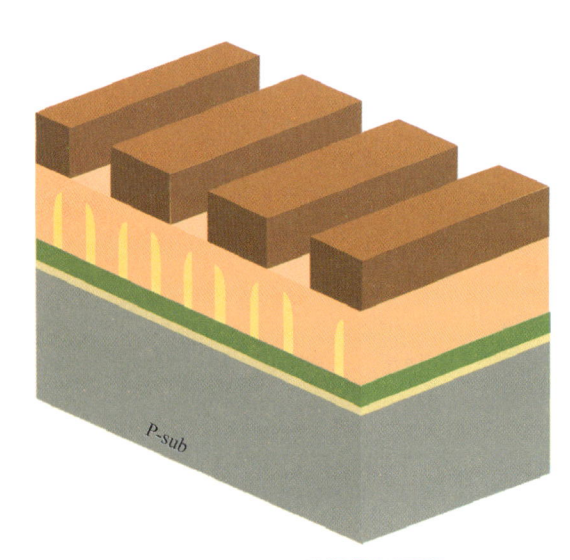

图 2-76　ARH 显影的剖面图

17）检查显影后的图形，包括量测套刻、CD 和扫描缺陷。
18）ARH 刻蚀处理。图 2-77 所示为 ARH 刻蚀的剖面图。
19）去除光刻胶。图 2-78 所示为去除光刻胶的剖面图。

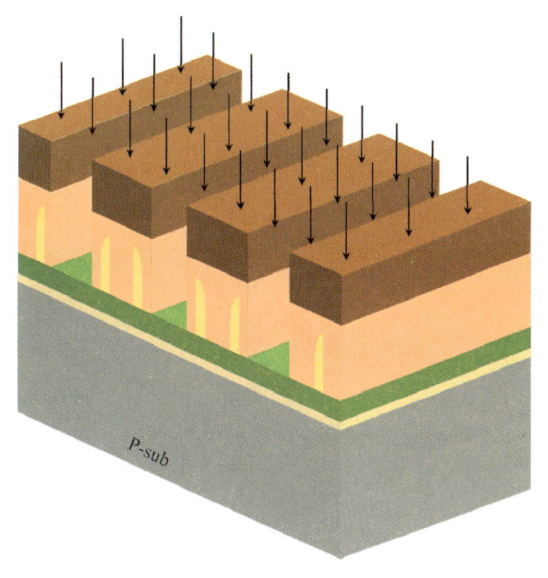

图 2-77　ARH 刻蚀的剖面图

图 2-78　去除光刻胶的剖面图

20）量测 ARH CD 并检查刻蚀后的图形。
21）去除 BARC 层。图 2-79 所示为去除 BARC 层的剖面图。
22）旋涂 BARC 层，目的是提高光刻和刻蚀的精度。图 2-80 所示为旋涂 BARC 层的剖面图。

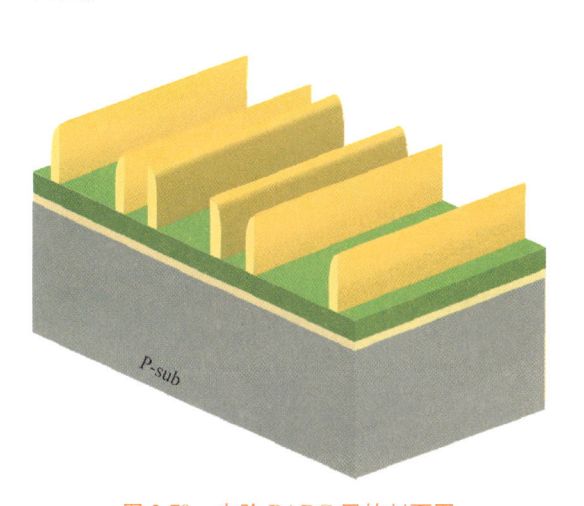

图 2-79　去除 BARC 层的剖面图

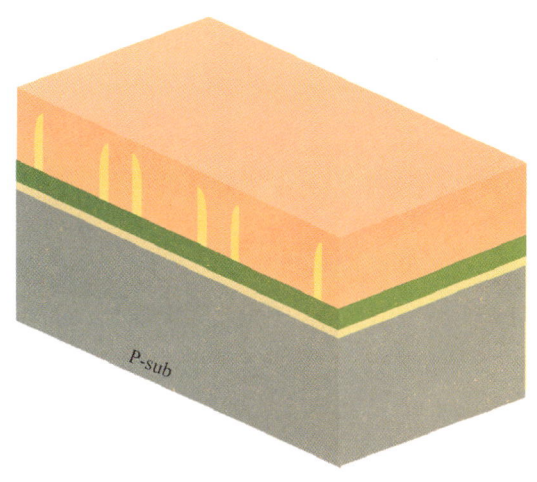

图 2-80　旋涂 BARC 层的剖面图

23）ARV 光刻处理。通过微影技术将 ARV 掩膜版上的图形转移到晶圆上，形成 ARV 的光刻胶图案。ARV 光罩是通过逻辑运算得到的。图 2-81 所示为 ARV 光刻处理的剖面图。图 2-82 所示为 ARV 显影的剖面图。

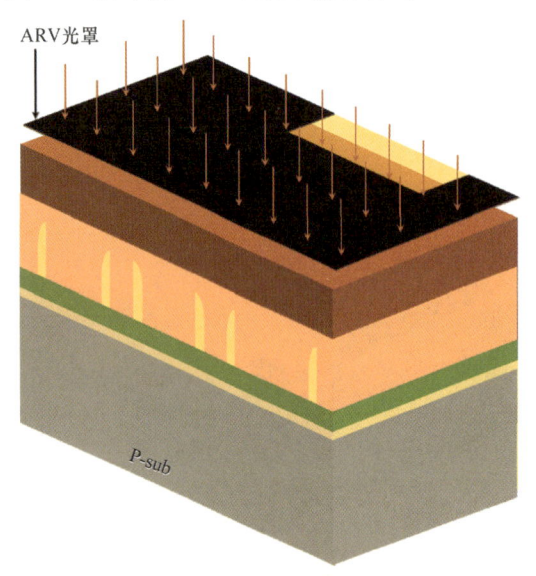

图 2-81　ARV 光刻处理的剖面图

图 2-82　ARV 显影的剖面图

24）检查显影后的图形，包括量测套刻、CD 和扫描缺陷。
25）ARV 刻蚀处理。图 2-83 所示为 ARV 刻蚀的剖面图。
26）去除光刻胶。图 2-84 所示为去除光刻胶的剖面图。

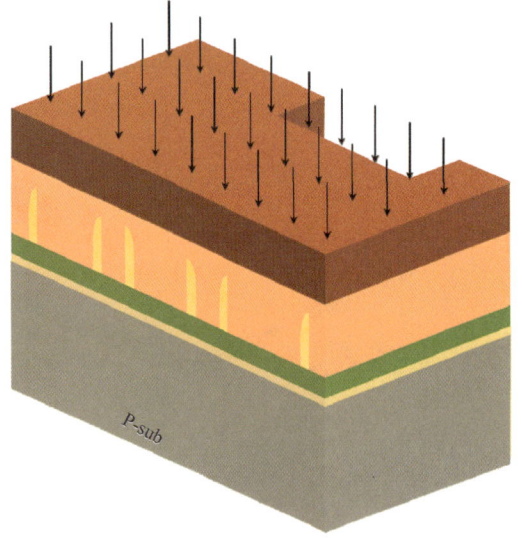

图 2-83　ARV 刻蚀的剖面图

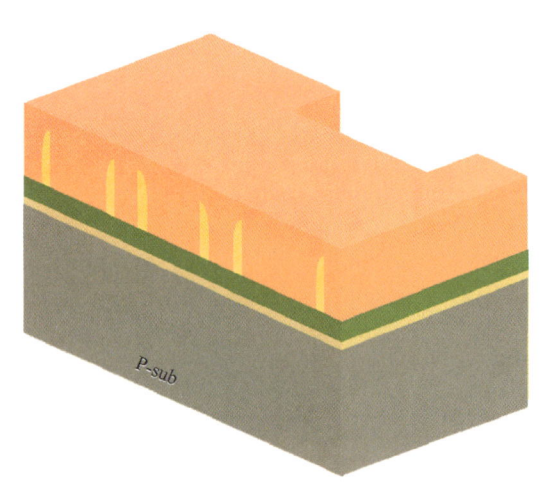

图 2-84　去除光刻胶的剖面图

27）量测 ARV CD 和检查刻蚀后的图形。

28）去除 BARC 层。图 2-85 所示为去除 BARC 层的剖面图。

29）刻蚀 Si_3N_4 层。SiO_2 作为硬掩膜版，刻蚀 Si_3N_4 层。图 2-86 所示为刻蚀 Si_3N_4 层的剖面图。

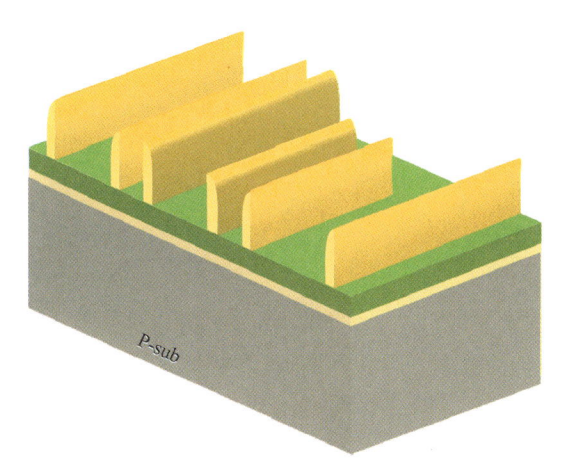

图 2-85　去除 BARC 层的剖面图

图 2-86　刻蚀 Si_3N_4 层的剖面图

30）刻蚀 SiO_2 层。

31）刻蚀衬底硅，形成 Fin 层。利用 SiO_2 和 Si_3N_4 层作为硬掩膜版，刻蚀衬底形成 Fin。图 2-87 所示为刻蚀衬底硅的剖面图。

32）Fin 热氧化。通过热氧化形成 SiO_2 层。图 2-88 所示为 Fin 热氧化的剖面图。

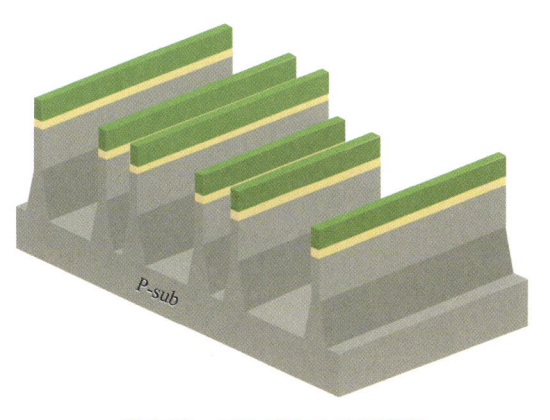

图 2-87　刻蚀衬底硅的剖面图

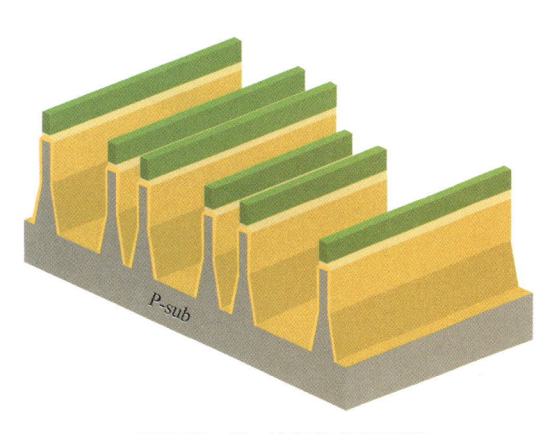

图 2-88　Fin 热氧化的剖面图

33）高温退火，修复损伤。

34）淀积 STI 氧化隔离层。通过 FCVD 填充一层厚厚的氧化层。图 2-89 所示为淀积 STI 氧化隔离层的剖面图。

35) STI CMP 全局平坦化。通过 CMP 工艺研磨去除多余的氧化物，Si₃N₄ 层作为停止层。图 2-90 所示为 STI CMP 全局平坦化的剖面图。

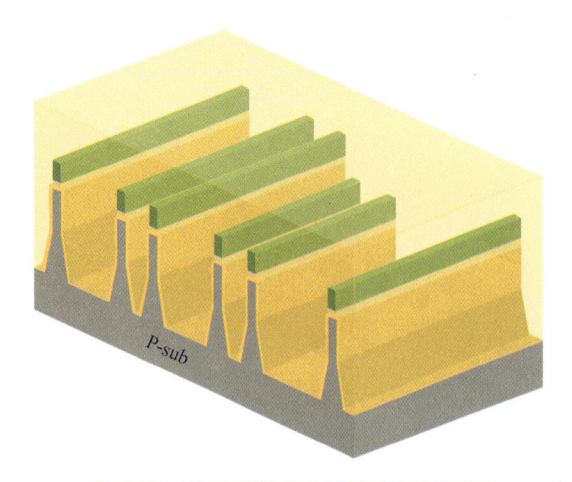

图 2-89　淀积 STI 氧化隔离层的剖面图

图 2-90　STI CMP 全局平坦化的剖面图

36) 第一步 STI 氧化层回刻。图 2-91 所示为 STI 氧化层回刻的剖面图。

37) 刻蚀去除 Si₃N₄ 层。通过热磷酸溶液去除 Si₃N₄ 层。图 2-92 所示为刻蚀去除 Si₃N₄ 层的剖面图。

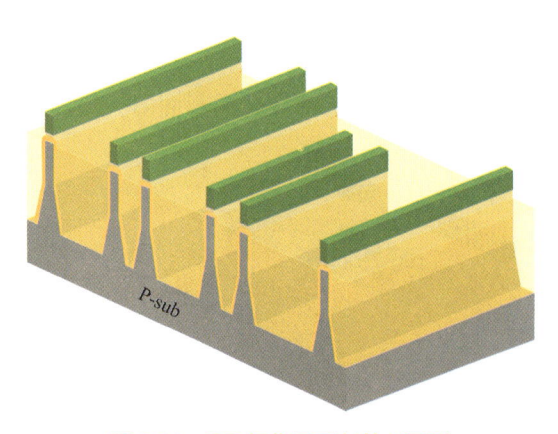

图 2-91　STI 氧化层回刻的剖面图

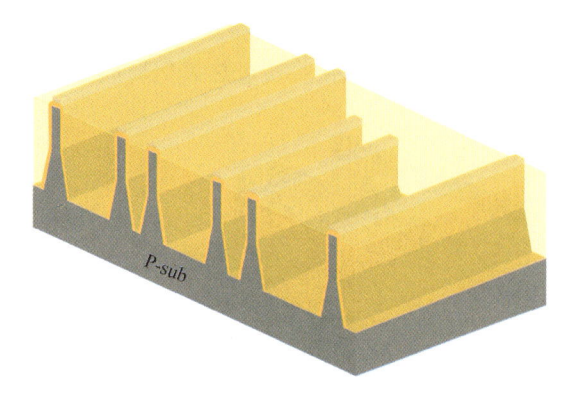

图 2-92　刻蚀去除 Si₃N₄ 层的剖面图

38) 第二步 STI 氧化层回刻。图 2-93 所示为 STI 氧化层回刻的剖面图。

3. 制造双阱

1) Fin 热氧化。通过热氧化形成 SiO_2 层。图 2-94 所示为 Fin 热氧化的剖面图。

2) NW 光刻处理。通过微影技术将 NW 掩膜版上的图形转移到晶圆上，形成 NW 的光刻胶图案。图 2-95 所示为电路的版图，它新增了 NW 图层。图 2-96 所示为 NW 光刻处理的剖面图。图 2-97 所示为 NW 显影的剖面图。

第 2 章　先进工艺制程技术

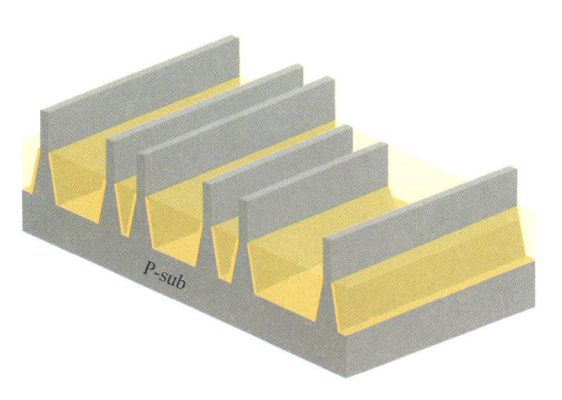

图 2-93　STI 氧化层回刻的剖面图

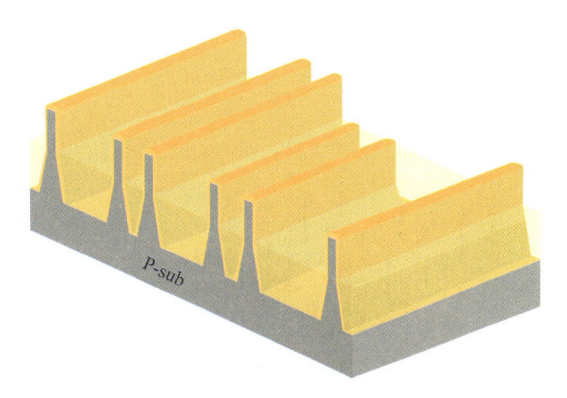

图 2-94　Fin 热氧化的剖面图

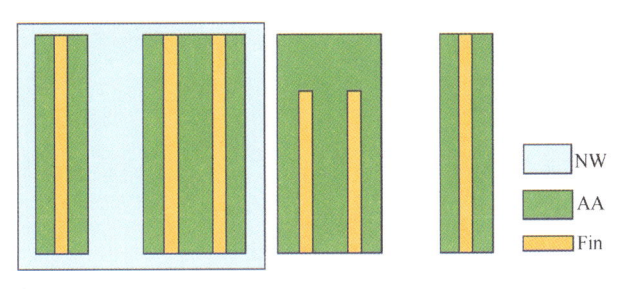

图 2-95　电路的版图

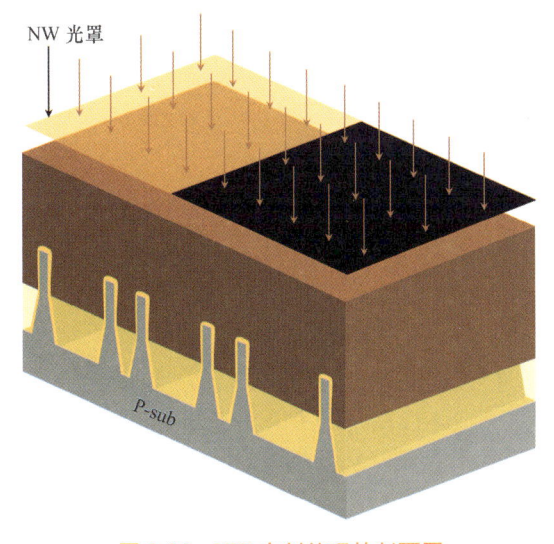

图 2-96　NW 光刻处理的剖面图

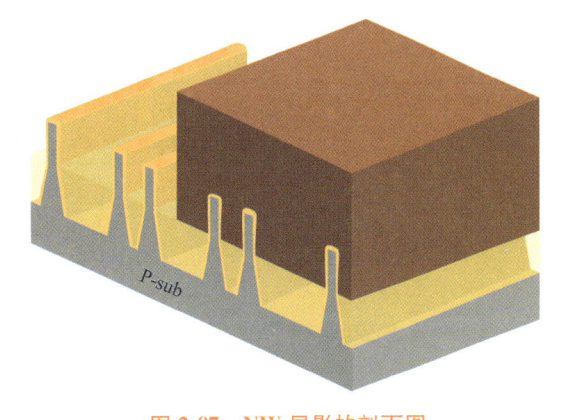

图 2-97　NW 显影的剖面图

3）检查显影后的图形，包括量测套刻、CD 和扫描缺陷。

4）NW 离子注入。注入磷离子形成 N 型的阱。图 2-98 所示为 NW 离子注入剖面图。

5）去光刻胶。利用干法刻蚀和湿法刻蚀去除光刻胶。图 2-99 所示为去除光刻胶的剖面图。

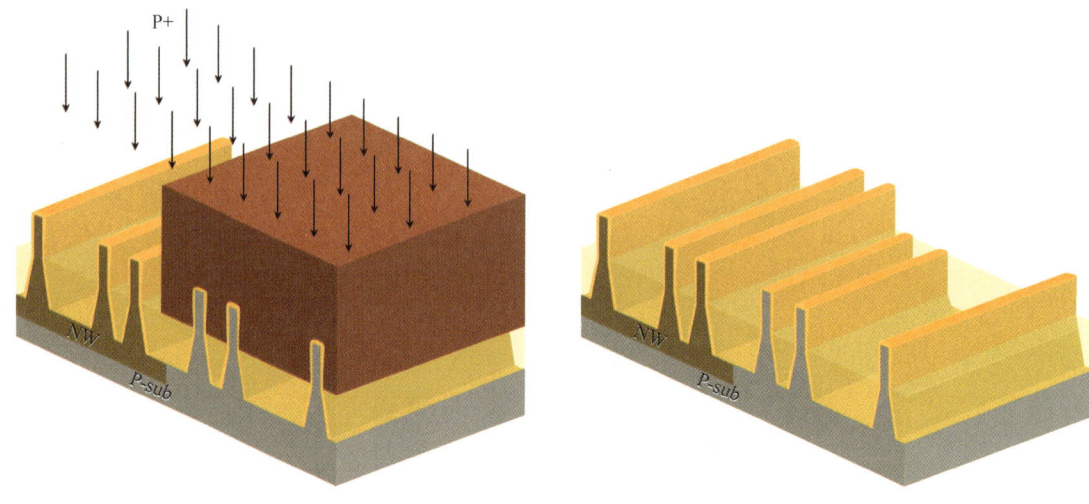

图 2-98　NW 离子注入剖面图

图 2-99　去除光刻胶的剖面图

6）退火。退火激活杂质离子和修复晶格损伤。

7）PW 光刻处理，通过微影技术将 PW 掩膜版上的图形转移到晶圆上，形成 PW 的光刻胶图案，非 PW 区域保留光刻胶。图 2-100 所示为电路的版图，它新增了 PW 图层。图 2-101 所示为 PW 光刻的剖面图。图 2-102 所示为 PW 显影的剖面图。

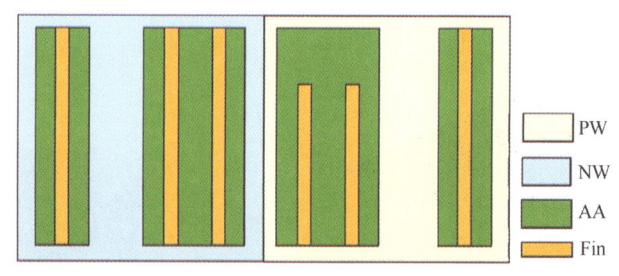

图 2-100　电路的版图

8）检查显影后的图形，包括量测套刻、CD 和扫描缺陷。

9）PW 离子注入。注入硼离子形成 P 型的阱。图 2-103 所示为 PW 离子注入剖面图。

10）去光刻胶。利用干法刻蚀和湿法刻蚀去除光刻胶。图 2-104 所示为去除光刻胶的剖面图。

11）退火。退火激活杂质离子和修复晶格损伤。

12）去除氧化硅。图 2-105 所示为去除氧化层的剖面图。

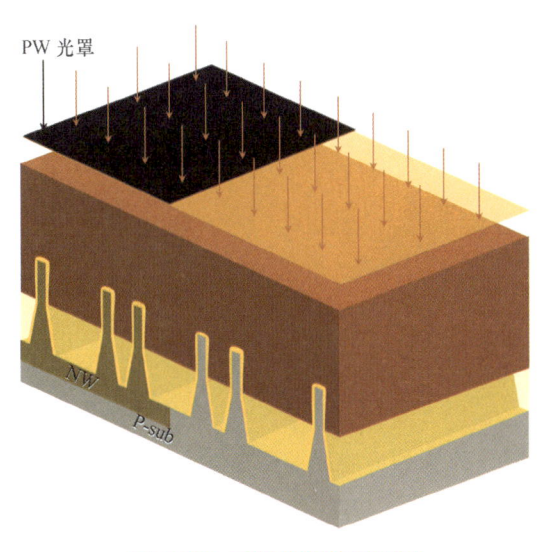

图 2-101　PW 光刻的剖面图

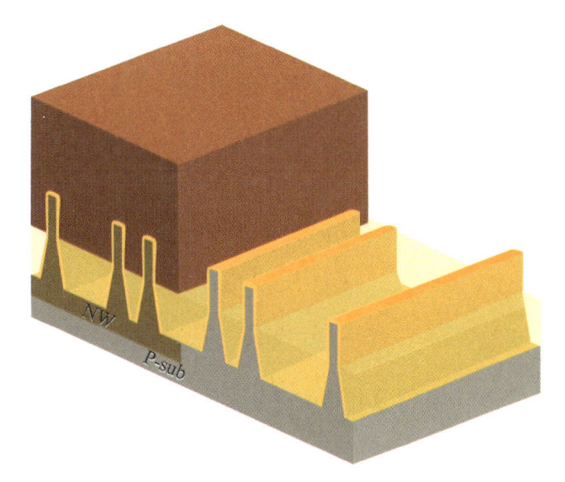

图 2-102　PW 显影的剖面图

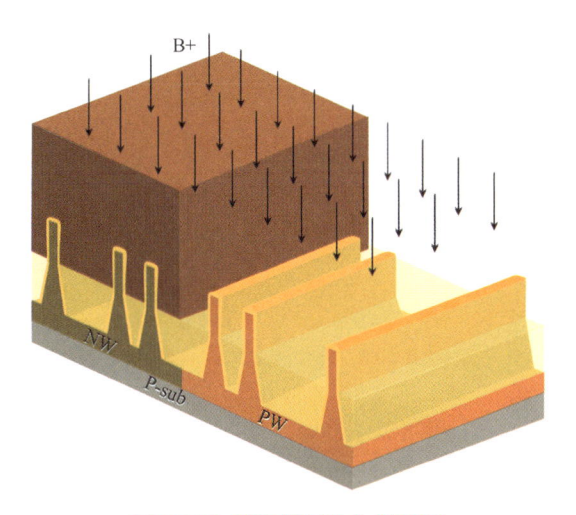

图 2-103　PW 离子注入剖面图

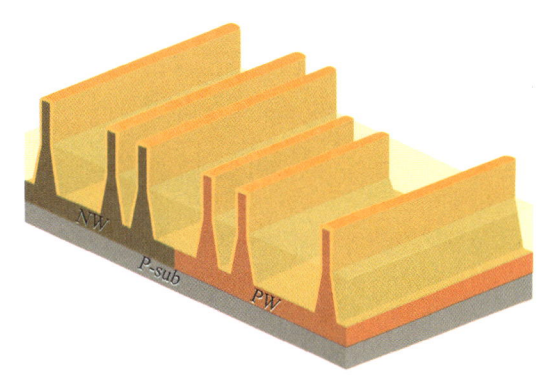

图 2-104　去除光刻胶的剖面图

4. 制造假栅极

1）Fin 热氧化。通过热氧化形成 SiO_2 层，作为刻蚀停止层。图 2-106 所示为 Fin 热氧化的剖面图。

2）淀积无定形硅层。淀积一层厚厚的无定形硅层，作为假栅极层，在后续的工艺中，该栅极层会被金属栅取代。图 2-107 所示为淀积无定形硅层的剖面图。

3）无定形硅层 CMP 全局平坦化。

4）清洗。

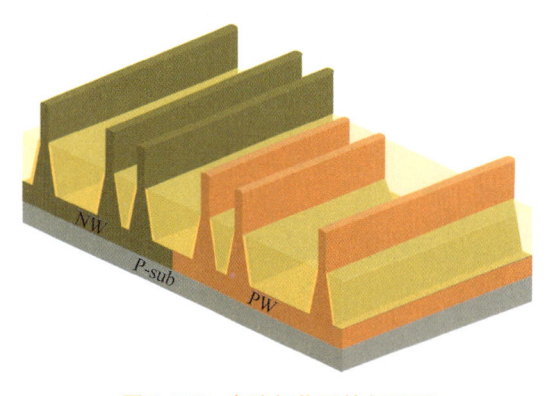

图 2-105　去除氧化层的剖面图

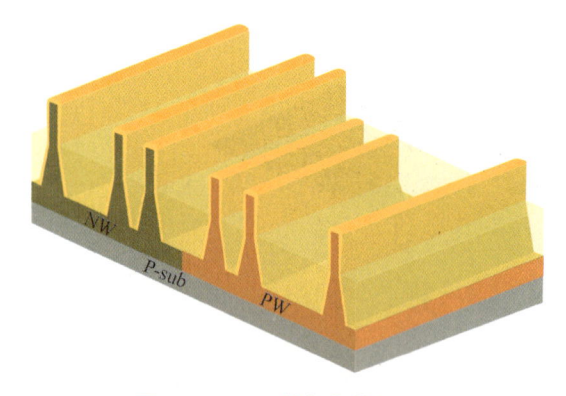

图 2-106　Fin 热氧化的剖面图

5）淀积氧化硅，利用 CVD 淀积一层 SiO_2 薄膜，作为硬掩膜版。图 2-108 所示为淀积氧化硅的剖面图。

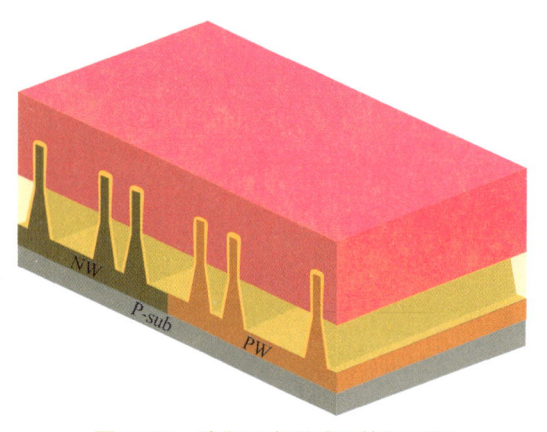

图 2-107　淀积无定形硅层的剖面图

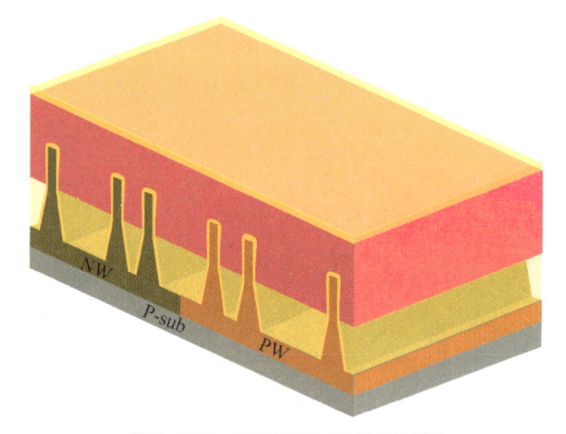

图 2-108　淀积氧化硅的剖面图

6）量测氧化层厚度。

7）淀积 Si_3N_4 层。利用 LPCVD 淀积一层 Si_3N_4 层，作为硬掩膜版。图 2-109 所示为淀积 Si_3N_4 层的剖面图。

8）清洗。

9）量测 Si_3N_4 层厚度。

10）淀积无定形碳作为心轴，作为刻蚀的辅助层。图 2-110 所示为淀积无定形碳层的剖面图。

11）旋涂 DARC 层，目的是改善光刻后显影的图像。图 2-111 所示为旋涂 DARC 层

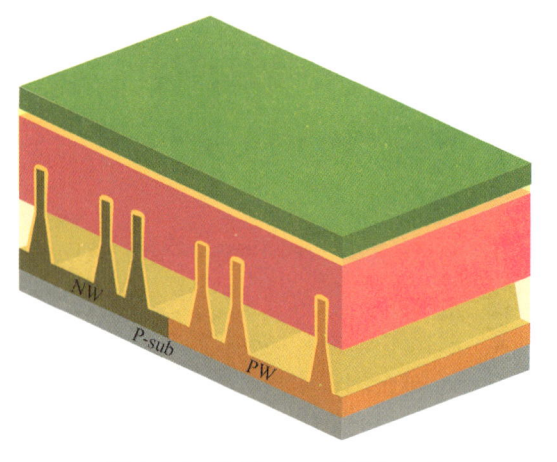

图 2-109　淀积 Si_3N_4 层的剖面图

76

的剖面图。

12）Gate_MDL 光刻处理。通过微影技术将 Gate_MDL 掩膜版上的图形转移到晶圆上，形成 Gate_MDL 光刻胶图案。Gate_MDL 光罩是通过逻辑运算得到的。图 2-112 所示为电路的版图，它新增了 Gate 图层。图 2-113 所示为 Gate_MDL 光刻处理的剖面图。图 2-114 所示为 Gate_MDL 显影的剖面图。

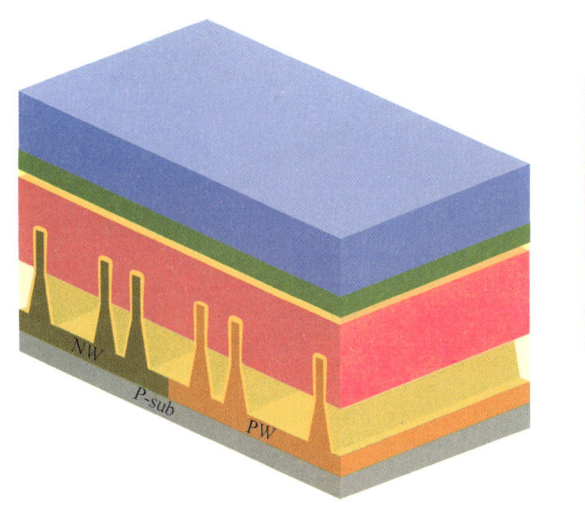

图 2-110　淀积无定形碳层的剖面图

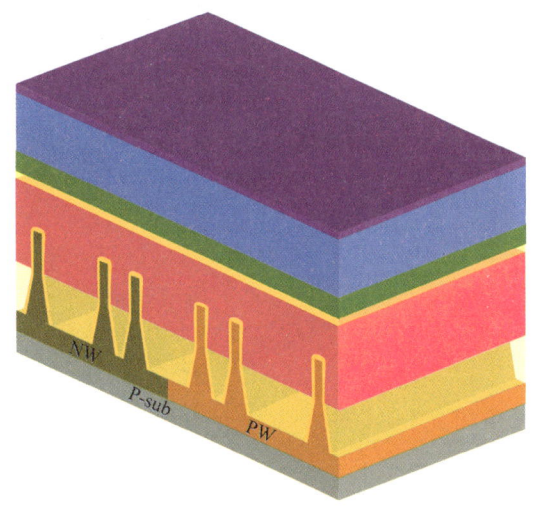

图 2-111　旋涂 DARC 层的剖面图

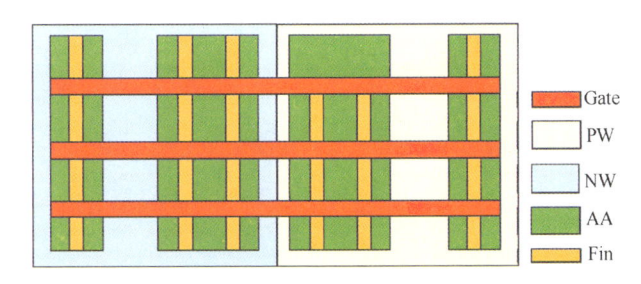

图 2-112　电路的版图

13）量测 Gate_MDL 套刻，Gate_MDL CD 和检查显影后曝光的图形。

14）Gate_MDL 刻蚀处理，形成心轴的图形，作为硬掩膜版刻蚀辅助层。Si_3N_4 作为停止层，刻蚀可以捕捉到终点。图 2-115 所示为 Gate_MDL 刻蚀的剖面图。

15）去除光刻胶和 DARC 层。图 2-116 所示为去除光刻胶和 DARC 层的剖面图。

16）量测 Gate_MDL CD 和检查刻蚀后的图形。

17）淀积侧墙 SiO_2。通过控制淀积时间来控制侧墙 SiO_2 的厚度，从而控制栅极的宽度。图 2-117 所示为淀积侧墙 SiO_2 的剖面图。

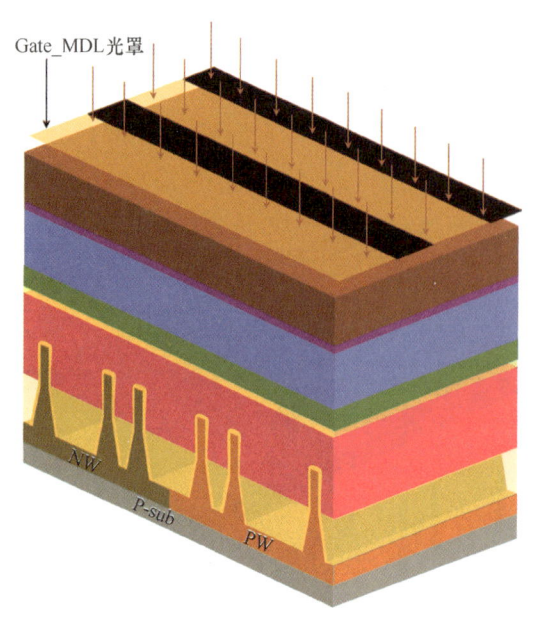

图 2-113　Gate_MDL 光刻处理的剖面图

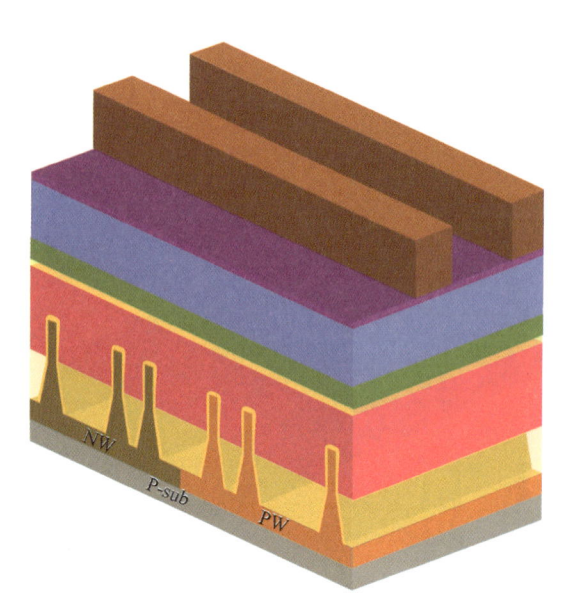

图 2-114　Gate_MDL 显影的剖面图

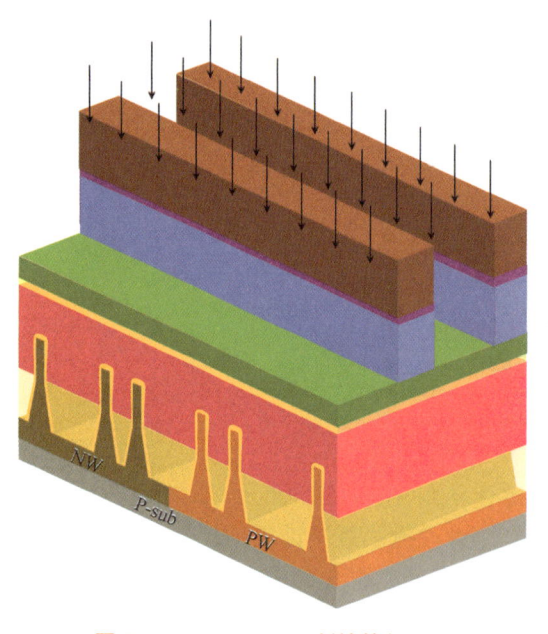

图 2-115　Gate_MDL 刻蚀的剖面图

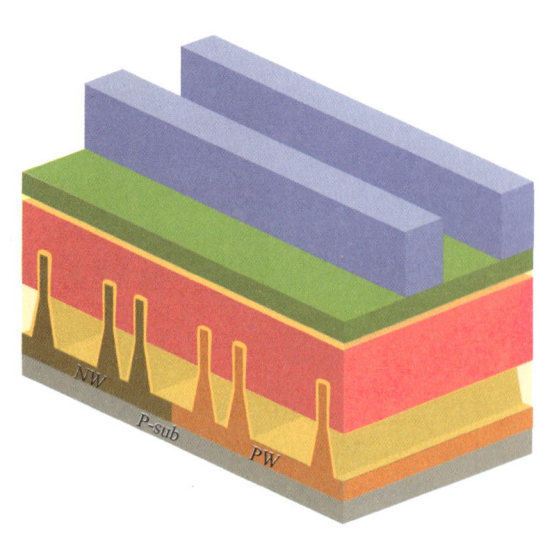

图 2-116　去除光刻胶和 DARC 层的剖面图

18）刻蚀 SiO_2 形成侧墙，Si_3N_4 作为刻蚀停止层。在无定形碳侧边形成线宽很小的 SiO_2 侧墙。图 2-118 所示为刻蚀侧墙 SiO_2 的剖面图。

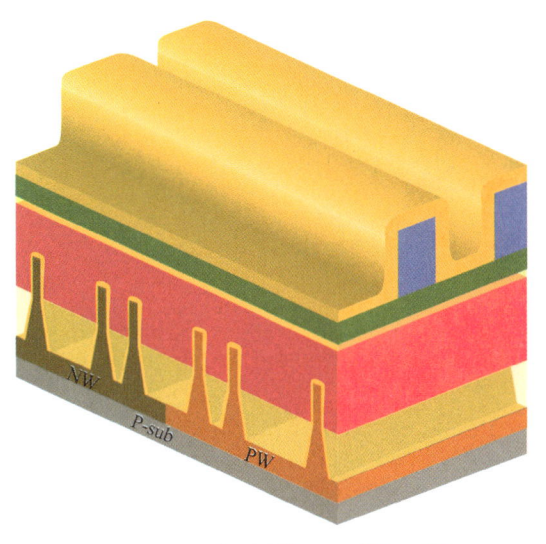

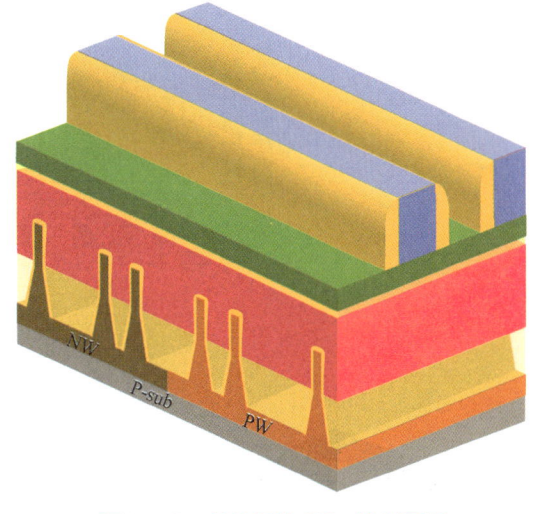

图 2-117　淀积侧墙 SiO_2 的剖面图

图 2-118　刻蚀侧墙 SiO_2 的剖面图

19）刻蚀去除无定形碳层。刻蚀去除无定形碳层，留下 SiO_2 侧墙作为硬掩膜版。Si_3N_4 作为刻蚀停止层。图 2-119 所示为刻蚀去除无定形碳层的剖面图。

20）旋涂 BARC 层，目的是提高光刻和刻蚀的精度。图 2-120 所示为旋涂 BARC 层的剖面图。

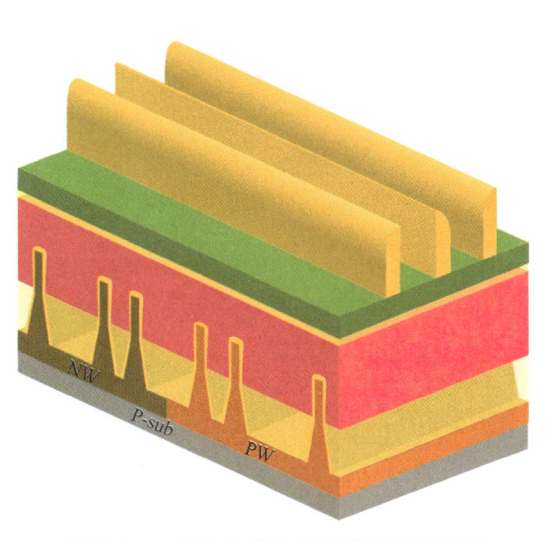

图 2-119　刻蚀去除无定形碳层的剖面图

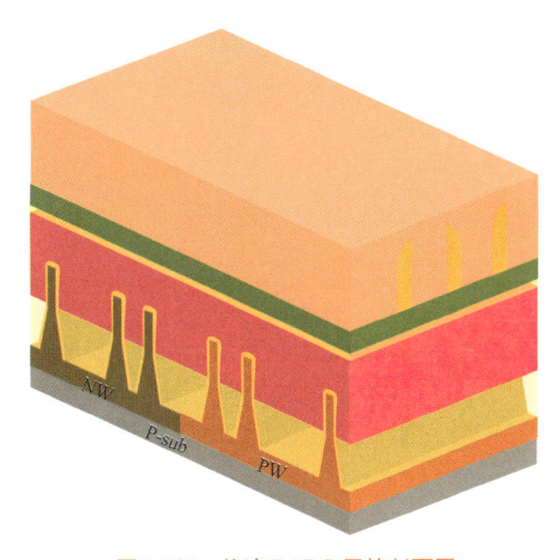

图 2-120　旋涂 BARC 层的剖面图

21）Gate_Cut 光刻处理。通过微影技术将 Gate_Cut 掩膜版上的图形转移到晶圆上，形成 Gate_Cut 的光刻胶图案。图 2-121 所示为电路的版图，它新增 GateCut 图层。图 2-122 所示为 Gate_Cut 光刻处理的剖面图。图 2-123 所示为 Gate_Cut 显影的剖面图。

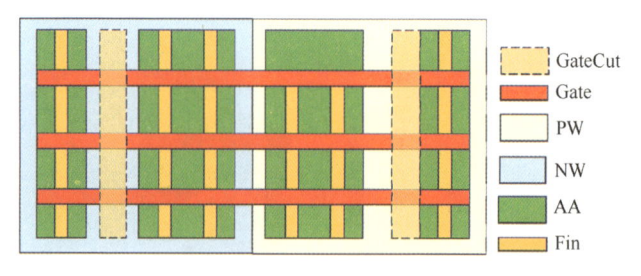

图 2-121 电路的版图

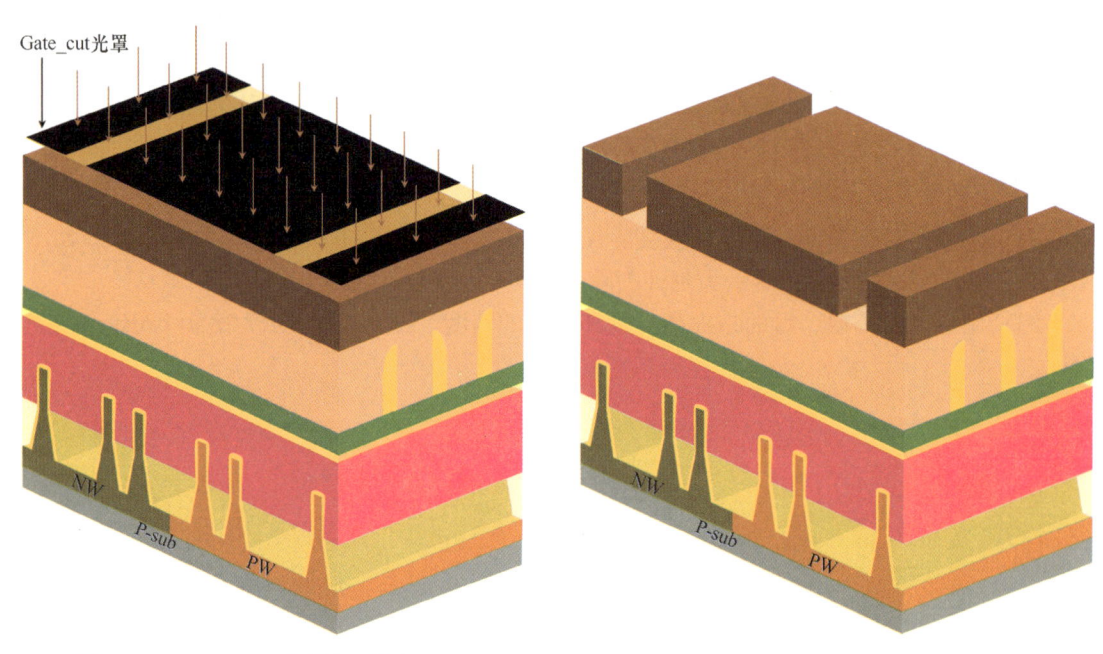

图 2-122 Gate_Cut 光刻处理的剖面图

图 2-123 Gate_Cut 显影的剖面图

22）量测 Gate_Cut 套刻，Gate_Cut CD 和检查显影后曝光的图形。

23）Gate_Cut 刻蚀处理。图 2-124 所示为 Gate_Cut 刻蚀的剖面图。

24）去除光刻胶。图 2-125 所示为去除光刻胶的剖面图。

25）量测 Gate_Cut CD 和检查刻蚀后的图形。

26）去 BARC 层。图 2-126 所示为去除 BARC 层的剖面图。

27）刻蚀 Si_3N_4 层。SiO_2 作为硬掩膜版，刻蚀 Si_3N_4 层。图 2-127 所示为刻蚀 Si_3N_4 层的剖面图。

28）刻蚀无定形硅，形成假栅极。利用 SiO_2 和 Si_3N_4 层作为硬掩膜版，刻蚀无定形硅形成假栅极。氧化层作为刻蚀停止层。图 2-128 所示为刻蚀无定形硅的剖面图。

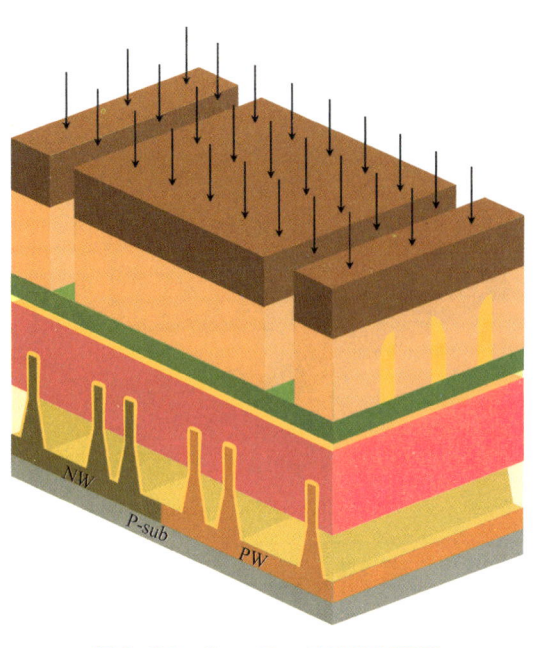

图 2-124　Gate_Cut 刻蚀的剖面图

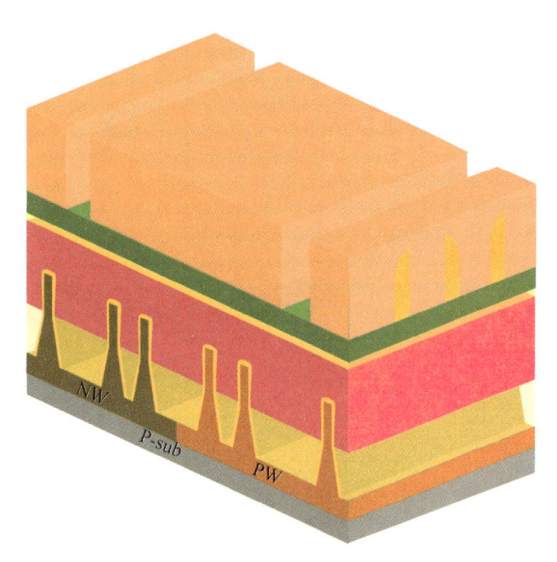

图 2-125　去除光刻胶的剖面图

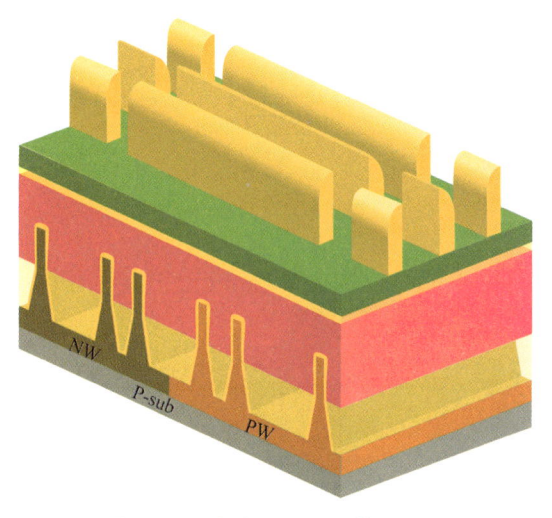

图 2-126　去除 BARC 层的剖面图

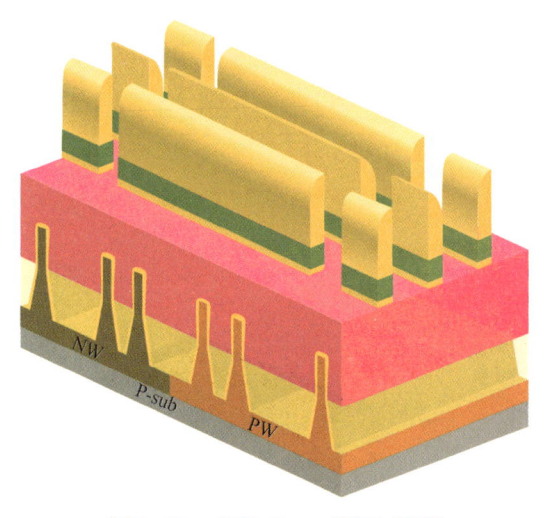

图 2-127　刻蚀 Si_3N_4 层的剖面图

29）假栅极热氧化。通过热氧化形成 SiO_2 层。图 2-129 所示为假栅极热氧化的剖面图。

5. 制造 LDD 结构

1）PLDD 光刻处理。通过微影技术将 PLDD 掩膜版上的图形转移到晶圆上，形成 PLDD 的光刻胶图案。图 2-130 所示为电路的版图，它新增了 p+图层。图 2-131 所示为 PLDD 光刻处理的剖面图。图 2-132 所示为 PLDD 显影的剖面图。

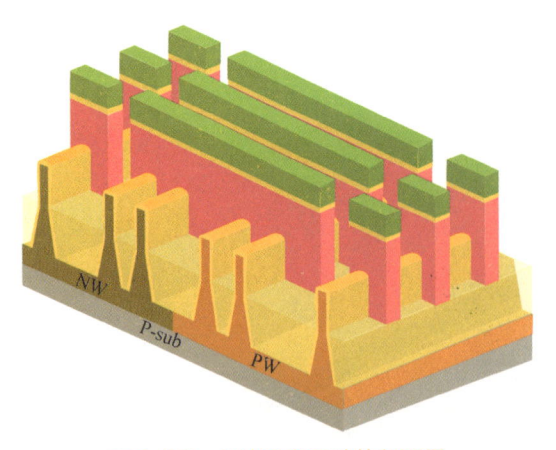

图 2-128 刻蚀无定形硅的剖面图

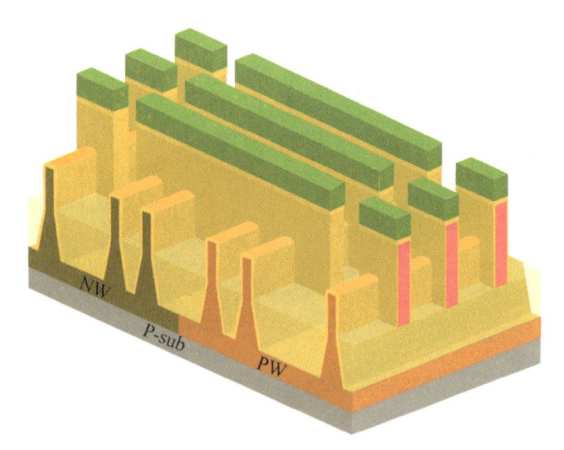

图 2-129 假栅极热氧化的剖面图

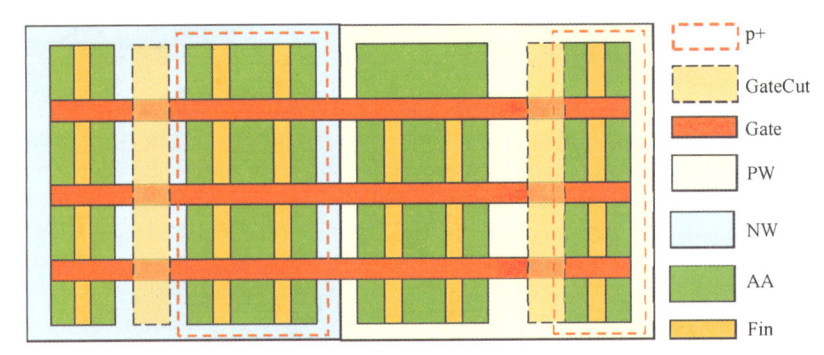

图 2-130 电路的版图

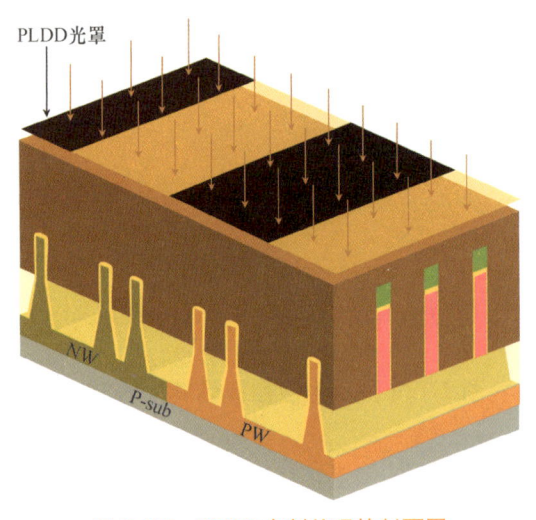

图 2-131 PLDD 光刻处理的剖面图

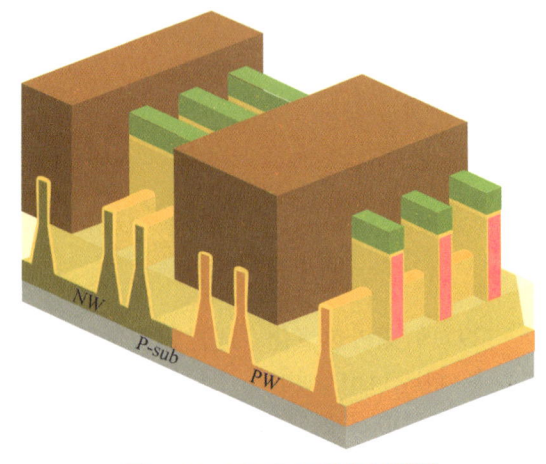

图 2-132 PLDD 显影的剖面图

2）检查显影后的图形，包括量测套刻、CD 和扫描缺陷。

3）PLDD 离子注入。通过离子注入形成 PLDD 结构，倾斜±10°，防穿通和改善 HCI。图 2-133 所示为 PLDD 离子注入剖面图。

4）去光刻胶。利用干法刻蚀和湿法刻蚀去除光刻胶。图 2-134 所示为去除光刻胶的剖面图。

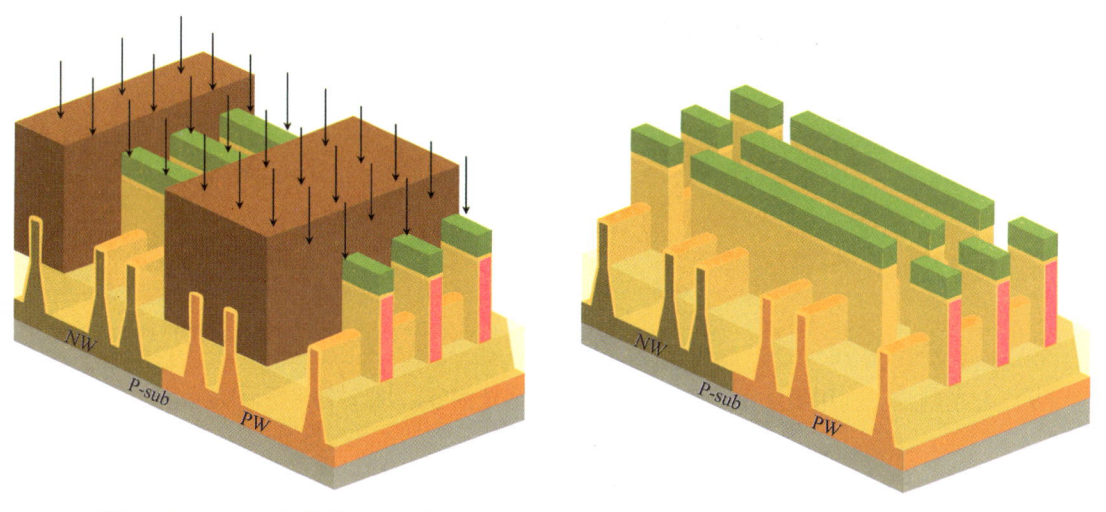

图 2-133　PLDD 离子注入剖面图

图 2-134　去除光刻胶的剖面图

5）退火。退火激活杂质离子和修复晶格损伤。

6）NLDD 光刻处理。通过微影技术将 NLDD 掩膜版上的图形转移到晶圆上，形成 NLDD 的光刻胶图案。图 2-135 所示为电路的版图，它新增了 n+图层。图 2-136 所示为 NLDD 光刻处理的剖面图。图 2-137 所示为 NLDD 显影的剖面图。

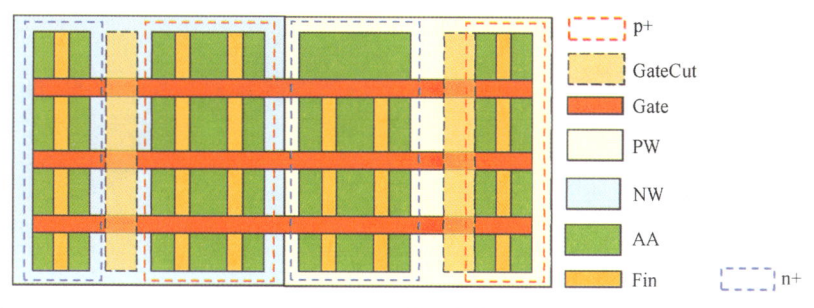

图 2-135　电路的版图

7）检查显影后的图形，包括量测套刻、CD 和扫描缺陷。

8）NLDD 离子注入。通过离子注入形成 PLDD 结构，倾斜±10°，防穿通和改善 HCI。图 2-138 所示为 NLDD 离子注入剖面图。

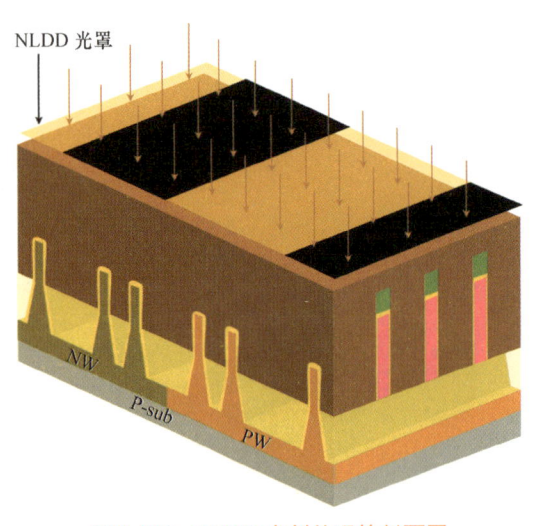

图 2-136 NLDD 光刻处理的剖面图

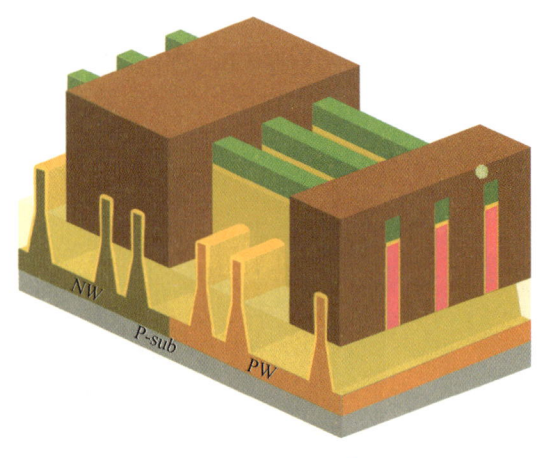

图 2-137 NLDD 显影的剖面图

9）去光刻胶。利用干法刻蚀和湿法刻蚀去除光刻胶。图 2-139 所示为去除光刻胶的剖面图。

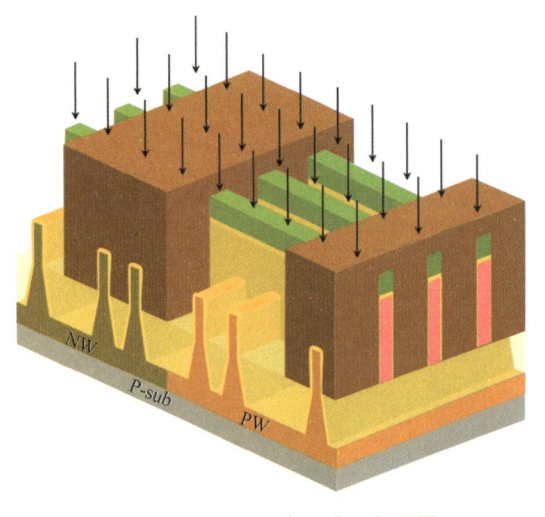

图 2-138 NLDD 离子注入剖面图

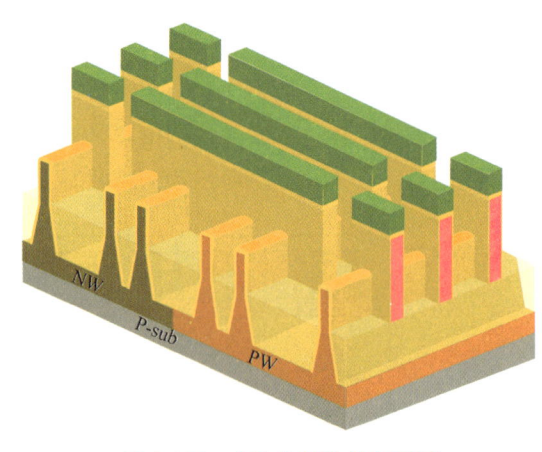

图 2-139 去除光刻胶的剖面图

10）退火。退火激活杂质离子和修复晶格损伤。
6. 源漏生长应变硅外延层
1）去除氧化硅。
2）清洗。
3）热氧化。通过热氧化形成 SiO_2 层。

第 2 章　先进工艺制程技术

4）淀积氮化硅层，通过 CVD 方式淀积一层氮化硅层。图 2-140 所示为淀积氮化硅的剖面图。

5）SiGe 光刻处理，通过微影技术将 SiGe 掩膜版上的图形转移到晶圆上，形成 SiGe 的光刻胶图案，非 SiGe 区域保留光刻胶。图 2-141 所示为 SiGe 光刻处理的剖面图。图 2-142 所示为 SiGe 显影的剖面图。

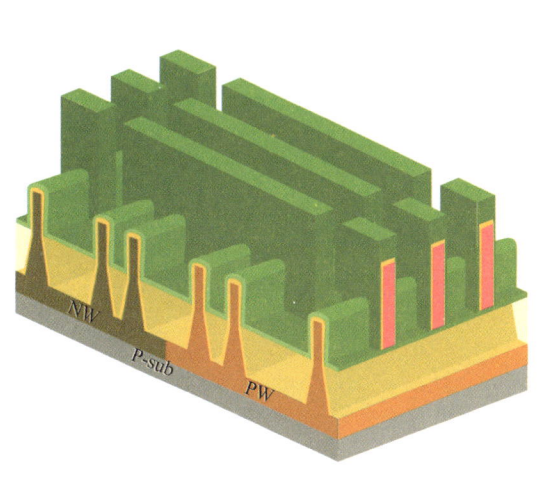

图 2-140　淀积氮化硅的剖面图

图 2-141　SiGe 光刻处理的剖面图

6）量测 SiGe 套刻，SiGe CD 和检查显影后曝光的图形。
7）刻蚀源漏区的 Fin。图 2-143 所示为刻蚀源漏区的 Fin 的剖面图。

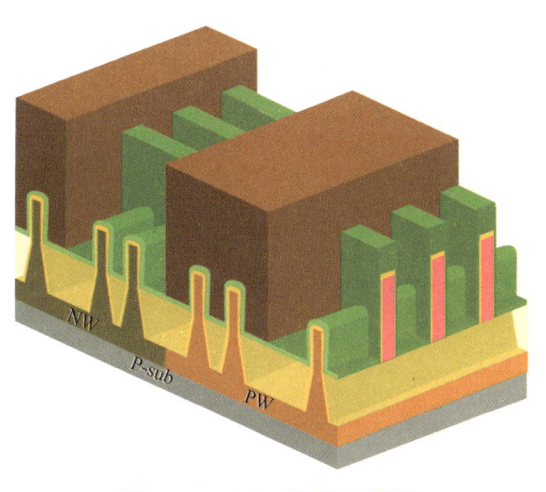

图 2-142　SiGe 显影的剖面图

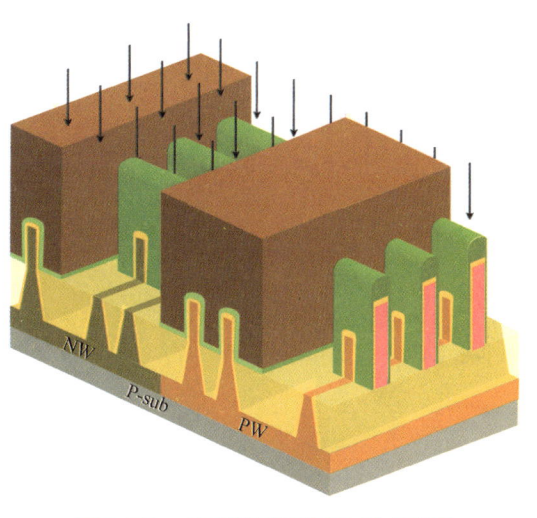

图 2-143　刻蚀源漏区的 Fin 的剖面图

85

8）去除光刻胶。图 2-144 所示为去除光刻胶的剖面图。

9）检查刻蚀后的图形。

10）生长 SiGe 外延层。通过外延技术，在 PMOS 源漏区利用选择性外延生长技术生长单晶态的 SiGe 薄膜，同时进行原位 P 型硼掺杂。图 2-145 所示为生长 SiGe 外延层的剖面图。

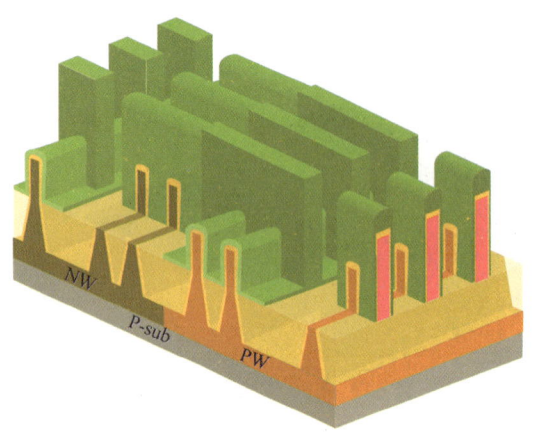

图 2-144 去除光刻胶的剖面图

图 2-145 生长 SiGe 外延层的剖面图

11）淀积 SiO_2 层。通过 CVD 形成 SiO_2 层。

12）淀积氮化硅层，通过 CVD 方式淀积一层氮化硅层。图 2-146 所示为淀积氮化硅的剖面图。

13）SiC 光刻处理，通过微影技术将 SiC 掩膜版上的图形转移到晶圆上，形成 SiC 的光刻胶图案，非 SiC 区域保留光刻胶。图 2-147 所示为 SiC 光刻的剖面图。图 2-148 所示为 SiC 显影的剖面图。

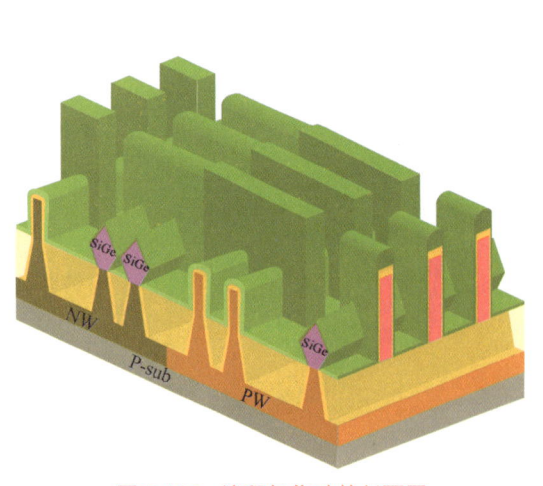

图 2-146 淀积氮化硅的剖面图

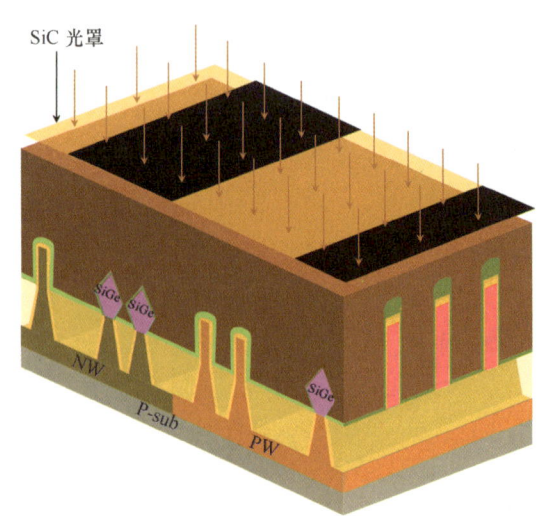

图 2-147 SiC 光刻的剖面图

14）量测 SiC 套刻，SiC CD 和检查显影的图形。

15）刻蚀源漏区的 Fin。图 2-149 所示为刻蚀源漏区的 Fin 的剖面图。

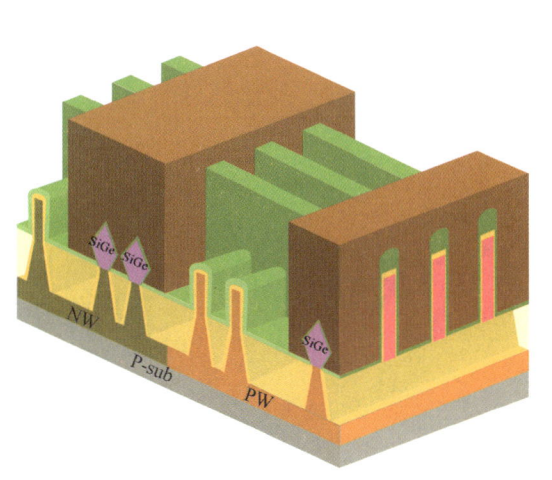

图 2-148　SiC 显影的剖面图 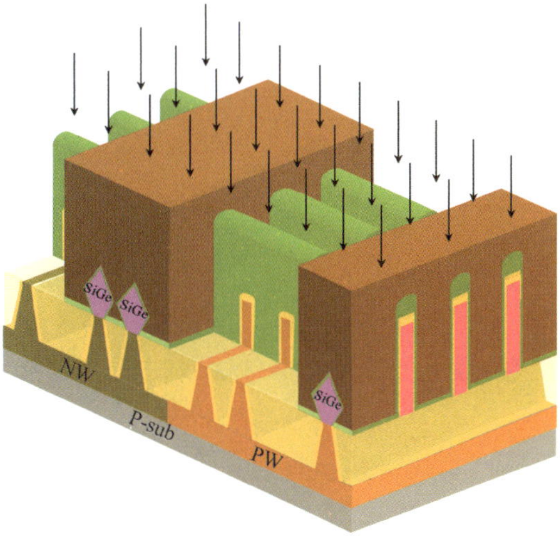　　　　图 2-149　刻蚀源漏区的 Fin 的剖面图

16）去除光刻胶。图 2-150 所示为去除光刻胶的剖面图。

17）检查刻蚀后的图形。

18）生长 SiC 外延层。通过外延技术，在 NMOS 源漏区利用选择性外延生长技术生长单晶态的 SiC 薄膜，同时进行原位 N 型 As 掺杂。图 2-151 所示为生长 SiC 外延层的剖面图。

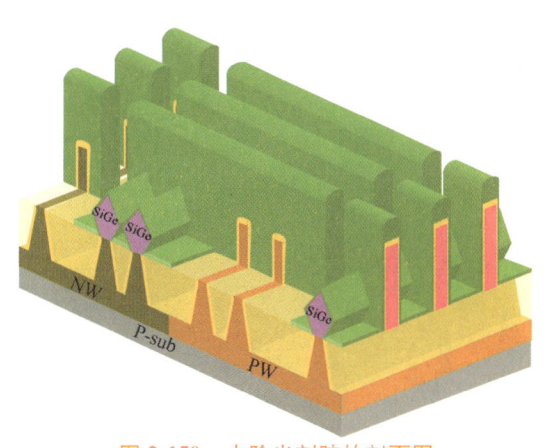

图 2-150　去除光刻胶的剖面图 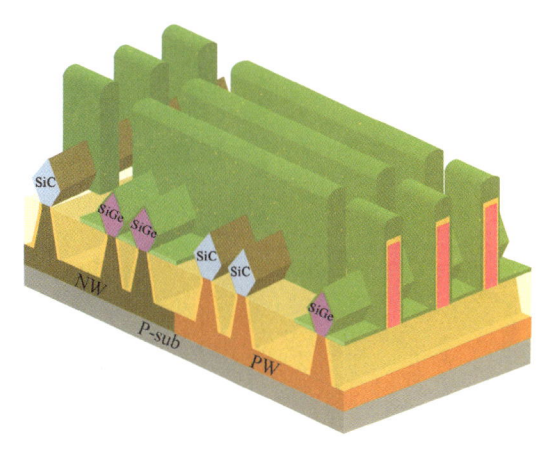　　　　图 2-151　生长 SiC 外延层的剖面图

7. 源漏形成金属硅化物

1）淀积 SiO_2 层。通过 CVD 形成 SiO_2 层。

2）表面非晶化离子注入。

3）通过光刻和离子注入，对 NMOS 区域掺杂铝离子，能量很低，位于 SiC 表层，目的是降低 SiC 表面的接触电阻。

4）去除氮化硅和氧化层。图 2-152 所示为去除氮化硅和氧化层的剖面图。

5）Ar 溅射清洗。

6）淀积 NiPt 和 TiN 层。图 2-153 所示为淀积 NiPt 和 TiN 层的剖面图。

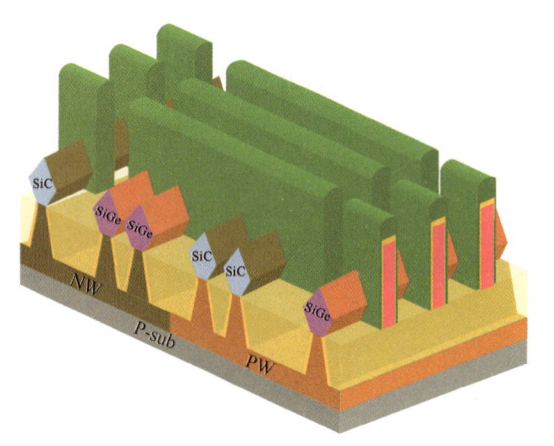

图 2-152 去除氮化硅和氧化层的剖面图

图 2-153 淀积 NiPt 和 TiN 层的剖面图

7）退火，形成金属硅化物。

8）湿法刻蚀去除未反应的金属。图 2-154 所示为刻蚀去除未反应的金属的剖面图。

9）退火，降低金属硅化物电阻。

8. 制造 HKMG 栅极

1）淀积氧化硅和 SiON 层。SiON 层作为 MD 刻蚀停止层。图 2-155 所示为淀积氧化硅和 SiON 层的剖面图。

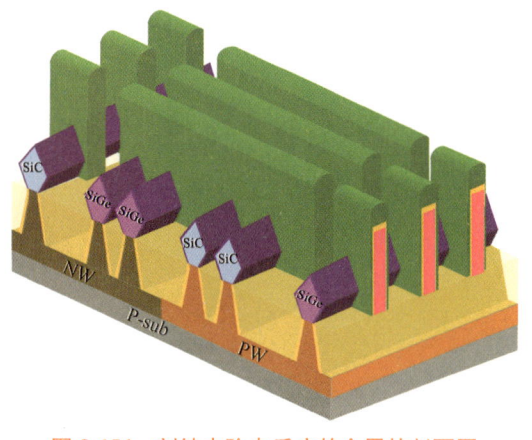

图 2-154 刻蚀去除未反应的金属的剖面图

图 2-155 淀积氧化硅和 SiON 层的剖面图

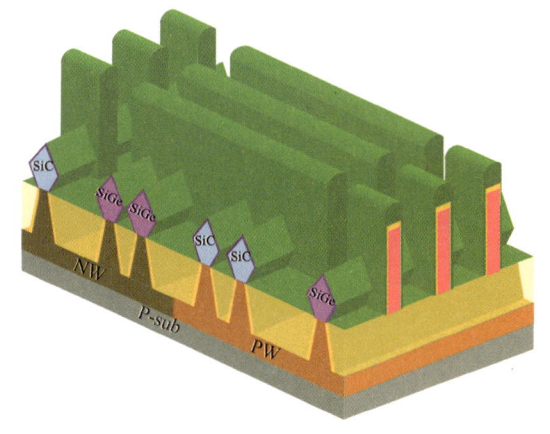

2）淀积磷硅玻璃 PSG ILD0 层。图 2-156 所示为淀积磷硅玻璃 PSG ILD0 层的剖面图。

3）ILD0 层全局平坦化。通过 CMP 进行全局平坦化，无定形硅作为停止层。图 2-157 所示为 ILD0 层全局平坦化的剖面图。

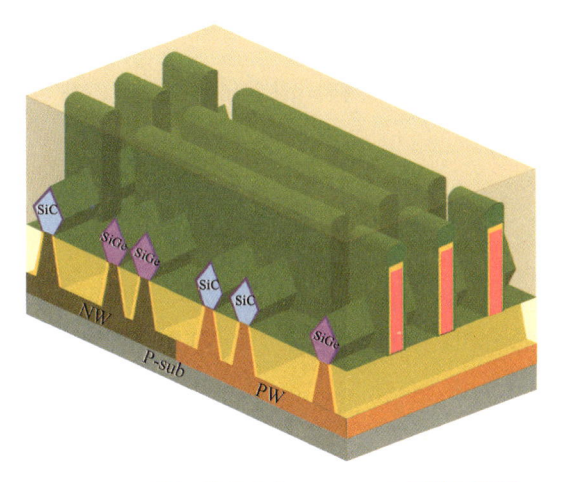

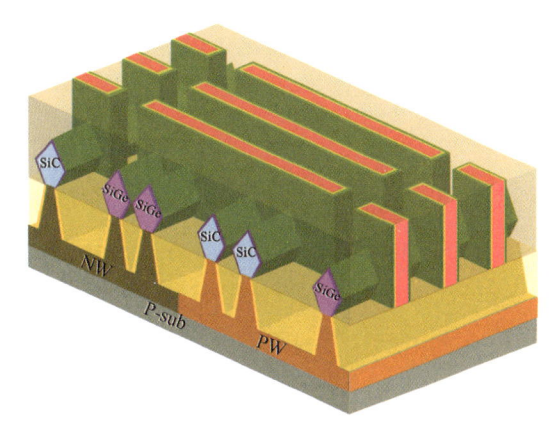

图 2-156　淀积磷硅玻璃 PSG ILD0 层的剖面图

图 2-157　ILD0 层全局平坦化的剖面图

4）刻蚀去除无定形硅。氧化层是刻蚀停止层。
5）去除氧化层。图 2-158 所示为去除氧化层的剖面图。
6）生长氧化层。通过 ISSG 生长一层高质量的氧化层，作为界面过渡层。
7）生长 HfO$_2$。通过原子层淀积技术淀积 HfO$_2$。
8）淀积 TiN 金属层。利用 ALD 工艺淀积一层 PMOS 功函数 TiN。
9）淀积 TaN 金属层。利用 ALD 工艺淀积一层 TaN 作为刻蚀停止层。
10）淀积 TiN 金属层。
11）Metal_Gate 光刻和刻蚀，去除 NMOS 区域的功函数金属。TaN 作为刻蚀停止层。
12）去除光刻胶。图 2-159 所示为形成金属功函数的剖面图。

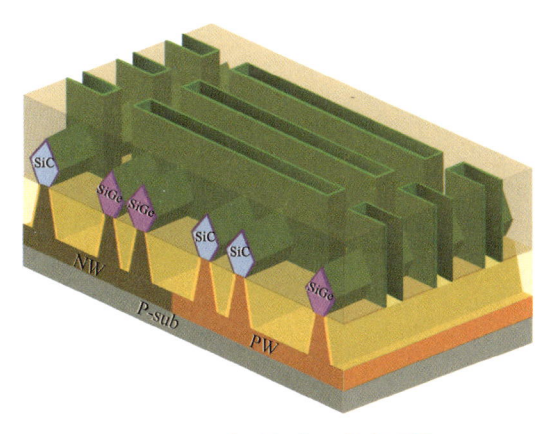

图 2-158　去除氧化层的剖面图

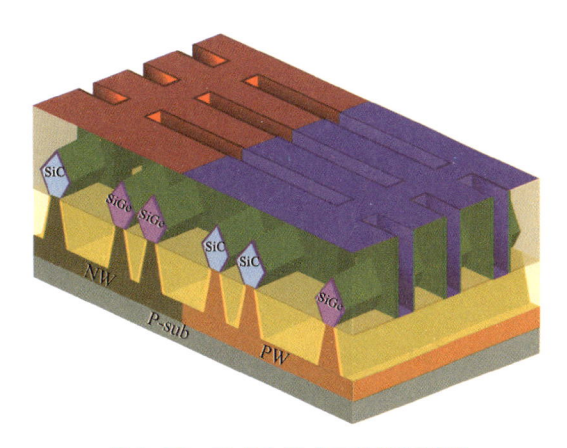

图 2-159　形成金属功函数的剖面图

13）淀积 TiAl 金属层。

14）退火。使 NMOS 区域 Al 与 TaN 相互扩散，形成 NMOS 功函数 TiAlN。

15）淀积金属钨。填充栅极凹槽形成金属栅极结构。

16）CMP 全局平坦化。通过 CMP 去除多余的金属，防止短路。图 2-160 所示为 CMP 全局平坦化的剖面图。

17）清洗。

9. 制造 MD 金属层

1）栅极回刻。

2）淀积 SiON 层。SiON 层作为 MD 刻蚀停止层，防止 MD 与 gate 短路。

3）CMP 全局平坦化。通过 CMP 去除多余的 SiON，PSG 是停止层。图 2-161 所示为 CMP 全局平坦化的剖面图。

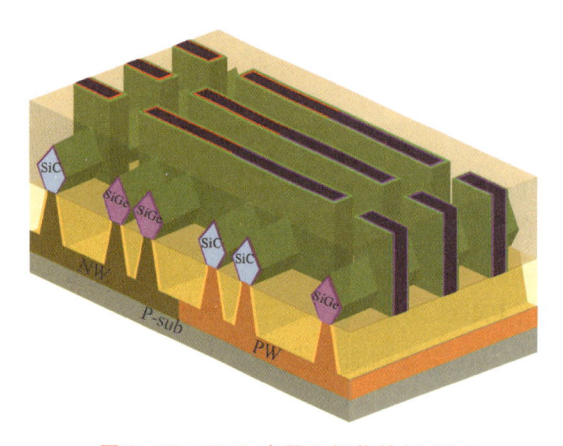

图 2-160　CMP 全局平坦化的剖面图

图 2-161　CMP 全局平坦化的剖面图

4）清洗。

5）淀积 PSG 层。形成 ILD1 介质层，隔离金属。图 2-162 所示为淀积磷硅玻璃 PSG ILD1 层的剖面图。

6）淀积氮化硅和 TiN 作为硬掩膜版。

7）MD 光刻和刻蚀。通过多次光刻和刻蚀形成 MD 的布线凹槽。图 2-163 所示为新增 MD 层的版图。图 2-164 所示为新增 MDCut 层的版图。图 2-165 所示为刻蚀形成 MD 的布线凹槽的剖面图。

8）淀积 Ti/TiN。通过 IMP PVD 工艺淀积 Ti/TiN 层。

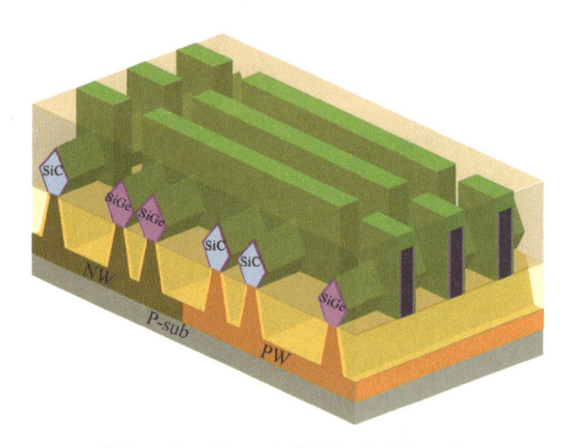

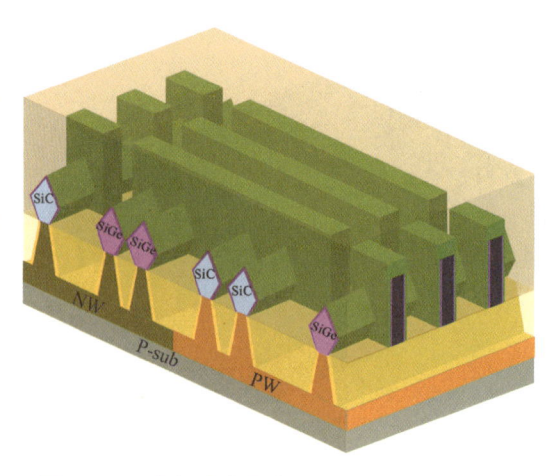

图 2-162　淀积磷硅玻璃 PSG ILD1 层的剖面图

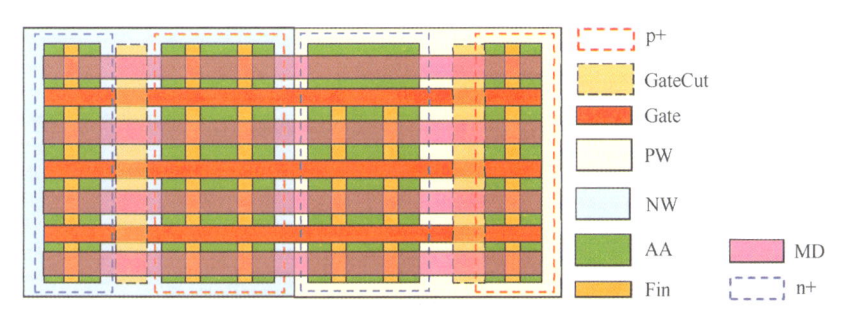

图 2-163　新增 MD 层的版图

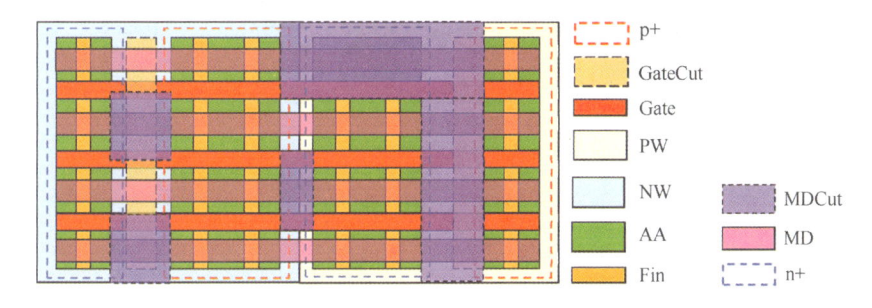

图 2-164　新增 MDCut 层的版图

9）RTA 退火。形成低阻的欧姆接触。

10）淀积金属钨。

11）MD CMP 全局平坦化。图 2-166 所示为 MD CMP 全局平坦化的剖面图。

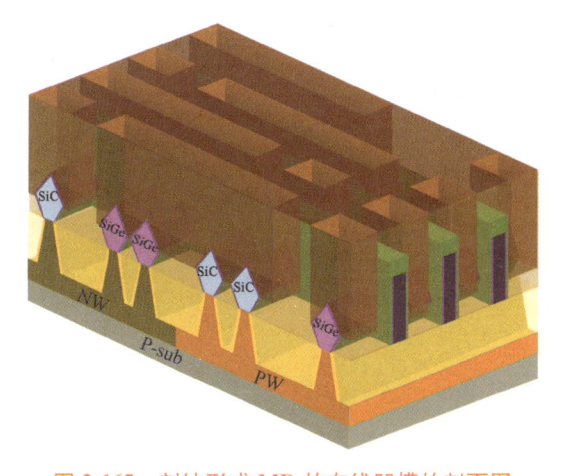

图 2-165　刻蚀形成 MD 的布线凹槽的剖面图　　　图 2-166　MD CMP 全局平坦化的剖面图

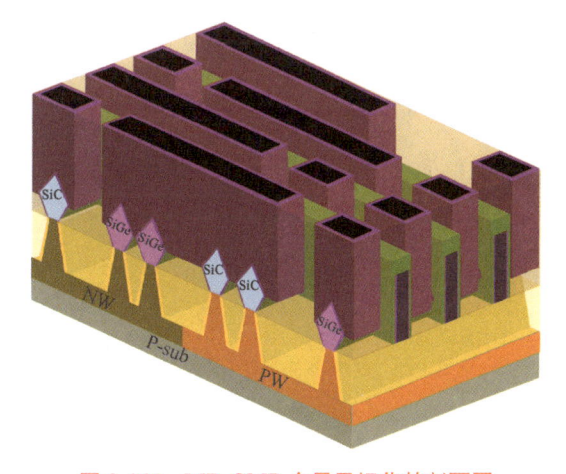

12）清洗。

10. 制造 VG 栅极金属通孔

1）淀积氮化硅和 TiN 作为硬掩膜版。

2）VG 光刻和刻蚀。通过多次光刻和刻蚀形成 VG 的通孔凹槽。图 2-167 所示为新增 VG 的版图。图 2-168 所示为刻蚀形成 VG 凹槽的剖面图。

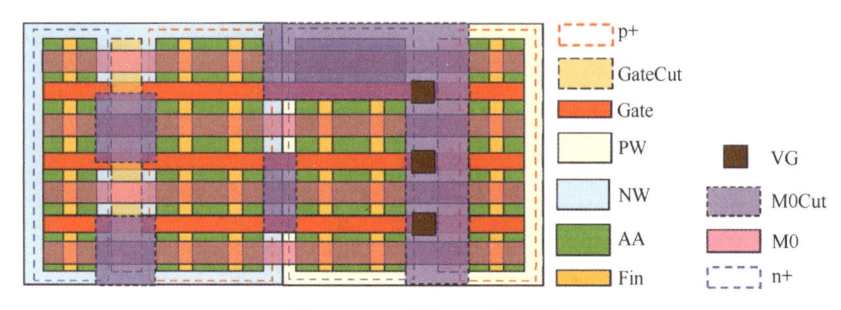

图 2-167　新增 VG 的版图

3）淀积 Ti/TiN。通过 IMP PVD 工艺淀积 Ti/TiN 层。

4）RTA 退火。形成低阻的欧姆接触。

5）淀积金属钨。

6）VG CMP 全局平坦化。利用 CMP 去除表面多余的钨金属，防止不同区域的金属通孔短路，留下钨金属填充通孔区域。图 2-169 所示为 VG CMP 全局平坦化的剖面图。

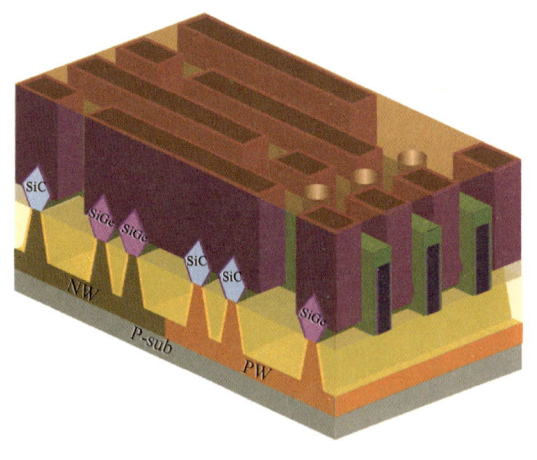

图 2-168　刻蚀形成 VG 凹槽的剖面图

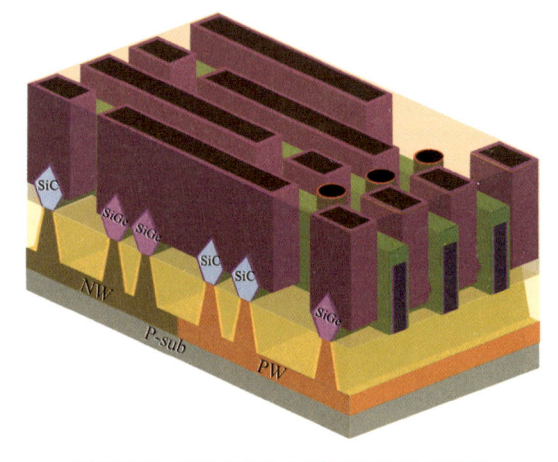

图 2-169　VG CMP 全局平坦化的剖面图

7）清洗。

11. 制造 VD 金属通孔

1）淀积 SiCN 刻蚀停止层。

2）淀积 PSG 层。形成 IMD0 介质层，隔离金属。图 2-170 所示为淀积 PSG 层的剖面图。

3）淀积氮化硅和 TiN 作为硬掩膜版。

4）VD 光刻和刻蚀。通过多次光刻和刻蚀形成 VD 的通孔凹槽。图 2-171 所示为新增 VD 的版图。图 2-172 所示为刻蚀形成 VD 凹槽的剖面图。

5）淀积 Ti/TiN。通过 IMP PVD 工艺淀积 Ti/TiN 层。

6）RTA 退火。形成低阻的欧姆接触。

7）淀积金属钨。

8）VD CMP 全局平坦化。利用 CMP 去除表面多余的钨金属，防止不同区域的金属通孔短路，留下钨金属填充通孔区域。图 2-173 所示为 VD CMP 全局平坦化的剖面图。

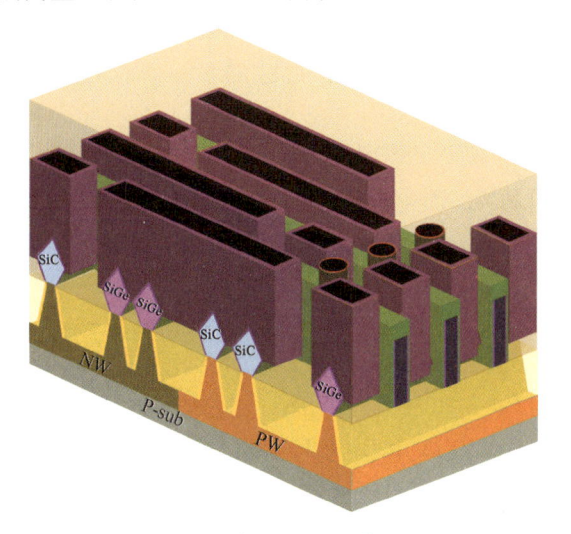

图 2-170　淀积 PSG 层的剖面图

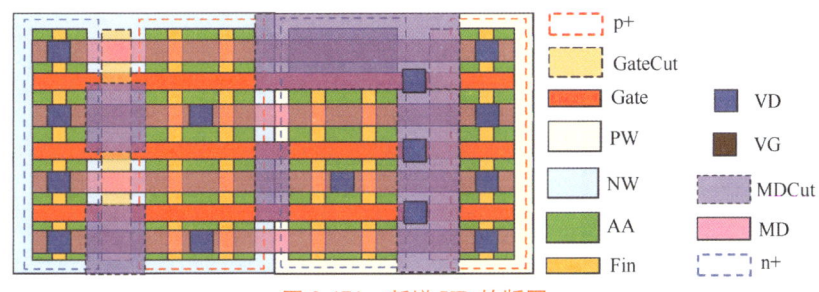

图 2-171　新增 VD 的版图

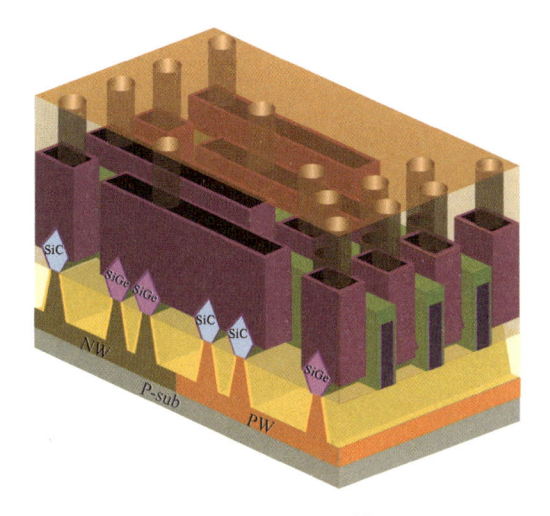

图 2-172　刻蚀形成 VD 凹槽的剖面图

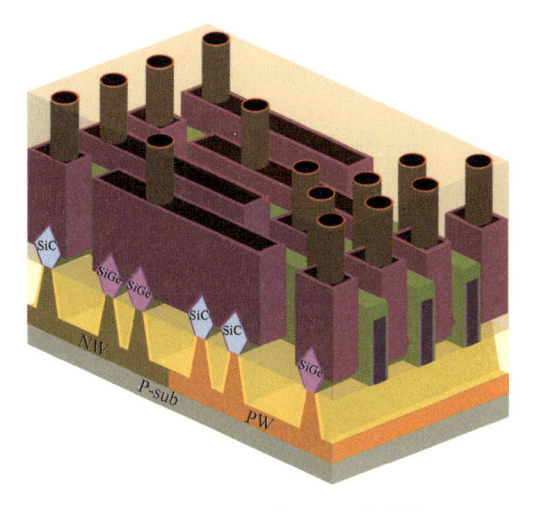

图 2-173　VD CMP 全局平坦化的剖面图

9）清洗。

12. 制造 M0 金属层

1）淀积 SiCN 刻蚀停止层。SiCN 作为 M0 刻蚀停止层。

2）淀积 SiCOH 层。形成 IMD1 介质层，隔离金属。图 2-174 所示为淀积 SiCOH 层的剖面图。

3）淀积 USG。

4）淀积氮化硅和 TiN 作为硬掩膜版。

5）M0 光刻和刻蚀。通过多次光刻和刻蚀形成 M0 的通孔凹槽。图 2-175 所示为新增 M0CA 和 M0CB 的版图。图 2-176 所示为新增 M0CACut 和 M0CBCut 的版图。图 2-177 所示为刻蚀形成 M0 凹槽的剖面图。

6）淀积 Ta/TaN。

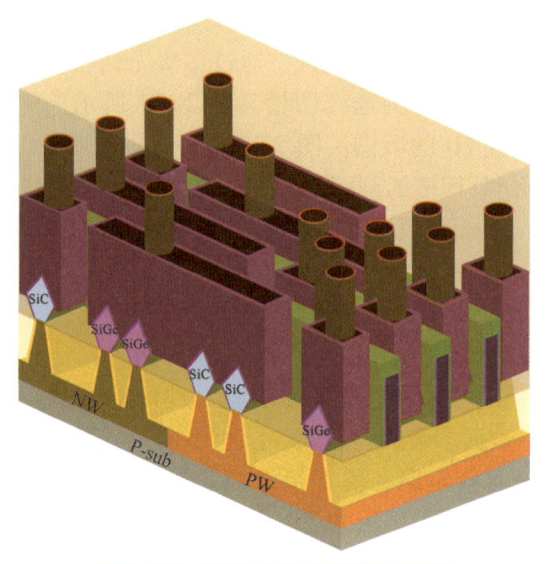

图 2-174 淀积 SiCOH 层的剖面图

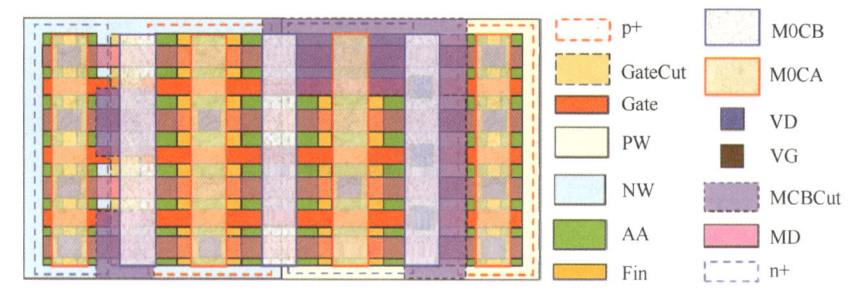

图 2-175 新增 M0CA 和 M0CB 的版图

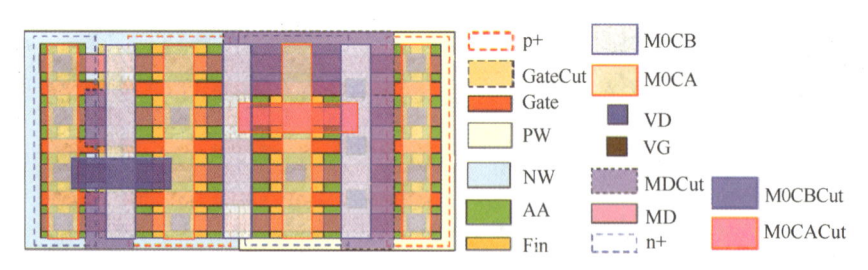

图 2-176 新增 M0CACut 和 M0CBCut 的版图

7）淀积 Cu 薄籽晶层。

8）电镀淀积铜。

9）M0 CMP 全局平坦化。利用 CMP 去除表面多余的铜，防止不同区域的金属线短路，留下 Cu 填充金属互连线区域。图 2-178 所示为 M0 CMP 全局平坦化的剖面图。

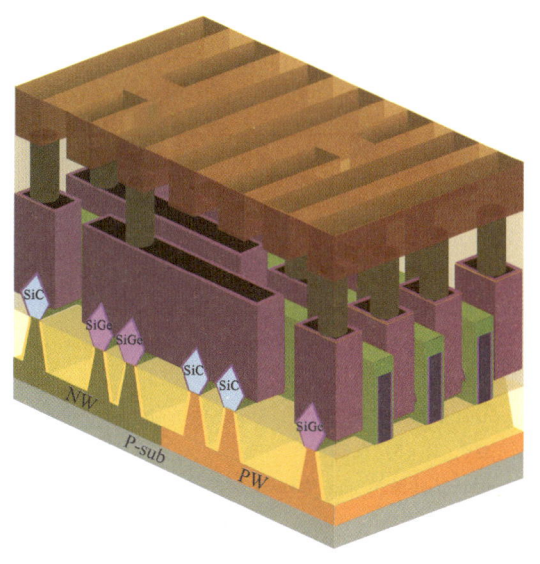

图 2-177　刻蚀形成 M0 凹槽的剖面图　　　　图 2-178　M0 CMP 全局平坦化的剖面图

10）淀积 SiCN 刻蚀停止层。

11）淀积 IMD2a SiCOH 层。图 2-179 所示为淀积 IMD2a 的剖面图。

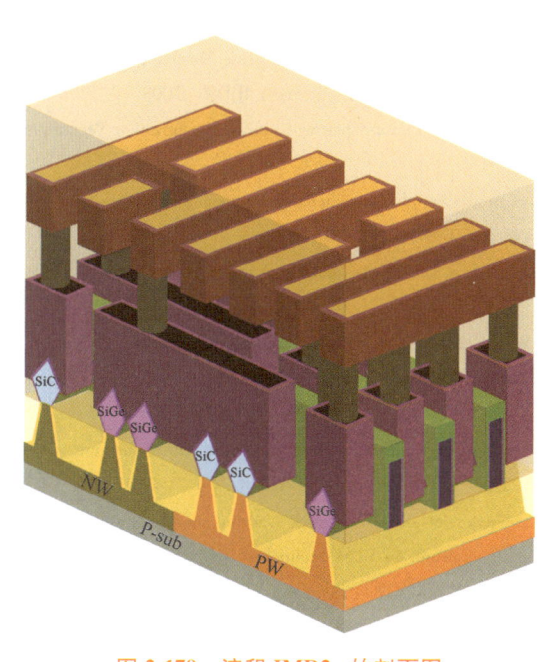

图 2-179　淀积 IMD2a 的剖面图

参 考 文 献

[1] Abstreiter G, Brugger H, Wolf T, et al. Strain-induced two-dimensional electron gas in selectively doped Si/Si$_x$Ge$_{1-x}$ superlattices [J]. Phys. Rev Lett. 1985, 54 (22): 2441-2444.

[2] Ismail K, Meyerson B. S, Wamg P. J. High electron mobility in modulation-doped Si/SiGe [J]. Applied Physis Letters, 1991, 58 (19): 2117-2119.

[3] Xie Y. H, Fitzgerald E. A, Silverman P. J, et al. Fabrication of relaxed GeSi buffer layers on Si (100) with low theading dislocation density [J]. Materials Science and Engineering, 1992, 14 (3): 332-335.

[4] Schaffler F, Tobben D, Herzog H. J, et al. High-electron-mobility Si/SiGe heterostructures: influence of the relaxed SiGe buffer layer [J]. Semiconductor Science and Technology, 1992: 260-266.

[5] Welser J, Hoyt J. L, Gibbons J. F. NMOS and PMOS transistor fabrication in strained silicon/relaxed silicon-germanium structures [C]. IEEE international Electron Devices Meeting (IEDM), 1992: 1000-1002.

[6] Nayak D. K, Woo J. C. S, Park J. S, et al. High-mobility P-channel metal-oxide-semiconductor field-effect transistor on strained Si [J]. Applied Physics Letters, 1993, 62 (22): 2853-2855.

[7] T. Mizuno, S. Takagi N. Sugiyama, et al. Electron and mobility enhancement is strained-Si MOSFET's on SiGe-on-insulator substrator fabrication by SIMOX technology [J]. IEEE Electron Device Letters, 2002, 21 (5): 230-232.

[8] K. Rim, J. Chu, et al. Characteristics and Device design of sub-100nm strained Si N- and PMOSFETs. Symposium on VLSI Technology Digest of Technical Papers. 2002: 98-99.

[9] 刘恩科, 朱秉升, 罗普生, 等. 半导体物理学 [M]. 4版. 北京: 国防工业出版社, 1997.

[10] 张汝京, 等. 纳米集成电路制造工艺 [M]. 2版. 北京: 清华大学出版社, 2016.

[11] M. Bauer, D. Weeks, Y. Zhang, V. Machkaoutsam. Tensile strained selective silicon carbon alloys for recessed source drain areas of devices [J]. ECS Trans., 2006, 3 (7): 187.

[12] C. H. Chen, et al. Stress Memorization Technique (SMT) by Selectively Strained-Nitride Capping for Sub-65nm High-Performance Strained-Si Device Application. VLSI Tech. Digest, 2004.

[13] T. Miyashita, et al, Physical and Electrical Analysis of the Stress Memorization Technique (SMT) using Poly-Gates and its Optimization for Beyond 45-nm High-performance Applications. IEDM, 2008.

[14] A. Eiho, et al. Management of Power and Performance with Stress Momorization Technique for 45nm CMOS. VLSL Tech. Digest, 2007.

[15] M. Belyansky, et al. Methods of producing plasma enhanced chemical vapor deposition silicon nitride thin films with high compressive and tensile stress. J. Vac. Sci. Tech. 2008, 26: 517.

[16] E. P. van de Ven, I-W. Connick, A. S. Harrus. Advantages of Dual Frenquency PECVD for Deposition of ILD and Passivation Films. VMIC, 1990.

[17] T. Hori. Gate Dielectrics and MOS ULSIs [M]. Springer-Verlag, New York: 1997.

[18] P. A. Kraus, et al, Scaling plasma nitride gate dielectics to the 65nm node, Semiconductor Fabtech, 19th ed, FT 19-13/1 2003.

[19] W. C. Lin, Hu. Modeling CMOS tunneling current through ultra thin gate oxide due to conduction-and valence-band electron and hole tunneling [J]. IEEE Trans. Electron Devices, Vol. 48, No. 7, 2001.

[20] Y. C. king, H. Fujioka, S kamohara, et al., Ac charge centroid model for quantization of inversion layer in n-MOSFET, Proceedings of the inter-national Symposium on VLSI Technology [J]. Systems and Applications, pp. 245-249, June 1997.

[21] BAN P. WONG, 等. 纳米CMOS电路和物理设计 [M]. 辛维平, 刘伟峰, 戴显英, 等译. 北京: 机械工业出版社, 2011.

[22] E. Vogel, Measurement of equivalent oxide thickness, ITRS Document, 2003.

[23] K. Ahmed, et al., Impact of tunnel currents and channel resistance on the characterization of channel inversion layer charge and polysilicon-gate depletion of sub-20A gate oxide MOSFET's[J]. IEEE trans. Electron Devices. Vol. 46, No. 8, 1999.

[24] S. H. Lo, D. A. Buchanan, Y. Taur, et al. Quantum-mechanical modeling of electron tunneling current for the inversion layer of ultra-thin-oxide nMOSFETs [J]. IEEE Electron Device Lett., pp. 209-211, May 1997.

[25] W. C. Lee, C. Hu, Modeling gate and substrate currents due to conduction- and valence band electron and hole tunneling, Processing of Symposium on VLSI Technology, pp. 198-199, 2000.

[26] Y. C. Yeo, Q. Lu, W. C. Lee, et al, Direct tunneling gate leakage current in transistors with ultra-thin silicon nitride gate dielectric [J]. IEEE Electron Device Lett., 2000, 11 (21): 540-542.

[27] H. Tatako, et al. High performance CMOS surrounding gate transistor (SGT) for ultrahigh density LSIs [J]. Electron Devices Meeting, 1988: 222-225.

[28] K. Hieda, et al. New effects of trench isolated transistor using side—wall gates [J]. International Electron Devices Meeting, 1987 (33): 736-739.

[29] D Hisamoto, et al. A fully depleted lean—channel transistor (DELTA) —a novel vertical ultrathin Sol MOSFET [J]. IEEE Electron Device Letters, 1989, 11 (1): 833-836.

[30] RH Yan, et al. Scaling the Si metal—oxide—semiconductor field—effect transistor into the 0.1um regime using vertical doping engineering [J]. Applide Physics Letters, 1991, 59 (25): 3315-3317.

[31] D. J. Frank, et al. MonteCarloSimulationofa30nmDual—Gate MOSFET: How Short Can SiGe [C]. Electron Devices Meeting, 1992: 553-556.

[32] Clement H. Wann, et al. A comparative study of advanced MOSFET concepts [J]. IEEE transactions on Electron Devices, 1996, 43 (10): 1742-1753.

[33] Hon—Sum Philip Wong, et al. Self—aligned (top and bottom) double—gate MOSFET with a 25nm thick silicon channel [C]. Electron Devices Meeting, 1998: 427-430.

[34] D. Hisamoto, W. C. Lee, J. Kedzierski, et al. A folded-channel MOSFET for deep-sub-tenth micron era [C]. IEEE International Electron Devices Meeting Technical Digest, 1998: 1032-1034.

[35] X. Huang, W. C. Lee, C. Kuo, et al. Sub 50-nm FinFET: PMOS [C]. IEEE International Electron Devices Meeting Technical Digest, 1999: 67-70.

[36] N. Lindert, et al. (UC-Berkeley), IEEE Electron Device Letters, 2001, (22): 487-489.

[37] Y. K. Choi, N. Lindert, P. Xuan, et al. Sub-20nm CMOS FinFET technologies, IEEE International Electron Devices Meeting Technical Digest, pp. 421-424, 2001.

[38] B. Yu, L. Chang, S. Ahmed, et al. FinFET scaling to 10nm gate length, International Electron Devices Meeting Technical Digest, pp. 251-254, 2002.

第 3 章

工 艺 集 成

本章 PPT 下载

本章将介绍 CMOS 工艺技术中常用的工艺集成模块，例如隔离技术、硬掩膜版工艺技术、漏致势垒降低效应和沟道离子注入、热载流子注入效应与 LDD 工艺技术、金属硅化物技术、静电放电离子注入技术和金属互连技术。

3.1 隔离技术

半导体集成电路是通过平面工艺制程技术把成千上万颗不同的器件（如电阻、电容、二极管和 MOS 管等）制造在一块面积非常小的半导体硅片上，并按需要通过金属互连线将它们连接在一起，形成具有一定功能的电路。集成电路工作时，集成电路里的各个器件的电压是不同的，必须要对它们之间进行相互绝缘隔离，保证器件之间不相互干扰，并且每个器件的工作都是独立的，从而实现电路的功能。隔离技术是工艺制程的关键，它决定了集成电路的性能和集成度。20 世纪 60 年代，最初商业化的隔离技术是 pn 结隔离技术，它是利用 pn 结反向偏置时呈高电阻性，来达到相互绝缘隔离的目的。pn 结隔离技术工艺制程比较简单，成品率高，价格便宜，但是利用 pn 结隔离技术制造的集成电路的集成度非常低，它只被广泛应用于低成本的 TTL 集成电路。另外利用 pn 结隔离技术制造的 CMOS 工艺集成电路中存在寄生的 NPN 和 PNP，它们之间会形成正反馈导致低阻的 PNPN 通路开启导通，形成闩锁效应[⊖]问题，烧毁集成电路，所以它并不适合制造比较先进的、高密度的 CMOS 和 BiC-MOS 工艺集成电路。为了得到更好的隔离和更高的集成度，20 世纪 70 年代半导体研发人员在 pn 结隔离技术的基础上开发出 LOCOS（Local Oxidation of Silicon，硅局部氧化）隔离技术。LOCOS 隔离技术被广泛应用于工艺特征尺寸 0.30μm 及以上的 CMOS 和 BiCMOS 工艺集成电路。随着集成电路制造技术的不断发展，LOCOS 隔离技术并不适用于制造器件密度远大于 $10^7 cm^{-2}$ 的 CMOS 工艺集成电路，20 世纪 80 年代出现了 STI 隔离技术，由于利用 STI 隔离技术制造的集成电路能实现非常高的集成度，所以 STI 隔离技术被广泛应用于特征尺寸 0.25μm 及以下的 CMOS 工艺集成电路。

⊖ 有兴趣的读者可参阅机械工业出版社出版的《CMOS 集成电路闩锁效应》（温德通编著）。

3.1.1 pn 结隔离技术

为了更好地理解 pn 结隔离技术，以最早出现的双极型工艺集成电路为例，先了解双极型工艺制程技术的流程，再通过双极型工艺集成电路去分析 pn 结隔离技术。

双极型工艺制程技术流程主要包含以下七大主要步骤：

第一步，准备 p 型衬底硅（P-type-Substrate，P-sub）：

衬底的掺杂浓度一般是 $10^{15} cm^{-3}$，晶向是<100>的轻掺杂 p 型硅。低的掺杂浓度可以减小集电极的结电容，提高集电极的击穿电压。

第二步，形成 n 型埋层（N-type-Buried-Layer，NBL）：

首先在 p 型衬底上生长一层二氧化硅作为阻挡层，再进行光刻和刻蚀处理，露出需要形成 NBL 埋层的区域，然后淀积 n 型杂质砷，通过退火使杂质扩散到衬底，同时激活砷离子，最后通过湿法刻蚀清除二氧化硅层。在 N-EPI 外延层和 P-sub 衬底之间制作中等掺杂的 NBL 埋层，目的是减少双极型晶体管集电极的串联的电阻和减小寄生的 PNP 管的影响。

第三步，生长 n 型外延层（N-type-Epitaxy，N-EPI）：

外延生长一层轻掺杂的 n 型外延硅，作为双极型晶体管的集电极，整个双极型晶体管便是制作在这层 n 型外延层上的。为了减小结电容和提高击穿电压 BVcbo，外延层必须是轻掺杂的。

第四步，形成 p+保护环隔离：

生长一层二氧化硅作为阻挡层，再进行光刻和刻蚀处理，露出需要形成 p+保护环的区域，然后淀积 p 型杂质硼，通过退火使杂质扩散到所需的结深，同时激活硼离子，形成 p+保护环。p+保护环的结深要大于 n 型外延层的厚度，这样可以通过 p+保护环隔离形成许多 n 型外延的孤岛，它们便是通过 pn 结隔离技术进行隔离的。电性上利用反偏的 pn 结实现双极型晶体管的电性隔离，因为反偏的 pn 结漏电流非常小。最后通过湿法刻蚀清除二氧化硅层。

第五步，形成 NPN 基区（P-Base）：

生长一层二氧化硅作为阻挡层，再进行光刻和刻蚀处理，露出需要形成基区的区域，然后通过离子注入 p 型杂质硼，通过退火激活硼离子，形成 p 型轻掺杂 P-Base。为了减小结电容，提高击穿电压 BVcbo，提高电流增益，P-Base 与 NBL 不能重合，P-Base 必须是轻掺杂。最后通过湿法刻蚀清除二氧化硅层。

第六步，形成 NPN 发射极和集电极接触：

生长一层二氧化硅作为阻挡层，再进行光刻和刻蚀处理，露出需要形成发射极和集电极接触的区域，然后通过离子注入 n 型杂质砷，通过退火激活砷离子，形成 n 型重掺杂发射极和集电极接触。最后通过湿法刻蚀清除二氧化硅层。

第七步，形成基极接触：

生长一层二氧化硅作为阻挡层，再进行光刻和刻蚀处理，露出需要形成基区接触的区域，然后通过离子注入 p 型杂质硼，通过退火激活硼离子，形成 p 型重掺杂基区接触。最后通过湿法刻蚀清除二氧化硅层。

上面的工艺流程是前段器件级的工艺，图3-1所示为双极型工艺制程技术的剖面图。当前段工艺完成以后，在器件上淀积一层二氧化硅绝缘层，目的是把器件和互连的金属隔离，然后进行光刻和刻蚀，形成接触孔，并淀积金属层，接着进行光刻和刻蚀，形成金属互连线。

为了有效地隔离双极型工艺集成电路各个器件，双极型工艺集成电路的各个pn结都是反偏的，保证pn结维持反向偏压是必不可少的，这种利用反偏pn结做器件隔离的技术在1959年首次获得专利[1]，它是最早实用化的器件隔离技术。为了追求芯片商业利润的最大化，设计人员都希望两个器件做的尽量靠近，这样可以缩小单个芯片的面积，同时单位面积的硅片可以产出更多的芯片，提高晶圆的利用率。

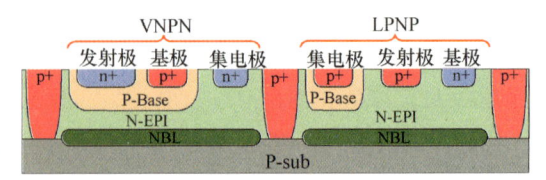

图 3-1 双极型工艺制程技术剖面图

以双极型工艺集成电路中两个相互靠近的NPN为例，NPN的集电极N-EPI与p+保护环或者NBL和p型衬底的pn结都是反偏的，它们会建立起一个的势垒高度，形成耗尽层。当相邻的两个NPN集电区相互逐渐靠近时，它们的耗尽层也相互逐渐靠近，势垒高度开始逐渐降低，电子就很容易越过这个势垒形成漏电流，那么相邻的NPN的集电极相互之间就会形成微弱的漏电流，这就增加了集成电路的功耗，同时它也影响了器件的隔离效果。

为了避免器件间形成漏电流，相邻的器件间会有一个最小的安全距离。p+保护环是中等掺杂的，N-EPI是轻掺杂的，N-EPI与p+保护环之间的pn结表现为单边突变结。随着电压升高，N-EPI耗尽层与p+保护环耗尽层的宽度都会变大。图3-2所示为相邻的两个NPN集电极分别加10V和5V电压时的剖面图，灰色的区域是耗尽层，P-sub偏置电压是0V，两个NPN集电区的耗尽区距离会相互靠近，它们的隔离效果除了与它们的偏置电压有关，也与p+保护环和N-EPI层的掺杂浓度有关。随着NPN的集电极偏置电压增大，p+保护环耗尽层的宽度也增大，那么相邻器

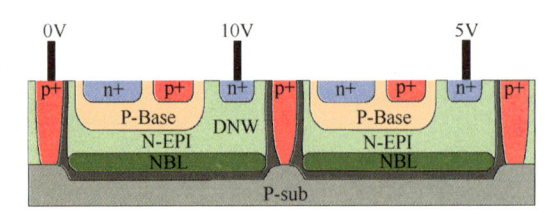

图 3-2 NPN耗尽层宽度变化的剖面图

件的隔离距离会随着耗尽层宽度的增大而减小。为了达到比较好的隔离效果，工作电压越大的芯片，器件相互间的隔离距离也要越大，也就是p+保护环的宽度也要越大。也可以通过提高p+保护环的掺杂浓度，来降低p+保护环耗尽层的宽度，从而达到减小器件相互间的隔离距离的目的，但是提高p+保护环的掺杂浓度会间接增大集电区和p+保护环的寄生电容，从而影响双极型工艺集成电路的工作速度，所以考虑集成电路器件密度的同时，也需要对集电极和p+保护环的寄生电容做折衷考虑。

对于一个典型的集电区掺杂浓度为 10^{16}cm^{-3}，p型衬底掺杂浓度为 10^{15}cm^{-3} 的双极型工艺制程技术，考虑到杂质横向扩散的距离大概 $4\mu m$ 左右，p+保护环的宽度是 $8\mu m$，对于10V偏压的NPN器件，集电区之间的间距可能需要 $12\mu m$。

除了考虑简单的隔离以外，还要考虑高压电路寄生的场效应管问题。当金属线在两个

NPN 之间 p+保护环的上方横向跨过时，它们就会形成寄生的 NMOS 场效应晶体管，相邻的两个 NPN 的集电区为该寄生 NMOS 的源和漏，金属线是栅，如图 3-3 所示。如果金属线的电压足够大，那么该寄生 NMOS 就有可能导通开启，原本隔离的两个 NPN 就可能产生漏电流。而且它们之间的漏电流与 NPN 的集电区的距离是没有关系的，就算它们间距非常远也可能形成寄生 NMOS 导通产生漏电流，只要有足够宽的金属线从它们上方横向跨过，并且金属线的电压足够大。寄生 NMOS 的阈值电压与 p+保护环的浓度和 ILD（Inter Layer Dielectric）氧化层的厚度有关，可以通过提高 p+保护环的浓度来提高寄生 NMOS 的阈值电压，但是提高 p+保护环的浓度会增加集电区与 p+保护环的寄生电容，所以提高 p+保护环的浓度的方法并不是最好的选择，通过增加 ILD 氧化层的厚度去提高寄生 NMOS 阈值电压的方法是最可取的，而且不会发生其他的效应。

pn 结隔离技术工艺制程简单，成本低且成品率高，并且能有效实现了双极型工艺集成电路的平面隔离。但是利用 pn 结隔离技术制造的集成电路集成度低、结电容大且高频性能差，并且它会引起 CMOS 自身固有的寄生 PNP 和 NPN 导通，它们之间会形成正反馈机制导致电源与地之间形成 PNPN 的低

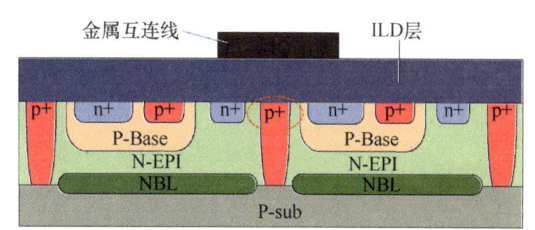

图 3-3 寄生的 NMOS 的剖面图

阻通路，电源与地之间产生大电流烧毁 CMOS 工艺集成电路，这就是 CMOS 电路的闩锁效应，所以仅利用 pn 结隔离技术做隔离的工艺并不适合制造比较先进的、高密度的 CMOS 和 BiCMOS 工艺集成电路。仅利用 pn 结隔离技术做隔离的工艺只被广泛应用于低成本的 TTL 集成电路。先进工艺集成电路都是把介质隔离和 pn 结隔离技术相结合，可以制造出集成度和性能更优越的集成电路。

3.1.2 LOCOS（硅局部氧化）隔离技术

为了改善利用 pn 结隔离技术制造的集成电路的集成度低、结电容大和闩锁效应等问题，20 世纪 70 年代半导体研发人员在 pn 结隔离技术的基础上开发出 LOCOS 隔离技术方案[2]。LOCOS 被广泛应用于工艺特征尺寸 0.3μm 及以上的 CMOS 和 BiCMOS 工艺集成电路。LOCOS 隔离技术与 pn 结隔离技术非常类似，实际上 LOCOS 隔离技术就是把 pn 结隔离技术中的 p+保护环换成氧化物，LOCOS 隔离技术是 pn 结隔离技术的副产物，氧化物能很好地隔离器件，降低结电容，同时改善闩锁效应和寄生 NMOS 等问题。

为了更好地理解 LOCOS 隔离技术，先简单介绍一下 LOCOS 隔离技术的工艺流程，它主要包括以下步骤：

第一步，生长前置氧化层（PAD Oxide），目的是缓冲 Si_3N_4 层对衬底的应力；
第二步，生长 Si_3N_4，它是场区氧化的阻挡层；
第三步，有源区 AA（Active Area）光刻和刻蚀处理；
第四步，场区氧化，形成硅局部场氧化物隔离器件；

第五步，湿法刻蚀去除 Si_3N_4。

关于 LOCOS 工艺流程的详细描述，可以参考第四章第一节有源区工艺和 LOCOS 隔离工艺。图 3-4 所示为通过热氧化生长 LOCOS 场氧化物后的剖面图。LOCOS 隔离工艺是通过热氧化技术在器件有源区之间嵌入很厚的氧化物，从而形成器件之间的隔离，这层厚厚的氧化物称为场氧。

LOCOS 隔离技术存在两个严重问题：一个问题是场区氧化层横向形成鸟嘴（bird's beak），另外一个问题是白带效应，也称为 Kooi Si_3N_4 效应[3]。图 3-5 所示为 LOCOS 隔离技术的鸟嘴效应和白带效应示意图。

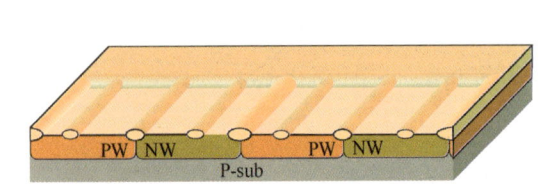

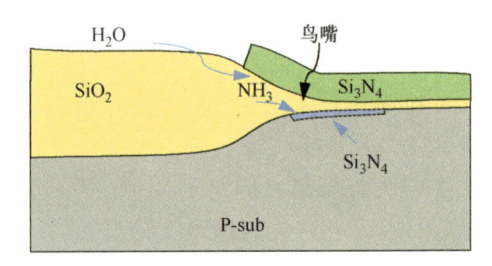

图 3-4　通过热氧化生长 LOCOS 场氧化物后的剖面图　图 3-5　LOCOS 隔离技术的鸟嘴效应和白带效应

热生长 LOCOS 场区氧化层的过程中需要消耗掉大约 44% 的硅，氧原子既进行纵向扩散越过已生长的氧化物与正下方的硅反应生成氧化物，氧原子也进行横向扩散与 Si_3N_4 掩膜下硅反应生成氧化物。LOCOS 场区氧化层的中部是凸起的并向两边横向延伸凹入 Si_3N_4 掩膜下的有源区，进入 Si_3N_4 掩膜下的氧化物会逐渐变薄形成鸟嘴的形状，所以横向延伸凹入有源区的现象被称为鸟嘴效应。鸟嘴效应不但与 LOCOS 场区氧化层的厚度成正比，也与前置氧化层的厚度成正比，通常鸟嘴效应凹进有源区的尺寸大于等于前置氧化层的厚度，鸟嘴效应会随着 LOCOS 场区氧化层或者前置氧化层的厚度的增大而变得越发显著。对于先进的 LOCOS 工艺隔离技术，前置氧化层的厚度大约 300Å，鸟嘴大概会横向向有源区凹进 0.3μm，鸟嘴效应减小了器件的有效宽度，从而减小了器件的速度。在形成鸟嘴的同时，场区离子注入的杂质也会扩散到有源区边缘的里面，如果器件很窄，场区的杂质可能扩散到器件的沟道下方，它会提高器件的阈值电压，从而减小器件的速度，这一效应被称为窄沟道效应。

改善鸟嘴效应的方法有两种：一种是减小前置氧化层的厚度，但是减小前置氧化层的厚度会造成衬底位错形成缺陷，因为很薄的前置氧化层的厚度不足以抵消 Si_3N_4 薄膜对衬底的应力；另一种是降低 LOCOS 场氧的厚度，但是降低 LOCOS 场氧的厚度会影响 LOCOS 对器件的隔离效果，并且寄生的场效应晶体管 NMOS 会更容易导通造成漏电。最优的解决方案是对鸟嘴效应、前置氧化层的厚度和 LOCOS 场氧的厚度进行折中考虑。

LOCOS 场氧是在高温的湿氧的环境下反应生长的，而 Si_3N_4 也会在高温湿氧的环境下生成 NH_3，NH_3 会扩散到 Si/SiO_2 界面，并在 Si/SiO_2 界面与 Si 反应形成 Si_3N_4，这些 Si_3N_4 在有源区的边缘形成一条白带，并会影响后续生长的栅氧化层的质量并导致栅氧的击穿电压下降，这种效应称为白带效应。为了改善白带效应，目前最常用的方法是在生长栅氧化层之前，生长一层牺牲层氧化物（Sacrificial Pre-Gate Oxide），通过牺牲层氧化物消耗掉白带区域的 Si_3N_4，然后再利用湿法刻蚀去除牺牲层氧化物，这样可以有效地减小白带效应。

形成 NH_3 的化学反应式：$Si_3N_4+H_2O \longrightarrow SiO_2+NH_3$。

形成 Si_3N_4 的化学反应式：$Si+NH_3 \longrightarrow Si_3N_4+H_2$。

在利用 LOCOS 隔离技术制造的 CMOS 工艺集成电路中，MOSFET 的源和漏有源区的掺杂类型与衬底的掺杂类型是不同的，源漏与衬底实际上相当于 pn 结二极管，例如 NMOS 的源漏是把重掺杂的 n 型有源区设计在 PW 里，源漏与衬底形成 n 型二极管，PMOS 的源漏是把重掺杂的 p 型有源区设计在 NW 里，源漏与衬底形成 p 型二极管，PMOS 的衬底 NW 和 NMOS 的衬底 PW 形成二极管，PMOS 的衬底 NW 和 P-sub 也会形成二极管。无论器件工作在开启还是关闭状态，MOSFET 的源漏与衬底的 pn 结都是零偏或者反偏的，所以它们的漏电流几乎为零，MOSFET 是被这种自身的 pn 结相互隔离的。图 3-6 所示为 0.35μm 3.3V/5V 工艺制程技术的器件偏置电压，MOS 管的源漏与衬底之间，NW 与 PW 之间形成的 pn 结都是零偏或者反偏的，它们可以达到相互隔离的效果。因为在 CMOS 集成电路中 PMOS 是紧邻 NMOS，而 NMOS 的衬底 PW 对于 NW 又可以起到隔离的作用，它相当于双极型工艺中的 PW 隔离，PW 可以隔离不同电压的 NW 的同时，也隔离了不同电压的 PMOS。所以 CMOS 相当于节省了 PW 保护环的尺寸，但也不完全是，因为它还要考虑 NMOS 的漏极 n 型有源区与 PMOS 的 NW 之间的耗尽区接触穿通问题，类似双极型工艺中的 PW 隔离的耗尽区隔离问题。图 3-7 所示为 3.3V NMOS 漏极 n 型有源区与 5V NW 之间耗尽区相互靠近。接 3.3V 电压的 NMOS 漏极 n 型有源区与接 0V 电压的 PW 形成耗尽区，接 5V 电压的 NW 与接 0V 电压的 PW 形成耗尽区，当它们之间的耗尽区相互靠近，它们之间的势垒高度开始减小，电子就更容易越过这个势垒形成漏电流，那么相邻的 NMOS 漏极 n 型有源区与 NW 之间就会形成漏电流，所以需要考虑 NMOS 漏极 n 型有源区与 NW 的穿通问题。类似的情况还有 PMOS 漏极 p 型有源区与 PW 的穿通问题。

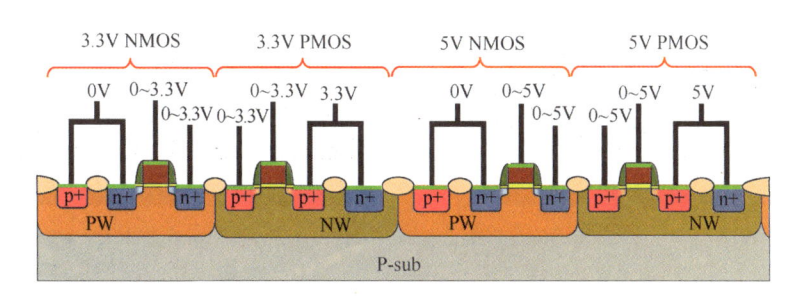

图 3-6　0.35μm 3.3V/5V 工艺制程技术的器件偏置电压

利用 LOCOS 隔离技术制造的 CMOS 集成电路工艺也存在寄生场效应晶体管的问题。当金属引线从 NMOS 的漏极 n 型有源区与 PMOS 的 NW 之间的 PW 上方跨过时，将会形成寄生的场效应晶体管 NMOS，NMOS 漏极 n 型有源区如同寄生的 NMOS 的源极，NW 如同寄生的 NMOS 的漏极，金属互连线是寄生的 NMOS 的栅极。图 3-8 所示为 NMOS 漏极 n 型有源区与

NW 之间形成寄生的场效应晶体管 NMOS。在寄生场效应晶体管 NMOS 中，LOCOS 和 ILD 的厚度相当于栅氧化层，因为 LOCOS 和 ILD 的厚度都比较厚，寄生场效应晶体管 NMOS 的阈值电压大概在 12V 左右，对于低压 CMOS 工艺制程的集成电路，它的工作电压小于等于 5V，LOCOS 隔离工艺技术已经可以有效地解决低压 CMOS 工艺制程寄生的场效应晶体管的导通形成漏电的问题。但是对于高压 HV-CMOS 和 BCD 工艺技术，它们的工作电压高达 40V，它们依然会导致寄生的场效应晶体管开启。

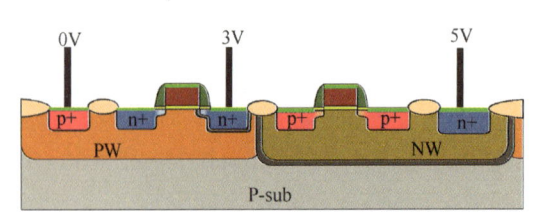

图 3-7　3.3V NMOS 漏极 n 型有源区与 5V NW 之间耗尽区相互靠近

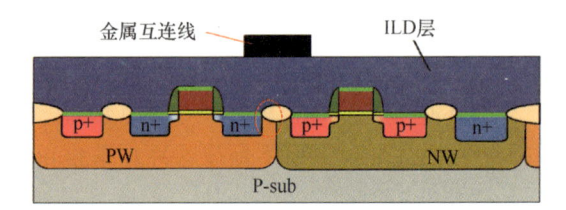

图 3-8　NMOS 漏极 n 型有源区与 NW 之间形成寄生的场效应晶体管 NMOS

为了解决高压 HV-CMOS 和 BCD 集成电路寄生场效应晶体管的问题，在热生长场区氧化层之前，要增加一道场区离子注入工艺流程，目的是提高寄生场效应晶体管的阈值电压，这样可以有效地改善因为寄生场效应晶体管的导通而形成漏极的问题。

场区离子注入工艺流程如图 3-9~图 3-14 所示。

1）场区离子注入光刻处理。通过微影技术将场区离子注入掩膜版上的图形转移到晶圆上，形成场区离子注入的光刻胶图案，非场区离子注入区域上保留光刻胶。场区离子注入的掩膜版和 PW 掩膜版是相同的。场区离子注入光刻的剖面图如图 3-9 所示，场区离子注入显影的剖面图如图 3-10 所示。

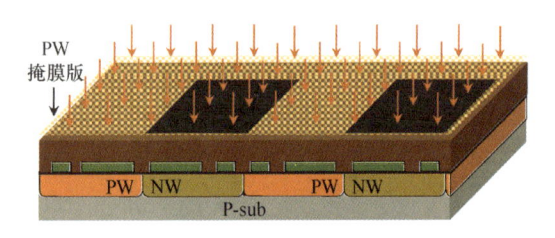

图 3-9　场区离子注入光刻的剖面图

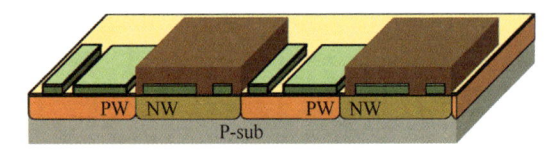

图 3-10　场区离子注入显影的剖面图

2）场区离子注入。场区离子注入的目的是提高寄生场效应晶体管 NMOS 的阈值电压。NMOS 的有源区被 Si_3N_4 覆盖，而 Si_3N_4 可以阻挡离子注入有源区，所以场区离子注入不会影响 NMOS 的电特性，仅仅改变 LOCOS 区域的离子掺杂浓度。场区硼离子注入的剖面图如图 3-11 所示。

3）去除光刻胶。利用干法刻蚀和湿法刻蚀去除光刻胶。去除光刻胶的剖面图如图 3-12 所示。

4）生长 LOCOS 场氧化物。利用炉管热氧化生长一层很厚的二氧化硅，它是湿氧氧化法，因为湿氧氧化法的效率更高。利用 H_2 和 O_2 在 1000℃ 左右的温度下使硅氧化，形成厚度约 4500~5500Å 的二氧化硅作为 LOCOS 隔离的氧化物。LOCOS 场氧可以有效地隔离 NMOS 与 PMOS，降低闩锁效应的影响。Si_3N_4 阻挡了氧化剂的扩散，使 Si_3N_4 下面的硅不被氧化，Si_3N_4 的顶部也会生长出一层薄的氧化层。淀积场区 SiO_2 的剖面图如图 3-13 所示。

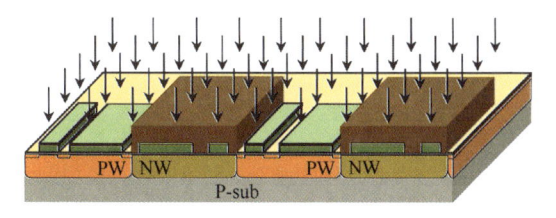

图 3-11 场区硼离子注入的剖面图

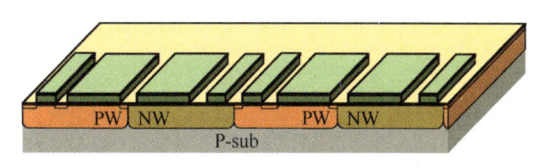

图 3-12 去除光刻胶的剖面图

5）湿法刻蚀去除 Si_3N_4。因为 Si_3N_4 的顶部也会形成一层薄的氧化层，所以首先要去除该氧化层。首先利用 HF 和 H_2O（比例是 50∶1）去除氧化层，再用 180℃ 浓度 91.5% 的 H_3PO_4 与 Si_3N_4 反应去除晶圆上的 Si_3N_4。该热磷酸对热氧化生长的二氧化硅和硅的选择性非常好，通过改变磷酸的温度和浓度可以改变它对热氧化生长的二氧化硅和硅的选择性。去除 Si_3N_4 后的剖面图如图 3-14 所示。

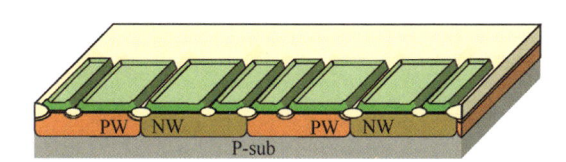

图 3-13 淀积场区 SiO_2 的剖面图

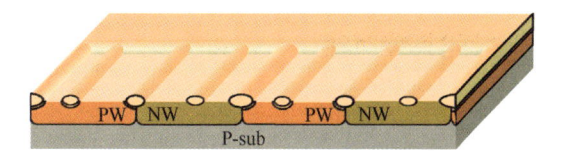

图 3-14 去除 Si_3N_4 后的剖面图

3.1.3 STI（浅沟槽）隔离技术

20 世纪 80 年代末期，研究人员发现 LOCOS 隔离技术还是不能满足高密度的集成电路的要求，因为最先进的 LOCOS 隔离技术的最小隔离距离大概是 0.6μm，LOCOS 场氧的鸟嘴向每个方向的横向凹进的宽度是 0.3μm，所以 LOCOS 最小的器件与器件的距离是 1.2μm，它严重影响集成电路的集成度。为了解决 LOCOS 隔离技术的鸟嘴效应和白带效应，研究人员在 LOCOS 的基础上开发出 STI 隔离技术方案，但是 STI 隔离技术的工艺集成面临许多挑战，例如早期在没有 CMP（Chemical Mechanical Polishing，化学机械抛光）技术的时候，需要光刻和刻蚀去除多余的氧化物，并且产品良率低，早期的 STI 隔离技术并不适合用于实际集成电路生产。1983 年，IBM 发明了 CMP 技术，CMP 技术的出现为 STI 隔离技术的实用化开辟了道路，1994 年，CMP 技术被应用于实际生产中。STI 隔离技术与 LOCOS 隔离技术非常类似，STI 隔离技术是采用凹进去的沟槽结构，它场区的氧化物不是通过热氧化生长的，而是采用 HDP CVD（High Density Plasma CVD）的方式淀积的 SiO_2，所以 STI 隔离技术可以解决鸟嘴效应和白带效应。由于 STI 隔离技术的器件密度非常高，STI 隔离技术被广泛应用于工艺特征尺寸在 0.25μm 及以下的集成电路。

STI 隔离技术首先是利用各向异性的干法刻蚀技术在隔离区域刻蚀出深度大概 2500~3500Å 的浅沟槽，然后利用 HDP CVD 淀积 SiO_2，再通过 CMP 平坦化技术对 STI 进行平坦化，去除多余的氧化层，Si_3N_4 是 CMP 平坦化的终点。最后利用酸槽去除 Si_3N_4 和前置氧化层。

为了更好地理解 STI 隔离技术，先简单介绍一下 STI 的工艺制程的工艺流程，它主要包括以下步骤：

第一步，生长前置氧化层，缓解 Si_3N_4 层对衬底的应力；

第二步，生长 Si_3N_4，它是 STI CMP 的停止层，也是场区离子注入的阻挡层；

第三步，AA 区域光刻处理和刻蚀；

第四步，场区侧壁氧化修复刻蚀损伤；

第五步，利用 HDP CVD 淀积场区 SiO_2，形成场区氧化物隔离器件；

第六步，利用 CMP 去除多余的氧化物，进行 STI 氧化物平整化；

第七步，利用湿法刻蚀去除 Si_3N_4。

关于 STI 工艺流程的详细描述，可以参考 4.3 节有源区工艺和 STI 隔离工艺。如图 3-15 所示，是通过 HDP CVD 淀积 SiO_2 和 STI CMP 后的剖面图。STI 隔离工艺是通过刻蚀和 CVD 技术在器件有源区之间嵌入很厚的氧化物，从而形成器件之间的浅沟槽隔离。

在利用 STI 隔离技术制造的 CMOS 工艺集成电路中，与 LOCOS 隔离技术类似，也要考虑 NMOS 的漏极与 NW 之间的穿通问题，以及 PMOS 漏极与 PW 之间的穿通问题。图 3-16

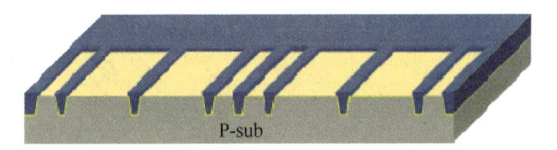

图 3-15　形成浅沟槽隔离的剖面图

所示为 0.18μm 1.8V/3.3V 工艺技术的器件偏置电压，它们之间形成的 pn 结都是处于零偏或者反偏的，可以达到相互隔离的效果。图 3-17 所示为 1.8V NMOS 漏极接 1.8V 电压与 3.3V 电压的 NW 之间穿通问题。NMOS 漏极与 PW 形成耗尽区，3.3V NW 与 PW 形成耗尽区，当它们的耗尽区相互靠近时，它们之间的势垒高度开始减小，电子就更容易越过这个势垒形成漏电流，所以需要考虑 NMOS 漏极与 NW 的穿通问题。PMOS 漏极与 PW 的穿通问题也是类似的情况。

在利用 STI 隔离技术制造的 CMOS 集成电路中，同样也存在寄生场效应晶体管 NMOS 导通形成漏电的问题，与 LOCOS 隔离技术类似，当金属引线从 NMOS 的漏极与 PMOS 的 NW 之间的 PW 上方跨过时，也会形成寄生的场效应晶体管 NMOS，如图 3-18 所示。虽然在 STI 隔离技术中，也已经可以有效地解决低压 CMOS 工艺寄生的场效应晶体管的问题，但是对于 HV-CMOS 和 BCD 集成电路，高压器件工作电压高达 40V，它们依然会导致寄生的场效应晶体管开启。

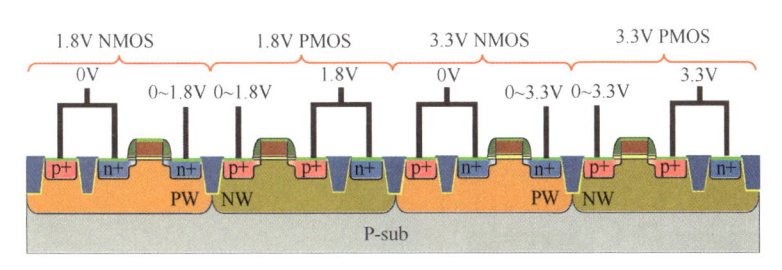

图 3-16 0.18μm 1.8V/3.3V 工艺技术的器件偏置电压

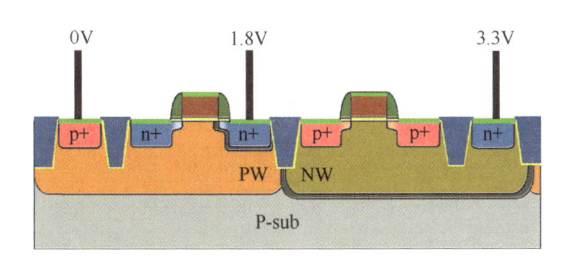

图 3-17 1.8V NMOS 漏极与 3.3V NW 之间穿通问题

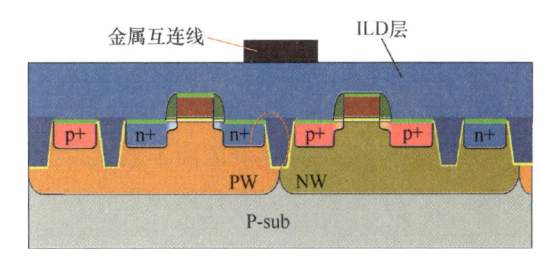

图 3-18 NMOS 漏极与 NW 之间形成寄生的场效应晶体管

为了解决寄生的场效应晶体管的问题，对于 HV-CMOS 和 BCD 工艺集成电路，工程人员会在 HDP CVD 淀积之前，增加一道场区离子注入工艺流程，目的是提高寄生的场效应晶体管的阈值电压，这样可以有效的改善寄生的场效应晶体管的形成漏电的问题。

场区离子注入工艺流程如图 3-19～图 3-23 所示。

1）场区离子注入光刻处理。通过微影技术将场区离子注入掩膜版上的图形转移到晶圆上，形成场区离子注入的光刻胶图案，非场区离子注入区域上保留光刻胶。场区离子注入的掩膜版和 PW 掩膜版是相同的。图 3-19 所示为场区离子注入光刻的剖面图，图 3-20 所示为场区离子注入显影的剖面图。

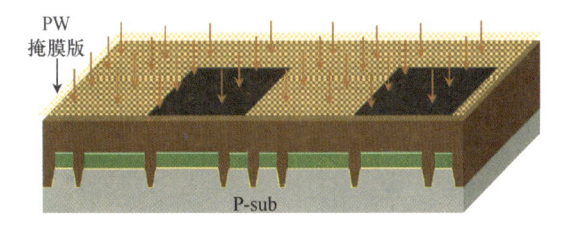

图 3-19 场区离子注入光刻的剖面图

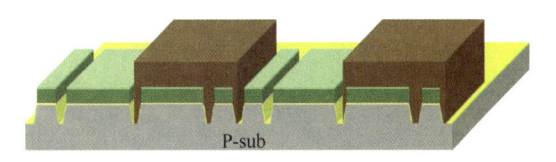

图 3-20 场区离子注入显影的剖面图

2）场区离子注入。通过场区离子注入提高寄生 NMOS 的阈值电压，Si_3N_4 作为阻挡层，硼离子只会注入没有 Si_3N_4 和光刻胶覆盖的区域，因为这道工序只要求离子注入到硅表面，离子注入的能量比较低，所以硼离子无法穿透 Si_3N_4。也可以把这道工序移到淀积 HDP CVD

之后，不过离子注入的能量要非常高才能穿透很厚的 STI 氧化层。图 3-21 所示为场区硼离子注入的剖面图。

3）去除光刻胶。利用干法刻蚀和湿法刻蚀去除光刻胶。图 3-22 所示为去除光刻胶后的剖面图。

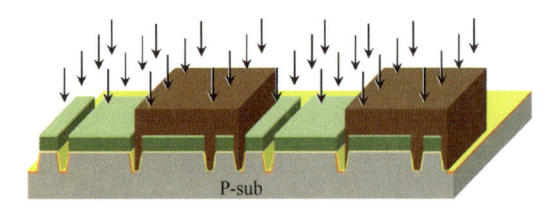

图 3-21 场区硼离子注入的剖面图

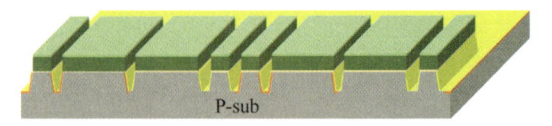

图 3-22 去除光刻胶后的剖面图

4）淀积厚的 SiO_2 层。利用 HDP CVD 淀积一层很厚的 SiO_2 层，厚度约 4500～5500Å。因为 HDP CVD 是用高密度的离子电浆轰击溅射刻蚀，防止 CVD 填充时洞口过早封闭，产生空洞现象，所以 HDP CVD 的阶覆盖率非常好，它可以有效地填充 STI 的空隙。图 3-23 所示为淀积 SiO_2 的剖面图。

HDP CVD 淀积 SiO_2 后，后续的工艺步骤与正常的工艺流程是一样的。

利用 STI 隔离技术制造的集成电路也有需要注意的问题，第一个问题与沟槽上方的拐角有关，沟槽上方的拐角不能太尖，否则会造成沟槽侧壁反型，从而造成器件的亚阈值漏电流过大，因为在一个 MOS 管中，多晶硅栅会延伸到 STI 场氧化层上，以保证多晶硅栅可以完全控制源漏之间的沟道。STI 侧壁的热氧化可以有效地改善沟槽侧壁反型问题。图 3-24 所示为 STI 刻蚀后和 STI 侧壁的热氧化的剖面图，图 3-24a 是 STI 刻蚀后形成尖角的剖面图，图 3-24b 是 STI 侧壁的热氧化后 STI 的拐角变得圆。第二个问题与 STI 的厚度有关，STI 的氧化层高度必须比有源区高，因为在后续的离子注入工艺后去光刻胶步骤不断会有酸槽，会消耗一部分氧化物。如果到了多晶硅栅刻蚀步骤，沟槽与有源区交界的区域的氧化层比有源区低，会造成多晶硅栅在有源区边缘有残留，导致电路短路。图 3-25 所示为 STI 的高度在后续工艺的过程中不断降低，在淀积多晶硅栅之前，STI 与有源区交界的地方形成凹槽，其中图 3-25f 即是多晶硅栅在有源区边缘有残留。

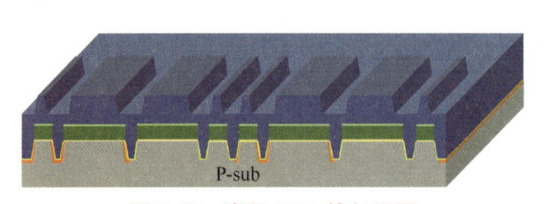

图 3-23 淀积 SiO_2 的剖面图

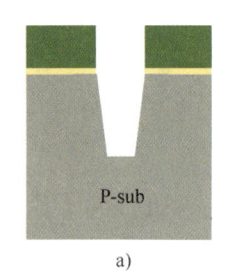

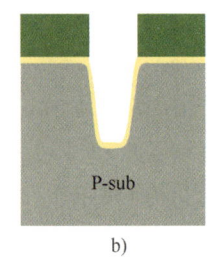

图 3-24 STI 刻蚀后和 STI 侧壁的热氧化的剖面图

图 3-25　多晶硅栅刻蚀残留

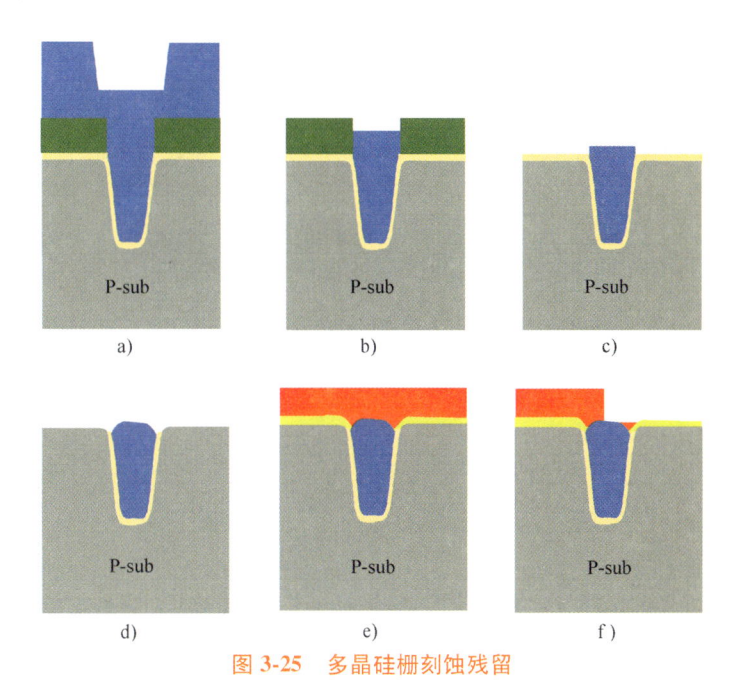

3.1.4　LOD 效应

对于利用 STI 作隔离的深亚微米 CMOS 工艺制程技术，STI 沟槽中填充的是隔离介质氧化物，由于硅衬底和隔离介质氧化物的热力膨胀系数不同，导致 STI 会产生压应力挤压邻近 MOS 晶体管的有源区和沟道，引起器件的电参数发生变化，这种效应称为 STI 应力效应，也称为 LOD 效应（Length of Diffusion effect）。LOD 效应主要影响器件的饱和电流（I_{dsat}）和阈值电压（V_{th}）。图 3-26 所示为 MOS 受 LOD 效应的剖面图。左边是单个器件，右边是三个器件，S 是器件沟道到 STI 边界的距离。图 3-27 所示为有源区受 LOD 效应应力随 STI 到器件沟道的距离变化，对于曲线 A，距离 S 是 5μm，对于曲线 B，距离 S 是 2.4μm，对于曲线 C，距离 S 是 1.4μm，对于曲线 D，距离 S 是 0.6μm，对于曲线 E，距离 S 是 0.3μm，可见有源区边缘受到的应力最大，中心最小，并且随着距离的增大而减小。LOD 效应的物理原理与应变技术的原理是一样的。NMOS 的速度会随着应力的增大而减小，而 PMOS 的速度会随着应力的增大而增大。

LOD 效应对模拟电路的影响特别大，例如电流镜电路，如图 3-28 所示，其中图 3-28a 是简单的电流镜电路，器件 B 是器件 A 的器件宽度 3 倍；图 3-28b 是增加了伪器件 A1 和 B1 的电流镜电路，目的是获得更好的电路匹配，伪器件的栅都是接地的，所以它们始终是关闭的，对电路的实际功能没有影响。图 3-29 所示为简单的电流镜电路版图，它并没有考虑电路的匹配。图 3-30 所示为为了降低 LOD 效应对电流镜电路的影响而在两边增加了伪器件 A1 和 B1 的版图从而增大 STI 到有效器件栅极的距离，目的是削弱 LOD 效应对器件性能的影响，最终获得更好的电路匹配。

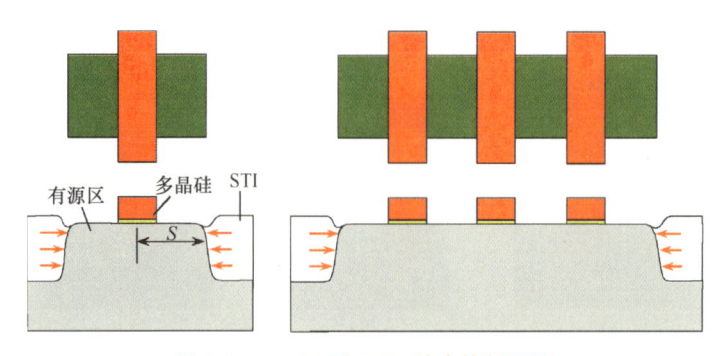

图 3-26　MOS 受 LOD 效应的剖面图

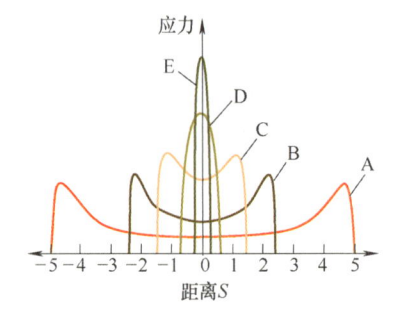

图 3-27　LOD 效应应力与 STI 到有源区内部的距离关系

a) 简单的电流镜电路　　b) 加了伪器件的电流镜电路

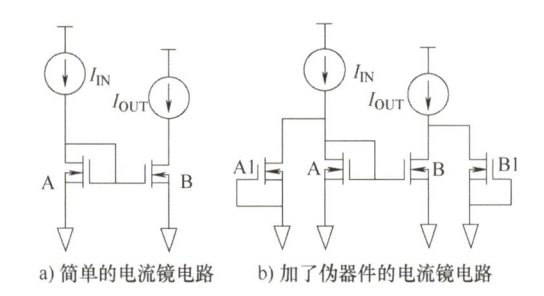

图 3-28　电流镜电路

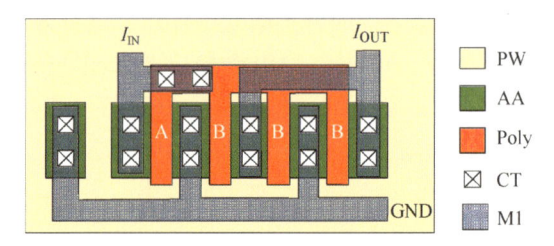

图 3-29　简单的电流镜电路版图

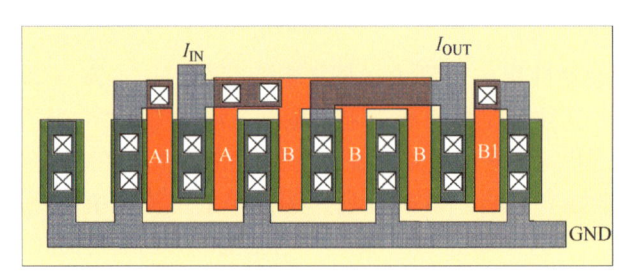

图 3-30　增加了伪器件的电流镜电路版图

3.2 硬掩膜版（Hard Mask）工艺技术

湿法刻蚀是最早出现并被应用于半导体工艺生产中的刻蚀方法，刻蚀的目的是进行图形转移，把设计的图形通过光刻和刻蚀转移到硅芯片上。在湿法刻蚀的过程中，将硅片浸泡在特定的化学溶液中，通过化学溶液与需要被腐蚀的薄膜材料进行化学反应，从而清除没有被光刻胶覆盖区域的薄膜材料。湿法刻蚀是一种纯化学刻蚀，它的优点是工艺简单，具有非常好的选择性，化学反应完全去除需要被刻蚀的薄膜材料就会停止，而不会损坏下面一层不同类型的材料薄膜。虽然湿法刻蚀具有非常好的选择性，但是在湿法刻蚀的过程中是没有特定方向的，它是各向同性，所以无论是氧化层还是金属层的刻蚀，横向刻蚀的宽度都接近于垂直刻蚀的深度，位于光刻胶边缘下面的材料也会被刻蚀，这会使得刻蚀后的线条宽度难以控制，导致上层光刻胶的图形与下层薄膜材料上被刻蚀出的图形存在一定的偏差，也就无法高质量地完成图形转移和复制。各向同性湿法刻蚀和各向异性干法刻蚀如图3-31所示，其中图3-31a是光刻工艺，图3-31b是显影，图3-31c是各向同性的湿法刻蚀后的图形与设计图形出现了严重偏差，图3-31d是各向异性的干法刻蚀，干法刻蚀可以很好地把设计图形转移到晶圆上。由于湿法刻蚀各向同性的特点，这使得湿法刻蚀无法满足ULSI工艺对加工精细线条的要求，因此随着半导体工艺特征尺寸的缩小，在特征尺寸小于3μm的工艺技术中，已不再在图形转移的工艺步骤中使用湿法刻蚀，湿法刻蚀一般被用于晶圆准备、清洗和去氧化层等不涉及图形转移的环节。相对于各向同性的湿法刻蚀，各向异性的干法刻蚀已成为图形转移工艺步骤中的主流工艺技术。

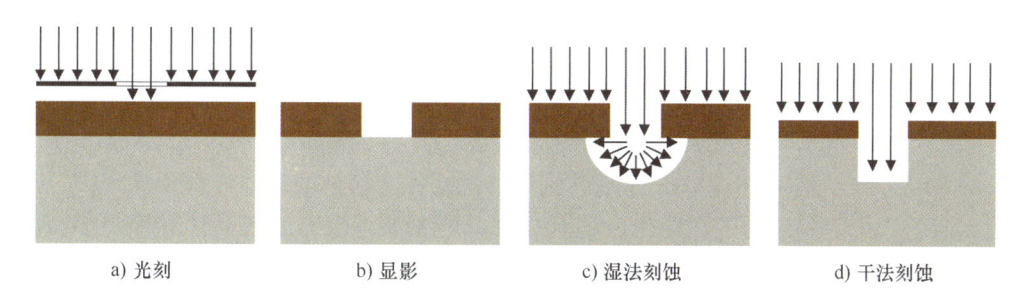

a) 光刻　　　　b) 显影　　　　c) 湿法刻蚀　　　　d) 干法刻蚀

图 3-31　各向同性湿法刻蚀和各向异性干法刻蚀

干法刻蚀是利用等离子体激活的化学反应或者利用高能离子轰击需要被刻蚀的薄膜材料去除薄膜的技术。因为在刻蚀中并不使用溶液，所以称为干法刻蚀。干法刻蚀因其原理不同可以分为两种：第一种是利用辉光放电产生活性极强的等离子体与需要被刻蚀的材料发生化学反应形成具有挥发性的副产物，再通过排气口把副产物排出反应腔从而完成刻蚀，也称为等离子体刻蚀。第二种是通过RF电场加速等离子体形成高能离子轰击需要被刻蚀的薄膜材料表面，使薄膜表面的原子被等离子体的原子击出，从而达到利用物理上的能量和动能转移来实现刻蚀的目的,这种刻蚀是通过溅射的方式完成的,也称为等离子体溅射刻蚀。上述两种方法的结合就产生了第三种刻蚀技术,称为反应离子刻蚀(Reaction Ion Etch,RIE)。反应离子刻蚀是物理和化学两种过程同时进行的。

干法刻蚀具有非常好的方向性(见图3-31d),纵向上的刻蚀速率远大于横向的刻蚀速率,所以位于光刻胶边缘下面的薄膜材料,由于受光刻胶的保护而不会被刻蚀,可获得接近垂直的刻蚀轮廓。由于离子是全面均匀地溅射在硅片上,离子对光刻胶和无保护的薄膜材料会同时进行轰击刻蚀,其刻蚀的选择性比湿法腐蚀差很多。选择性是指刻蚀工艺对需要被刻蚀薄膜和遮蔽层材料的刻蚀速率的比值,选择性越高,表示刻蚀主要在需要被刻蚀的薄膜材料上进行。为了获得比较高的选择性,选择刻蚀气体一般含氯或氟成分,另外还有惰性气体(如氩),刻蚀气体含氯或氟的目的是利用氯或氟离子与需要被刻蚀的薄膜材料发生化学反应形成具有挥发性的副产物,惰性气体(如氩)的作用是物理溅射,因为可以通过电场加速氩离子轰击需要被刻蚀的薄膜材料进行溅射刻蚀。

由于干法刻蚀会消耗一部分光刻胶,所以光刻胶的侧面与需要被刻蚀的薄膜材料会有一个轻微的斜度。另外氟等离子体要比氯等离子体温和,并且氟等离子体对光刻胶选择性要比氯等离子体好,例如氟等离子体对光刻胶选择性可以做到5:1~10:1,但是氯等离子体只能做到3:1~5:1,甚至有时会达到1:1。随着半导体工艺特征尺寸的不断缩小,为了得到更高的分辨率,光刻胶的厚度不断降低,所以利用氯等离子体干法刻蚀只能刻蚀厚度很小的薄膜材料。另外为了刻蚀很厚的薄膜材料,得到更高的分辨率和更精准的尺寸,工程人员开发出硬掩膜版(hard mask)工艺技术,在硬掩膜版工艺技术中光刻胶、硬掩膜版和底层薄膜材料组成三明治结构,首先通过厚度很薄的光刻胶把图形转移到中间层硬掩膜版,然后再通过硬掩膜版把图形转移到需要被刻蚀的薄膜材料。

3.2.1 硬掩膜版工艺技术简介

随着半导体工艺特征尺寸的不断缩小,为了得到深亚微米的光刻图形,光刻机光源的波长也不断减小,从436nm的G-线到365nm的I-线,再到248nm的DUV KrF,最终缩小到193nm的DUV ArF。用于DUV ArF光刻的光刻胶机械强度和刻蚀选择性都要比DUV KrF光刻的光刻胶差。因为刻蚀的过程中也会消耗一部分光刻胶,较差的选择性导致DUV ArF光刻的光刻胶需要更厚的厚度才能完成刻蚀并把图形从光刻胶转移到需要被刻蚀的薄膜材料。另外DUV ArF光刻的对焦深度也要比DUV KrF光刻的小。芯片线宽随着工艺特征尺寸缩小而缩小,光刻胶的厚度与芯片线宽的高宽比反而增大,也就是光刻胶的高度与宽度比增大,较大的光刻胶的高宽比和更小的对焦深度会导致光刻胶出现倾斜倒塌的概率增大,为了防止光刻胶出现倾斜倒塌,必须保持光刻胶的高宽比在一个合理的范围,所以为了得到更精细的图形,必须使用厚度更薄的光刻胶,然而使用厚度很薄的光刻胶无法完成厚度很厚的底层薄膜材料的刻蚀工艺。图3-32所示为使用一定厚度的光刻胶完成G-线、I-线和DUV KrF光刻的干法刻蚀。图3-33a和b是使用与DUV KrF光刻相同厚度的光刻胶进行DUV ArF光刻,这会导致DUV ArF显影后的光刻胶出现倾斜倒塌,因为DUV ArF光刻的图形更精细和光刻胶的高宽比更大，图 3-33c 和 d 是为了避免光刻胶倾斜倒塌而使用较薄的光刻胶，图 3-33e 是使用较薄的光刻胶会降低干法刻蚀的深度。为了提高 DUV ArF 光刻的分辨率，工程人员提出硬掩膜版工艺技术，首先利用很薄的光刻胶的把图形转移到中间层，再通过中间层把图形转移到底层薄膜材料，这些中间层称为硬掩膜版。

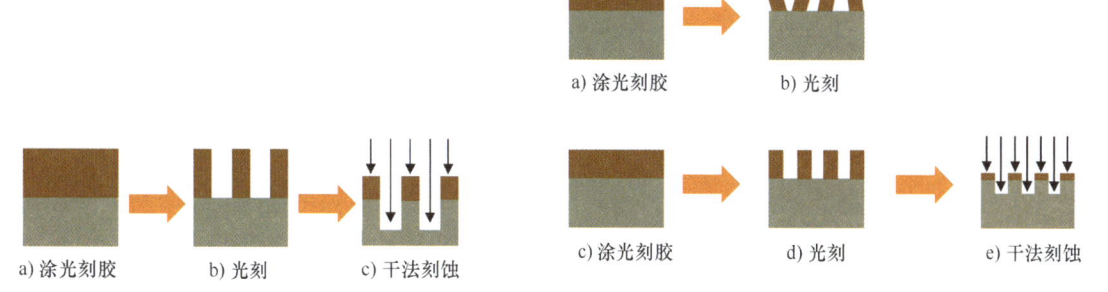

图 3-32　G-线、I-线和 DUV KrF 光刻的干法刻蚀

图 3-33　DUV ArF 的光刻和干法刻蚀

硬掩膜版工艺技术的方案实际是通过选择合适的硬掩膜版材料和刻蚀条件来调节硬掩膜版的选择性，从而得到高选择性的硬掩膜版材料，然后间接通过高选择性的硬掩膜版把图形转移到底层薄膜材料上，从而解决光刻胶选择性差和倾斜倒塌的问题，最终利用厚度很薄的光刻胶得到更高的分辨率和更精准的底层图形。图 3-34 所示为 DUV ArF 的光刻和硬掩膜版干法刻蚀，其中图 3-34a 是光刻胶、硬掩膜版和底层材料组成三明治结构；图 3-34b 是通过光刻把硬掩膜版的图形转移到光刻胶上；图 3-34c 是硬掩膜版干法刻蚀，通过干法刻蚀把光刻胶上的图形转移到比较薄的硬掩膜版上，硬掩膜版的厚度很薄，所以干法刻蚀的时间非常短，仅仅需要很薄的光刻胶就可以完成刻蚀，那么该层光刻的分辨率可以做得非常高；图 3-34d 是去除光刻胶；图 3-34e 是利用硬掩膜版作为遮蔽层，通过干法刻蚀把图形转移给下面需要形成电路的薄膜材料，这个步骤的关键是刻蚀选择性非常高，干法刻蚀时几乎不消耗硬掩膜版材料，底层薄膜材料的最终图形非常接近实际设计的图形。

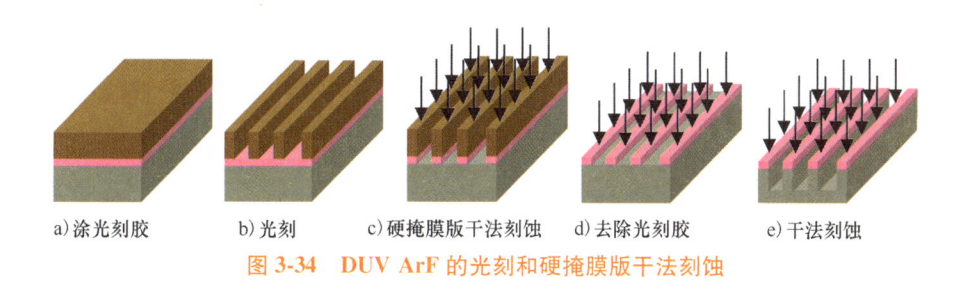

图 3-34　DUV ArF 的光刻和硬掩膜版干法刻蚀

利用氢氧化钾（KOH）刻蚀硅衬底时，SiO_2 和 Si_3N_4 和具有高选择性，所以它们可以作

为硅刻蚀的硬掩膜版材料。而利用 HF 刻蚀氧化硅时，镍、铬、多晶硅和非晶硅具有高选择性，它们可以作为氧化硅的硬掩膜版材料。另外 SiC 和 Ta_2O_5 对于氟等离子体要比氯等离子体具有更高的选择性，所以它们也可以作为很多干法刻蚀的硬掩膜版材料。

刻蚀多晶硅栅时，可以把 SiO_2 作为多晶硅栅刻蚀的硬掩膜版材料，因为利用 SiO_2 做硬掩膜版时对多晶硅的选择性可以高达 300∶1，很薄的 SiO_2 薄膜层就可以作为硬掩膜版，同时很薄的光刻胶就可以完成 SiO_2 薄膜层的刻蚀，所以可以做到很高的分辨率。利用光刻胶进行多晶硅栅刻蚀时，多晶硅的选择性只有 30∶1，因为光刻胶含有碳原子，在刻蚀的过程中会形成 CO，CO 会影响多晶硅的选择性。

3.2.2 硬掩膜版工艺技术的工程应用

硬掩膜版的工艺技术一般用在 0.13μm 及其以下的工艺中，它可以得到非常准确的深亚微米的刻蚀图形。例如多晶硅栅硬掩膜版的工艺，接触孔硬掩膜版的工艺和铜互连硬掩膜版的工艺。

下面以多晶硅栅硬掩膜版的工艺流程为例介绍硬掩膜版的工程应用。多晶硅栅硬掩膜版的工艺是以 SiO_2 作为硬掩膜版的材料，通过光刻和干法刻蚀把栅极的图形转移到 SiO_2 层上，然后通过干法刻蚀再把 SiO_2 的图形转移到多晶硅栅上。

多晶硅栅硬掩膜版的工艺流程如图 3-35 ~ 图 3-43 所示。

1) 选取已经淀积了薄栅氧和厚栅氧的实际工艺为例。图 3-35 所示为淀积了薄栅氧和厚栅氧的剖面图。

2) 淀积多晶硅栅。利用 LPCVD 沉积一层多晶硅，利用 SiH_4 在 630℃ 左右的温度下发生分解并淀积在加热的晶圆表面，

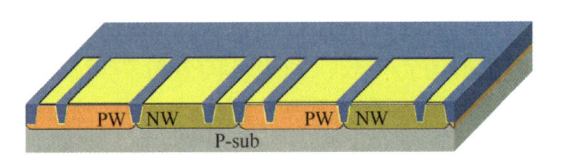

图 3-35 淀积了薄栅氧和厚栅氧的剖面图

形成厚度约 3000Å 的多晶硅。在 CMOS 工艺中掺杂的多晶硅会对器件的阈值电压有较大影响，而不掺杂多晶硅的掺杂可以由后面的源漏离子注入来完成，这样容易控制器件的阈值电压。图 3-36 所示为淀积多晶硅栅的剖面图。

3) 淀积的 SiO_2 和 SiON 层。利用 PECVD 淀积一层厚度 200Å ~ 300Å 的 SiON 层和 200Å 左右的 SiO_2，SiH_4、N_2O 和 He 在 400℃ 的温度下发生化学反应形成 SiON 淀积，SiON 层作为光刻的底部抗反射层。利用 SiH_4、O_2 和 He 发生化学反应形成 SiO_2 淀积，SiO_2 和作为硬掩膜版。图 3-37 所示为淀积 SiO_2 和 SiON 层的剖面图。

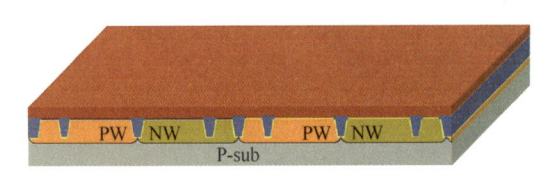

图 3-36 淀积多晶硅栅的剖面图

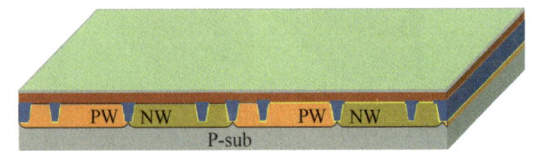

图 3-37 淀积 SiO_2 和 SiON 层的剖面图

4）栅光刻处理。通过微影技术将栅极掩膜版上的图形转移到晶圆上，形成栅极的光刻胶图案，器件栅极区域上保留光刻胶。图 3-38 所示为多晶硅栅光刻的剖面图，图 3-39 所示为多晶硅栅显影的剖面图。

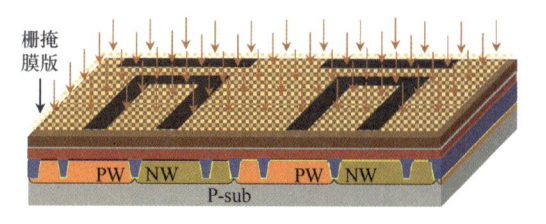

图 3-38　多晶硅栅光刻的剖面图

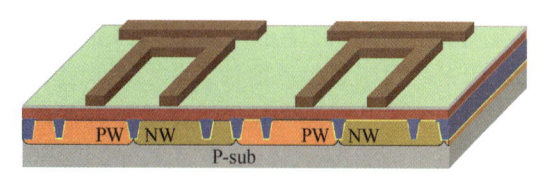

图 3-39　多晶硅栅显影的剖面图

5）硬掩膜版干法刻蚀。利用 CF_4 和 CHF_3 刻蚀 SiO_2 和 SiON 层，把光刻胶的图形转移到硬掩膜版上。图 3-40 所示为硬掩膜版刻蚀的剖面图。

6）去光刻胶。利用干法刻蚀和湿法腐蚀去除光刻胶。图 3-41 所示为去除光刻胶后的剖面图。

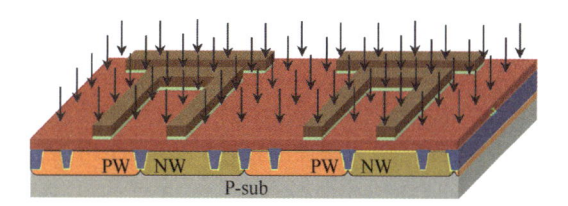

图 3-40　硬掩膜版刻蚀的剖面图

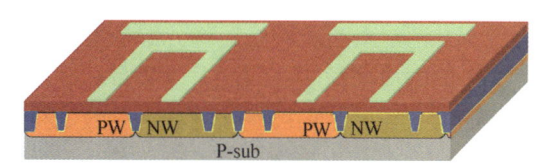

图 3-41　去除光刻胶后的剖面图

7）多晶硅栅干法刻蚀，实际是基于氟的反应离子刻蚀（RIE）。利用 Cl_2 和 HBr 刻蚀多晶硅。刻蚀会停止氧化物上，因为当刻蚀到氧化物时，终点侦测器会侦查到硅的副产物的浓度减小，提示多晶硅刻蚀已经完成，为防止有多晶硅残留导致短路，还会刻蚀一段时间。图 3-42 所示为多晶硅栅刻蚀的剖面图。

8）湿法刻蚀去除 SiON。首先利用热 H_3PO_4 与 SiON 反应去除栅极上的 SiON。图 3-43 所示为去除 SiO_2 和 SiON 后的剖面图。

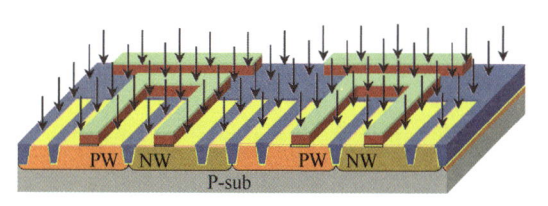

图 3-42　多晶硅栅刻蚀的剖面图

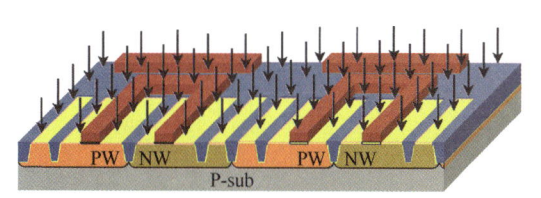

图 3-43　去除 SiO_2 和 SiON 后的剖面图

3.3 漏致势垒降低效应和沟道离子注入

3.3.1 漏致势垒降低效应

随着集成电路工艺技术发展到深亚微米，短沟道效应成为限制器件进一步按比例缩小的主要因素。对于短沟道器件，它的短沟道效应表现为它的饱和电流是随着电压的升高而增大。当它的源和漏极的耗尽区宽度接近器件的沟道长度时，将发生严重的短沟道效应。当它的源和漏极的耗尽区宽度之和约等于器件的沟道长度时，短沟道器件将发生源漏穿通现象，穿通的结果是器件在栅极关闭的情况下，产生很大的漏电流，器件无法通过栅极控制漏极漏电流，漏电流随着漏极电压增大而增大。

发生穿通效应的原因是漏极电压的升高导致源极与衬底之间的自建势垒高度降低了，称为漏致势垒降低（Drain Induced Barrier Lowering，DIBL）效应。由于 DIBL 效应，当漏极的电压不断升高时，漏极的电力线会沿着沟道向源极延伸，当源和漏极的耗尽区宽度之和约等于器件的沟道长度时，源极与衬底之间的自建势垒高度开始降低，势垒高度降低导致漏极的电子很容易越过这个势垒到达源极形成漏电流。

图 3-44 所示为利用半导体表面附近的能带图说明 DIBL 效应导致栅极对沟道的控制能力下降示意图。对于长沟道器件，源和漏极的耗尽区宽度远小于器件的沟道长度，漏极的电压不会影响源极与衬底之间的自建势垒高度。对于短沟道器件，源和漏极的耗尽区宽度约等于器件的沟道长度，漏极电压的升高导致源极与衬底之间的自建势垒高度降低，随着漏极电压的升高，这个自建势垒高度不断降低，器件的沟道长度越短，DIBL 效应就越严重，并且随着漏极电压不断增大而加强。

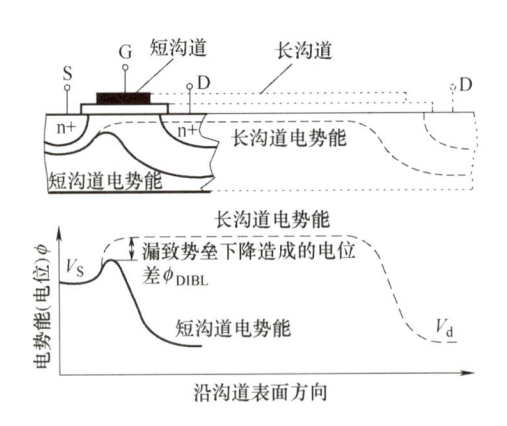

图 3-44 DIBL 效应导致栅极对沟道的控制能力下降

DIBL 效应的物理表现是源漏穿通现象。源漏穿通现象并不是发生在器件的沟道表面，因为器件阱表面的掺杂浓度与阱内部的掺杂浓度相比，阱表面的掺杂浓度更浓，另外器件靠近栅极的沟道受到栅极的有效控制，所以阱表面与漏极耗尽区的宽度比较窄，而阱内部与漏极耗尽区的宽度比较宽，所以源漏穿通现象发生在远离栅极的沟道下面。DIBL效应与栅氧化层厚度和源漏区结深成正比，而与沟道长度和沟道掺杂浓度成反比[4]。

通过降低栅氧化层厚度抑制DIBL效应的方法是通过提高栅控能力来提高栅极与衬底的介面电场，达到提高衬底势垒高度的目的，从而降低漏电流和防止源漏穿通。通过降低源漏区结深抑制DIBL效应的方法是通过减小漏极耗尽区与栅极的距离来提高栅控能力，达到控制衬底势垒高度的目的，从而防止源漏穿通。通过提高沟道掺杂浓度抑制DIBL效应的方法是通过降低漏极耗尽区的宽度，使得源和漏极的耗尽区宽度之和小于器件的沟道长度，从而防止源漏穿通。长沟道器件可以有效抑制DIBL效应，因为长沟道器件的沟道长度远大于源和漏极的耗尽区宽度之和。可以利用NMOS长沟道器件和短沟道器件沟道表面附近的能带图说明长沟道器件如何抑制DIBL效应。图3-45所示为NMOS长沟道器件表面的能带图，当漏极加电压V_d时，DIBL效应不会导致衬底势垒降低。图3-46所示为NMOS短沟道器件表面的能带图，当漏极加电压V_d时，DIBL效应会导致衬底势垒降低ϕ_{DIBL}。

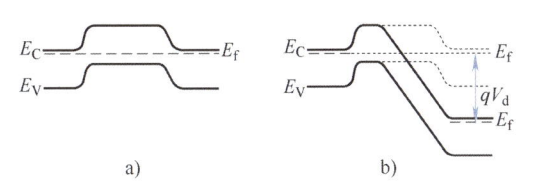

图3-45 NMOS长沟道器件表面的能带图

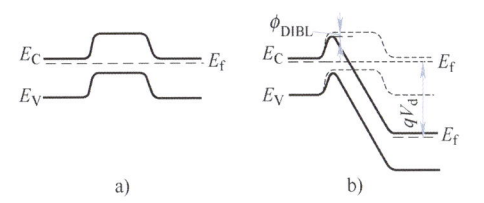

图3-46 NMOS短沟道器件表面的能带图

3.3.2 晕环离子注入

为了抑制短沟道器件的DIBL效应，在LDD结构中使用晕环[Halo，或者称口袋（Pocket）]离子注入来提高衬底与源漏交界面的掺杂浓度，从而降低源漏耗尽区的宽度，达到抑制短沟道器件的DIBL效应。晕环离子注入的类型是与衬底相同的，例如NMOS的晕环离子注入的类型是p型，而PMOS的晕环离子注入的类型是n型。

晕环离子注入时，离子注入的方向与晶圆并不是垂直的，而是存在一定角度的，并且同时转动晶圆，这就形成一个类似口袋的掺杂区，所以晕环离子注入也称口袋离子注入[5]。晕环离子注入的深度比LDD离子注入深，从而有效地降低源和漏极的耗尽区的横向扩展，防止源漏穿通现象。图3-47a所示为NMOS LDD离子注入，图3-47b所示为NMOS晕环离子注入，图3-47c所示

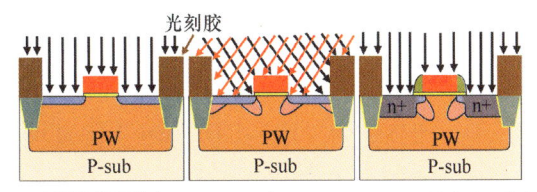

a) LDD离子注入 b) 晕环离子注入 c) 源漏重掺杂离子注入

图3-47 几种离子注入示意图

为 NMOS 源漏重掺杂离子注入。晕环离子注入仅仅应用于短沟道器件，以 0.18μm 1.8V/3.3V 工艺技术为例，晕环离子注入只会应用在 1.8V 器件，3.3V 不是短沟道器件，所以不需要晕环离子注入。

3.3.3 浅源漏结深

源和漏结深与 DIBL 效应成正比，可以通过减小源和漏结深改善 DIBL 效应。例如在 0.5μm 工艺中源漏有源区的结深大概是 0.22μm。如图 3-48 所示，在 0.18μm 工艺中源漏有源区的结深大概是 0.18μm。如图 3-49 所示，在 45nm 工艺中源漏有源区的结深大概是 0.1μm。如图 3-50 所示，在 22nm 的 FD-SOI 工艺中，直接利用氧化埋层控制源漏有源区的结深在 5nm 左右的范围内。

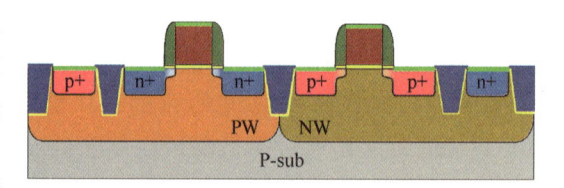

图 3-48　0.18μm CMOS 的剖面图

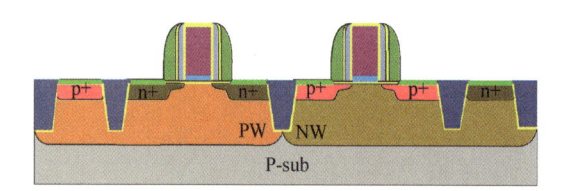

图 3-49　45nm CMOS 的剖面图

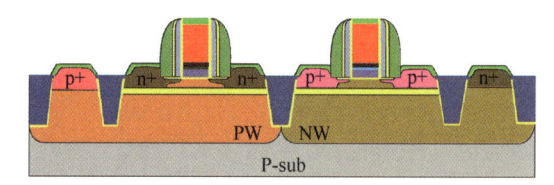

图 3-50　22nm FD-SOI CMOS 的剖面图

不仅源和漏结深与 DIBL 效应成正比，源和漏的扩展区 LDD 结深也与 DIBL 效应成正比。形成浅 LDD 结深的两个工艺步骤：一个是接近表面的 LDD 离子注入；另外一个是高温退火激活杂质并使杂质再分布扩散最小化。理想的 LDD 结深是一个矩形的分布，有一个大的恒定浓度到结的边界，然后浓度突变为零。

浅 LDD 结深可以利用低能量大束流的离子注入实现。对于 n 型 LDD 结构，由于砷离子质量较大，大质量的离子可以使表面硅层非晶化，这样有助于减小离子注入隧道效应，控制注入深度。对于 p 型 LDD 结构，因为 p 型的硼离子质量较小，很难形成非晶化的表面，导致较严重的离子注入隧道效应，结深难以控制，不过可以通过预非晶化的方法来改善，在离子注入前，通过离子注入重离子（BF_2）使硅衬底表面预非晶化，来降低离子注入的隧道效应。预非晶化注入使硅表面由单晶状态变为非晶状态，因此可以实现浅结和陡峭的杂质分布。

深亚微米工艺的 LDD 离子注入高温工艺是快速热处理（Rapid Thermal Processing，RTP）和快速热退火（Rapid Thermal Annealing，RTA）。而在先进的纳米工艺中会用到尖峰退火和退火时间远小于 1s 的毫秒退火。尖峰退火的特点是其升温速度非常快，从升温到最高温度和降温的整个过程只需要短短的几秒。毫秒退火采用闪光灯或者激光作为加热源，它的整个工艺过程可以缩短到尖峰退火的千分之一。

3.3.4 倒掺杂阱

MOS 器件是制造在相反导电类型的阱中，例如 NMOS 是制造在 PW 中，而 PMOS 是制造在 NW 中。对于亚微米以上的工艺技术，阱离子注入工艺是采用两次离子注入的方式：第一次是离子注入沟道表面附近，然后再通过高温扩散推进到合适的深度，所以形成沟道表面附近的掺杂浓度最高，阱掺杂浓度低，并且掺杂浓度会随着深度的增加而减小，另外它的横向扩散也严重，不适合于先进的工艺；第二次是阈值电压离子注入。对于深亚微米及以下的工艺技术，阱工艺是倒掺杂阱。阱离子注入工艺是分三次离子注入：第一次是高能量和高浓度的阱离子注入，注入的深度最深，达到几微米；第二次是中等能量和中等浓度的防穿通沟道离子注入，离子注入沟道及沟道下表面附近；第三次是低能量和低浓度的阈值电压调节离子注入，离子注入沟道表面附近。倒掺杂阱可以精确控制阱掺杂的深度和阱的横向扩散，有利于制造先进集成电路。

对于倒掺杂阱，阱离子注入的峰值浓度出现在几微米的深度，掺杂浓度大的阱区可以改善闩锁效应和源漏穿通。因为掺杂浓度大的阱区可以降低阱的等效电阻，从而减小电流在阱的等效电阻上的压降，达到改善寄生 BJT 和闩锁效应引起的问题。掺杂浓度大的阱区可以减小漏与衬底（阱）之间的耗尽区宽度，从而改善由源漏穿通引起的漏电的问题，达到改善 DIBL 效应的目的。图 3-51 所示为阱离子注入的剖面图。

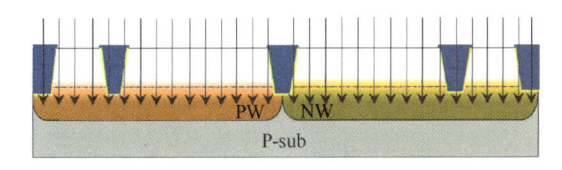

图 3-51 阱离子注入剖面图

倒掺杂阱中防穿通沟道离子注入的掺杂区域位于高掺杂的阱区上面的沟道区域，紧贴源和漏有源区，通过调节沟道离子注入的浓度可以减小源和漏耗尽区的宽度，从而改善由源漏穿通引起的漏电，达到改善 DIBL 效应的目的。因为对于短沟道器件，重掺杂的漏有源区与阱沟道区域的耗尽区会向源极延伸，形成穿通，所以对于沟道很短的深亚微米器件，中等掺杂的沟道是必需的，同时也要精确控制沟道离子注入的位置和掺杂浓度。另外提高沟道的掺杂浓度会导致载流子库伦散射增加，从而降低载流子迁移率，最终导致器件速度降低，所以只能在控制器件穿通和器件速度之间做折中选择。图 3-52 所示为防穿通沟道离子注入的剖面图。

沟道表面附近的掺杂浓度对阈值电压的影响很大，为了得到合适的器件性能，需要进行阈值电压离子注入，把沟道表面附近的掺杂浓度调节到适合的范围。器件的阈值电压会随着掺杂浓度的提高而增大，可以通过调节沟道表面附近的掺杂浓度设计出高/中/低阈值电压的器件，同时器件的亚阈值区漏电流也会随着阈值电压的降低而升高。图 3-53 所示为阈值电压离子注入的剖面图。

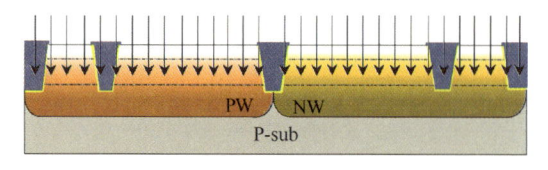

图 3-52　防穿通沟道离子注入剖面图

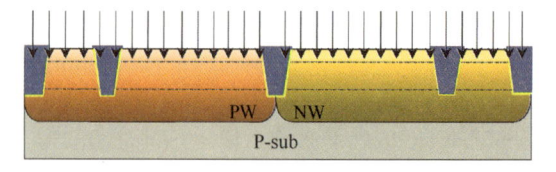

图 3-53　阈值电压离子注入剖面图

3.3.5　阱邻近效应

当工艺发展到深亚微米工艺技术时，靠近阱边缘的器件的电特性会受到器件沟道区域到阱边界距离的影响，这种现象称为阱邻近效应（Well Proximity Effect，WPE）。造成 WPE 的原因是在进行阱离子注入工艺时，经过电场加速的离子在光刻胶边界和侧面上发生了散射和反射，散射和反射离子会进入硅表面，影响阱边界附近区域的掺杂浓度[6]，阱边界附近的掺杂浓度是非均匀的，它会随着距离阱边界的远近而变化，距离阱边界越近的区域，浓度越大，这种不均匀掺杂造成不同区域的器件的阈值电压和饱和电流是不同的。随着工艺发展到纳米级时，WPE 的影响变得越来越严重，已经不能忽略它对器件的影响。图 3-54 所示为光刻胶反射离子导致阱边缘表面掺杂浓度不同的示意图。图 3-55 所示为阱边缘表面掺杂浓度不同导致 WPE 的示意图。

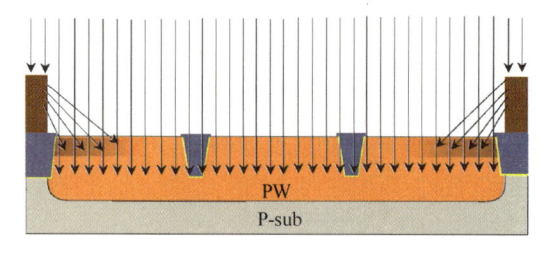

图 3-54　光刻胶反射离子导致阱边缘表面掺杂浓度不同的示意图

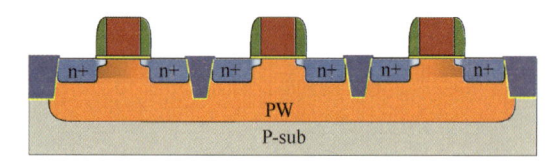

图 3-55　阱边缘表面掺杂浓度不同导致 WPE 的示意图

如图 3-56 所示，是 0.11μm 工艺平台 3.3V NMOS 的阈值电压 V_t 随 S（是器件沟道到阱边界的距离）变化的示意图。依据图示，对于相同尺寸的 NMOS，根据将它的沟道区域距阱边界的不同，它的阈值电压 V_t 是不同的，当 $S<3\mu m$ 时，NMOS 管距离阱边界比较近，S 的值对阈值电压 V_t 的影响是非常敏感的，阈值电压 V_t 会随着 S 的变化而变化。当 $S>3\mu m$ 时，NMOS 管距离阱边界比较远，S 的值对阈值电压 V_t 的影响非常小，V_t 基本上不会随着 S 的变化而变化。

在利用纳米工艺技术平台的器件进行模拟电路设计时，必须考虑制造工艺中 WPE 效应的影响。对于敏感的电路，例如电流镜，要根据 S 的值对器件的电特性的影响去选择合适的 S 值，从而获得好的电路性能。图 3-57 所示为 NMOS 到 PW 边界不同的版图，可以根据电路设计要求判断是否需要考虑 WPE 的影响，从而选择器件沟道区域到阱边界的距离 S 的值。

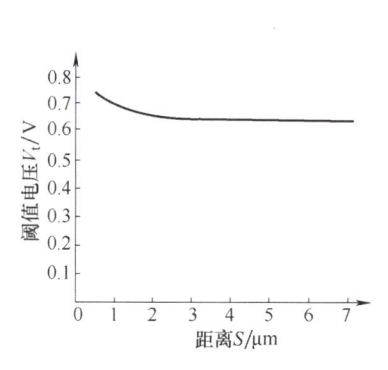

图 3-56　0.11μm 3.3V NMOS 的 V_t 随 S 变化的示意图

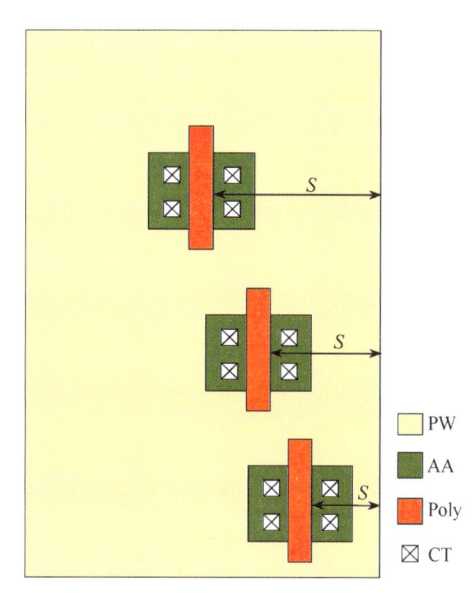

图 3-57　NMOS 到 PW 边界不同的版图

3.3.6　反短沟道效应

在经典的理论里，对于短沟道器件，器件的阈值电压会随着沟道长度变小而变小，而饱和电流会随着沟道长度的变小而增大。但是，在实际的工艺中引入了晕环离子注入，器件的阈值电压并不会随着沟道长度变小而变小，而是出现先增大后变小的效应，业界称这个效应为反短沟道效应。因为晕环离子注入是在器件沟道中源和漏有源区边界附近形成与沟道同型的中等掺杂区域，随着沟道长度变小，这两个中等掺杂区域会相互靠近，并可能重叠在一起，随着它们相互靠近，沟道的掺杂浓度会逐渐变大，导致阈值电压变大和饱和电流变小。图 3-58 所示为 65nm 1.2V NMOS 阈值电压 V_t 随沟道长度变化的示意图。

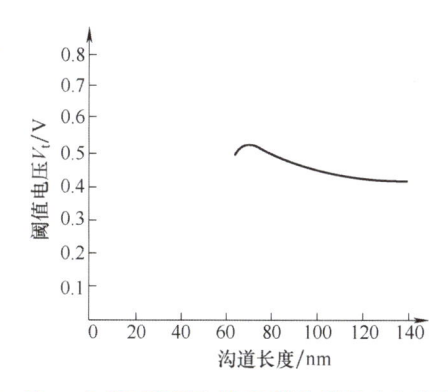

图 3-58　65nm 1.2V NMOS 的 V_t 随沟道长度变化的示意图

3.4 热载流子注入效应与轻掺杂漏（LDD）工艺技术

3.4.1 热载流子注入效应简介

为了不断提高器件的性能和单位面积器件的密度，器件的尺寸不断按比例缩小，但是这种按比例缩小并不是理想的，不是所有的参数都是等比例缩小的，例如器件的工作电压不是等比例缩小的，器件的沟道横向电场强度会随着器件尺寸的不断缩小而增加，特别是漏极附近的电场最强。当器件的特征尺寸缩小到亚微米和深亚微米，漏极附近会出现热载流子注入（Hot Carrier Inject，HCI）效应。

为了更好地理解热载流子注入效应，我们先来理解一下 MOSFET 理想的 IV 特性曲线。当 $V_g > V_t$（V_t 为阈值电压）时，首先漏极电流随漏极电压线性增加，因为此时器件沟道的作用可以等效于一个电阻，这个工作区间称为线性区。随着漏极电压不断升高，栅极在漏极附近的反型层厚度不断减小，漏电流偏离线性，这个工作区间称为非线性区。当漏极电压继续不断增大时，漏电流的曲线缓慢变平，直到沟道被夹断，漏电流趋于定值，器件最终进入饱和区。图 3-59 所示为 MOSFET 理想的电压与电流特性曲线。

MOSFET 理想的电压与电流特性曲线分为三个区，分别是线性区、非线性区和饱和区。借助图 3-60，根据器件的工作原理进行定性讨论。图 3-60a 当 $V_g > V_t$ 时，NMOS 沟道形成反型层，漏极加上很小的漏极电压，电流从源通过导电沟道流到漏，这时沟道

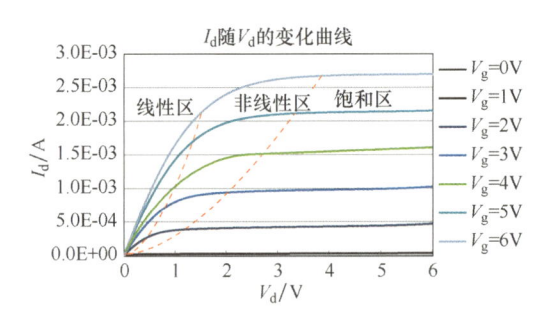

图 3-59 MOSFET 理想的电压与电流特性曲线

的作用可以用一个电阻来表示，漏电流 I_d 随着漏极电压 V_d 线性增加，器件工作在线性区。随着漏极电压 V_d 继续增加，由于靠近漏极附近的反型层电荷被漏极电势影响而减小，电流偏离线性关系，器件从线性区进入非线性区，当 $V_d = V_{dsat}$ 时器件夹断，漏极附近夹断点的反型层电荷几乎为零，但是反型层电荷不可能为零，沟道还是连续的，如图 3-60b 所示。图 3-60c 是当 $V_d > V_{dsat}$ 时，夹断点随着漏极电压增大向源极移动，夹断点的电压 V_{dsat} 保持不变，因此从源到达夹断点的载流子数保持恒定，源漏电流也保持恒定，漏极电流几乎不随漏极电压的增加而增加。

对于工作在饱和区的器件，器件漏极有源区与衬底之间会形成耗尽区，耗尽区的电阻率比强反型的沟道电阻率要大很多，所以器件的等效电阻主要分布在夹断点到漏极有源区之间的耗尽区，大部分的源漏电压都会加载在这个耗尽区。图 3-61 所示为工作在饱和区的 NMOS 电场等势线分布，在从源极有源区到漏极有源区方向上电场等势线分布是越来越密的，电场强度 $E = \Delta V / \Delta L$，ΔV 是电势差，ΔL 是电场等势线的距离，电场等势线分布越来越密表示 ΔL

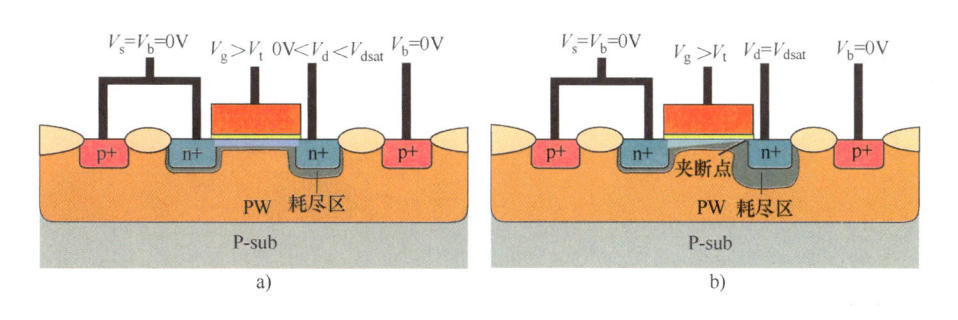

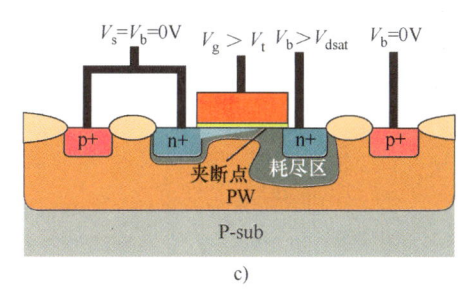

图 3-60 MOSFET 工作在线性区、非线性区和饱和区

越小，最强的横向电场出现在漏极有源区与衬底的交界处。图 3-62 所示为工作在饱和区的 NMOS 沟道的电场，最强的横向电场出现在漏极有源区与衬底的交界，进入漏极有源区后，横向电场会迅速下降到几乎为零，因为漏极有源区的电阻率很低。虽然随着漏极电压的升高，耗尽区的宽度也会相应增加，但是增加的耗尽区宽度不足以抵消或者削弱增加的电势差，所以随着器件漏极电压的升高，漏极耗尽区的电场会进一步增强。当沟道载流子进入耗尽区时，在未经晶格非弹性碰撞之前，载流子在强电场的作用下经过若干平均自由程加速而直接获得足够的能量成为高能载流子，这些高能载流子称为热载流子，它的能量高于导带低能量 E_c。当热载流子的动能达到 3.1eV 时，电子可以越过 Si/SiO$_2$ 界面的势垒，进入栅极形成栅电子电流。

对于工作在饱和区的 NMOS，在漏极附近的强场区，载流子经过这个强电场区被强电场加速形成热载流子，当电子获得的能量超过半导体禁带宽度的 30% 时，热载流子会与耗尽区的晶格发生碰撞电离，碰撞电离会产生一群能量非常高的热电子和热空穴，新产生的热电子会有很大一部分到达漏极，形成漏电流，也有非常少的热电子越过 Si/SiO$_2$ 界面的势垒，进入栅氧化层到达栅极形成栅电流。新产生的热空穴会有多种流向，有一小部分会越过 Si/SiO$_2$ 界面的势垒，进入栅极形成栅电流。绝大部分新产生的热空穴会流向衬底，形成衬底电流 I_{sub}，因为衬底的电势最低。对于短沟道器件，有一小部分热空穴会到达源极成为源电流。空穴的流向取决于衬底到源极的等效电阻 R_{sub}，当 $R_{sub}=0$ 时，几乎所有的空穴都流向衬底，而不会流向栅或者源极，但是 R_{sub} 不可能等于 0。图 3-63 所示为工作在饱和区的 NMOS 管的电流流向。这种现象就是热载流子注入效应。图 3-64 所示为衬底电流随栅电压

V_g 变化的曲线。衬底电流是栅电压的函数，呈现独特的抛物线形状，它随着 V_g 的逐渐增加而增大，达到最大值后减小。最大值通常出现在 $V_g \approx V_d/2$ 附近。

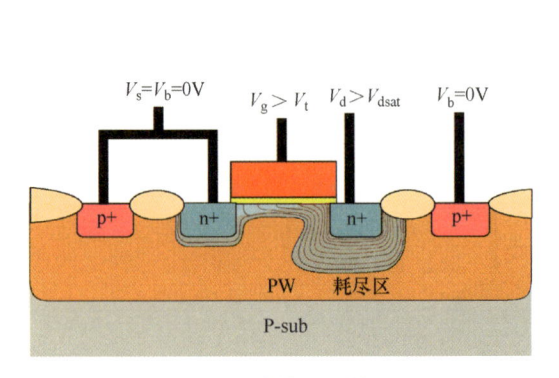

图 3-61　工作在饱和区的 NMOS 电场等势线分布

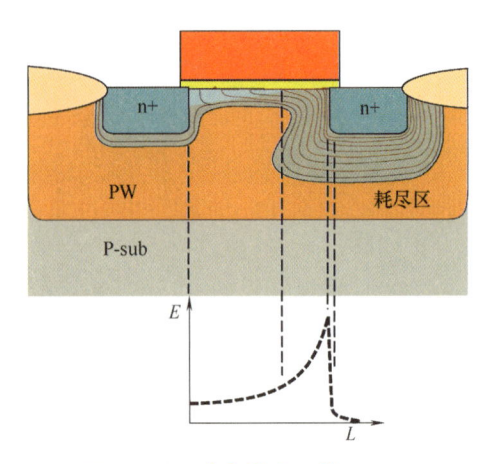

图 3-62　工作在饱和区的 NMOS 沟道的电场

热载流子注入效应会导致几个严重的问题：第一个是器件的阈值电压漂移；第二个是漏致势垒降低（DIBL）效应；第三个是 NMOS 寄生的 NPN 导通；第四个是闩锁效应。

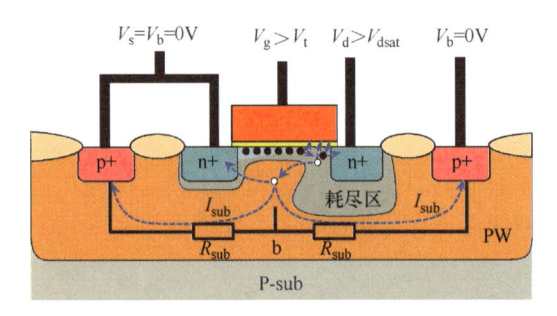

图 3-63　工作在饱和区的 NMOS 管的电流流向

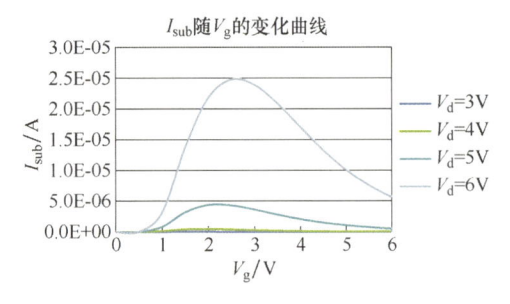

图 3-64　衬底电流 I_{sub} 随栅电压 V_g 变化

器件的阈值电压漂移是由于热载流子（包括热电子和热空穴）越过 Si/SiO_2 界面的势垒导致的。这些热电子和热空穴会引起栅氧化层损伤导致缺陷或者在栅氧化层中碰撞电离产生氢离子，影响界面态密度，这些界面态和缺陷可以捕捉电荷，导致氧化层充电，充电的栅氧化层会产生纵向电场影响器件的阈值电压，导致器件电特性随工作时间而变化，影响器件的可靠性，造成器件失效。由于流向衬底的热空穴电流与流向栅的热载流子电流是成正比的，而且流向衬底的热空穴电流比流向栅的热电子电流大几个数量级，所以衬底的热空穴电流更容易测量，晶圆厂通常会把衬底电流作为热载流子注入的指标。

DIBL 效应是由于热空穴流向衬底导致衬底的电压升高引起的。如图 3-63 所示，因为热空穴流向衬底会形成衬底电流，衬底电流过衬底等效电阻 R_{sub} 会形成电势差 $V_b = I_{sub}R_{sub}$，同时造成衬底的电压升高了 V_b，使得源极与衬底之间的自建势垒高度降低了 qV_b，源极与衬底之间的自建势垒高度降低导致漏极的电子更容易越过沟道的势垒，增大漏极的漏电流 I_d，衬底电流越大 DIBL 效应就越严重。可用图 3-65 的 NMOS 表面源到漏的能带图来说明，漏极的电压是 V_d，所以漏极的势垒高度降低 qV_d，衬底 PW 的势垒高度降低了 qV_b。

NMOS 寄生的 NPN 导通也是由于热空穴流向衬底导致衬底的电压升高引起的。如图 3-66 所示，NMOS 自身存在一个寄生的 BJT NPN，R_{sub} 是衬底的等效电阻。当热空穴流向衬底会形成衬底电流 I_{sub} 导致衬底的电压升高了 $V_b=I_{sub}R_{sub}$，如果 $V_b>0.6V$ 时，源极与衬底之间的 pn 结正偏，漏极与衬底之间的 pn 结反偏，此时 NPN 正向导通。因为源极与衬底之间的 pn 结正偏，会有一小部分热空穴进入源极，每一个到达源极的空穴都会引起大量电子注入衬底，这些电子被漏极收集，同时这些电子也会在耗尽区发生碰撞电离产生更多额外的热电子和热空穴，会有更多的热空穴流向衬底，导致 V_b 进一步增大，同时 I_{sub} 也增大，所以 I_{sub} 会在 R_{sub} 形成正反馈。当寄生的 NPN 导通后，已经不能再通过 NMOS 的栅去关断这个寄生的 NPN，这时 NMOS 寄生的 NPN 工作在放大区会产生大电流烧毁器件。如图 3-67 所示，因为受 NMOS 寄生的 NPN 导通的影响，NPN 导通表现为 NMOS 的源漏穿通，电流不再受沟道控制，NMOS 的源漏穿通电压是一个 C 的形状。

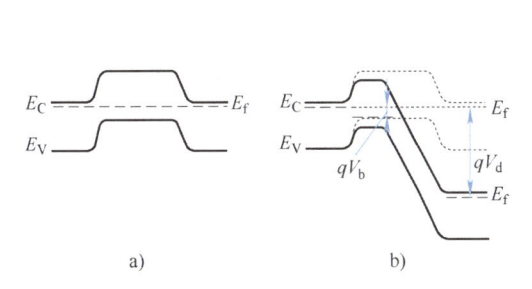

图 3-65 NMOS 表面源到漏的能带图

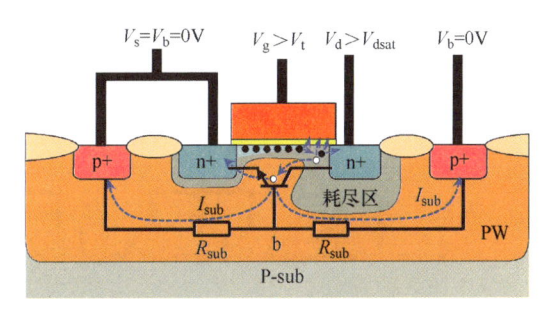

图 3-66 NMOS 寄生的 BJT NPN

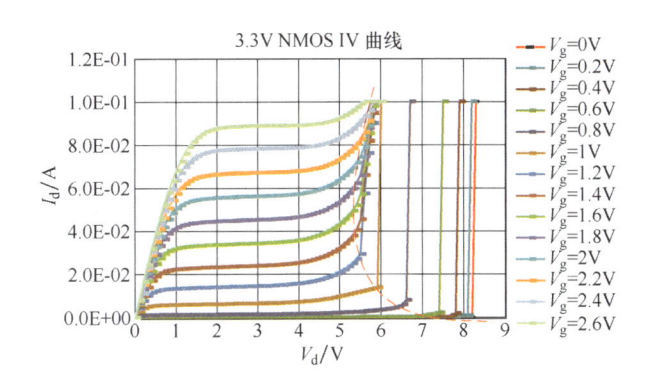

图 3-67 NMOS 源漏穿通电压的 IV 曲线示意图

热载流子注入效应导致 NMOS 寄生的 NPN 导通的现象严重影响了芯片的可靠性，为了防止这个寄生的 BJT 开启，必须减小 R_{sub} 和 I_{sub}。通常工艺技术平台会有设计规则规定大尺寸 NMOS 的衬底 PW 中 p 型有源区之间的横向距离 S_2 和纵向距离 S_1，其实就是限制单个 NMOS 的尺寸大小。如图 3-68 和图 3-69 所示，随着 S_1 和 S_2 增大，器件中心到边缘的寄生电阻 R_{sub} 也会增大，当 $I_{sub}R_{sub}>0.6V$ 会导致寄生的 NPN 开启。因为空穴的迁移率 μ_h 比电子的迁移率 μ_e 小，μ_e 大约是 μ_h 的 2.5 倍，所以 PNP 的放大倍数比 NPN 的小，另外与 NMOS 相比，PMOS 的热载流子注入效应并不明显，所以热载流子注入效应导致 PMOS 寄生的 PNP 开启的问题并不明显。

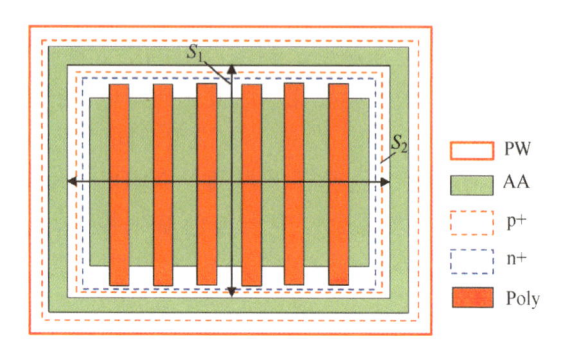

图 3-68 大尺寸 NMOS 的版图示意图

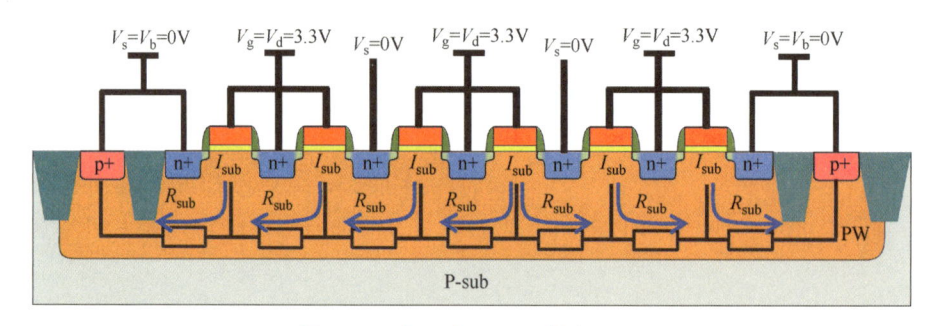

图 3-69 大尺寸 NMOS 的剖面图

闩锁效应也会被热空穴流向衬底导致衬底的电压升高触发寄生 NPN 和 PNP 引起。如图 3-70 所示，相邻的 NMOS 和 PMOS 存在寄生的 NPN 和 PNP，R_{sub} 是 PW 衬底的等效电阻，R_{nw} 是 NW 衬底的等效电阻。当热空穴流向 PW 衬底会形成衬底电流 I_{sub} 导致 PW 衬底的电压升高了 $I_{sub}R_{sub}$，如果 $I_{sub}R_{sub}>0.6V$ 时，NMOS 源极与 PW 衬底之间的 pn 结正偏，NW 衬底与 PW 衬底之间的 pn 结反偏，那么 NPN 正向导通。因为 NMOS 源极与 PW 衬底之间的 pn 结正偏，会有一小部分热空穴进入源极，每一个到达源极的空穴都会引起大量电子注入 PW 衬底，这些电子会有很多一部分被 NW 衬底收集，被 NW 衬底收集的电子会形成 NW 电流 I_{nw} 同时在 NW 衬底的等效电阻 R_{nw} 上形成压降 $I_{nw}R_{nw}$，如果 $I_{nw}R_{nw}<0.6V$ 时，PMOS 源极与 NW 衬底之间的 pn 结正偏，NW 衬底与 PW 衬底之间的 pn 结反偏，那么 PNP 正向导通，实际上

压降 $I_{nw}R_{nw}$ 是 NPN 导通在 PNP 上形成正反馈。PNP 正向导通后，因为 PMOS 源极与 PW 衬底之间的 pn 结正偏，PMOS 源极注入 NW 衬底的空穴会被 PW 衬底收集，同时会形成空穴电流，并在 R_{sub} 上形成压降，它是 PNP 导通后在 NPN 上形成正反馈。所以 NPN 和 PNP 之间形成正反馈回路，NPN 和 PNP 同时导通，并形成闩锁效应 PNPN 低阻通路。闩锁效应的等效电路如图 3-71 所示。

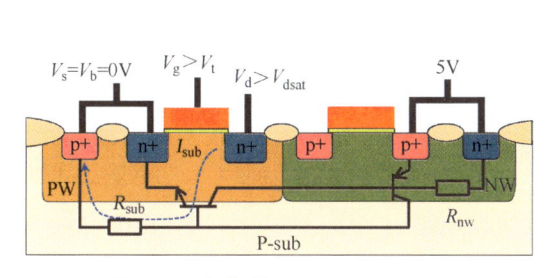

图 3-70 相邻的 NMOS 和 PMOS 存在寄生的 NPN 和 PNP

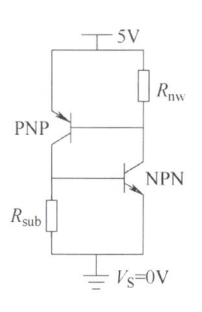

图 3-71 闩锁效应的等效电路

3.4.2 双扩散漏（DDD）和轻掺杂漏（LDD）工艺技术

因为热载流子注入效应会导致几个严重的问题，最终使器件和芯片失效。为了改善热载流子注入效应，半导体研发人员提出利用降低漏极与衬底 pn 结附近的峰值电场强度的工艺来改善热载流子注入效应。对于给定的源和漏电压，源和漏之间的电势差是不可改变的。当器件工作在饱和区时，加载在器件漏极夹断区的电势差也是相同的，要改变电场强度，必须改变夹断区的宽度和电场分布。最早提出的方案是利用了一种叫作双扩散漏（Double Diffuse Drain，DDD）的工艺技术。它的原理是利用两种不同质量的掺杂离子注入衬底形成源漏有源区，而这两种掺杂离子的扩散速度是不一样的，质量轻的掺杂离子的扩散速度要比质量重的掺杂离子快，利用热退火使离子扩散再分布在源漏有源区与衬底之间形成缓变结而不是突变结。类似的缓变结也会延伸到栅极下面，漏极与沟道之间形成一定宽度的轻掺杂区域，也称这个轻掺杂突变结为源漏扩展区，目的是降低漏极附近的峰值电场从而削弱热载流子注入效应。以向 NMOS 源漏有源区掺杂磷和砷为例，磷的质量比砷小，磷的扩散速度比砷快，在沟道的边缘分布占主导地位的是磷，并且形成的 pn 结是缓变的。使用这种方法可以使漏极附近的峰值电场强度降低 20% 以上。图 3-72a 所示为 NMOS DDD 离子注入，图 3-72b 是热退火使离子扩散。但是 DDD 结构也会增加源漏有源区的结深，它会使短沟道效应变得更加严重。除了增加结深以外，DDD 结构的另一个问题是最终杂质分布仍由扩散来决定，很难得出正确的源漏有源区与衬底之间边界的杂质分布，所以 DDD 结构的实际应用非常有限。

为了改善 DDD 工艺技术增加源漏有源区结深的问题，研发人员在 DDD 工艺技术的基础上开发出降低器件漏极附近峰值电场的轻掺杂漏（Lightly Doped Drain，LDD）工艺技术。

与 DDD 结构不同的是 LDD 结构的结深很浅，它不需要利用热退火进行离子再扩散，LDD 是在 MOS 侧墙形成以前增加一道轻掺杂的离子注入工艺，侧墙形成后依然进行源漏重掺杂离子注入工艺，漏极与沟道之间会形成一定宽度的轻掺杂区域，从而降低漏极附近峰值电场，达到削弱热载流子注入效应的目的。图 3-73 所示为 NMOS LDD 离子注入和源漏重掺杂离子注入。

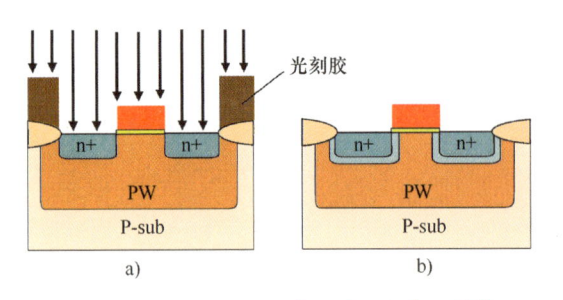

图 3-72　NMOS DDD 离子注入和离子扩散

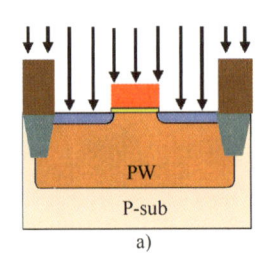

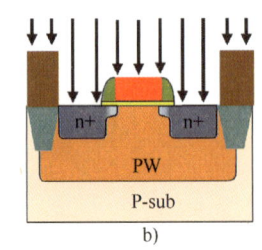

图 3-73　NMOS LDD 离子注入和源漏重掺杂离子注入

与没有 LDD 结构的 MOS 晶体管相比，有 LDD 结构的 MOS 晶体管的重掺杂的源漏有源区与栅是不交叠的，轻掺杂 LDD 结构作为源漏有源区与沟道之间的衔接区。当器件工作在饱和区时，轻掺杂的 LDD 与 PW 形成耗尽区，耗尽区从 LDD 与 PW 的交界向沟道方向延伸的同时也会向 LDD 内部延伸，并到达重掺杂的漏极有源区，在重掺杂的漏极有源区内部只会形成很小的耗尽区，电场强度进入重掺杂的漏极有源区后，会迅速下降到很小的值。轻掺杂的 LDD 结构作为衔接区使电场强度出现一个缓变的过程，削弱了最强电场强度的峰值，并使电场强度重新分布，电场强度的峰值出现在 LDD 结构内部，这样可以有效地改善 HCI 效应。而对于没有 LDD 结构的 MOS，虽然耗尽区从重掺杂的漏极有源区与 PW 的交界向沟道方向延伸的同时也会向重掺杂的漏极有源区内部延伸，但是在重掺杂的漏极有源区内部只会形成很小的耗尽区，从 PW 到重掺杂的漏极有源区是一个突变的过程，电场强度在 PW 与重掺杂的漏极有源区的突然达到最大值，没有一个缓变的过程，并且电场强度的峰值很高。如图 3-74 所示，是没有 LDD 结构和有 LDD 结构的电场分布和比较图。

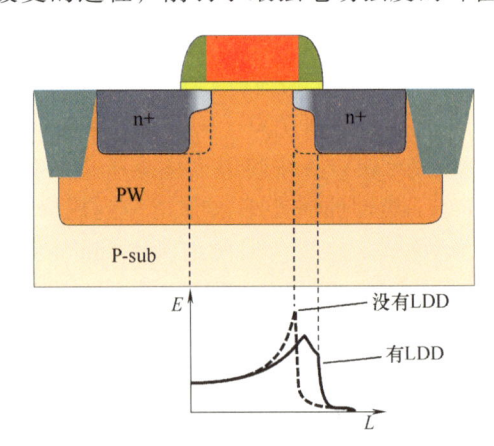

图 3-74　没有 LDD 结构和有 LDD 结构的电场分布和比较图

对于工艺技术在 0.8μm 及其以上的工艺，通常只会考虑对 NMOS 进行 LDD 离子注入，因为 PMOS 的 HCI 问题并不严重，所以不需要进行 LDD 离子注入。而对于工艺技术在 0.5μm 及其以下的工艺，无论是 NMOS 还是 PMOS

都需要进行 LDD 离子注入。并且在常规的深亚微米 LDD 工艺技术中除了包含削弱热载流子注入效应的 LDD 离子注入外，还使用了晕环或者口袋离子注入。

虽然只有漏极附近强电场强度区域才会产生热载流子，理论上只需考虑漏极的 LDD 离子注入，但是器件的源漏是对称，为了降低工艺的复杂性，源和漏极都需要进行 LDD 离子注入。相对于传统的 CMOS 工艺技术，LDD 结构的缺点是增加了工艺的复杂性，以及增加了工艺成本。另外 LDD 还会增加额外的源极和漏极的寄生电阻，因为与没有 LDD 结构的 MOS 相比，轻掺杂的 LDD 结构作为源漏有源区与沟道之间的衔接区，LDD 衔接区比重掺杂的源漏有源区电阻率大，额外增加的源极和漏极的寄生电阻会降低器件的速度。

3.4.3 侧墙（Spacer Sidewall）工艺技术

为了形成 LDD 结构，在 LDD 离子注入后必须制造出掩蔽层防止重掺杂的源漏离子注入影响轻掺杂的 LDD 结构，半导体研发人员根据这个要求，开发出侧墙工艺技术，从器件结构的剖面图可以看出，LDD 结构都是在侧墙的正下方，侧墙结构不但可以有效地掩蔽轻掺杂的 LDD 结构，而且隔离侧墙工艺技术不需要掩膜版，侧墙工艺技术的成本也很低和工艺非常简单。

图 3-75 所示为隔离侧墙工艺和源漏重掺杂离子注入的简单示意图，其中图 3-75a 是淀积厚度为 S_1 的介质层；图 3-75b 是干法刻蚀形成隔离侧墙结构；图 3-75c 是源漏重掺杂离子注入。因为介质层的厚度为 S_1，多晶硅栅的厚度为 S_2，多晶硅栅侧面的介质层厚度是 S_1+S_2，利用各向异性的干法刻蚀回刻形成侧墙结构，刻蚀的方向垂直向下，刻蚀停止硅表面，那么刻蚀的厚度就是 S_1，所以多晶硅栅侧面剩余的介质层厚度是 S_2，最终形成侧墙结构。此时侧墙的横向侧面宽度比 S_1 略小，它就是 LDD 结构的横向宽度，它是由淀积的介质层的厚度决定的。

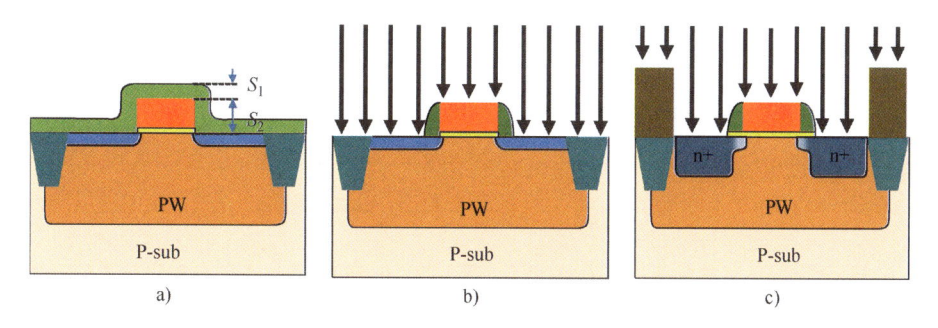

图 3-75 隔离侧墙工艺和源漏重掺杂离子注入

随着工艺技术的发展，侧墙介质层的材料不断更新迭代。对于特征尺寸是 0.8μm 及以下的工艺技术，淀积的隔离侧墙介质层是 SiO_2，利用各向异性的干法刻蚀形成侧墙。图 3-76 所示为亚微米工艺制程技术的侧墙工艺的简单示意图，其中图 3-76a 是利用 TEOS（Tetraethoxy Silane）四乙基氧化硅发生分解反应生成二氧化硅层，厚度约 2000Å，TEOS 是一种含有硅与氧的有机硅化物Si（OC$_2$H$_5$）$_4$，在室温常压下为液体，TEOS的台阶覆盖率非常好；图3-76b是利用干法刻蚀形成侧墙。

对于特征尺寸是0.35μm及以下的工艺技术，利用SiO$_2$作为侧墙介质层已经无法满足器件电性的要求，利用SiO$_2$和Si$_3$N$_4$组合代替SiO$_2$作为侧墙介质层。首先LPCVD淀积一层厚度大约200Å的SiO$_2$层作为Si$_3$N$_4$作应力的缓解层，然后淀积大约1500Å的Si$_3$N$_4$层，利用各向异性的干法刻蚀刻蚀Si$_3$N$_4$层，并且停止SiO$_2$上。在深亚微米工艺制程需要利用SiO$_2$和Si$_3$N$_4$组合一起作为侧墙介质层的原因有两点：第一点是对于利用一种材料SiO$_2$作为侧墙介质层，干法刻蚀时没有停止层，因为SiO$_2$与衬底硅中间没有隔离层，干法刻蚀容易损伤衬底硅，而对于新的侧墙介质层SiO$_2$和Si$_3$N$_4$，SiO$_2$与Si$_3$N$_4$材质是不同，SiO$_2$可以作为Si$_3$N$_4$干法刻蚀的停止层，可以有效地避免干法刻蚀损伤衬底硅；第二点是栅极与漏极的接触填充金属形成电容，如果深亚微米的工艺制程技术仍然利用SiO$_2$作为介质层，由于栅极与漏极的接触填充金属距离很近，SiO$_2$不能形成很好的隔离，栅极与漏极的接触填充金属之间会存在漏电问题，而对于新的侧墙介质层SiO$_2$和Si$_3$N$_4$，Si$_3$N$_4$具有很好的电性隔离特性。图3-77所示为0.35μm及以下工艺制程技术的栅与漏极的接触填充金属之间的电容示意图。图3-78所示为0.35μm及以下工艺制程技术的侧墙工艺的简单示意图，其中图3-78a是淀积SiO$_2$和Si$_3$N$_4$；图3-78b是利用干法刻蚀形成侧墙。

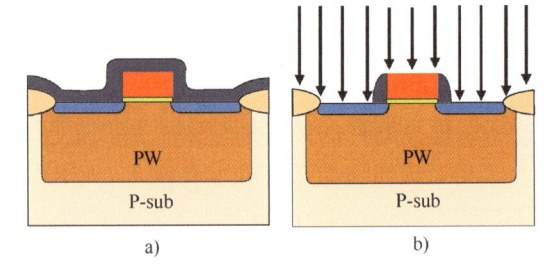

图3-76　0.8μm及以下制程技术的隔离侧墙工艺

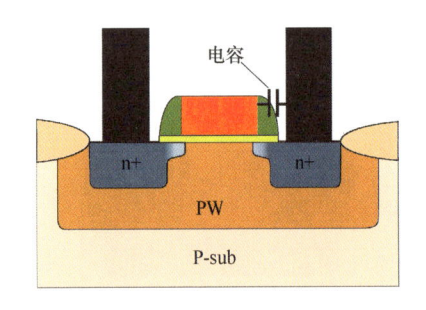

图3-77　0.35μm及以下工艺制程技术的栅与漏极的接触填充金属之间的电容示意图

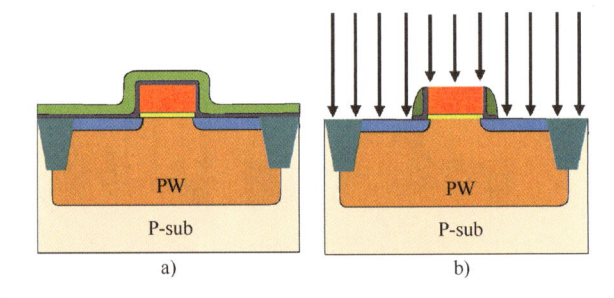

图3-78　0.35μm及以下工艺制程技术的侧墙工艺

对于特征尺寸是0.18μm及以下的工艺技术，利用SiO$_2$和Si$_3$N$_4$作为侧墙介质层会出现新的问题，所以利用三文治结构SiO$_2$/Si$_3$N$_4$/SiO$_2$代替SiO$_2$和Si$_3$N$_4$作为侧墙介质层，SiO$_2$/Si$_3$N$_4$/SiO$_2$也称为ONO（Oxide Nitride Oxide）结构。首先利用LPCVD淀积一层厚度大约200Å的SiO$_2$层作为Si$_3$N$_4$作应力的缓解层，然后淀积大约400Å的Si$_3$N$_4$层，最后再利用TEOS发生分解反应生成厚度大约1000Å的SiO$_2$层。利用各向异性的干法刻蚀刻蚀SiO$_2$停在Si$_3$N$_4$层，

再干法刻蚀刻蚀 Si_3N_4 停在 SiO_2 层。在 0.18μm 工艺制程需要利用三明治结构 $SiO_2/Si_3N_4/SiO_2$ 作为侧墙介质层的原因是厚度 1500Å 的 Si_3N_4 应力太大，Si_3N_4 应力会使器件产生应变，导致器件饱和电流降低，漏电流增大。为了降低 Si_3N_4 的应力，必须降低 Si_3N_4 的厚度。图 3-79 所示为 0.18μm 及以下工艺制程技术的隔离侧墙工艺示意图，其中图 3-79a 是淀积三明治结构 $SiO_2/Si_3N_4/SiO_2$；图 3-79b 是利用干法刻蚀形成侧墙。

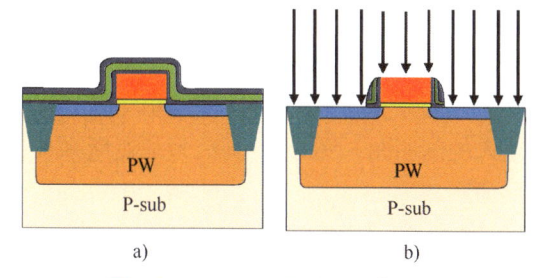

图 3-79　0.18μm 及以下工艺制程技术的隔离侧墙工艺示意图

对于特征尺寸是 90nm 及以下的工艺技术，栅极与漏极的寄生电容 C_{gd} 逐渐增大已经开始影响器件的速度，为了降低寄生电容 C_{gd}，必须增大栅极与漏极 LDD 结构的距离，所以要进行双重侧墙。首先是淀积大约 50Å 的 SiO_2 覆盖在多晶硅和衬底硅表面，然后淀积大约 150Å 的 Si_3N_4，利用各向异性的干法刻蚀刻蚀 Si_3N_4 停在 SiO_2 层形成第一重侧墙，再进行 LDD 离子注入。LDD 离子注入后再淀积三明治 ONO 结构 $SiO_2/Si_3N_4/SiO_2$ 作为第二重侧墙。对于第二重侧墙，首先利用 LPCVD 淀积一层厚度大约 150Å 的 SiO_2 层作为 Si_3N_4 作应力的缓解层，然后淀积大约 350Å 的 Si_3N_4 层，最后淀积大约 1000Å 的 SiO_2 层，利用各向异性的干法刻蚀刻蚀 SiO_2 停在 Si_3N_4 层，再干法刻蚀刻蚀 Si_3N_4 停在 SiO_2 层。图 3-80 所示为 90nm 及以下工艺制程技术的隔离侧墙工艺示意图，其中图 3-80a 是利用 LPCVD 淀积 SiO_2 和 Si_3N_4；图 3-80b 是利用干法刻蚀形成第一重侧墙；图 3-80c 是 LDD 离子注入；图 3-80d 是淀积三明治结构 $SiO_2/Si_3N_4/SiO_2$；图 3-80e 是利用干法刻蚀形成第二重侧墙。

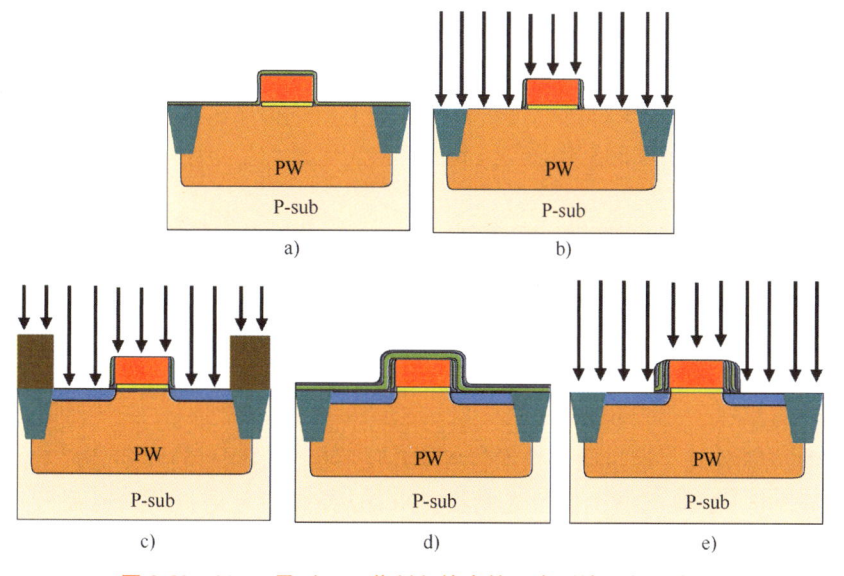

图 3-80　90nm 及以下工艺制程技术的隔离侧墙工艺示意图

3.4.4 轻掺杂漏离子注入和侧墙工艺技术的工程应用

关于亚微米和深亚微米的侧墙和 LDD 工艺流程的详细描述，可以参考第 4.1 节和第 4.3 节的 LDD 工艺和侧墙工艺。图 3-81 所示为亚微米及以上工艺技术完成 LDD、侧墙和源漏离子注入的剖面图。图 3-82 所示为深亚微米及以下工艺技术完成 LDD、侧墙和源漏离子注入的剖面图。

图 3-81　亚微米及以上工艺技术完成 LDD、侧墙和源漏离子注入的剖面图

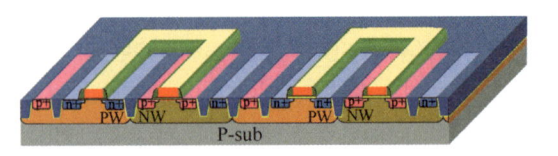

图 3-82　深亚微米及以下工艺技术完成 LDD、侧墙和源漏离子注入的剖面图

关于纳米级工艺的侧墙和 LDD 工艺流程，以 65nm 工艺技术为例介绍它们的工程应用。65nm 工艺技术流程采用两次侧墙结构工艺步骤。第一次是在 LDD 离子注入之前，为了减小栅极与源漏的有源区的交叠，从而减小它们之间的寄生电容。第二次是在 LDD 离子注入之后，是为了形成侧墙结构阻挡源漏重掺杂离子注入，形成 LDD 结构降低 HCI 效应。65nm 的侧墙和 LDD 工艺流程如下。

1）淀积 SiO_2 和 Si_3N_4 作为第一重侧墙。利用 LPCVD 淀积 SiO_2 和 Si_3N_4 层，第一层是厚度约 50Å 的二氧化硅层，它作为 Si_3N_4 刻蚀的停止层，另外它也可以作为缓冲层降低 Si_3N_4 对硅的应力。第二层是厚度约 150Å 的 Si_3N_4 层，它是侧墙结构的主体。侧墙结构是为了减小栅极与 PLDD 和 NLDD 的交叠，从而减小栅极与源漏的寄生电容。同时防止栅和源漏的接触通道之间发生漏电。图 3-83 所示为淀积 SiO_2 和 Si_3N_4 的剖面图。

2）侧墙干法刻蚀。利用干法刻蚀去除 Si_3N_4 层形成侧墙。因为在栅两边的氧化物在垂直方向较厚，在刻蚀同样厚度的情况下，拐角处留下一些不能被刻蚀的氧化物，因此形成侧墙。图 3-84 所示为侧墙刻蚀的剖面图。

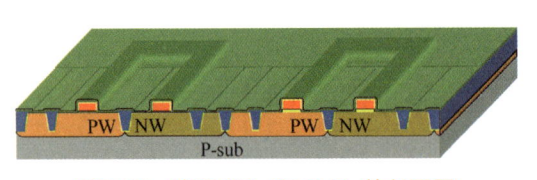

图 3-83　淀积 SiO_2 和 Si_3N_4 的剖面图

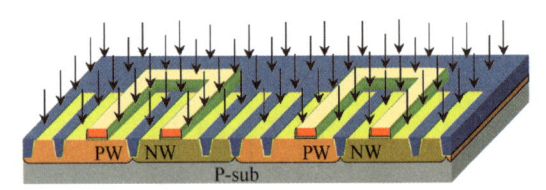

图 3-84　侧墙刻蚀的剖面图

3）NLDD 光刻处理。通过微影技术将 NLDD 掩膜版上的图形转移到晶圆上，形成 NLDD 的光刻胶图案，非 NLDD 区域上保留光刻胶。NLDD 掩膜版是通过逻辑运算得到的。AA 作为 NLDD 光刻曝光对准。图 3-85 所示为 NLDD 光刻的剖面图。图 3-86 所示为 NLDD 显影的剖面图。

图 3-85　NLDD 光刻的剖面图

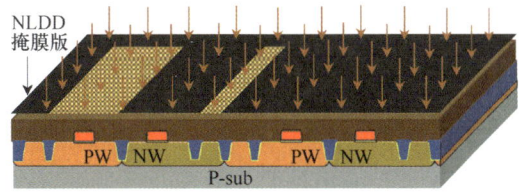

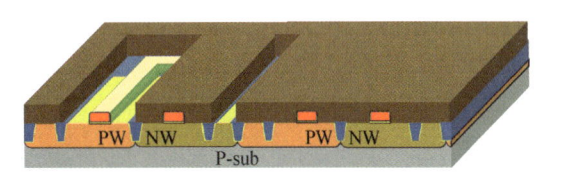

图 3-86　NLDD 显影剖面图

4）NLDD 离子注入。低能量、浅深度、低掺杂的砷离子注入，NLDD 可以有效地削弱低压 NMOS 的 HCI 效应，但是采用 NLDD 离子注入法的缺点是使制程变复杂，并且轻掺杂使源和漏串联电阻增大，导致 NMOS 的速度降低。图 3-87 所示为 NLDD 离子注入的剖面图。

NLDD 离子注入包括两道工序：

第一道工序是离子注入砷，离子注入的结深比较浅，能量比较低，主要是削弱 HCI 效应。

第二道工序是离子注入铟，离子注入的结深深一点，能量高一点，作为晕环/口袋离子注入。晶圆要调成 45°角，以及晶圆旋转四次。口袋离子注入的作用是防止低压 NMOS 源漏穿通。因为低压 NMOS 是短沟道器件，如果没有口袋离子注入，当器件工作在最大电压时，会发生源漏穿通。

5）去除光刻胶。干法刻蚀和湿法刻蚀去除光刻胶。图 3-88 所示为去除光刻胶的剖面图。

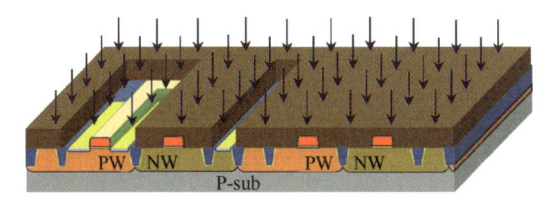

图 3-87　NLDD 离子注入的剖面图

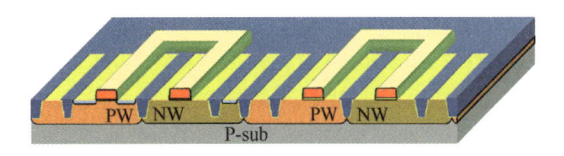

图 3-88　去除光刻胶的剖面图

6）PLDD 光刻处理。通过微影技术将 PLDD 掩膜版上的图形转移到晶圆上，形成 PLDD 的光刻胶图案，非 PLDD 区域上保留光刻胶。PLDD 掩膜版是通过逻辑运算得到的。AA 作为 PLDD 光刻曝光对准。图 3-89 所示为 PLDD 光刻的剖面图。图 3-90 所示为 PLDD 显影的剖面图。

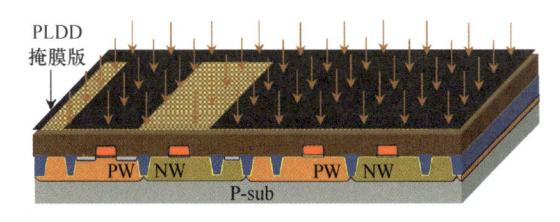

图 3-89　PLDD 光刻的剖面图

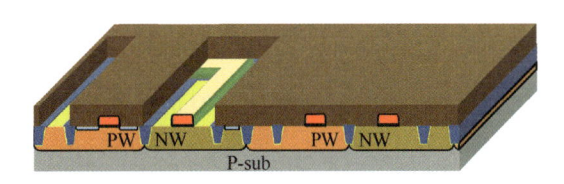

图 3-90　PLDD 显影剖面图

7) PLDD 离子注入。低能量、浅深度、低掺杂的离子注入。PLDD 可以有效地削弱低压 PMOS 的 HCI 效应，但是采用 PLDD 离子注入法会使源和漏串联电阻增大，导致低压 PMOS 速度降低。图 3-91 所示为 PLDD 离子注入的剖面图。

PLDD 离子注入包括两道工序：

第一道工序是离子注入 BF_2，离子注入的结深比较浅，能量比较低，主要是削弱 HCI 效应。

第二道工序是离子注入磷，离子注入的结深深一点，能量高一点，作为晕环/口袋离子注入，晶圆要调成 45°角，以及晶圆旋转四次。口袋离子注入的作用是防止低压 PMOS 源漏穿通。因为低压 PMOS 是短沟道器件，如果没有口袋离子注入，当器件工作在最大电压时，会发生源漏穿通。

8) 去除光刻胶。干法刻蚀和湿法刻蚀去除光刻胶。图 3-92 所示为去除光刻胶的剖面图。

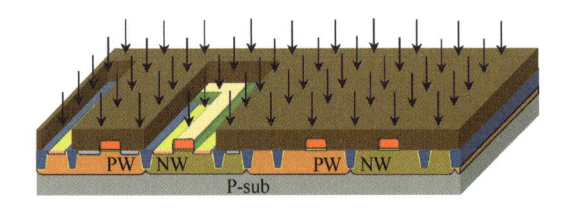

图 3-91　PLDD 离子注入的剖面图

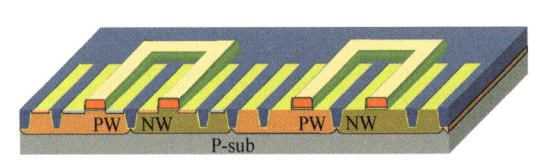

图 3-92　去除光刻胶的剖面图

9) NLDD1 光刻处理。通过微影技术将 NLDD1 掩膜版上的图形转移到晶圆上，形成 NLDD1 的光刻胶图案，非 NLDD1 区域上保留光刻胶。NLDD1 掩膜版是通过逻辑运算得到的。AA 作为 NLDD1 光刻曝光对准。图 3-93 所示为 NLDD1 光刻的剖面图。图 3-94 所示为 NLDD1 显影的剖面图。

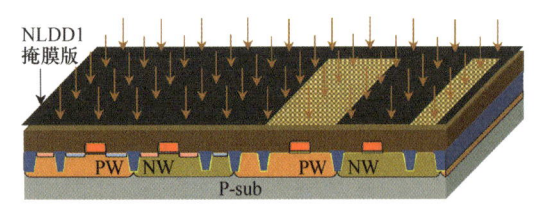

图 3-93　NLDD1 光刻的剖面图

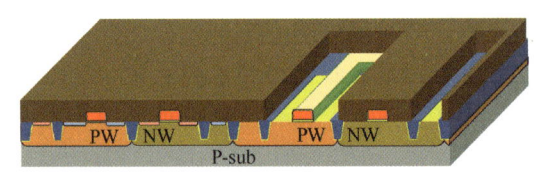

图 3-94　NLDD1 显影剖面图

10) NLDD1 离子注入。低能量、浅深度、低掺杂的砷离子注入，NLDD1 可以有效地削弱中压 NMOS 的 HCI 效应，但是采用 NLDD1 离子注入法的缺点使制程复杂，并且轻掺杂使源和漏串联电阻增大，导致中压 NMOS 的速度降低。NLDD1 只有一道离子注入，没有口袋离子注入。因为中压 NMOS 并不是短沟道器件，当器件工作在最大电压时，不会发生源漏穿通。图 3-95 所示为 NLDD1 离子注入的剖面图。

11）去除光刻胶。干法刻蚀和湿法刻蚀去除光刻胶。图 3-96 所示为去除光刻胶的剖面图。

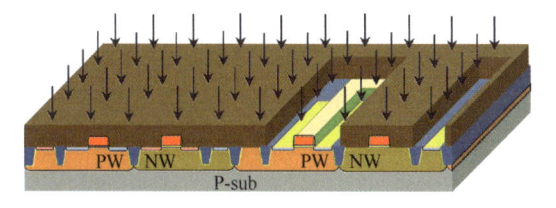

图 3-95　NLDD1 离子注入的剖面图

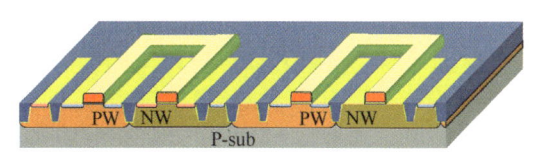

图 3-96　去除光刻胶的剖面图

12）PLDD1 光刻处理。通过微影技术将 PLDD1 掩膜版上的图形转移到晶圆上，形成 NLDD1 的光刻胶图案，非 PLDD1 区域上保留光刻胶。PLDD1 掩膜版是通过逻辑运算得到的。AA 作为 PLDD1 光刻曝光对准。图 3-97 所示为 PLDD1 光刻的剖面图。图 3-98 所示为 PLDD1 显影的剖面图。

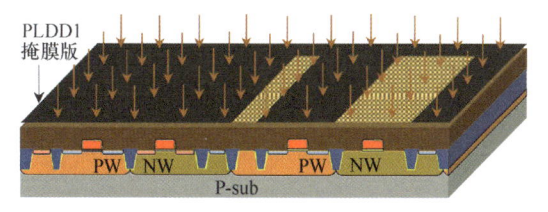

图 3-97　PLDD1 光刻的剖面图

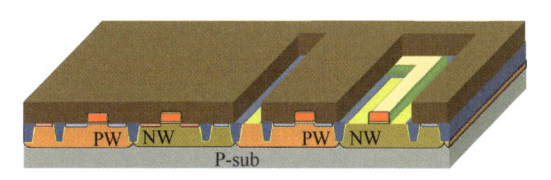

图 3-98　PLDD1 显影剖面图

13）PLDD1 离子注入。低能量、浅深度、低掺杂的 BF_2 离子注入。PLDD1 可以有效地削弱中压 PMOS 的 HCI 效应，但是采用 PLDD1 离子注入法会使源和漏串联电阻增大，导致中压 PMOS 速度降低。PLDD1 只有一道离子注入，没有口袋离子注入。因为中压 PMOS 并不是短沟道器件，当器件工作在最大电压时，不会发生源漏穿通。图 3-99 所示为 PLDD1 离子注入的剖面图。

14）去除光刻胶。干法刻蚀和湿法刻蚀去除光刻胶。图 3-100 所示为去除光刻胶的剖面图。

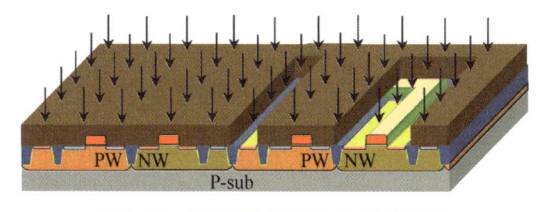

图 3-99　PLDD1 离子注入的剖面图

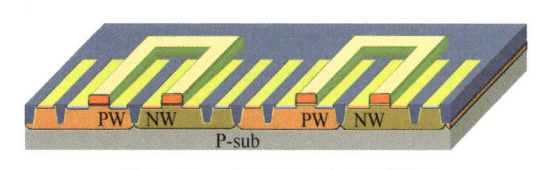

图 3-100　去除光刻胶的剖面图

15）清洗。将晶圆放入清洗槽中，清洗槽的溶液是一定比例的 NH_4OH、H_2O_2 和 H_2O，得到清洁的表面，防止表面的杂质在后序退火工艺中扩散到内部。

16）LDD 退火激活。利用快速热处理（RTP）在 950℃ 的 H_2 环境中，退火时间是 5s，目的是修复离子注入造成的硅表面晶体损伤，激活离子注入的杂质。

17）淀积三明治 ONO 结构 $SiO_2/Si_3N_4/SiO_2$ 作为第二重隔离侧墙。利用 LPCVD 淀积 ONO 层，第一层是厚度约 110Å 的二氧化硅层，它作为 Si_3N_4 刻蚀的停止层和应力的缓解层。第二层是厚度约 350Å 的 Si_3N_4 层。第二层是厚度约 1000Å 的 SiO_2 层，它是侧墙结构的主体。侧墙结构是为了形成轻掺杂的源漏扩展区，改善 HCI 效应，同时防止栅和源漏的接触通道之间发生漏电。图 3-101 所示为淀积 ONO 的剖面图。

18）侧墙干法刻蚀。利用干法刻蚀去除二氧化硅和 Si_3N_4，刻蚀停在底部的二氧化硅上。因为在栅两边的氧化物在垂直方向较厚，在刻蚀同样厚度的情况下，拐角处留下一些不能被蚀刻的氧化物，因此形成侧墙。图 3-102 所示为侧墙刻蚀的剖面图。

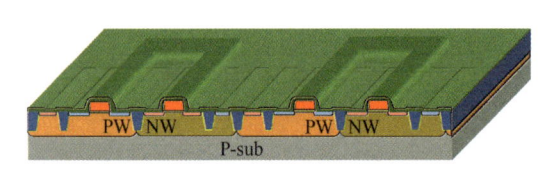

图 3-101　淀积 ONO 的剖面图

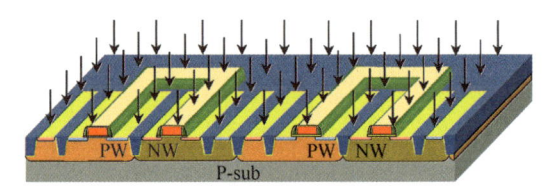

图 3-102　侧墙刻蚀的剖面图

3.5　金属硅化物技术

当半导体工艺的特征尺寸缩小到亚微米以下时，晶体管的栅、源和漏有源区的尺寸也会相应缩小，而它们的等效串联电阻会相应变大，从而影响电路的速度。首先引起半导体业界重视的多晶硅栅的等效串联电阻，多晶硅栅的电阻率比较高，虽然栅等效串联电阻不会损害电路的直流特性，但是它会影响器件的高频特性。在 CMOS 工艺制程中，多晶硅栅的厚度是 2.5~3kÅ，对于厚度为 3kÅ 的多晶硅栅，它的方块电阻高达 36Ω/□。对于一个宽度 W = 10μm 和沟道长度 L = 0.35μm 的器件，栅极的串联电阻是 1028.6Ω/□，器件栅极等效串联电阻会造成非常大的 RC 延时。为了降低多晶硅栅和有源区的方块电阻，金属硅化物（Silicide）工艺技术被开发出来并广泛应用在半导体工艺制程[7]。Silicide 是由金属和硅经过化学反应形成的一种金属化合物，其导电特性介于金属和硅之间。最先应用于半导体工艺制程的 Silicide 材料是多晶硅金属硅化物（Polycide），Polycide 是指仅仅在多晶硅栅上形成金属硅化物，源和漏有源区不会形成金属硅化物。业界利用多晶硅和 Polycide 的双层结构代替多晶硅栅，从而降低多晶硅的方块电阻。Polycide 的材料是硅化钨（WSi_2），对于厚度 1kÅ 的多晶硅和 1.5kÅ 的 Polycide 的双层结构的方块电阻大约是 3Ω/□。

当半导体工艺的特征尺寸缩小到深亚微米以下时，晶体管源和漏有源区的尺寸宽度不断缩小导致器件的有源区串联电阻不断增大，另外后段互连接触孔的尺寸也不断缩小，随着接触孔尺寸的不断缩小，单个接触孔的接触电阻也不断升高，对于 0.25μm 工艺技术平台的接触孔，它的尺寸达到 0.32μm 以下，单个接触孔的接触电阻已经升高到 200Ω 以上了。为了降低有源区的串联电阻和接触电阻，也需要在有源区上形成金属硅化物，该技术是利用金属（Ti、Co 和 NiPt 等）与直接接触的有源区和多晶硅栅的硅反应形成 Silicide，金属不会与接触的 SiO_2、Si_3N_4 和 SiON 等介质材料发生反应，所以 Silicide 能够很好地与有源区和多晶硅栅对准，把同时在有源区和多晶硅栅上形成 Silicide 的技术称为自对准金属硅化物（Self Aligned Silicide-Salicide）。

3.5.1 Polycide 工艺技术

Polycide 工艺技术是指在器件的栅极上形成金属硅化物薄膜，栅极由一定厚度的多晶硅薄膜和金属硅化物薄膜组成。Polycide 工艺技术仅仅会在多晶硅栅上形成金属硅化物减小栅极的电阻，而不会改变有源区的电阻。

Polycide 工艺技术主要应用在特征尺寸在亚微米的集成电路制造工艺。Polycide 工艺技术的工艺实现过程是首先通过 LPCVD 淀积多晶硅薄膜，然后再通过 LPCVD 在多晶硅上淀积金属硅化物 WSi_2 薄膜。WSi_2 反应的气体源是 SiH_2Cl_2 和 WF_6，反应的温度是 550℃，它的化学反应式是 $7SiH_2Cl_2+2WF_6=\!=\!=2WSi_2+3SiF_4+14HCl$[8]。$WSi_2$ 的热稳定性非常好，它的阻值并不会随着工艺温度而改变。

硅和金属硅化物存在相互扩散的问题，对于 Polycide 工艺技术，淀积的是 WSi_2 金属，多晶硅和 WSi_2 的相互扩散可以促使多晶硅和 WSi_2 更好的结合，并不会影响器件性能和栅极的电性。另外，Polycide 只淀积在 Poly 层上，多晶硅栅的掺杂类型不会影响 Polycide 的阻值，所以设计上不会区分 n 型或者 p 型多晶硅电阻。

为了更好地理解 Polycide 工艺技术，请参考 4.1 节亚微米工艺中 Polycide 的工艺步骤。图 3-103 所示为亚微米及以上工艺制程技术形成 Polycide 的剖面图。

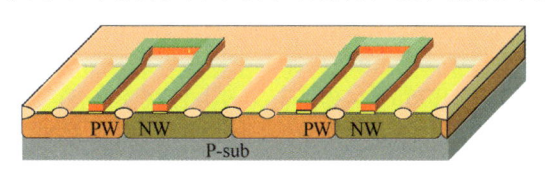

图 3-103　亚微米及以上工艺制程技术形成 Polycide 的剖面图

3.5.2 Salicide 工艺技术

Salicide 工艺技术是在标准的 CMOS 工艺技术的基础上增加硅金属化的相关工艺步骤，Salicide 工艺步骤是完成源和漏离子注入后进行的。形成 Salicide 的基本工艺步骤是首先利用物理气相淀积（Physical Vapor Deposition，PVD）在多晶硅栅和有源区上淀积一层金属（Ti、Co 和 NiPt 等）。然后进行两次快速热退火处理（RTA）以及一次选择性湿法刻蚀处理，最终在多晶硅表面和有源区表面形成 Salicide，金属硅化物包括 $TiSi_2$，$CoSi_2$ 和 NiPtSi 等薄膜。金属 Ti，Co 或 NiPt 不会跟介质材料反应形成金属硅化物，只会与直接接触的多晶硅和有源区反应形成金属硅化物。与 Polycide 不同的是 Salicide 工艺技术会在多晶硅和有源区同时形成 Salicide，降低它们的方块电阻和接触电阻，在设计上可以得到更小串联电阻，减小 RC 延时，提高电路的速度。

为什么需要两次 RTA 呢？以 Ti-Salicide 工艺为例，首先淀积一层 Ti 薄膜，然后再淀积一层 TiN 薄膜覆盖在 Ti 薄膜上，淀积 TiN 薄膜的目的是防止 Ti 在快速热退火处理时流动。第一次 RTA-1 的温度比较低，只有 450~650℃，Ti 只会与有源区或者多晶硅的硅反应形成高阻态的金属硅化物 Ti$_2$Si，它是体心斜方晶系结构，它是 C49 相[9]，Ti 不会和氧化硅反应生成金属硅化物，所以可以利用选择性湿法刻蚀去除表面的 TiN 薄膜和氧化硅上没有反应的 Ti 薄膜。第二次 RTA-2 温度很高，最低也要 750℃[10][11]，有的工艺平台要求高达 950℃[12]，RTA-2 可以将 C49 相的高阻态金属硅化物 Ti$_2$Si 转化为低阻的 C54 相金属硅化物 TiSi$_2$，C54 相是面心斜方晶系结构，它的热力学特性很好，非常稳定[9]。如果只通过一次 RTA 生成低阻的金属硅化物 TiSi$_2$，那么这个步骤的 RTA 的工艺温度会很高，在如此高温的环境下，硅可以沿着 TiSi$_2$ 的晶粒边界进行扩散，导致氧化硅边界上面的 TiSi$_2$ 过度生长，湿法刻蚀无法去除氧化物上的金属硅化物，而造成短路[13]。图 3-104 所示为经过两次不同温度的 RTA 工艺步骤，只在源、漏和栅上形成 Salicide。图 3-105 所示为只经过一次高温的 RTA，在 STI 和侧墙上也形成 Salicide，造成短路。

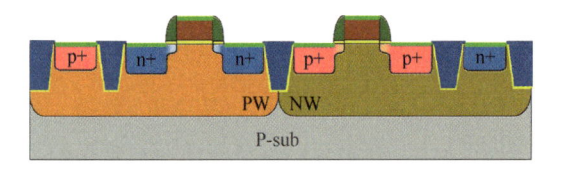

图 3-104　在源、漏和栅上形成 Salicide

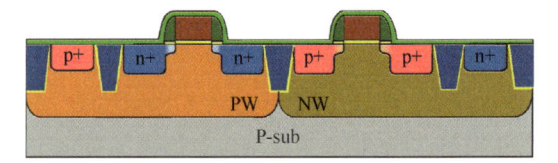

图 3-105　在 STI 和侧墙上形成 Salicide

图 3-106 所示为 Salicide 工艺技术中两次 RTA 工艺的温度相位图。第一次 RTA-1 使金属与硅反应形成相位 C49 的高阻态金属硅化物 Ti$_2$Si、Co$_2$Si 或者 Ni$_2$PtSi，它的反应温度小于 T_1，T_1(Ti)>T_1(Co)>T_1(NiPt)。然后用湿法刻蚀（刻蚀的酸是 NH$_4$OH 和 H$_2$O$_2$）去除氧化物上未反应的金属，防止桥连短路。第二次 RTA-2 需要更高的温度 T_2，把相位 C49 转化为 C54 的低阻金属硅化物生成 TiSi$_2$/CoSi$_2$/NiPtSi$_2$，T_2(Ti)>T_2(Co)>T_2(NiPt)。

Ti-Salicide 有一个致命的缺点，随着 Salicide 厚度的降低或者线宽的减小，Ti-Salicide 由 C49 相位转化为 C54 相位的临界温度 T_1 会升高，而 C54 相位发生团块化的临界温度 T_2 反而会降低，以至于会出现 T_1=T_2 的临界点，甚至会出现 T_2 小于 T_1 的情况，如图 3-107 所示。如果出现 T_2 小于 T_1 的情况，Ti-Salicide 出现 C49 相位后就会直接发生团块化，根本就不存在 C54 相位这个区间，也就是根本找不到降低金属硅化物电阻的工艺条件，所以只有大尺寸的工艺才会采用 Ti-Salicide 工艺技术，例如特征尺寸为 0.5~0.25μm 的工艺技术。而 Co-Salicide 可以有效避免这种直接发生团块化现象，所以特征尺寸为 0.18μm~65nm 的工艺技术都采用 Co-Salicide 工艺技术。另外由于特征尺寸为 65nm 以下的工艺技术需要特别考虑热量的问题，所以选择 NiPt-Salicide 工艺技术，因为 NiPt-Salicide 工艺技术的 RTA 工艺温度比 Co-Salicide 工艺低。

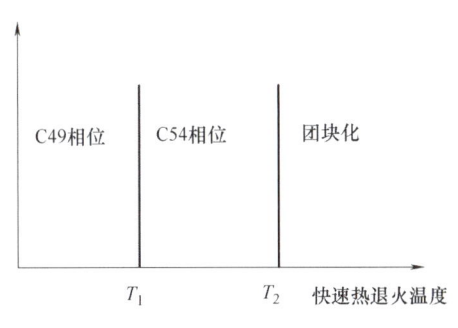

图 3-106　Salicide 工艺技术中两次 RTA 工艺的温度相位图

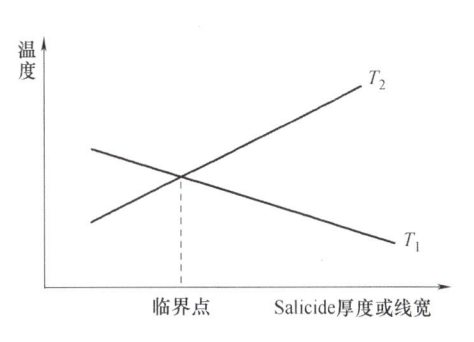

图 3-107　T_1 和 T_2 随 Salicide 厚度或线宽变化图

另外硅和金属还存在互扩散的问题，对于 Ti-Salicide 工艺技术，淀积的金属是 Ti，在形成硅化物的过程中，硅是主要扩散物，在边缘处可以参与反应的硅相对来说会少一点，所以边缘形成的金属硅化物的厚度就会相应变薄，那么边缘的薄层电阻就会相应变大，表现出来的特性就是金属硅化物的边缘的电阻较大。对于线宽为 0.18μm 以下的工艺技术，这种特性会非常严重。除了边界处金属硅化物电阻增大的问题，另外硅会扩散到金属上，引起的桥接问题。由于硅扩散到金属中的速度大于金属扩散到硅中的速度，所以金属硅化物不仅会在金属与硅的直接接触面形成，还会在氧化物上形成造成桥接，例如 STI 和侧墙上。虽然 STI 和侧墙上 Ti 金属并不与硅直接接触，当初始的硅金属化反应发生在纯 N_2 气氛中进行时，可以阻止硅化物在横向上的生长[14]。另外金属 Co 和 NiPt 可以有效地避免上述效应，这是 0.18μm~65nm 工艺技术选择用 Co 代替 Ti 的原因。

Co-Salicide 对线宽控制比 Ti-Salicide 好，RTA-1 的温度是 300~370℃，形成 C49 相位的金属硅化物 Co_2Si，当温度大约为 500℃时 Co_2Si 转化为 CoSi，然后在 700℃或者更高的温度下形成 C54 相位的金属硅化物 $CoSi_2$。在低温时 Co 是主要扩散物，Co 进入界面与硅反应，这样 Co_2Si 横向扩散比 Ti_2Si 的小，但是在高温时 CoSi 转化为 $CoSi_2$，硅是主要扩散物[15]。

掺杂类型会对 Salicide 的阻值产生影响，n 型区和 p 型区的方块电阻是不同。对于 n 型区，会形成较薄的金属硅化物，所以 n 型区的方块电阻较大，而 p 型区的情况相反，所以设计上要区分 n 型或者 p 型电阻。

另外杂质在 Salicide 中的扩散速度非常快，所以在多晶硅中的掺杂物容易进入金属硅化物层，而流窜至其他地方。多晶硅会因为掺杂物的流失而产生严重的空乏效应。对于 CMOS 工艺，则会有 p 型和 n 型掺杂物的相互污染，导致 MOS 管阈值电压的变化。

对于 65nm 以下的 Ni-Salicide，首先在低温下形成 Ni_2Si，随着温度升高再形成 NiSi。由于 NiSi 具有热不稳定性，当温度高于 400℃时最终形成稳定的化合物 $NiSi_2$[16]，在这个过程中 Ni 是主要扩散物，导致 $NiSi_2$ 深入衬底形成短路，会形成漏电问题，这种现象称为 NiSi 侵蚀衬底。为了改善该问题，在 Ni 靶材中加入 5%~10%的 Pt，也就是利用 NiPt 的合金靶材代替纯 Ni

靶材，最终形成 NiPt-Salicide。

3.5.3 SAB 工艺技术

Salicide 工艺技术是利用金属与多晶硅和有源区硅反应，同时在多晶硅栅和有源区形成金属硅化物，它是自对准的工艺。虽然金属硅化物可以降低电路的串联电阻，但是金属硅化物对于 ESD 器件和较高阻抗的电阻是有害的，为了得到相同的电阻阻值，金属硅化物电阻比非金属硅化物电阻需要更多的面积，形成金属硅化物的 ESD 器件会导致 ESD 电流在器件表面流动，烧毁 ESD 器件。图 3-108 所示为 ESD 电流沿低阻的金属硅化物表面流动，造成发热烧毁器件。图 3-109 所示为在没有金属硅化物的区域，当 ESD 电流沿有源区某个方向流动，造成该方向硅发热和电阻升高，ESD 电流会更倾向于流向电阻低的区域，所以 ESD 电流会沿有源区各个方向均匀地流动，从而达到保护器件的目的。

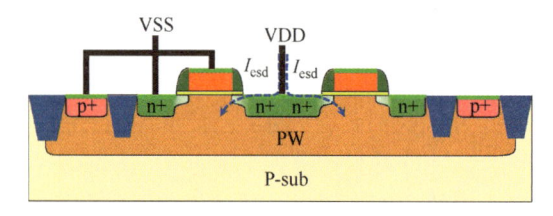

图 3-108　ESD 电流沿金属硅化物表面流动 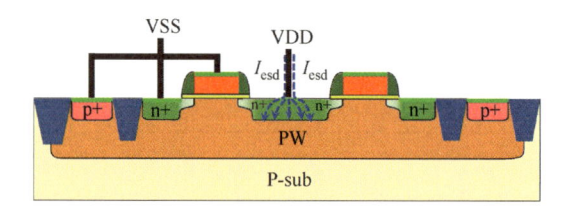　　图 3-109　ESD 电流沿有源区各个方向流动

为了得到高阻抗的有源区电阻、高阻抗的多晶硅电阻和高性能的 ESD 器件，需要形成较高阻抗的非金属硅化物区域，通常把这些较高阻抗的区域称为 Non-Salicide 区域，把这些没有形成金属硅化物的器件称为 Non-Salicide 器件。为了形成 Non-Salicide 器件，需要利用金属只会与多晶硅和有源区硅反应而不会与介质层反应的特点，在进行 Salicide 工艺流程前淀积一层介质层覆盖在 Non-Salicide 区域，防止这些区域形成 Salicide，这种为了形成 Non-Salicide 器件的技术称为自对准硅化物阻挡层技术（Self-Aligned Block，SAB），也可以称为电阻保护氧化层（Resist Protection Oxide，RPO）。SAB 薄膜的材料包括富硅氧化物 SRO（Silicon Rich Oxide）、SiO_2、SiON 和 Si_3N_4。其中，SRO 薄膜的硅含量比常规的氧化硅薄膜大，SRO 的制备与常规氧化硅大致相同，都可以通过 PECVD 淀积，气体源是 SiH_4、O_2 和 Ar。其中 SiH_4 和 O_2 的比率设置成高于形成常规氧化硅所用的比率，另外可以用 Si_2H_6 和 TEOS（四乙基硅烷）取代 SiH_4，也可以用 N_2O 或者 O_3 取代 O_2。淀积 SiON 的气体源是 SiH_4、N_2O 和 Ar，淀积 Si_3N_4 的气体源是 SiH_4、N_3H 和 Ar。

为了得到 Non-Salicide 器件，需要在传统的 CMOS 工艺流程中增加一道 SAB 工艺步骤。SAB 的工艺流程包括利用 PECVD 淀积硅化物例如 SRO 或者 SiO_2，还有 SAB 光刻处理（保留 Non-Salicide 区域光刻胶，去掉 Salicide 区域光刻胶），以及 SAB 刻蚀处理（去掉 Salicide 区域的氧化硅，为下一步形成 Salicide 做准备）。SAB 刻蚀处理包括干法刻蚀和湿法刻蚀。

为什么 SAB 刻蚀利用干法刻蚀和湿法刻蚀结合呢？因为干法刻蚀是利用带电离子浆轰

击的方式去除氧化硅，它既包括物理的轰击也包括化学反应的过程，如果直接用干法刻蚀完全去除氧化硅会损伤衬底硅，导致最终形成的 Salicide 电阻偏高。而湿法刻蚀是利用化学反应去除氧化硅，不存在物理轰击，所以不会损伤衬底。但是干法刻蚀是各向异性刻蚀，它的刻蚀方向是垂直向下，它能很好地控制尺寸，而湿法刻蚀是各向同性刻蚀，湿法刻蚀横向刻蚀比较严重，不能控制刻蚀的方向，最终刻蚀得到的尺寸会与设计的图形存在偏差，另外横向刻蚀还会渗透到栅氧里面导致漏电，器件失效。所以 SAB 刻蚀步骤需要干法刻蚀和湿法刻蚀结合。

3.5.4　SAB 和 Salicide 工艺技术的工程应用

SAB 和 Salicide 工艺技术一般用在深亚微米及其以下的工艺中，为了更好地理解 SAB 和 Salicide 工艺技术，下面以 65nm 形成 ESD 器件和 Non-Salicide 器件为例介绍它们的工程应用。

1）选取已经形成重掺杂源漏有源区的工艺流程为起点。图 3-110 所示为形成重掺杂源漏有源区的剖面图。

2）淀积 SAB。利用 PECVD 淀积一层 SiO_2，目的是形成 SiO_2 把不需要形成金属硅化物（Salicide）的有源区和多晶硅表面覆盖住，防止它们形成 Salicide。图 3-111 所示为淀积 SiO_2 的剖面图。

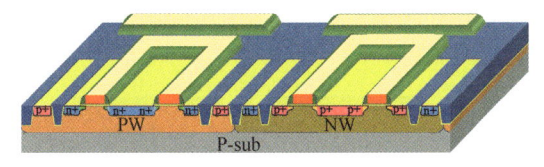

图 3-110　形成重掺杂源漏有源区的剖面图

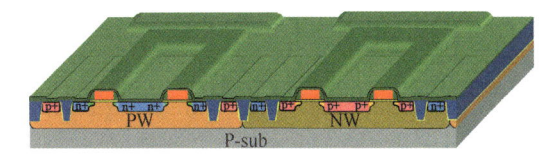

图 3-111　淀积 SiO_2 的剖面图

3）SAB 光刻处理。通过微影技术将 SAB 掩膜版上的图形转移到晶圆上，形成 SAB 的光刻胶图案，非 SAB 区域上保留光刻胶。图 3-112 所示为 SAB 光刻的剖面图。图 3-113 所示为 SAB 显影的剖面图。

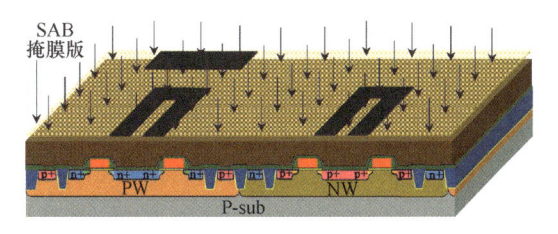

图 3-112　SAB 光刻的剖面图

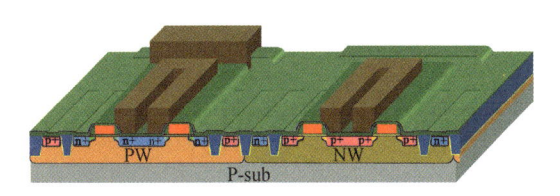

图 3-113　SAB 显影的剖面图

4）SAB 刻蚀处理。干法刻蚀和湿法刻蚀结合，把没有被光刻胶覆盖的 SiO_2 清除，裸露出需要形成 Salicide 的有源区和多晶硅，为下一步形成 Salicide 做准备。图 3-114 所示为 SAB 刻蚀的剖面图。

5）去除光刻胶。利用干法刻蚀和湿法刻蚀去除光刻胶。图 3-115 所示为去除光刻胶的剖面图。

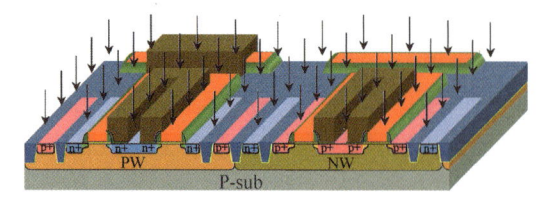

图 3-114　SAB 刻蚀的剖面图

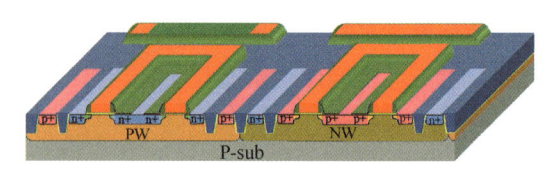

图 3-115　去除光刻胶的剖面图

6）清洗自然氧化层。利用化学溶液 NH_4OH 和 HF 清除自然氧化层，因为后面一道工艺是淀积 NiPt，把硅表面的氧化物清除的更干净，使 NiPt 跟衬底硅和多晶硅的清洁表面接触，更易的形成金属硅化物，所以淀积 NiPt 前再过一道酸槽清除自然氧化层。

7）淀积 NiPt 和 TiN。利用 PVD 溅射工艺淀积一层厚度约 100Å 的 NiPt 和厚度约 250Å 的 TiN，TiN 的作用是防止 NiPt 在 RTA 阶段流动导致金属硅化物厚度不一，电阻值局部不均匀。图 3-116 所示为淀积 NiPt 和 TiN 的剖面图。

8）第一步 Salicide RTA-1。在高温约 200~300℃ 的环境下，通入 N_2 使 NiPt 与有源区和多晶硅反应生成高阻的金属硅化物 Ni_2PtSi。

9）NiPt 和 TiN 选择性刻蚀。利用湿法刻蚀清除 TiN 和没有与硅反应的 NiPt，防止它们桥连造成电路短路。图 3-117 所示为选择性刻蚀的剖面图。

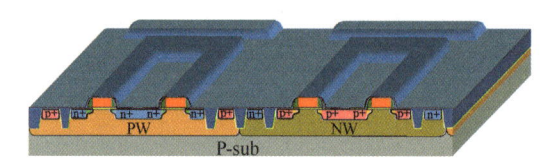

图 3-116　淀积 NiPt 和 TiN 的剖面图

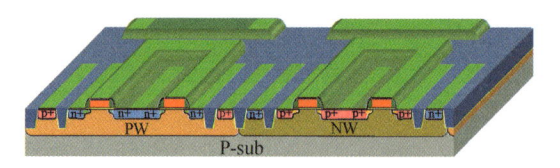

图 3-117　选择性刻蚀的剖面图

10）第二步 Salicide RTA-2。在高温约 400~450℃ 的环境下，通入 N_2 把高阻态的 Ni_2PtSi 转化为低阻态的 $NiPtSi_2$。

3.6　静电放电离子注入技术

随着半导体工艺特征尺寸的不断按比例缩小，为了不断改善器件的性能，许多先进工艺技术被开发出来，并应用于实际集成电路工艺制程中，例如 LDD 工艺技术和 Salicide 工艺技术。另外，栅氧化层厚度也在不断降低。图 3-118 所示为先进工艺技术平台器件结构的示意图。

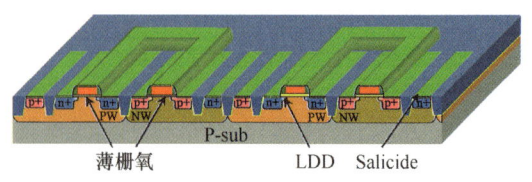

图 3-118　先进工艺技术平台器件结构的示意图

1) LDD 工艺技术是为了改善器件的 HCI 效应，但是 LDD 结构结深很浅，在深亚微米技术中，LDD 结构结深只有 0.02μm，源和漏极的 LDD 结构相当于两个"尖端"。如果把这种具有 LDD 结构的器件用于设计输出缓冲级电路，静电放电（Electro Static Discharge，ESD）很容易通过"尖端放电"击毁它们。

2) Salicide 工艺技术是为了改善有源区的串联电阻和接触电阻，Salicide 工艺技术可以在有源区和多晶硅表面形成低阻的 Salicide 薄膜。如果发生 ESD 现象，ESD 电流会首先沿着低阻的 Salicide 薄膜流动，ESD 的大电流会造成 Salicide 金属表层发热直接烧毁器件。

3) 栅氧化层厚度不断降低是为了降低器件的阈值电压和工作电压，从而降低功耗，但是随着栅氧化层厚度的不断降低，它的击穿电压也不断降低，它更容易被 ESD 损伤，因为很小的 ESD 电压就可以击穿栅氧化层[17]。

为了改善因为引入先进工艺技术导致输入输出电路 ESD 防护能力下降的问题，工艺上发展出静电放电离子注入（ESD Implant，ESD IMP）工艺技术，同时也会把 SAB 工艺技术应用在输入输出电路的器件中，通常把为了提高 ESD 性能而特别设计的器件称为 ESD 器件。

SAB 工艺技术是为了避免 ESD 器件的漏极有源区形成低阻的金属硅化物，从而防止 ESD 电流沿有源区表面金属流动，以及防止 ESD 电流首先传导到 LDD 结构或者漏极与栅氧化层的界面，达到保护 LDD 结构和栅氧化层，最终改善 ESD 防护能力的目的。ESD IMP 工艺技术是通过离子注入的方式改变 ESD NMOS 的 LDD 结构或者只改变漏极接触孔正下方 pn 结界面的击穿电压，使漏极接触孔正下方界面的 pn 结击穿电压比 LDD 尖端的击穿电压低，达到保护 LDD 尖端的目的，从而改善 ESD NMOS 的 ESD 性能，提高芯片抵御 ESD 的能力。

3.6.1 静电放电离子注入技术

ESD IMP 工艺技术是在标准 CMOS 工艺流程中增加一道 ESD IMP 工序，ESD IMP 需要一层额外的掩膜版。ESD NMOS 是利用自身寄生的 BJT NPN 开启进行 ESD 静电放电，因为寄生 BJT NPN 的 ESD 放电能力很强。对于 ESD PMOS，它的寄生 BJT PNP 的性能是比较差，在 ESD 保护电路中通常是依靠它的寄生 p 型二极管正向导通进行 ESD 静电放电，所以并没有特别针对 ESD PMOS 的 ESD IMP 工艺技术。ESD IMP 工艺技术有两种类型，一种是 n 型 N-ESD IMP，另外一种是 p 型 P-ESD IMP，它们都是只针对 ESD NMOS 的工艺技术。

1. n 型 N-ESD IMP 工艺技术

n 型 N-ESD IMP 工艺技术应用于 0.35μm 以上技术的 5V 器件。n 型的 N-ESD IMP 工艺流程是在 LDD 离子注入后增加一道 N-ESD IMP 工序，目的是通过离子注入增大 ESD NMOS 的 LDD 结构结深，所以 n 型 ESD IMP 的 ESD NMOS 不再具有 LDD 结构尖端放电的特点，从而提高 ESD NMOS 的 ESD 性能[18]。图 3-119 所示为 n 型 ESD IMP 的工艺示意图，图 3-119a 是完成 LDD 离子注入的剖面图，LDD 的结深很小，图 3-119b 是进行 n 型 N-ESD IMP，增加 LDD 的结深。利用 n 型 N-ESD IMP 工艺技术可以在同一 CMOS 工艺中设计出两种不同的 NMOS，一种是具有 LDD 结构的 NMOS 是供内部电路使用，另一种不具有 LDD 结构的 N-ESD NMOS 是供输入输出电路使用，两种器件结构的对比如图 3-120 所示。

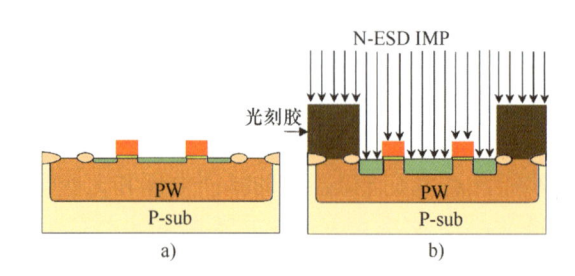

图 3-119　n 型 ESD IMP 的工艺示意图

a) 传统的 NMOS　　　　b) n 型 N-ESD IMP 器件结构示意图

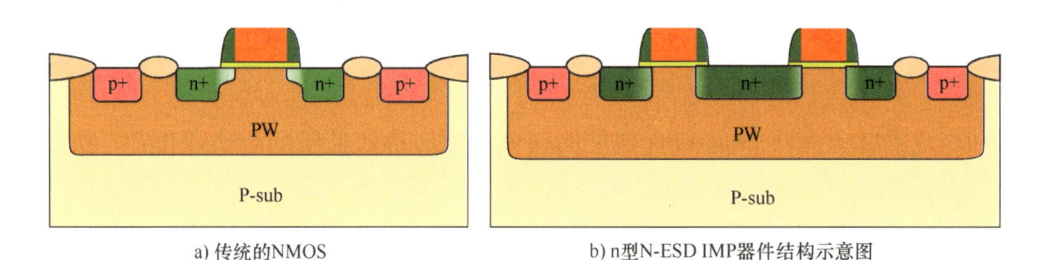

图 3-120　传统 NMOS 器件和 n 型 N-ESD IMP 器件的对比

利用 n 型 N-ESD IMP 工艺技术制造出来的 ESD NMOS 拥有较深的 LDD 结深，并且它的横向扩散较严重，这导致利用 n 型 N-ESD IMP 工艺技术制造的 ESD NMOS 不能用于电压小于 5V 的短沟道器件。ESD NMOS 的电特性与传统的 NMOS 的电特性是不同的，通常 ESD NMOS 的电流驱动能力是降低的，它的面积比较大、导通等效电阻 R_{on} 和寄生的电容也较大，ESD NMOS 是通过牺牲器件的性能来提高器件的 ESD 防护能力。晶圆厂通常不会提取 ESD NMOS 的模型参数，否则需要花费额外的成本去提取这些参数。虽然 ESD NMOS 的电特性变差，但是它的 ESD 防护能力很强，输入输出电路都要用 ESD NMOS 进行 ESD 保护。

2. p 型 P-ESD IMP 工艺技术

p 型 P-ESD IMP 工艺技术应用于 0.35μm 及以下技术平台的器件。P-ESD IMP 工艺技术是在源漏离子注入后增加一道 P-ESD IMP 工艺步骤，P-ESD IMP 的目的是把中等浓度的硼离子通过离子注入掺杂到 ESD NMOS 漏极有源区正下方与 PW 的界面，降低该界面 pn 结的击穿电压，使它的击穿电压比 LDD 尖端的击穿电压低，达到保护 LDD 尖端的目的，同时也降低 ESD NMOS 的骤回电压 V_{t1}，使 ESD NMOS 寄生 BJT NPN 在更低的电压就开启进行 ESD 静电放电，改善 ESD NMOS 的 ESD 性能，提高芯片抵御 ESD 的能力[19]。图 3-121 所示为 p 型 P-ESD IMP 的工艺示意图，图 3-121a 是完成重掺杂源漏有源区离子注入后的剖面图，图 3-121b 是进行 p

型 P-ESD IMP，在有源区的正下方形成中等掺杂的 pn 结。例如在 0.18μm CMOS 工艺中，通过 P-ESD IMP 工艺技术可把原来约 10V 的 pn 结击穿电压降低到约 8V。当 ESD 现象发生在该 NMOS 的漏极时，漏极接触孔正下方的 pn 结首先击穿，静电放电电流便会先由该 pn 结界面泄放掉，因此该 NMOS 漏极的 LDD 结构不会因静电尖端放电而损伤，达到提高它的 ESD 保护能力。图 3-122 所示为传统 NMOS 和 p 型 P-ESD IMP 器件结构示意图。

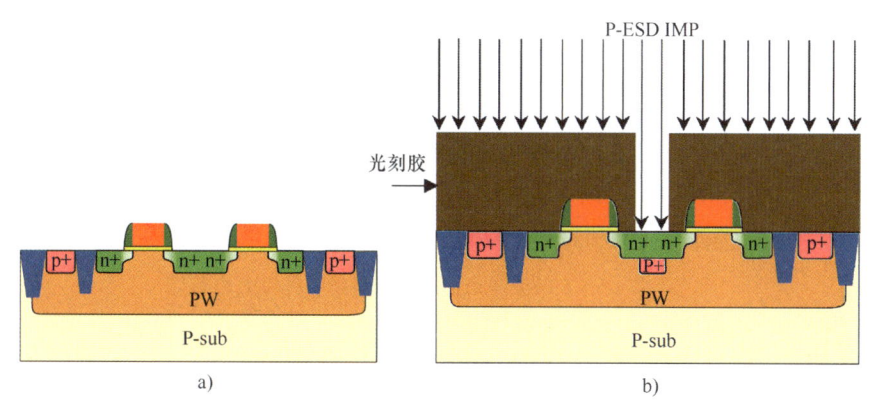

图 3-121　p 型 P-ESD IMP 的工艺示意图

另外，利用 p 型的 P-ESD IMP 工艺技术制造的 ESD NMOS 仍可保留 LDD 结构，因此该 ESD NMOS 器件仍可使用较短沟道长度，它的模型参数与传统的 NMOS 器件类似，除了击穿电压不同之外，不必另外抽取这种 ESD NMOS 器件的模型参数。p 型 P-ESD IMP 也可以用作二极管和厚场氧

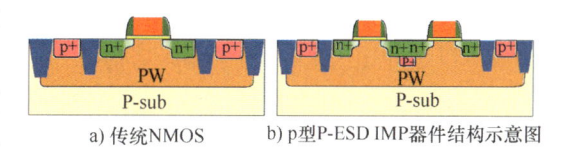

图 3-122　传统 NMOS 和 p 型 P-ESD IMP 器件结构示意图

MOS 管的离子注入，降低它们的击穿电压，从而增强它们的 ESD 保护能力[20]。无论是 n 型还是 p 型 ESD IMP，它们的目的都是增强 NMOS 的 ESD 保护能力[21]。

为了更好地理解 P-ESD IMP 的作用，以 ESD GGNMOS（Gate Ground NMOS）为例，如图 3-123 所示，是 ESD GGNMOS 的器件剖面图和等效电路图，VSS 是接地管脚，VDD 是接电源管脚。它的栅、源和衬底接触都接 VSS 管脚，漏极接 VDD 管脚，漏极的正下方是 P-ESD IMP 形成中等掺杂的 p 型区域。GGNMOS 自身存在一个寄生的 BJT NPN，当 ESD 发生在 VDD 管脚时，VSS 管脚接地，漏极的电压瞬间升高，首先是漏极有源区正下方与 PW 之间的 pn 结产生雪崩击穿，因为该区域存在 P-ESD IMP 中等掺杂的 p 型区域，界面的 pn 结击穿电压最低。漏极雪崩击穿产生电子空穴对，空穴被衬底收集形成电流 I_{pw}，电流 I_{pw} 流过 PW 的寄生电阻 R_p，从而造成 PW 的电压 V_b 升高，当电压 $V_b = I_{pw}R_p > 0.6V$ 时，源极的有源区与 PW 之间的 pn 结正偏，也就是 NPN 的发射结正偏，这时 NPN 开启导通形成低阻通路，进行 ESD 放电，从而保护 LDD 结构，防止尖端放电击毁器件。

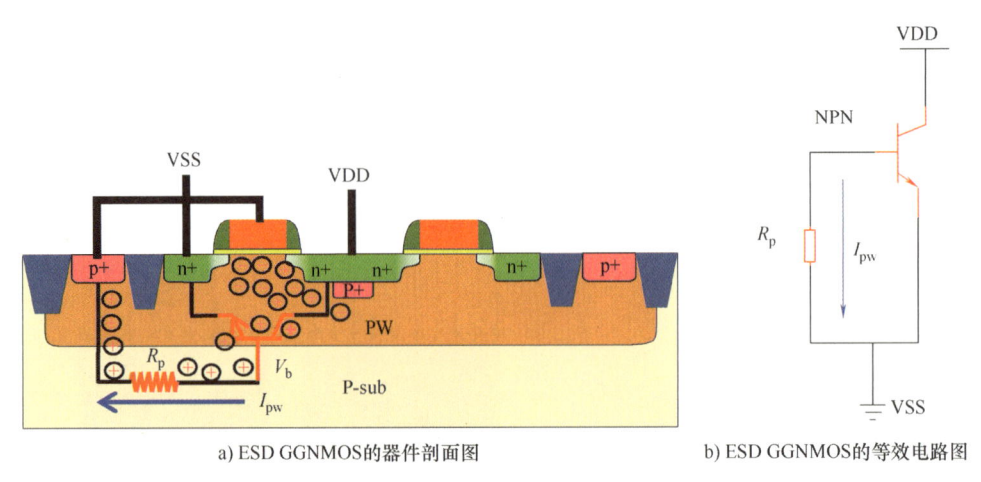

a) ESD GGNMOS 的器件剖面图　　　　　　　b) ESD GGNMOS 的等效电路图

图 3-123　ESD GGNMOS 的器件剖面图和等效电路图

3.6.2　静电放电离子注入技术的工程应用

下面介绍一下 ESD 器件和 p 型 P-ESD IMP 的工艺过程。ESD NMOS 和 ESD PMOS 组成缓冲输出电路具有 ESD 保护作用，因为它要连接输入输出信号，需要抵御各种形式的 ESD 现象，所以缓冲输出电路采用 ESD 结构。

1）选用已经完成源漏离子注入工艺的实际工艺为起点。图 3-124 所示为器件剖面图。

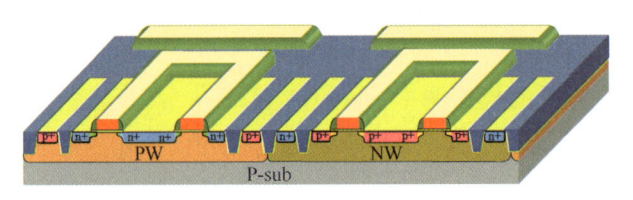

图 3-124　完成源漏离子注入工艺的器件剖面图

2）P-ESD IMP 光刻处理。通过微影技术将掩膜板上的图形转移到晶圆光刻胶上，形成 P-ESD IMP 的光刻胶图形，非 P-ESD IMP 区域上保留光刻胶。图 3-125 所示为 P-ESD IMP 光刻的剖面图。图 3-126 所示为 P-ESD IMP 显影的剖面图。

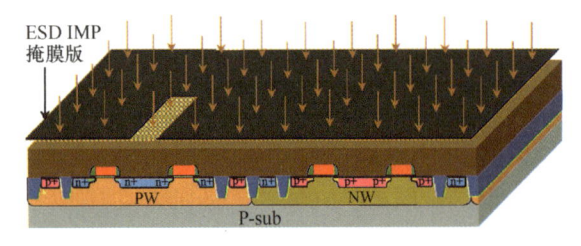

图 3-125　P-ESD IMP 光刻的剖面图 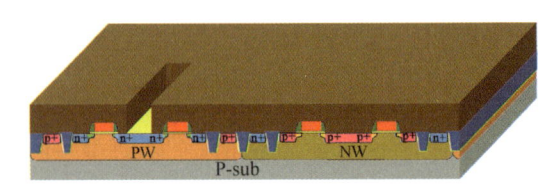　　　　　　图 3-126　P-ESD IMP 显影的剖面图

3) p型 P-ESD IMP 离子注入。利用离子注入技术注入硼离子，离子注入的深度是 ESD NMOS 漏极有源区与 PW 界面，在该 pn 结界面形成中等掺杂的 p 型区，目的是降低该界面的击穿电压。图 3-127 所示为 P-ESD IMP 的剖面图。

4) 去除光刻胶。利用干法刻蚀和湿法刻蚀去除光刻胶。图 3-128 所示为去除光刻胶后的剖面图。

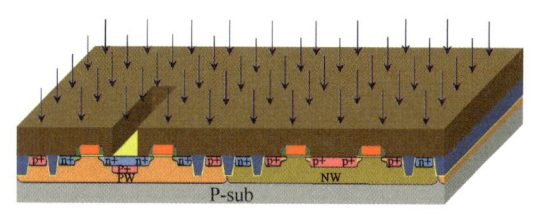

图 3-127　P-ESD IMP 的剖面图

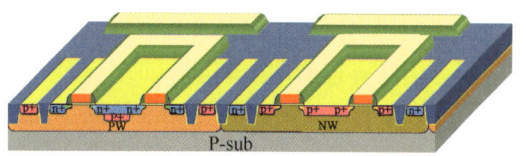

图 3-128　去除光刻胶后的剖面图

3.7　金属互连技术

金属互连是指通过金属导电材料形成连线将不同的器件连接起来形成电路，同时也可以把外部的电信号传输到芯片内部不同的部位，从而形成具有一定功能的芯片。金属互连技术必须考虑互连材料的电阻率、淀积工艺的台阶覆盖率和表面平整度、电迁移和应力等。用电阻率低的材料做互连可以降低芯片的损耗和 RC 延时，提高芯片的速度。金属抵御电迁移的能力会影响芯片的可靠性，应力系数小的金属材料可以比较好地粘附到氧化物隔离层。

由于金属钨、铝和铜的电阻率非常低，钨的电阻率是 $8\mu\Omega\cdot cm$、铝的电阻率是 $2.65\mu\Omega\cdot cm$ 和铜的电阻率是 $1.678\mu\Omega\cdot cm$，它们作为金属互连材料并被广泛应用到半导体制造后段互连工艺。虽然铜的电阻率最低，但是铜存在扩散和刻蚀困难等问题，这些问题严重影响了铜的应用和推广，20 世纪 60 到 70 年代，早期的集成电路制造技术只把铝作为互连材料和通孔填充材料。随着集成电路的器件尺寸不断缩小，集成电路的密度不断增加，互连线的线宽和通孔接触的尺寸越来越小，到了 20 世纪 80 年代，利用 PVD 铝填充小尺寸的接触孔，已不能满足工艺技术的要求，它会产生空隙和空洞影响集成电路的可靠性。而 CVD 钨具有非常好的台阶覆盖率，钨作为通孔填充材料被引进到亚微米及以下的集成电路制造工艺中。20 世纪 90 年代，集成电路后端的 RC 延时严重影响了集成电路的性能，半导体业界迫切需要通过降低金属互连材料的电阻率和低 K 介质隔离材料来降低集成电路 RC 延时，随着 CMP 工艺技术的出现，利用大马士革结构、铜电镀和 CMP 技术已经可以克服铜难以刻蚀的技术难题，铜作为互连材料被广泛应用于 $0.13\mu m$ 及以下的工艺制程。

根据金属互连线的结构特点，可以把它分为三大类：

第一类是金属接触孔和通孔填充材料；
第二类是金属互连线材料；
第三类是金属阻挡层。

3.7.1 接触孔和通孔金属填充

接触孔（Contact）是指芯片内器件与第一层金属之间的连接通道，通过接触孔和金属层可以实现不同器件之间的连接。通孔（via）是指相邻金属层之间的连接通道，通过通孔可以实现相邻金属层之间的连接。

因为铝具有很低的电阻率，而且淀积工艺简单，它是最早应用于接触孔和通孔填充的材料。图 3-129 所示为铝接触孔和通孔的剖面图。但是淀积铝的蒸发或者溅射工艺不能形成良好的台阶覆盖率，当 CMOS 工艺技术发展到亚微米，特别是到了 0.5μm 及以下的工艺技术时，接触孔的直径缩小到 0.5μm，而接触孔金属化填充工艺需要填充深高比大于 1∶1 的接触孔和通孔，并且要形成良好的台阶覆盖率，防止形成空洞，然而铝的蒸发或者溅射工艺并不能很好地满足工艺制程的要求，它会产生空隙和空洞。图 3-130 所示为铝产生空洞问题示意图。

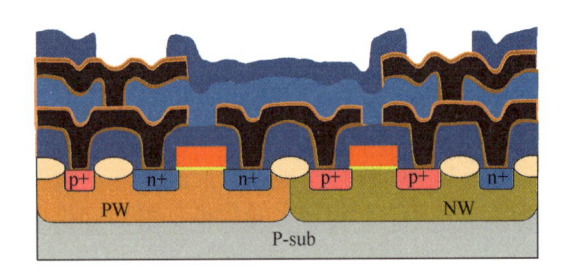

图 3-129　铝接触孔和通孔的剖面图

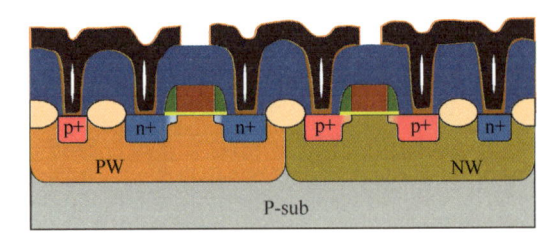

图 3-130　铝产生空洞问题

钨是利用 CVD 淀积的，它具有极强的填充高深宽比通孔的能力，并且台阶覆盖率非常好。钨开始在亚微米工艺作为接触孔和通孔的填充材料取代铝。淀积钨的工艺技术是 WCVD，它的淀积过程分两个步骤，第一步是利用 WF_6 与 SiH_4 在 400℃ 的条件下淀积一层均匀的钨成核层附着在侧壁和底面，第二步是利用 WF_6 与 H_2 在 400℃ 的条件下沿着钨成核层淀积大量的钨[22]。因为通过 CVD 技术淀积钨时，钨材料的生长是各向同性等比例，它可以有效地防止空洞现象和很好地填充通孔。图 3-131 所示为钨接触孔和通孔的剖面图。

对于 0.13μm 及以下的工艺技术，为了降低 RC 延时，利用低阻的铜作为填充通孔和互连线的材料。但是铜在硅中扩散很快，为了有效地隔离硅和铜，所以填充接触孔的材料依然是钨。图 3-132 所示为铜互连的剖面图。

3.7.2 铝金属互连

铝作为集成电路制造的互连材料，是早期应用最广泛的金属。因为金和银的价格比铝高，铜和银在硅和二氧化硅中的扩散率很高，并且铜难以用干法或者湿法刻蚀形成互连线图案，这些都限制了金、银和铜在集成电路制造中的应用。

图 3-131 钨接触孔和通孔的剖面图

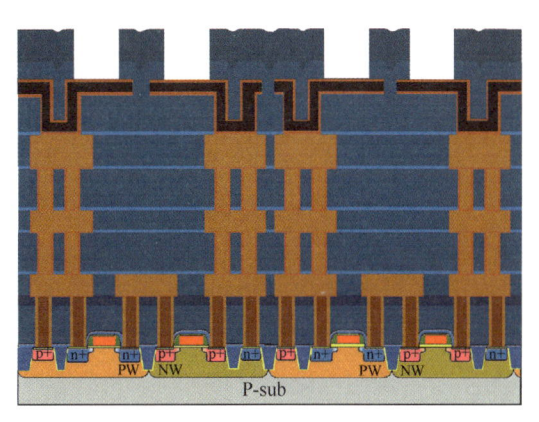

图 3-132 铜互连的剖面图

铝作为集成电路制造的互连材料具有几方面的优点：第一点是铝能够很容易附着在氧化硅上，因为铝能与氧化硅反应形成氧化铝界面，使铝附着在氧化硅上[23]。第二点是铝成本低廉，电阻率较低。第三点是刻蚀铝的工艺简单，可以通过干法或者湿法刻蚀形成铝互连线。第四点是淀积铝的工艺简单，可以通过 CVD 和 PVD 的方式淀积铝薄膜，利用 PVD 方式淀积的铝薄膜质量会更好，并且电阻率会更低。

淀积铝的 PVD 类型包括真空蒸发、电子束加热、RF 溅射、磁控溅射和离子化的金属等离子体溅射。其中常用的淀积铝薄膜的技术是 RF 溅射、磁控溅射和离子化的金属等离子体溅射。

用纯铝做互连金属材料会产生两个问题：第一个是"铝穿刺"问题；第二个是电迁移问题。

"铝穿刺"是指纯铝与硅会产生相互扩散，铝会穿透有源区进入衬底，导致有源区与衬底发生穿通的现象。图 3-133 所示为"铝穿刺"的示意图。为了在有源区接触孔形成合金接触，淀积铝金属填充接触孔后，需要进行低温退火形成欧姆接触，欧姆接触具有较低的电阻。在形成欧姆接触的过程中，纯铝与有源区的硅直接接触，有源区的硅会向铝金属中扩散并溶解到铝中，并在有源区形成空洞，铝会填充空洞形成铝金属锥，在 450℃时硅在纯铝的溶解度是 0.5%，500℃时硅在纯铝的溶解度是 1%。

可以有两种方法改善"铝穿刺"问题：第一种方法是利用含 1%硅的铝合金材料代替纯铝材料防止硅向铝金属中扩散溶解而产生"铝穿刺"问题，因为硅在铝中的饱和溶解度大约是 1%；第二种方法是淀积金属铝前先预淀积一层金属层（Ti 和 TiN）作为阻挡层，隔离铝金属与硅，防止硅向铝金属中扩散溶解而产生"铝穿刺"问题，图 3-134 所示为预淀积阻挡层的示意图。

电迁移是指电流流过铝互连线时，电子与铝原子发生碰撞，电子的动量会转移到铝原子，引起铝原子在电流的方向上发生移动而产生金属原子堆积，形成小丘导致互连线开路或

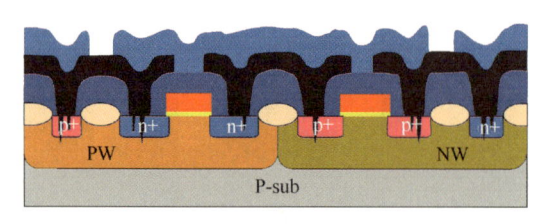

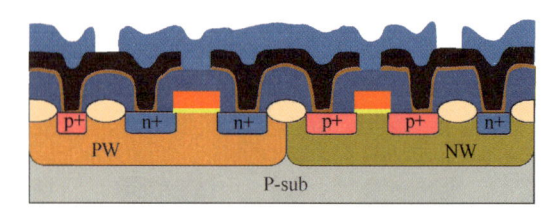

图 3-133 "铝穿刺"示意图　　　　图 3-134 预淀积阻挡层的示意图

者短路。金属铝是一种多晶材料，它由许多小的金属单晶颗粒组成，金属单晶颗粒又由金属原子组成。当电流流过铝互连线时，电子流不断沿着单晶纹理碰撞单晶颗粒和金属原子，在这个过程中电子把动量传递给单晶颗粒和金属原子，一些较小的单晶颗粒和金属原子开始松动并沿着纹理向电流的方向移动，它们会产生位移，形成空隙从而破坏铝互连线，在铝互连线损坏的区域，电子流会更加集中，电流密度会更高，这样反而加剧电子流轰击单晶颗粒以及金属原子，导致更多的单晶颗粒和金属原子位移，最终迫使铝互连线形成开路。单晶颗粒和金属原子消耗的区域形成开路，单晶颗粒和金属原子堆积的区域形成小丘，如果表面凸出的小丘足够高大，会造成相邻的金属互连线或者上下层金属线短路。图 3-135 所示为铝互连线电迁移的示意图。铝互连线的电迁移问题严重影响了集成电路的可靠性，电迁移会使最初能正常工作的电路受损，最终导致芯片失效。

可以有两种方法改善电迁移问题。第一种方法是利用铝铜合金代替纯铝材料做互连金属材料来改善电迁移。因为铜原子比铝原子重，它可以有效地抑制铝单晶颗粒移动，从而达到改善铝金属互连线电迁移的问题。铜的浓度越高，铝铜合金抵御电迁移的能力越强。然而高的铜浓度会使金属刻蚀过程变得困难，因为铝铜合金的刻蚀气体的主要成分是氯，金属刻蚀过程中铜的刻蚀副产物是氯化铜，但是氯化铜的挥发性很低，会形成残留物影响良率。第二种方法是利用三明治结构（TiN/Al/TiN）改善电迁移，上下覆盖层 TiN 可以防止铝金属堆积小丘。

亚微米和深亚微米技术铝互连线的实现过程是首选淀积下表面阻挡层钛和氮化钛，然后淀积含铜 0.5%~4%的铝铜合金，再淀积表面阻挡层氮化钛，最后通过光刻和刻蚀形成铝互连线。图 3-136 所示为铝互连线工艺过程的示意图，其中图 3-136a 是未淀积金属前；图 3-136b 是淀积 Ti 和 TiN；图 3-136c 是淀积 AlCu 合金；图 3-136d 是淀积 TiN；图 3-136e 是金属层光刻；图 3-136f 是金属层刻蚀，并形成金属互连线。

随着技术的进步，电路和互连线密度不断增加，而互连线的间距变得越来越窄，互连线之间的寄生电容，以及互连线与衬底的寄生电容越来越大，电路的速度受 RC 的影响变得越来越严重。

可以通过几种途径减小 RC：第一种是通过增加 ILD 的厚度来减小互连线与衬底的寄生电容；第二种是增加金属互连线的层数和利用厚金属线来减小电阻，目前金属互连线的层数正在持续增加到 9 到 10 层；第三种是利用低 K 介质（FSG）或者超低 K 介质材料代替 USG，

从而减小寄生电容 C；第四种是利用电阻率更低的铜代替铝铜合金作为金属互连材料，铜的电阻率比铝的电阻率小 36%。例如在 0.13μm 及以下的工艺技术采用铜做互连金属材料，这样可以有效地降低 RC，提高电路的速度。

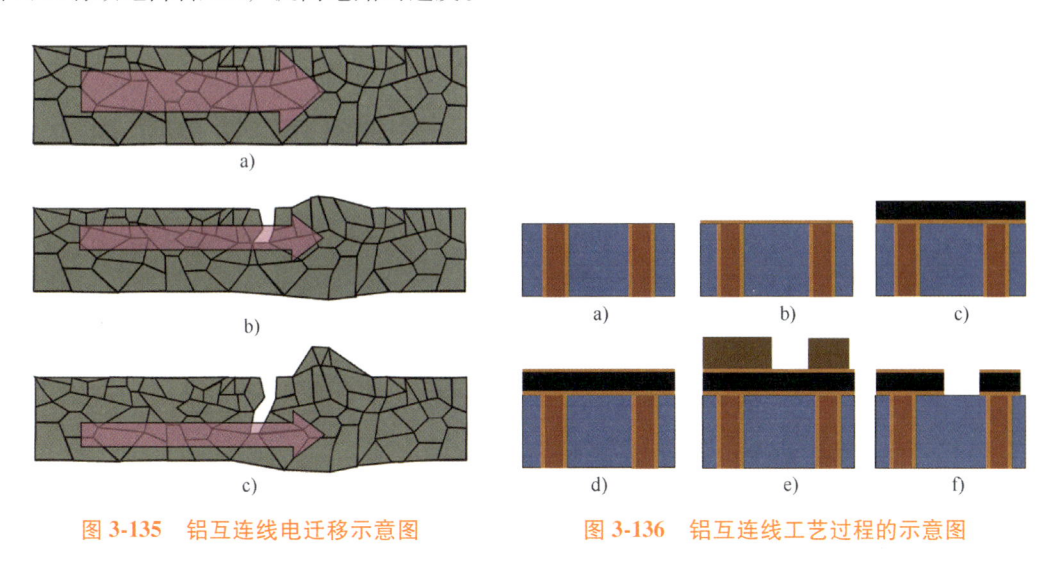

图 3-135 铝互连线电迁移示意图

图 3-136 铝互连线工艺过程的示意图

关于后段铝互连技术的工程应用，可以参阅 4.2 节亚微米后段工艺的内容。

3.7.3 铜金属互连

铜的电阻率比铝低，并且铜原子比铝原子重，铜抵御电迁移的能力比铝高。但是铜存在几个致命的缺点，这些缺点都限制了铜材料在集成电路制造中的早期应用：第一点是铜很难粘附着在硅化物上；第二点是铜很容易在硅和硅化物中扩散，铜扩散到衬底会导致重金属污染，影响器件的性能；第三点是没有一种有效的刻蚀铜的方法，因为铜的氟化合物具有很低的挥发性。

20 世纪 90 年代，随着 CMP 技术的发展，利用 CMP 技术和大马士革双嵌套结构并不需要铜刻蚀过程，并且阻挡层金属已经可以阻挡铜原子扩散到硅和氧化硅，这些都为铜材料作互连金属材料创造了条件。随着工艺技术的发展，RC 延时已经严重影响了集成电路的性能，在 0.13μm 及以下工艺技术中，半导体业界利用电阻率更小的铜代替铝作为金属互连材料。

利用大马士革双嵌套结构和 CMP 技术可以实现铜互连线。与铝互连线的实现过程不同，铜的大马士革结构，首先通过刻蚀技术在金属间介质（Inter Metal Dielectric，IMD）层中形成通孔和互连线沟槽，然后淀积阻挡层金属钽和氮化钽，再通过离子化金属等离子体淀积铜籽晶层和化学电镀（Electro Chemical Plating，ECP）大量淀积铜，最后通过 CMP 技术去除沟槽外的铜实现平坦化，同时防止铜互连线之间短路。图 3-137 所示为铜互连线工艺过程的示意图，其中图 3-137a 是完成 IMD 层，图 3-137b 是完成金属层光刻，图 3-137c 是完成金属层刻蚀，图 3-137d 是完成通孔光刻，图 3-137e 是完成通孔刻蚀，图 3-137f 是利用硬掩膜版再次进行金属刻蚀，图 3-137g 是通过等离子体淀积铜籽晶层，图 3-137h 是利用 ECP 大量淀积铜，图 3-137i 是 CMP 平坦化。因为铜在硅和硅化物中具有很强的扩散能力，所以填充接触孔的材料依然是钨材料。铜是软金属，不能作为绑定的金属，并且铜在空气中抗腐蚀能力很差，它不能形成致密的氧化物，所以必须利用铝作为顶层金属层。

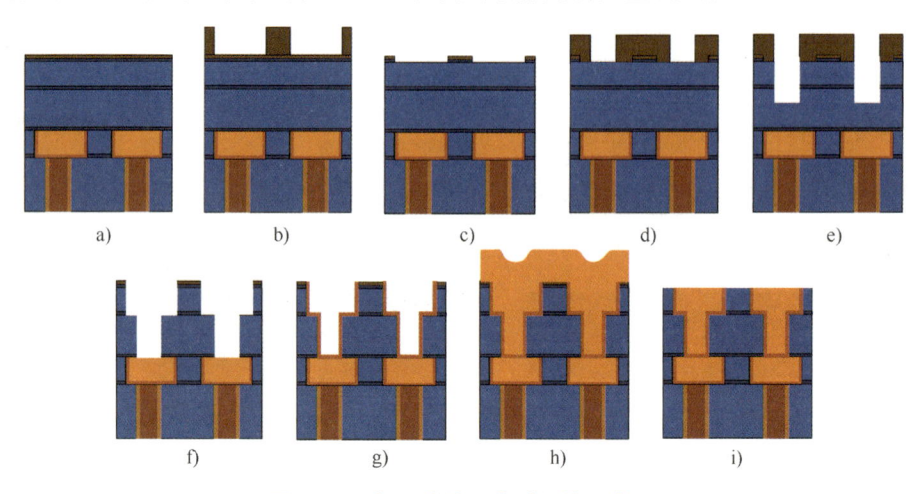

图 3-137 铜互连线工艺过程的示意图

ECP 的工艺过程是将连接到阴极的晶圆置于主要成分是硫酸（H_2SO_4）和硫酸铜（$CuSO_4$）的溶液中，并且把连接到阳极的铜电极也置于溶液中。电流从阳极的铜电极流向阴极的晶圆，$CuSO_4$ 分解为铜离子 Cu^{2+} 和硫酸盐离子 SO_4^{2-}，铜离子随电流流到晶圆表面，并吸附在晶圆表面的铜籽晶层上成核，最终形成铜薄膜。图 3-138 所示为铜 ECP 过程的示意图。

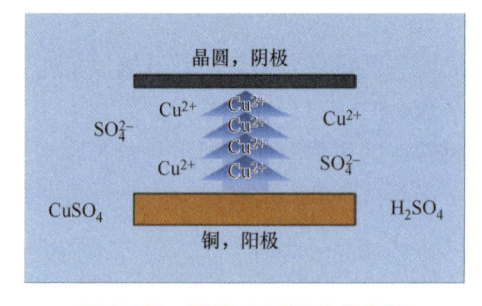

图 3-138 铜 ECP 过程的示意图

关于后段铜互连技术的工程应用，可以参阅第 4 章第 4.6 节纳米后段工艺的内容。

3.7.4 阻挡层金属

阻挡层金属是指在上下层材料间形成隔离层，防止上下层材料相互扩散，并提高它们相互间的附着作用。阻挡层金属的要求是低接触电阻、好的侧壁和台阶覆盖率、高的阻挡性。

铝的阻挡层金属是钛（Ti）和氮化钛（TiN）。钛作为阻挡层金属可以增强铝铜合金互连线附着在硅化物上、减小互连线与接触孔之间的接触电阻和减小应力。氮化钛作为阻挡层金属可以防止衬底硅和铝之间相互扩散，避免形成铝穿刺，改善电迁移，也可以作为铝层的抗反射涂层改善金属互连的光刻图形。

  钨的阻挡层金属也是钛（Ti）和氮化钛（TiN）。因为钨不能很好地附着在氧化硅表面，氮化钛可以改善该问题，减小应力。钨会引起硅重金属污染，钛和氮化钛叠层可以有效地防止钨扩散进入硅和氧化硅。

  铜的阻挡层金属是钽（Ta）和氮化钽（TaN）。随着工艺技术的不断发展，阻挡层金属的厚度不断变薄，钽和氮化钽作为阻挡层金属的阻挡性能比钛和氮化钛好，所以在铜工艺中利用氮化钽代替氮化钛。

  淀积钛和氮化钛的技术是PVD。因为PVD薄膜比CVD薄膜的质量好以及电阻率低。为了得到良好的阻挡层，在淀积阻挡层金属前，在真空的环境下利用溅射刻蚀去除自然氧化层和氧化物残留。钛和氮化钛的淀积是集成在一个设备里的，从而防止钛和氮化钛之间形成氧化物。另外，氮化钛与有源区硅之间的接触电阻很大，为了减小它，在淀积氮化钛前，先淀积一层钛与硅反应降低它的接触电阻。亚微米技术阻挡层金属的厚度是几百纳米，而深亚微米技术阻挡层金属的厚度只有几十纳米。

参 考 文 献

[1] U. S. Patent 3,029366, K. Lehovec.

[2] E. Kooi, J. A. Appels, in Semiconductor Silicon 1973, H. R Huff, R. Burgess, eds. The Electrochem. Symp. Ser. Princeton, NJ 1973.

[3] E. Kooi, J. G. van Lierop, J. A. Appels, "Formation of Silicon Nitride at an Si/SiO$_2$ Interface during the Local Oxidation of Silicon in NH3 Gas,", J. Electrochem. Soc. 123：1117（1967）.

[4] 施敏, 伍国钰. 半导体器件物理[M]. 3版. 耿莉, 张瑞智, 译. 西安：西安交通大学出版社, 2008.

[5] Stephen A. Campbell. 微电子制造科学原理与工程技术（第二版）[M]. 曾莹, 严利人, 王纪民, 等译. 北京：电子工业出版社, 2005.

[6] P. G. Drennan, M. L. Kniffin, D. R. Locascio. Implications of Proximity Effects for Analog Design [C]. IEEE Custom Integrated Circuits Conference, 2006.

[7] 李敏, 吴永玉自对准硅化物区域阻挡膜的结构以其制程方法 CN101866850A.

[8] Ming Li, R. Suryanarayanan Iyer, "Nano tungsten silicide thin film deposition and its integration with poly silicon," NSTI-Nanotech 2005, WWW. nsti. org, ISBN 0-9767985-2-2 Vol. 3, 2005.

[9] BAN P. WONG, 等. 纳米CMOS电路和物理设计[M]. 辛维平, 刘伟峰, 戴显英, 等译. 北京：机械工业出版社, 2011.

[10] R. W. Mann, C. A. Racine, R. S. Bass. Nucleation, Transformation, and Agglomeration of C54 Phase Titanium Dissilicide. Mat. Res. Soc. Symps. Proc. 224：115（1991）.

[11] R. Beyers, R. sinclair, "Metastable Phase Transformation in Titanium-silicon Thin Films," J. Appl. Phys. 57：5240（1985）.

[12] M. Bariatto, A. Fontes, J. Q. Quacchia, R. Furlan, and J. JSantiago-Aviles, "Rapid Titanium Silicidation：AComparaive Study of Two RTA Reactors," Mat. Res. Soc. Symps. Proc. 303：95（1993）.

[13] T. Brat, C. M. Osburn, T. Finsted, et al. "Self Aligned Ti Silicided Formation by Rapid Thermal Annealing Effects," J. Electrochem. Soc 133：1451（1986）.

[14] S. S. Iyer, C. Y. Ting, P. M. Fryer, "Ambient Gas Effects on the Reaction of Titanium with Silicon," J. Electrochem. Soc. 32：2240（1985）.

[15] V. E. Borisenko, P. J. Heskeh, Rapid Thermal Processing of Semiconductor, Plenum, New York, 1997, P163.

[16] 将玉龙, 茹国平, 屈新萍, 等, 非晶化注入技术在NiSi SALICIDE工艺中的应用[J]. 半导体学报, 2006, 27（12）.

[17] Ming-Dou Ker, Che-Hao Chuang, "ESD Implantations in 0.18-μm Salicided CMOS Technology for On-Chip ESD Protection with Layout Consideration," Proceedings of 8th IPFA 2001, Singapore. 0-7803-6675-1.

[18] J.-S. Lee, "Method for fabricating an electrostatic discharge protection circuit," US patent #5,672,527, Sept. 1997.

[19] C.-C. Hsue and J. Ko, "Method for ESD protection improvement," US patent #5,374,565, Dec. 1994.

[20] T. Lowrey and R. Chance, "Static discharge circuit having low breakdown voltage bipolar clamp," US patent #5,581,104, Dec. 1996.

[21] J.-J. Yang, "Electrostatic discharge protection circuit employing MOSFETs having double ESD implantations," US patent#6,040,603, Mar. 2000.

[22] Hong Xiao. 半导体制造技术导论（第二版）[M]. 杨银堂，段宝兴，译. 北京：电子工业出版社，2013.

[23] Michael Quirk，Julian Serda. 半导体制造技术 [M]. 韩郑生，等译. 北京：电子工业出版社，2015.

第 4 章

工艺制程整合

集成电路是经过一系列复杂的化学和物理的半导体工序制造出来的，这些半导体工序包括炉管热氧化、CVD、PVD、光刻、刻蚀、IMP 和 CMP 等。由于 CMOS 工艺制程技术是应用最广泛的集成电路制造技术，所以本章内容选取亚微米 CMOS 工艺制程技术流程、深亚微米 CMOS 工艺制程技术流程和纳米 CMOS 工艺制程技术流程为例介绍集成电路制造流程，从而达到了解 CMOS 工艺制程技术从亚微米工艺到纳米工艺的演变过程。本章内容的目的是让读者能快速地了解 CMOS 工艺制程技术的工程应用，由于篇幅有限，至于文中出现的大量半导体术语和概念，都不会做详细介绍。

本章 PPT 下载

希望通过本章的内容把工艺技术的理论与工程应用结合起来，从而更好地理解实际工艺技术的工程应用。

4.1 亚微米 CMOS 前段工艺制程技术流程[1]

对于特征尺寸在亚微米范围的 CMOS 前段工艺制程技术，它是双阱结构（NW 和 PW），如果需要考虑全隔离的 NMOS 器件，那么就需要 DNW（Deep NW），隔离技术是 LOCOS 隔离，金属硅化物是 Polycide，不过为了提高集成电路的性能，在 0.35μm 技术也可能用到 Salicide，这里仅仅以 Polycide 为例。

工艺步骤中只包含七个器件，低压 NMOS 和 PMOS 组成低压反相器，中压 NMOS 和 PMOS 组成中压反相器，以及 n 型和 p 型多晶硅电阻，每一个主要步骤中都会有工艺的剖面图。亚微米 CMOS 前段工艺制程技术流程见表 4-1。

表 4-1 亚微米 CMOS 前段工艺制程技术流程

1. 衬底制备	6. 栅氧化层工艺
2. 双阱工艺	7. 多晶硅栅工艺
3. 有源区工艺	8. LDD 离子注入工艺
4. LOCOS 隔离工艺	9. 侧墙工艺
5. 阈值电压离子注入工艺	10. 源漏离子注入工艺

4.1.1 衬底制备

在亚微米 CMOS 工艺制程技术流程中，第一步是衬底制备，业界通常选择晶向<100>的 p 型裸片作为衬底。在制造器件之前，要对衬底进行必要的清洗，从而得到清洁的衬底表面，还要对晶圆进行刻号标记。

1）衬底选材。选用 P 型裸片材料作为衬底，电阻率为 8~12Ω·cm，晶向为<100>。因为<100>晶向具较小的缺陷密度，可生长出质量很好的氧化层，它的界面态密度也最小，载流子具有较高的迁移率，所以器件的速度也会更快。裸片的剖面图如图 4-1 所示。

2）清洗。将晶圆放入清洗槽中，清洗槽的溶液是一定比例的 NH_4OH、H_2O_2、HF 和 H_2O。利用化学和物理的方法清除衬底自然氧化硅的同时将晶圆表面的杂质尘粒、有机物和金属离子去除，防止这些杂质对后续的工艺造成影响，以及防止这些金属离子扩散到衬底导致器件失效。

3）生长初始氧化硅。利用炉管热氧化生长一层二氧化硅薄膜，它是干氧氧化法。利用高纯度的氧气在 900℃左右的温度下使硅氧化，形成厚度约 100~200Å 的二氧化硅薄膜。生长初始氧化硅的同时也会消耗表面硅，有利于去除晶圆表面的污染物，得到清洁的表面。二氧化硅可以阻挡后面工序中激光刻号的融渣，防止它损伤衬底。二氧化硅也可以隔离衬底硅与光刻胶，防止光刻胶中的有机物与硅接触污染衬底硅。因为在电子级的硅片中，光刻胶中的氧和碳杂质是无法完全被移除的。这些杂质会以缺陷中心的形式存在，导致 pn 结击穿电压降低。淀积初始氧化硅的剖面图如图 4-2 所示。

图 4-1 裸片的剖面图

图 4-2 淀积初始氧化硅的剖面图

4）晶圆刻号。用激光在晶圆底部凹口附近刻出晶圆的编码。晶圆的编码相当于该片晶圆的身份证账户，该账户是用来记录该片晶圆的所有生产加工数据，工厂可以通过编码追踪这片晶圆的生产情况。

5）清洗。清除激光刻号时留在晶圆表面的尘埃和颗粒，清洗槽的溶液是一定比例的 NH_4OH、H_2O_2 和 H_2O。

6）第零层光刻处理。通过微影技术（包括涂光刻胶、软烘烤坚膜、曝光、显影、硬烘烤坚膜等工序）将第零层掩膜版上的图形转移到晶圆上，形成第零层的光刻胶图案。利用晶圆的凹口作为第零层曝光对准。晶圆有两个第零层的图案分别位于晶圆的两点钟和八点钟方向的位置。第零层的俯视图如图 4-3 所示；第零层在晶圆的位置图如图 4-4 所示。

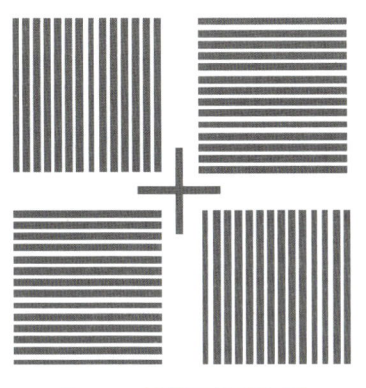

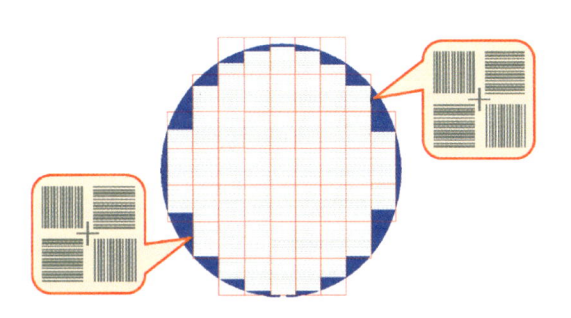

图 4-3　第零层的俯视图　　　　　　　　图 4-4　第零层在晶圆的位置图

7）第零层刻蚀处理。利用干法刻蚀，刻蚀出零层的对准图案。目的是在晶圆上刻出精确的对准图形，ASML 公司的光刻机台需要第零层的图形作为全局对准。刻蚀的气体是 CF_4。

8）去光刻胶。利用干法刻蚀和湿法刻蚀去除光刻胶，干法刻蚀利用氧气形成等离子浆分解大部分光刻胶，然后湿法刻蚀利用硫酸和过氧化氢与光刻胶反应去掉残留的光刻胶。（在后面的工艺步骤中，这个步骤不会再重复的解释，只是简单描述。）

9）去除初始氧化层。利用湿法刻蚀，用一定比例的 HF、NH_4F 和 H_2O 去除初始氧化层。

4.1.2　双阱工艺

双阱工艺是指形成 NW 和 PW 的工艺。对于 CMOS 工艺制程技术，NMOS 是制造在 PW 里的，PMOS 是制造在 NW 里的。它的目的是形成 pn 结隔离，使器件之间形成电性隔离，优化晶体管的电学特性，例如改善 CMOS 的闩锁效应。评价阱的关键参数是结深和阱电阻。

1）清洗。利用清洗槽清洗，得到清洁的表面。

2）生长隔离氧化硅。利用炉管热氧化生长一层二氧化硅薄膜，它是干氧氧化法。利用高纯度的氧气在 1000℃ 左右的温度下使硅氧化，形成厚度约 100~200Å 的二氧化硅薄膜。该层氧化硅可以防止阱离子注入隧道效应，同时隔离衬底硅与光刻胶，防止光刻胶中的有机物与硅接触污染衬底硅。

3）PW 光刻处理。通过微影技术将 PW 掩膜版上的图形转移到晶圆上，形成 PW 的光刻胶图案，非 PW 区域保留光刻胶。第零层作为 PW 光刻曝光对准。图 4-5 所示为电路的版图，它包括 PW 和 NW，工艺的剖面图是沿 AA′ 方向。图 4-6 所示为 PW 光刻的剖面图；图 4-7 所示为 PW 显影的剖面图。

4）量测 PW 套刻。收集曝光之后的 PW 与第零层的套刻数据，检查 PW 与第零层是否对准，是否符合产品规格。（在后面的工艺步骤中，这个步骤不会再重复的解释，只是简单描述。）

图 4-5　电路的版图

图 4-6　PW 光刻的剖面图

5）检查显影后曝光的图形。通过机台扫描晶圆，查看是否有缺陷，例如光刻胶倒塌、散焦。（在后面的工艺步骤中，这个步骤不会再重复解释，只是简单描述。）

6）如果 PW 套刻数据不符合产品规格或者有重大缺陷，都将硅片去除光刻胶返工，然后重新进行光刻处理，因为光刻胶的图形是暂时的，但是如果完成离子注入或者刻蚀的工艺后，就不可以再返工重做了。光刻处理是工艺制程中唯一能够轻易返工的步骤。（在后面的工艺步骤中，这个步骤不会再重复的解释，只是简单描述。）

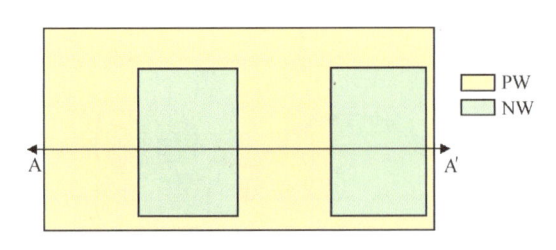

7）PW 离子注入。注入硼离子形成 p 型的阱，PW 离子注入必须在 LOCOS 场氧形成之前，因为 LOCOS 的场氧氧化硅厚度大概 4500~5500Å，如此厚的场氧会严重影响离子注入的深度。图 4-8 所示为 PW 离子注入剖面图。

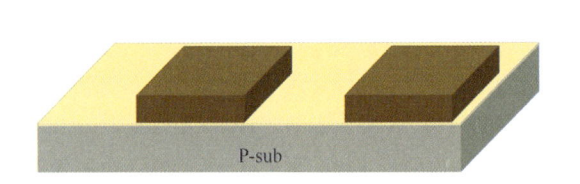

图 4-7　PW 显影的剖面图

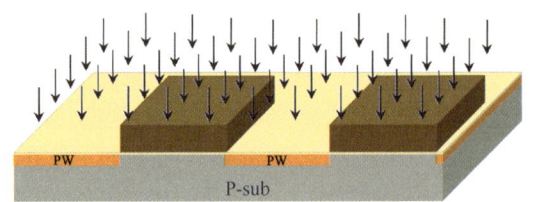

图 4-8　PW 离子注入的剖面图

8）去光刻胶。利用干法刻蚀和湿法刻蚀去除光刻胶。图 4-9 所示为去除光刻胶的剖面图。

9）NW 光刻处理。与 PW 光刻处理类似。通过微影技术将 NW 掩膜版上的图形转移到晶圆上，形成 NW 的光刻胶图案，非 NW 区域保留光刻胶。第零层作为 NW 光刻曝光对准。图 4-10 所示为 NW 光刻的剖面图；图 4-11 所示为 NW 显影的剖面图。

10）量测 NW 套刻，收集曝光之后的 NW 与第零层的套刻数据。

11）检查显影后曝光的图形。

12）NW 离子注入。与 PW 类似，注入磷离子形成 n 型的阱，NW 离子注入也必须在 LOCOS 场氧形成之前。图 4-12 所示为 NW 离子注入的剖面图。

13）去光刻胶。通过干法刻蚀和湿法刻蚀去除光刻胶。图 4-13 所示为去除光刻胶的剖面图。

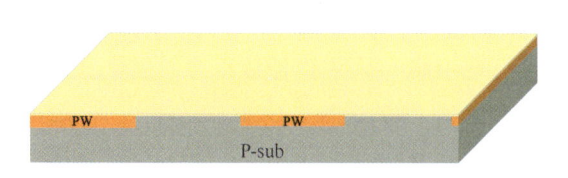

图 4-9 去除光刻胶的剖面图

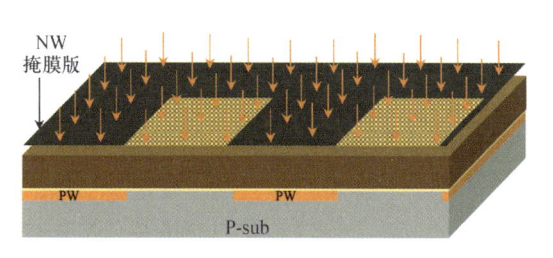

图 4-10 NW 光刻的剖面图

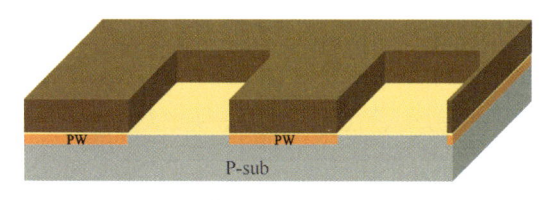

图 4-11 NW 显影的剖面图

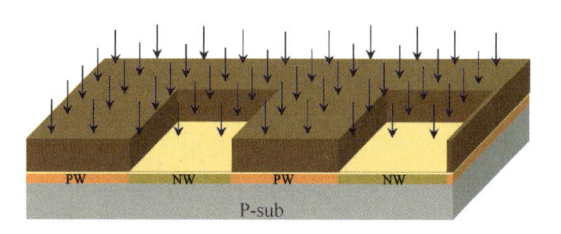

图 4-12 NW 离子注入的剖面图

14）清洗。将晶圆放入清洗槽中清洗，得到清洁的表面，防止表面的杂质在后续退火工艺中扩散到内部。

15）NW 和 PW 阱推进和退火。利用高温炉管退火激活 NW 和 PW 的杂质离子和修复晶格损伤，温度为 1100~1200℃，时间是 1.5h，同时把掺杂离子推进到特定的深度。退火激活杂质离子是指通过高温驱使不在晶格位置上的离子恢复到晶格的固定位置，以便具有电活性，产生自由载流子，起到掺杂的作用。修复晶格损伤是指因为高能加速的离子注入的离子进入硅衬底撞击晶格上的原子偏离晶格位置形成晶格损伤，致使晶格的特性改变，通过高温驱使偏离的原子恢复晶格的结构。图 4-14 所示为阱推进的剖面图。

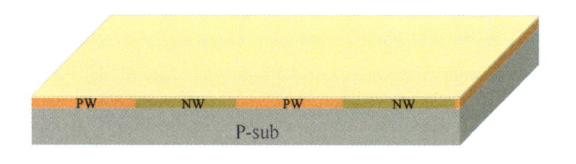

图 4-13 去除光刻胶的剖面图

图 4-14 阱推进的剖面图

4.1.3 有源区工艺

有源区工艺是指通过刻蚀的方式保留氮化硅保护器件的有源区，因为在后续的 LOCOS 工艺中，没有氮化硅保护的区域会通过热氧化生成很厚的氧化硅层形成氧化隔离。

1）去除隔离氧化层。湿法刻蚀利用一定比例的 HF、NH_4F 和 H_2O 去除隔离氧化层。去除隔离氧化层的剖面图如图 4-15 所示。

2) 清洗。将晶圆放入清洗槽中清洗，得到清洁的硅表面，防止硅表面的杂质在生长前置氧化层时影响氧化层的质量。

3) 生长前置氧化层。利用炉管热氧化生长一层前置二氧化硅薄膜，称为前置氧化层（PAD Oxide），它是干氧氧化法。利用高纯度的氧气在1000℃左右的温度下使硅氧化，形成厚度约200~300Å的二氧化硅薄膜。生长前置氧化层的目的是缓解后续步骤淀积Si_3N_4层对衬底的应力，因为衬底硅的晶格常数与Si_3N_4的晶格常数不同，直接淀积Si_3N_4会形成位错，较厚的氧化层可以有效地减小Si_3N_4层对衬底的应力。如果太薄，会托不住Si_3N_4，如果Si_3N_4层的应力超过衬底硅的屈服强度就会在衬底硅中产生位错。也不能太厚，否则会在LOCOS热氧化时形成鸟嘴。生长前置氧化层的剖面图如图4-16所示。

图4-15 去除隔离氧化层的剖面图 　　　图4-16 生长前置氧化层的剖面图

4) 淀积Si_3N_4层。利用LPCVD淀积一层厚度约1500~1600Å的Si_3N_4层，利用硅烷（SiH_4）和氨气（NH_3）在900℃的温度下发生化学反应淀积Si_3N_4。它是场氧化的遮蔽层，也是场区离子注入的阻挡层。淀积Si_3N_4层的剖面图如图4-17所示。

5) 淀积SiON层。利用PECVD淀积一层厚度约200~300Å的SiON层，利用硅烷（SiH_4）、一氧化二氮（N_2O）和He在400℃的温度下发生化学反应淀积SiON。SiON层作为光刻的底部抗反射层（BARC），BARC位于衬底和光刻胶之间，由高消光材料组成，可以吸收穿过光刻胶层的光线，所以在光刻工艺中使用底部抗反射层工艺，可以降低驻波效应的影响。图4-18所示为淀积SiON层的剖面图。

图4-17 淀积Si_3N_4层的剖面图 　　　图4-18 淀积SiON层的剖面图

6) AA光刻处理。通过微影技术将AA掩膜版上的图形转移到晶圆上，形成AA的光刻胶图案，AA区域上保留光刻胶。第零层作为AA光刻曝光对准。图4-19所示为电路的版图，它包括PW、NW和AA，工艺的剖面图是沿AA'方向。AA光刻的剖面图如图4-20所示；AA显影的剖面图如图4-21所示。

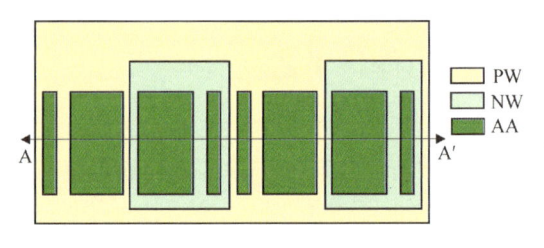

图4-19 电路的版图

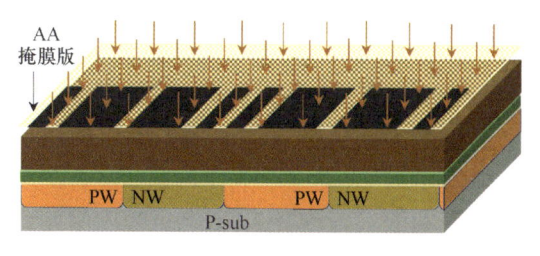

图 4-20　AA 光刻的剖面图

图 4-21　AA 显影的剖面图

7）量测 AA 光刻的关键尺寸（Critical Dimension，CD）。收集刻蚀后的 AA 关键尺寸数据，检查 AA 关键尺寸是否符合产品规格。

8）量测 AA 套刻，收集曝光之后的 AA 与第零层的套刻数据。

9）检查显影后曝光的图形。

10）AA 干法刻蚀。干法刻蚀利用 Ar 和 CF_4 形成等离子浆去除没有光刻胶覆盖的 Si_3N_4，刻蚀停在前置氧化层防止损伤硅衬底，形成 AA 区域的图形。AA 干法刻蚀的剖面图如图 4-22 所示。

11）去光刻胶。通过干法刻蚀和湿法刻蚀去除光刻胶。去除光刻胶的剖面图如图 4-23 所示。

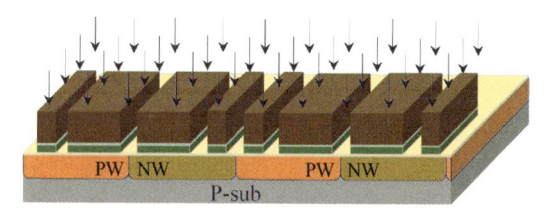

图 4-22　AA 干法刻蚀的剖面图

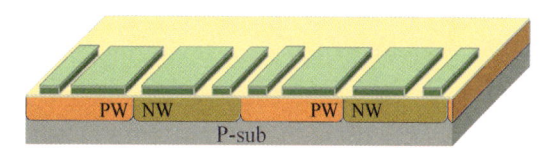

图 4-23　去除光刻胶的剖面图

12）量测 AA 刻蚀关键尺寸。收集刻蚀后的 AA 关键尺寸数据，检查 AA 关键尺寸是否符合产品规格。

13）检查刻蚀后的图形。如果有重大缺陷，将不可能返工，要进行报废处理。

14）去除氧化层。利用湿法刻蚀去除氧化层。

4.1.4　LOCOS 隔离工艺

在 CMOS 集成电路中，所有的器件都是制造在同一个面积非常小的硅衬底上，它们之间的隔离就变得尤为重要，如果器件之间的隔离不好，器件之间就会出现漏电流，从而引起直流功耗增加，甚至导致器件之间的相互干扰，造成电路逻辑功能改变和闩锁效应。

LOCOS 隔离工艺是指以氮化硅为遮蔽层实现硅的选择性氧化，在器件有源区之间嵌入很厚的氧化物，从而形成器件之间的隔离，这层厚厚的氧化物称为场氧。利用 LOCOS 隔离工艺可以改善寄生场效应晶体管和闩锁效应。

由于 LOCOS 隔离工艺存在鸟嘴效应和白带效应，所以 LOCOS 隔离工艺在深亚微米工艺技术的应用受到很大限制。

1）清洗。将晶圆放入清洗槽中清洗，得到清洁的硅表面，防止硅表面的杂质在生长 LOCOS 场氧时影响氧化层的质量。

2）生长 LOCOS 场氧。利用炉管热氧化生长一层很厚的二氧化硅，它是湿氧氧化法，因为湿氧氧化法的效率更高。利用 H_2 和 O_2 在 1000℃ 左右的温度下使硅氧化，形成厚度约 4500~5500Å 的二氧化硅作为 LOCOS 隔离的氧化物。LOCOS 场氧可以有效地隔离 NMOS 与 PMOS，降低闩锁效应的影响。Si_3N_4 阻挡了氧化剂的扩散，使 Si_3N_4 下面的硅不被氧化，Si_3N_4 的顶部也会生长出一层薄的氧化层。图 4-24 所示为生长 LOCOS 场氧的剖面图。

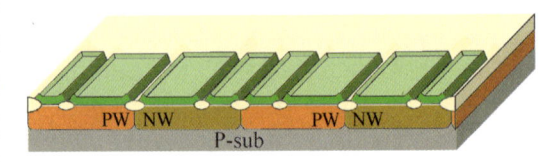

图 4-24　生长 LOCOS 场氧的剖面图

3）湿法刻蚀去除 Si_3N_4。因为 Si_3N_4 的顶部也会形成一层薄的氧化层，所以首先要去除该氧化层。首先利用 HF 和 H_2O（比例是 50∶1）去除氧化层，再用 180℃ 浓度 91.5% 的 H_3PO_4 与 Si_3N_4 反应去除晶圆上的 Si_3N_4。该热磷酸对热氧化生长的二氧化硅和硅的选择性非常好，通过改变磷酸的温度和浓度可以改变它对热氧化生长的二氧化硅和硅的选择性。去除 Si_3N_4 的剖面图如图 4-25 所示。

4）湿法刻蚀去除前置氧化层。利用湿法刻蚀去除前置氧化层。去除前置氧化层的剖面图如图 4-26 所示。

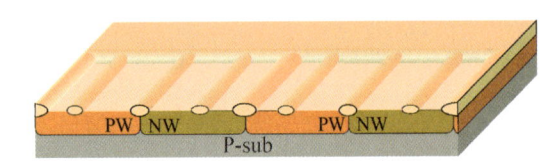

图 4-25　去除 Si_3N_4 的剖面图

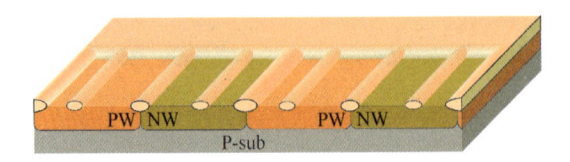

图 4-26　去除前置氧化层的剖面图

4.1.5　阈值电压离子注入工艺

阈值电压离子注入工艺是指通过离子注入调整器件沟道区域的杂质浓度，因为阈值电压对沟道区域的杂质浓度非常敏感，所以为了得到合适的器件性能，把沟道区域的杂质浓度调整到所需的浓度是必需的。通常提高沟道区域的杂质浓度可以提高阈值电压，改善器件的漏电流。

1）清洗。将晶圆放入清洗槽中清洗，得到清洁的硅表面，防止硅表面的杂质在生长牺牲层氧化硅时影响氧化层的质量。

2）生长牺牲层氧化硅。利用炉管热氧化生长一层二氧化硅薄膜，它是干氧氧化法。利用高纯度的氧气在 1000℃ 左右的温度下使硅氧化，形成厚度约 300~400Å 的二氧化硅。因为这一层氧化物要在栅氧化层之前去除,所以称为牺牲氧化层(Sacrifice Oxide)。牺牲层氧化硅可以防止阈值电压离子注入隧道效应,隔离衬底硅与光刻胶,防止光刻胶中的有机物与硅接触污染衬底硅,也可以捕获硅表面的缺陷,改善表面界面态。同时生长牺牲层氧化硅可以改善白带效应对器件的影响。淀积牺牲层氧化物的剖面图如图 4-27 所示。

3)PMOS 阈值电压调节(VTP)离子注入光刻处理。通过微影技术将 VTP 掩膜版上的图形转移到晶圆上,形成 VTP 的光刻胶图案,非 VTP 区域上保留光刻胶。VTP 用的是 NW 掩膜版。AA 作为 VTP 光刻曝光对准。VTP 光刻的剖面图如图 4-28 所示;VTP 显影的剖面图如图 4-29 所示。

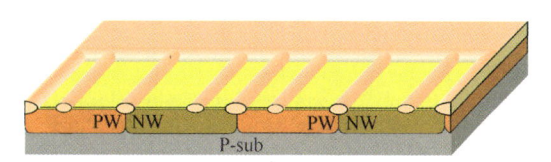

图 4-27 淀积牺牲层氧化物的剖面图

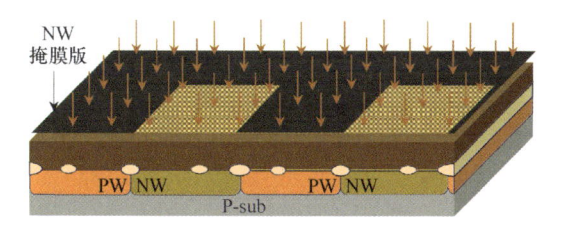

图 4-28 VTP 光刻的剖面图

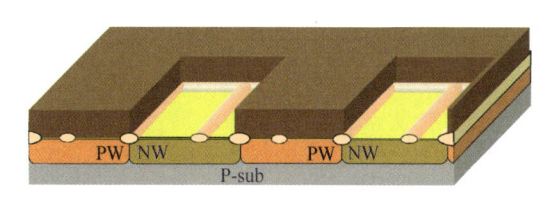

图 4-29 VTP 显影的剖面图

4)量测 VTP 套刻,收集曝光之后的 VTP 与 AA 的套刻数据。

5)检查显影后曝光的图形。

6)VTP 离子注入。因为这一道工艺是调节 PMOS 的 V_t 以及防止沟道漏电,离子注入的深度比较浅,所以放在 LOCOS 形成之后,可以避免生长 LOCOS 场氧时的热量对 VTP 离子扩散的影响。VTP 离子注入的剖面图如图 4-30 所示。

VTP 离子注入包括两步:

第一步离子注入稍微深一点,能量也不是很高,作为沟道调节,注入磷离子。

第二步离子注入很浅,能量很低,作为 PMOS 的 V_t 调节,注入砷离子,另外砷是重离子,不容易扩散。

7)去光刻胶。通过干法刻蚀和湿法刻蚀去除光刻胶。去除光刻胶的剖面图如图 4-31 所示。

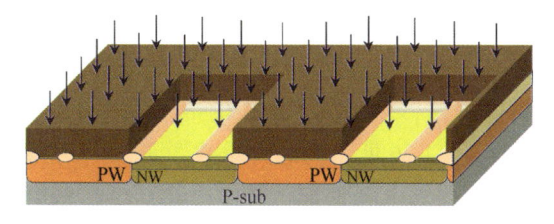

图 4-30 VTP 离子注入的剖面图

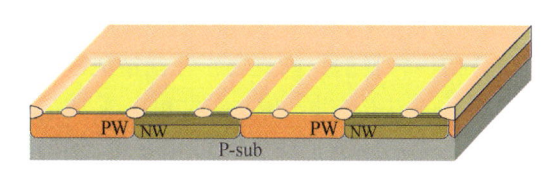

图 4-31 去除光刻胶的剖面图

8) NMOS 阈值电压调节（VTN）离子注入光刻处理。通过微影技术将 VTN 掩膜版上的图形转移到晶圆上，形成 VTN 的光刻胶图案，非 VTN 区域上保留光刻胶。VTN 用的 PW 掩膜版。AA 作为 VTN 光刻曝光对准。VTN 光刻的剖面图如图 4-32 所示；VTN 显影的剖面图如图 4-33 所示。

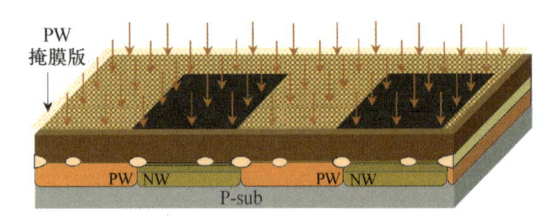

图 4-32　VTN 光刻的剖面图

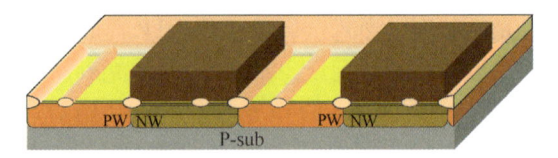

图 4-33　VTN 显影的剖面图

9) 量测 VTN 套刻，收集曝光之后的 VTN 与 AA 的套刻数据。

10) 检查显影后曝光的图形。

11) VTN 离子注入。与 VTP 类似，因为这一道工艺是调节 NMOS 的 V_t 以及防止沟道漏电，离子注入的深度比较浅，所以放在 LOCOS 形成之后，可以避免生长 LOCOS 场氧时的热量对 VTN 离子扩散的影响。VTN 离子注入的剖面图如图 4-34 所示。

VTN 离子注入包括两步：

第一步是离子注入稍微深一点，能量也不是很高，作为沟道调节，注入硼离子；

第二步是离子注入很浅，能量很低，作为 NMOS 的 V_t 调节，注入硼离子。

12) 去光刻胶。通过干法刻蚀和湿法刻蚀去除光刻胶。去除光刻胶后的剖面图如图 4-35 所示。

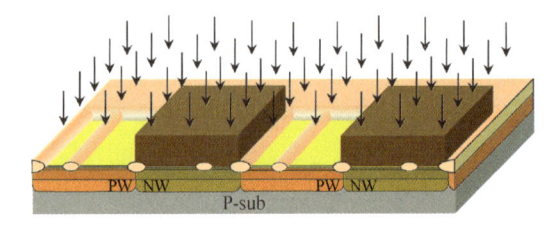

图 4-34　VTN 离子注入的剖面图

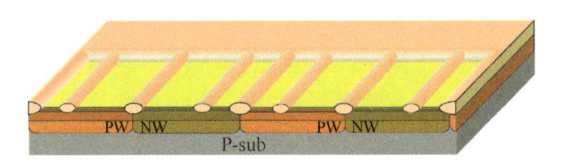

图 4-35　去除光刻胶后的剖面图

13) 清洗。将晶圆放入清洗槽中清洗，得到清洁的表面，防止表面的杂质在后续退火工艺中扩散到内部。

14) VTN 和 VTP 退火激活。利用快速热退火（RTP）在 900℃ 的 H_2 环境中，退火的时间是 5~10s，目的是修复离子注入造成的硅表面晶体损伤，激活离子注入的杂质，同时也会造成杂质进一步扩散，RTP 工艺可以减少杂质的扩散。图 4-36 所示为退火后的剖面图。

15) 湿法刻蚀去除牺牲层氧化硅。利用 HF 和 H_2O（比例是 50:1）去除牺牲层氧化硅。去除牺牲层氧化硅的剖面图如图 4-37 所示。

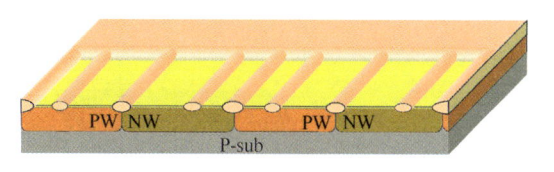

图 4-36 退火后的剖面图

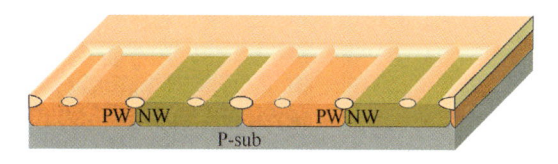

图 4-37 去除牺牲层氧化硅的剖面图

4.1.6 栅氧化层工艺

栅氧化层工艺是 CMOS 工艺制程技术中最重要的工艺步骤，它直接影响器件的阈值电压、饱和电流、栅极漏电流、栅极击穿电压和器件的可靠性。通过热氧化可以形成高质量的栅氧化层，它的热稳定性和界面态都非常好。

1）清洗。将晶圆放入清洗槽中清洗，得到清洁的表面。因为后面一道工序是生长栅氧化层，对氧化膜的质量要求非常高，不能有缺陷，所以生长氧化硅前再过一道酸槽清除自然氧化层，同时热氧化生长的栅氧化层厚度会更精确。

2）生长厚栅氧化层。利用炉管热氧化生长一层厚的二氧化硅栅氧化层，温度为 900℃ 左右。这是 CMOS 器件中最重要的一层氧化层，它的质量的好坏将影响 MOS 管的性能和寿命。先用湿氧氧化法，通入 H_2 和 O_2 的混合气体，然后用干氧氧化法，通入高纯度的氧气使硅氧化。干氧生长的氧化物的结构、质地、均匀性均比湿氧生长的氧化物要好，但用湿氧形成的氧化物的 TDDB（Time Dependent Dielectric Breakdown，与时间相关的电介质击穿/经时击穿）比较长。TDDB 是用于评估氧化物可靠性的参数。图 4-38 所示为生长厚栅氧化层后的剖面图。

3）厚栅氧光刻处理。通过微影技术将厚栅氧掩膜版上的图形转移到晶圆上，形成中压器件栅氧化层的图案，保留中压器件区域的光刻胶。AA 作为低压器件栅氧光刻曝光对准。电路的版图如图 4-39 所示，与图 4-19 比较，它多一层 Thick Oxide（厚栅氧层），工艺的剖面图是沿 AA′ 方向。厚栅氧光刻的剖面图如图 4-40 所示；厚栅氧显影的剖面图如图 4-41 所示。

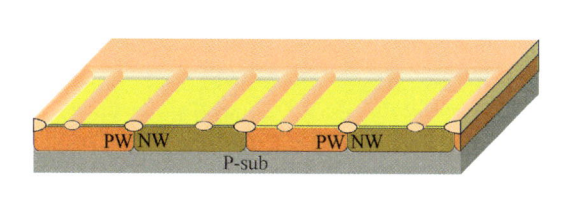

图 4-38 生长厚栅氧化层后的剖面图

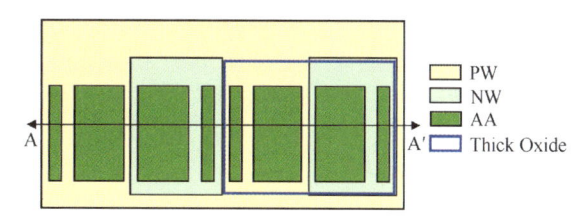

图 4-39 电路的版图

4）量测厚栅氧光刻套刻，收集曝光之后的厚栅氧光刻与 AA 的套刻数据。

5）检查显影后曝光的图形。

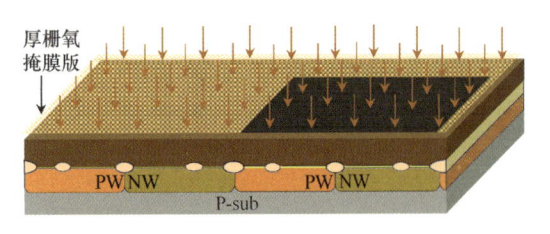

图 4-40 厚栅氧光刻的剖面图

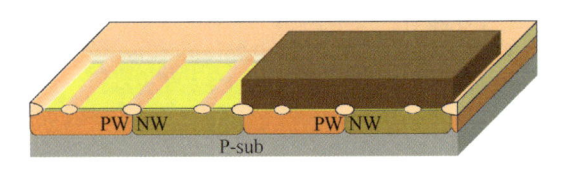

图 4-41 厚栅氧显影的剖面图

6）湿法刻蚀去除低压器件区域氧化层。通过湿法刻蚀去掉低压器件区域的氧化层，留下中压器件区域的栅氧。低压器件栅氧光刻的剖面图如图 4-42 所示。

7）去光刻胶。通过干法刻蚀和湿法刻蚀去除光刻胶。去除光刻胶后的剖面图如图 4-43 所示。

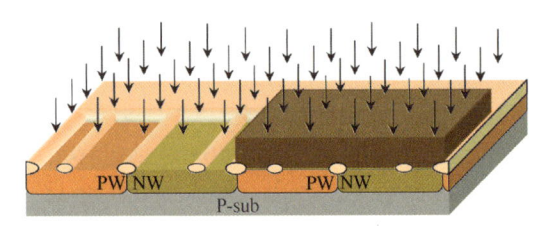

图 4-42 低压器件栅氧光刻的剖面图

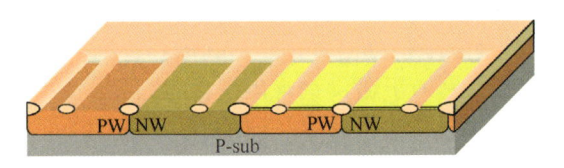

图 4-43 去除光刻胶后的剖面图

8）清洗。将晶圆放入清洗槽中清洗，得到清洁的表面，防止表面的杂质在生长薄栅氧化层时影响氧化层的质量。

9）生长薄栅氧化层。利用炉管热氧化生长一层薄的二氧化硅栅氧，温度为 900℃ 左右，先用湿氧氧化法，通入 H_2 和 O_2 的混合气体，然后用干氧氧化法，通入高纯度的氧气使硅氧化。该步骤为低压器件的栅氧，中压器件的栅氧就是两次所生长的栅氧，但不是相加，因为有氧化层覆盖的区域和没有氧化层覆盖的区域栅氧的生长速率是不一样的。生长薄栅氧和厚栅氧的剖面图如图 4-44 所示。

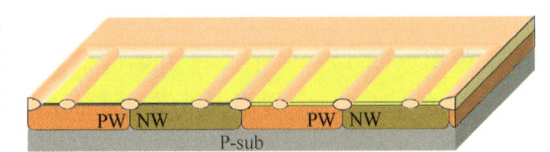

图 4-44 生长薄栅氧和厚栅氧的剖面图

4.1.7 多晶硅栅工艺

多晶硅栅工艺是指形成 MOS 器件的多晶硅栅极，栅极的作用是控制器件的关闭或者导通。淀积的多晶硅是未掺杂的，它是通过后续的源漏离子注入进行掺杂，PMOS 的栅是 p 型掺杂，NMOS 的栅是 n 型掺杂。多晶硅栅的费米能级会随掺杂的类型和杂质浓度而改变，多晶硅栅的费米能级会改变它的功函数，从而改变器件的阈值电压，可以通过调节多晶硅栅的掺杂来调节器件的阈值电压。

1）淀积多晶硅栅。利用 LPCVD 淀积一层多晶硅，利用 SiH_4 在 630℃左右的温度下发生分解并淀积在加热的晶圆表面，形成厚度约 2000Å 的多晶硅。图 4-45 所示为淀积多晶硅的剖面图。

2）淀积 WSi_2（硅化钨）。通过 LPCVD 淀积硅化物 WSi_2（硅化钨）薄膜，利用 SiH_4 和 WF_6 在 400℃左右的温度下发生化学反应，形成厚度约 1500Å 的 WSi_2。图 4-46 所示为淀积 WSi_2 的剖面图。

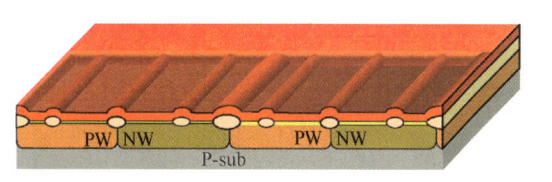

图 4-45 淀积多晶硅的剖面图

3）清洗。将晶圆放入清洗槽中清洗，得到清洁的表面。

4）栅极光刻处理。通过微影技术将栅极掩膜版上的图形转移到晶圆上，形成栅极的光刻胶图案，器件栅极区域上保留光刻胶。AA 作为栅极光刻曝光对准。图 4-47 所示为电路的版图，与图 4-39 比较，它多一层 Poly（多晶硅），工艺的剖面图是沿 AA′方向。图 4-48 所示为栅极光刻的剖面图；图 4-49 所示为栅极显影的剖面图。

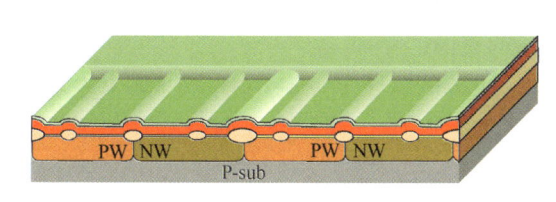

图 4-46 淀积 WSi_2 的剖面图

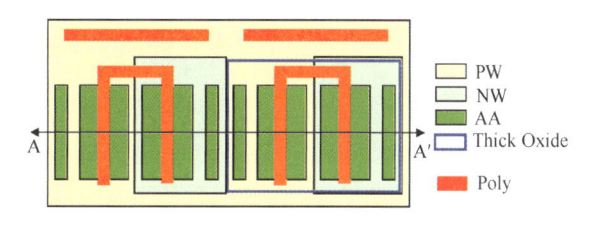

图 4-47 电路的版图

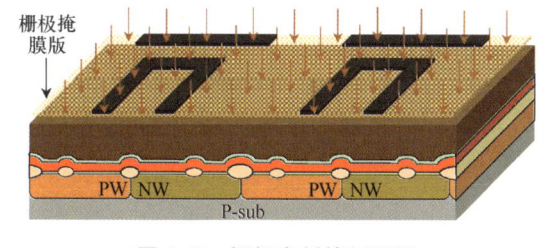

图 4-48 栅极光刻的剖面图

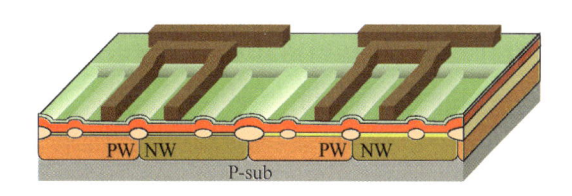

图 4-49 栅极显影的剖面图

5）量测栅极光刻关键尺寸。

6）量测栅极光刻套刻，收集曝光之后的栅极光刻与 AA 的套刻数据。

7）检查显影后曝光的图形。

8）栅极刻蚀。利用干法刻蚀去除没有光刻胶覆盖的多晶硅形成器件的栅极，刻蚀的气体是 Cl_2 和 HBr。刻蚀分两步：第一步是利用 Cl_2 去除 WSi_2；第二步是利用 Cl_2 和 HBr 刻蚀多晶硅。刻蚀会停止在氧化物上，因为当刻蚀到氧化物时，终点侦测器会侦查到氧化物的成分，提示多晶硅刻蚀已经完成，为防止有多晶硅残留导致短路，还会刻蚀一段时间，称为"Over Etch"。栅刻蚀的剖面图如图 4-50 所示。

9) 去除光刻胶。通过干法刻蚀和湿法刻蚀去除光刻胶。去除光刻胶的剖面图如图 4-51 所示。

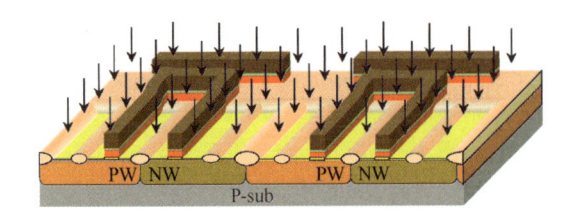

图 4-50 栅刻蚀的剖面图

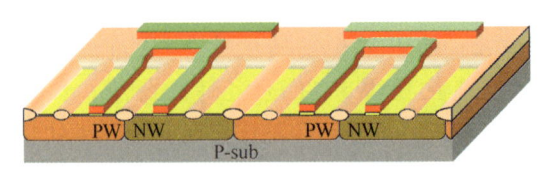

图 4-51 去除光刻胶的剖面图

4.1.8 轻掺杂漏（LDD）离子注入工艺

轻掺杂漏离子注入工艺是指在栅极的边界下方与源漏之间形成低掺杂的扩展区，该扩展区在源漏与沟道之间形成杂质浓度梯度，从而减小漏极附近的峰值电场，达到改善 HCI 效应和器件可靠性的目的。

1) 清洗。将晶圆放入清洗槽中清洗，得到清洁的表面。

2) 衬底和多晶硅氧化。利用炉管热氧化生长一层薄的氧化层，利用 O_2 在 850℃ 左右的温度下使多晶硅和衬底硅氧化，形成厚度约 150Å 的氧化硅，修复蚀刻时的损伤，表面的氧化硅可以防止离子注入隧道效应，隔离衬底硅与光刻胶，防止光刻胶中的有机物与硅接触污染硅衬底。衬底和多晶硅氧化的剖面图如图 4-52 所示。

3) PLDD 光刻处理。通过微影技术将 PLDD 掩膜版上的图形转移到晶圆上，形成 PLDD 的光刻图案，非 PLDD 区域上保留光刻胶。PLDD 是用于控制 PMOS 管漏极轻掺杂，削弱 HCI 效应。PLDD 掩膜版是通过逻辑运算得到的。AA 作为 PLDD 光刻曝光对准。图 4-53 所示为电路的版图，与图 4-47 比较，它多一层 p+，工艺的剖面图是沿 AA′方向。图 4-54 所示为 PLDD 光刻的剖面图；图 4-55 所示为 PLDD 显影的剖面图。

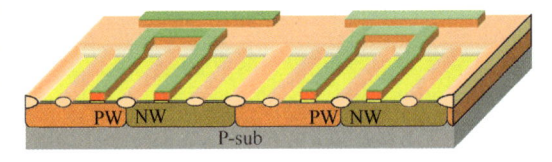

图 4-52 衬底和多晶硅氧化的剖面图

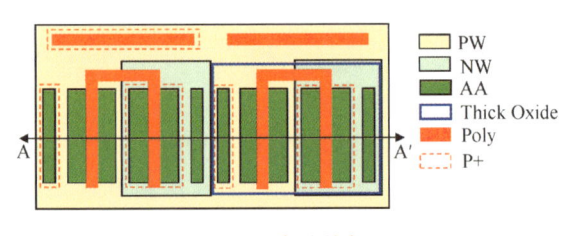

图 4-53 电路的版图

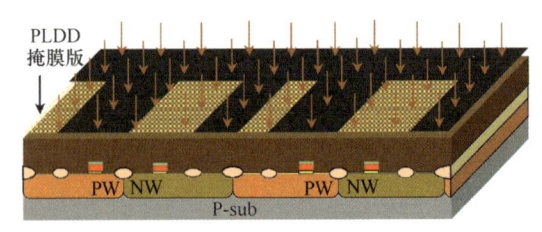

图 4-54 PLDD 光刻的剖面图

4) 量测 PLDD 光刻套刻，收集曝光之后的 PLDD 光刻与 AA 的套刻数据。

5）检查显影后曝光的图形。

6）PLDD 离子注入。低能量、浅结深、低掺杂的二氟化硼（BF_2）离子注入。PLDD 可以有效地削弱 PMOS 的 HCI 效应，但是采用 PLDD 离子注入的方法的缺点使制程复杂，并且轻掺杂也会使源和漏串联电阻增大，导致 PMOS 速度降低。图 4-56 所示为 PLDD 离子注入的剖面图。

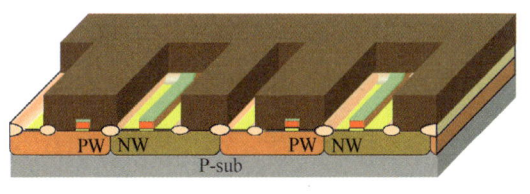

图 4-55　PLDD 显影剖面图

图 4-56　PLDD 离子注入的剖面图

7）去除光刻胶。通过干法刻蚀和湿法刻蚀去除光刻胶。图 4-57 所示为去除光刻胶后的剖面图。

8）NLDD 光刻处理。通过微影技术将 NLDD 掩膜版上的图形转移到晶圆上，形成 NLDD 的光刻胶图案，非 NLDD 区域上保留光刻胶。NLDD 是用于控制 NMOS 管漏极轻掺杂，削弱 HCI 效应。NLDD 掩膜版是通过逻辑运算得到的。AA 作为 NLDD 光刻曝光对准。图 4-58 所示为电路的版图，与图 4-53 比较，它多一层 n+，工艺的剖面图是沿 AA′方向。图 4-59 所示为 NLDD 光刻的剖面图；图 4-60 所示为 NLDD 显影的剖面图。

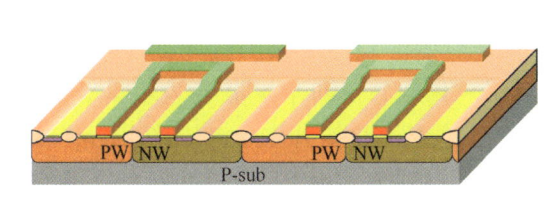

图 4-57　去除光刻胶后的剖面图

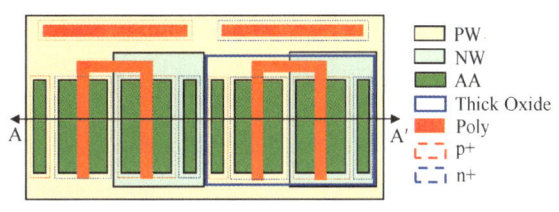

图 4-58　电路的版图

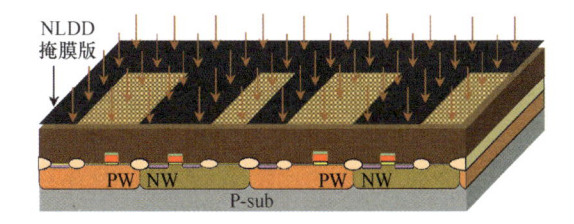

图 4-59　NLDD 光刻的剖面图

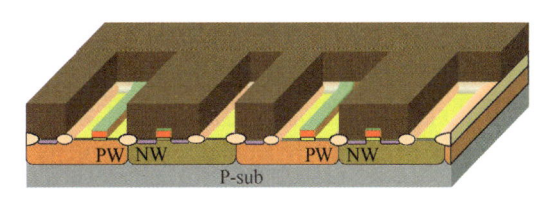

图 4-60　NLDD 显影剖面图

9）量测 NLDD 光刻套刻，收集曝光之后的 NLDD 光刻与 AA 的套刻数据。

10）检查显影后曝光的图形。

11）NLDD 离子注入。低能量、浅结深、低掺杂的砷离子注入，NLDD 可以有效地削弱 NMOS 的 HCI 效应，但是采用 NLDD 离子注入的方法的缺点使制程复杂，并且轻掺杂使源和漏串联电阻增大，导致 NMOS 的速度降低。NLDD 离子注入的剖面图如图 4-61 所示。

12）去除光刻胶。通过干法刻蚀和湿法刻蚀去除光刻胶。去除光刻胶后的剖面图如图 4-62 所示。

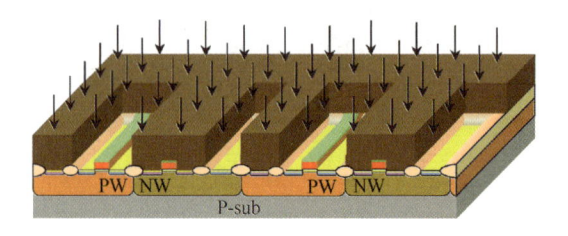

图 4-61　NLDD 离子注入的剖面图　　　　图 4-62　去除光刻胶后的剖面图

13）清洗。将晶圆放入清洗槽中清洗，得到清洁的表面，防止表面的杂质在后序退火工艺中扩散到内部。

14）LDD 退火激活。利用快速热退火（RTP）在 950℃ 的 H_2 环境中，退火时间是 5s 左右，目的是修复离子注入造成的硅表面晶体损伤，激活离子注入的杂质。

4.1.9　侧墙工艺

侧墙工艺是指形成环绕多晶硅的氧化介质层，从而保护 LDD 结构，通过防止重掺杂的源漏离子注入工艺把离子注入 LDD 结构的扩展区。侧墙是由两个主要工艺步骤形成，首先淀积一层二氧化硅，再利用各向异性干法刻蚀去除表面的二氧化硅，最终多晶硅栅侧面保留一部分二氧化硅。侧墙工艺不需要掩膜版，它仅仅是利用各向异性干法刻蚀的回刻形成的。

1）淀积氧化硅侧墙结构。利用 APCVD 淀积一层厚度约 4000Å 的二氧化硅层。利用 TEOS（Tetraethylor Thosilicate）和 O_3 在 400℃ 发生反应氧化 TEOS 形成二氧化硅淀积层。TEOS 是一种含有硅与氧的有机硅化物四乙基氧化硅 $Si(OC_2H_5)_4$，在室温常压下为液体，TEOS 的台阶覆盖率非常好。O_3-TEOS 氧化层具有极好的似型性和间隙填充能力，可以填充非常小的间隙。侧墙结构可以保护栅极形成 PLDD 和 NLDD 结构，同时防止栅和源漏孔接触通道之间发生漏电。淀积氧化硅侧墙结构的剖面图如图 4-63 所示。

2）侧墙刻蚀。利用各向异性干法蚀刻形成侧墙，刻蚀的气体是 Cl_2 和 CF_4。因为在栅两边的氧化物在垂直方向较厚，在蚀刻同样厚度的情况下，拐角处留下一些不能被蚀刻的氧化物，因此形成侧墙。侧墙刻蚀的剖面图如图 4-64 所示。

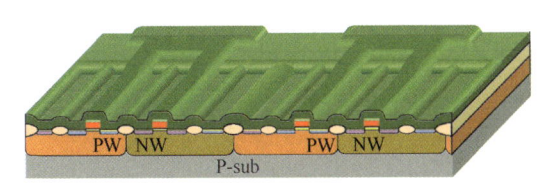

图 4-63 淀积氧化硅侧墙结构的剖面图

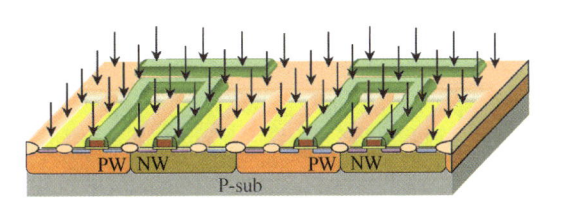

图 4-64 侧墙刻蚀的剖面图

4.1.10 源漏离子注入工艺

源漏离子注入工艺是指形成器件的源漏有源区重掺杂的工艺，降低器件有源区的串联电阻，提高器件的速度。同时源漏离子注入也会形成 n 型和 p 型阱接触的有源区，或者 n 型和 p 型有源区电阻，或者 n 型和 p 型多晶硅电阻。

1）清洗。将晶圆放入清洗槽中清洗，得到清洁的表面，防止表面的杂质在生长氧化层时影响氧化层的质量。

2）衬底氧化。利用炉管热氧化生长一层薄的氧化层，利用 O_2 在 850℃ 左右的温度下使多晶硅和衬底硅氧化，形成厚度约 100Å 的氧化硅，修复蚀刻时的损伤，表面的氧化硅可以防止离子注入隧道效应，隔离衬底硅与光刻胶，防止光刻胶中的有机物与硅接触污染硅衬底。

3）n+光刻处理。通过微影技术将 n+掩膜版上的图形转移到晶圆上，形成 n+的光刻胶图案，非 n+区域上保留光刻胶。n+为 NMOS 源和漏的离子重掺杂离子注入，以及有源区和多晶硅重掺杂离子注入。AA 作为 n+光刻曝光对准。图 4-65 所示为 n+光刻的剖面图；图 4-66 所示为 n+显影的剖面图。

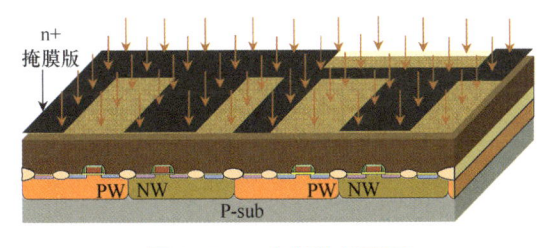

图 4-65 n+光刻的剖面图

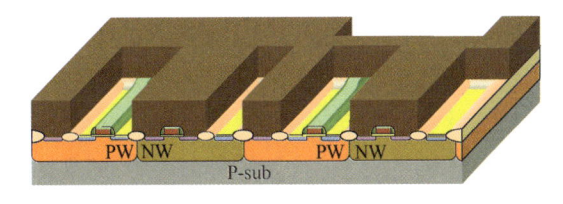

图 4-66 n+显影的剖面图

4）量测 n+光刻套刻，收集曝光之后的 n+光刻与 AA 的套刻数据。

5）检查显影后曝光的图形。

6）n+离子注入。低能量、浅结深、重掺杂的砷离子注入，形成了重掺杂 NMOS 的源和漏，以及形成 n 型有源区和多晶硅。采用离子注入的方法，降低 NMOS 源和漏的串联电阻，提高 NMOS 的速度。图 4-67 所示为 n+离子注入的剖面图。

7）去除光刻胶。通过干法刻蚀和湿法刻蚀去除光刻胶。图 4-68 所示为去除光刻胶后的剖面图。

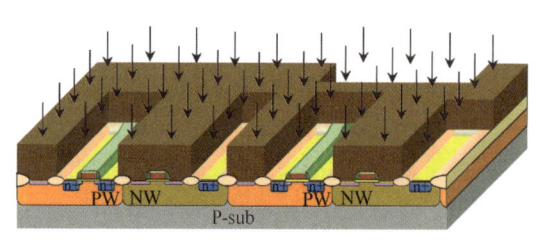

图 4-67　n+离子注入的剖面图 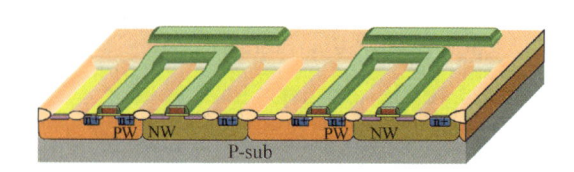　　　　　图 4-68　去除光刻胶后的剖面图

8) p+光刻处理。通过微影技术将 p+掩膜版上的图形转移到晶圆上，形成 p+的光刻胶图案，非 p+区域上保留光刻胶。p+为 PMOS 源和漏的离子重掺杂离子注入，以及有源区和多晶硅重掺杂离子注入。AA 作为 p+光刻曝光对准。图 4-69 所示为 p+光刻的剖面图，图 4-70 所示为 p+显影的剖面图。

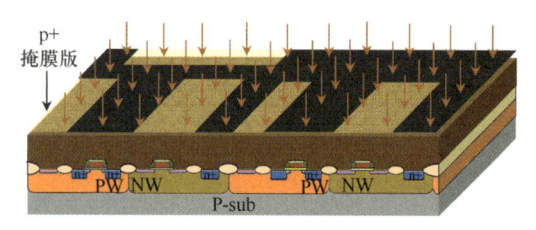

图 4-69　p+光刻的剖面图 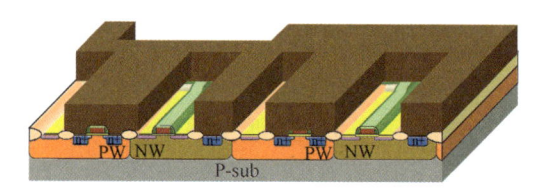　　　　　图 4-70　p+显影的剖面图

9) 量测 p+光刻套刻，收集曝光之后的 p+光刻与 AA 的套刻数据。

10) 检查显影后曝光的图形。

11) p+离子注入。低能量、浅结深、重掺杂的二氟化硼离子注入，形成了重掺杂 PMOS 的源和漏，以及形成 p 型扩散电阻和多晶硅电阻。采用离子注入的方法，降低 PMOS 源和漏的串联电阻，提高 PMOS 的速度。图 4-71 所示为 p+离子注入的剖面图。

12) 去除光刻胶。通过干法刻蚀和湿法刻蚀去除光刻胶。去除光刻胶的剖面图如图 4-72 所示。

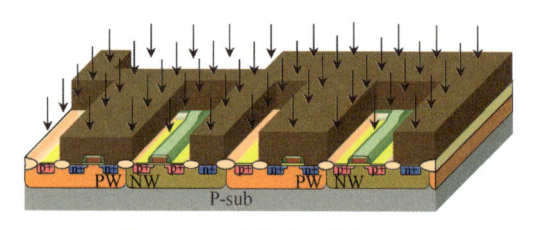

图 4-71　p+离子注入的剖面图 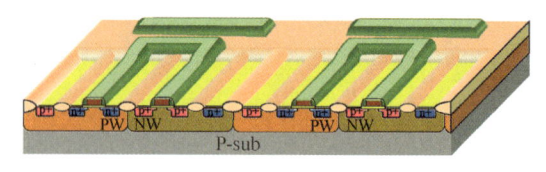　　　　　图 4-72　去除光刻胶的剖面图

13) 清洗。将晶圆放入清洗槽中清洗，得到清洁的表面，防止表面的杂质在后续退火工艺中扩散到内部。

14) n+和 p+退火激活。利用快速热退火（RTP）在 950℃的 H_2 环境中，退火时间是 10~20s，退火的目的是修复离子注入造成的硅表面晶体损伤，激活离子注入的杂质。

15）去除氧化层。利用湿法刻蚀去除氧化层。图 4-73 所示为去除表面氧化硅后的剖面图。

16）清洗。将晶圆放入清洗槽中清洗，得到清洁的表面，防止表面的杂质在生长氧化层时影响氧化层的质量。

17）生长氧化层。利用炉管热氧化生长一层薄的氧化层，利用 O_2 在 850℃ 左右的温度下使多晶硅和衬底硅氧化，形成厚度约 100Å 的氧化硅。隔离和保护衬底，防止 ILD 中的杂质向衬底扩散，影响器件性能。图 4-74 所示为淀积氧化层后的剖面图。

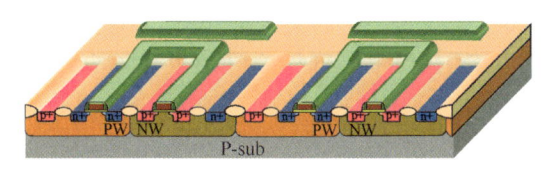

图 4-73　去除表面氧化硅后的剖面图

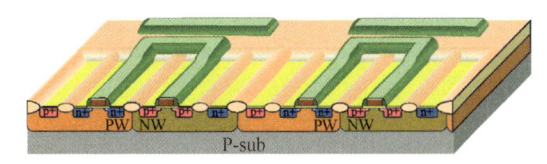

图 4-74　淀积氧化层后的剖面图

18）淀积 SiON。利用 PECVD 淀积一层厚度约 200~300Å 的 SiON 薄膜，利用硅烷（SiH_4）、一氧化二氮（N_2O）和 He 在 400℃ 的温度下发生化学反应形成 SiON 淀积。SiON 层可以防止 BPSG 中的 B，P 析出向衬底扩散，影响器件性能。图 4-75 所示为淀积 SiON 的剖面图。

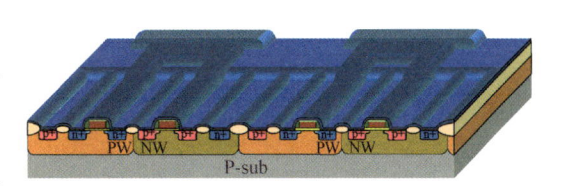

图 4-75　淀积 SiON 的剖面图

4.2　亚微米 CMOS 后段工艺制程技术流程[1]

对于特征尺寸在亚微米范围的 CMOS 后段工艺制程技术，0.5μm 及以上的工艺后段一般用局部平坦化工艺，因为平坦化较差，金属的层数只有 3 层，而 0.35μm 及以下的工艺后段一般用全局平坦化，金属的层数可以达到 5 层以上。这里仅仅介绍利用 CMP 做全局平坦化的工艺，采用钨（W）作为通孔互连材料，把铝铜合金（AlCu）作为金属互连线材料。金属之间的介质材料是氧化硅。还介绍了 MIM 器件的制造过程，每一个主要步骤中都会有工艺的剖面图。亚微米 CMOS 后段工艺制程技术流程见表 4-2。

表 4-2　亚微米 CMOS 后段工艺制程技术流程

1.	ILD 工艺	7.	金属层 2 工艺
2.	接触孔工艺	8.	IMD2 工艺
3.	金属层 1 工艺	9.	通孔 2 工艺
4.	IMD1 工艺	10.	顶层金属工艺
5.	通孔 1 工艺	11.	钝化层工艺
6.	MIM 工艺		

4.2.1 ILD 工艺

ILD 工艺是指在晶体管与第一层金属之间形成的介质材料，形成电性隔离。ILD 介质层可以有效地降低金属与衬底之间的寄生电容，改善金属横跨不同的区域而形成寄生的场效应晶体管。ILD 的介质材料是氧化硅。

1) 淀积 USG。通过 PECVD 淀积一层厚度约为 500~600Å 的 USG（Un-doped Silicate Glass，非掺杂硅玻璃）。淀积的方式是利用 TEOS 在 400℃ 发生分解反应形成二氧化硅淀积层。USG 为不掺杂的 SiO_2，USG 可以防止 BPSG 中析出的硼和磷扩散到衬底，造成衬底污染。

2) 淀积 BPSG。利用 APCVD 淀积一层厚度约为 8000~9000Å 的 BPSG。利用 O_3、TEOS、$B(OC_2H_5)_3$ 和 $PO(OC_2H_5)_3$ 在加热的条件下发生反应形成 BPSG 淀积层。BPSG 是含硼（B）和磷（P）的硅玻璃，它们的含量控制在 3%~5%。BPSG 有利于平坦化，BPSG 中掺硼可以降低回流的所需的温度，掺磷可吸收钠离子和防潮。

3) BPSG 回流。利用 LPCVD 使 BPSG 在 800~900℃ 的温度下回流，从而实现局部平坦化，避免起球现象，以利于后续的 CMP 工艺。在回流的过程中，BPSG 中的 B 和 P 会析出。图 4-76 所示为 BPSG 回流后的剖面图。

图 4-76　BPSG 回流后的剖面图

4) 酸槽清洗去除硼和磷离子。将晶圆放入清洗槽中清洗，利用酸槽将 BPSG 回流时析出的硼和磷清除。

5) 淀积 USG。利用 HDP CVD 淀积一层厚度约为 5000Å 的 SiO_2。因为 BPSG 的研磨速率较慢和硬度过小，所以淀积一层 USG，避免 BPSG 被 CMP 划伤和提高效率。

6) ILD CMP。通过 CMP 实现 ILD 平坦化，以利于后续淀积金属互连线和光刻工艺。因为 ILD CMP 没有停止层，所以必须通过控制 CMP 工艺的时间来达到特定的 ILD 厚度。图 4-77 所示为 ILD CMP 后的剖面图。

7) 量测 ILD 厚度。收集 CMP 之后的 ILD 厚度数据，检查是否符合产品规格。

8) 清洗。首先利用 NH_4OH 和 H_2O 清洗，再使用 $HF：H_2O$（100∶1）清洗，最后用超纯净水清洗，得到清洁的表面。

9) 淀积 USG。通过 PECVD 淀积一层厚度约为 5000Å 的 USG。淀积的方式是利用 TEOS 在 400℃ 发生分解反应形成二氧化硅淀积层。目的是隔离 BPSG 与上层金属，防止 BPSG 中析出的硼和磷扩散影响上层金属，以及修复 CMP 对表面的损伤。

10) 淀积 SiON。利用 PECVD 淀积一层厚度约 200~300Å 的 SiON 层，利用硅烷（SiH_4）、一氧化二氮（N_2O）和 He 在 400℃ 的温度下发生化学反应形成 SiON 淀积。SiON 层作为光刻的底部抗反射层（BARC）。图 4-78 所示为淀积 SiON 的剖面图。

图 4-77　ILD CMP 后的剖面图

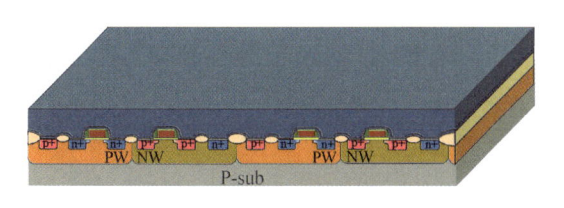

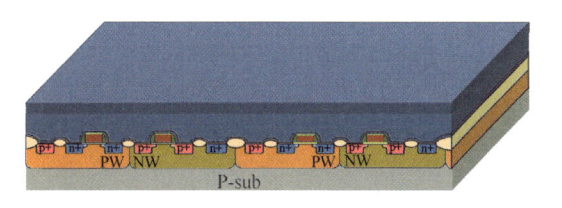

图 4-78　淀积 SiON 的剖面图

4.2.2　接触孔工艺

接触孔工艺是指在 ILD 介质层上形成很多细小的垂直通孔，它是晶体管与金属层 1 连接通道。通孔的填充材料是金属钨（W），因为淀积钨的工艺是金属 CVD，金属 CVD 具有优良的台阶覆盖率以及对高深宽比接触通孔无间隙的填充。

1）CT（Contact 接触孔）光刻处理。通过微影技术将 CT 掩膜版上的图形转移到晶圆上，形成 CT 的光刻胶图案，非 CT 区域上保留光刻胶。AA 作为 CT 光刻曝光对准。图 4-79 所示为电路的版图，与图 4-58 比较，它多一层 CT，工艺的剖面图是沿 AA′方向。图 4-80 所示为 CT 光刻的剖面图；图 4-81 所示为 CT 显影的剖面图。

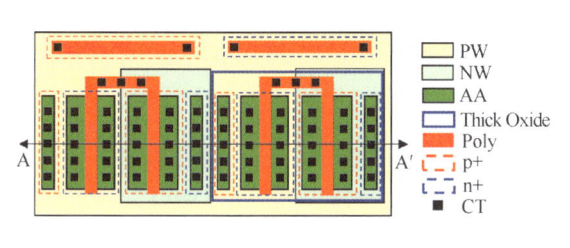

图 4-79　电路的版图

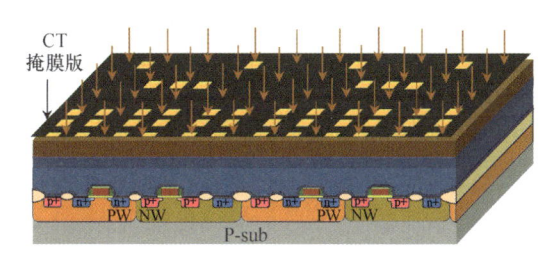

图 4-80　CT 光刻的剖面图

2）量测 CT 光刻的关键尺寸。

3）量测 CT 光刻套刻，收集曝光之后的 CT 光刻与 AA 的套刻数据。

4）检查显影后曝光的图形。

5）CT 干法刻蚀。利用干法刻蚀去除无光刻胶覆盖区域的氧化物，获得垂直的侧墙形成接触通孔，提供金属和底层器件的连接。刻蚀的气体是 CHF_3 和 CF_4。SiON 作为刻蚀的缓冲层，终点侦查器会侦查到刻蚀氧化物的副产物锐减，刻蚀最终停在硅上面。图 4-82 所示为 CT 刻蚀的剖面图。

6）去除光刻胶。通过干法刻蚀和湿法刻蚀去除光刻胶。图 4-83 所示为去除光刻胶的剖面图。

7）清洗。将晶圆放入清洗槽中清洗，得到清洁的表面。

8）量测 CT 刻蚀关键尺寸。

图 4-81 CT 显影的剖面图

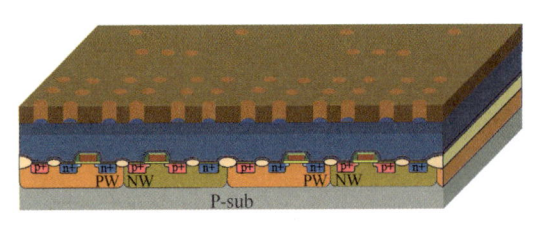

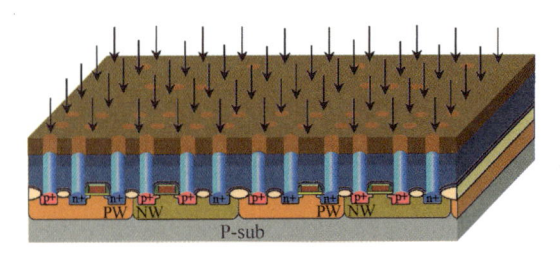

图 4-82 CT 刻蚀的剖面图

9) Ar 刻蚀。PVD 前用 Ar 离子溅射清洁表面。

10) 淀积 Ti/TiN 层。利用 PVD 的方式淀积 200Å 的 Ti 和 500Å 的 TiN。首先通入气体 Ar 轰击 Ti 靶材，淀积 Ti 薄膜。再通入气体 Ar 和 N_2 轰击 Ti 靶材，淀积 TiN 薄膜。Ti/TiN 层可以防止钨与硅反应，同时可以形成低阻的欧姆接触，而且有助于后续的钨层附着在氧化层上，因为钨与氧化物之间的粘附性很差，如果没有 Ti/TiN 的辅助，钨层很容易脱落。图 4-84 所示为淀积 Ti/TiN 的剖面图。

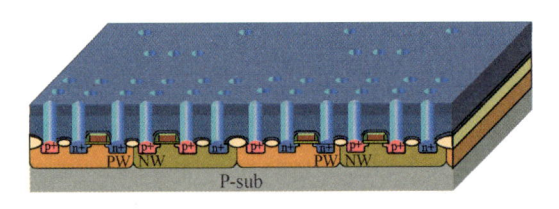

图 4-83 去除光刻胶的剖面图

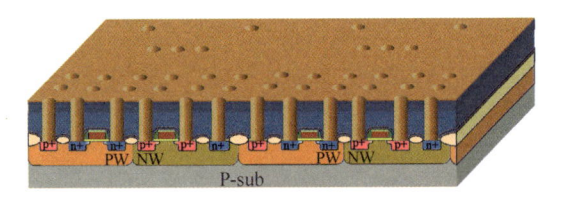

图 4-84 淀积 Ti/TiN 的剖面图

11) 退火。用快速热退火在 800℃ 的 H_2 环境中，修复刻蚀造成的硅表面晶体损伤。

12) 淀积钨层。利用 CVD 的方式淀积钨层，填充接触孔，通入的气体是 WF_6、SiH_4 和 H_2。淀积分两个过程：首先是利用 WF_6 和 SiH_4 淀积一层成核的钨籽晶层，再利用 WF_6 和 H_2 淀积大量的钨。钨生长是各向同性，生长的厚度不小于 CT 的半径。淀积钨层的剖面图如图 4-85 所示。

13) 钨 CMP。利用 CMP 除去表面的钨和 Ti/TiN，防止不同区域的接触孔短路，留下钨塞填充接触孔。氧化物是 CMP 的停止层，CMP 终点侦察器侦查到 ILD 硅玻璃反射回来的信号，但还要考虑工艺的容忍度，防止有钨残留造成短路，所以侦查到终点时，还要进行一定时间的工艺。钨 CMP 的剖面图如图 4-86 所示。

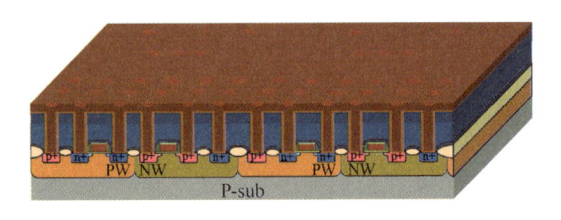

图 4-85 淀积钨层的剖面图

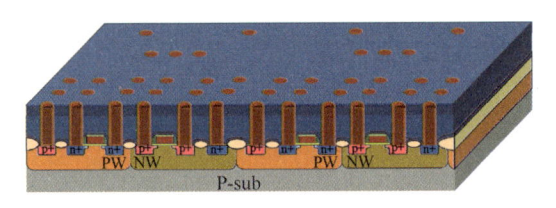

图 4-86 钨 CMP 的剖面图

14）清洗。利用酸槽清洗晶圆，得到清洁的表面。

4.2.3 金属层1工艺

金属层1（M1）工艺是指形成第一层金属互连线，金属互连线的目的是实现把不同的器件连接起来。金属层是三明治结构，它是由不同的难熔金属组成，包括Ti、TiN和AlCu。

1）Ar刻蚀。PVD前用Ar离子溅射清洁表面。

2）淀积Ti/TiN层。利用PVD的方式淀积300Å的Ti和500Å的TiN。首先通入气体Ar轰击Ti靶材，淀积Ti薄膜。再通入气体Ar和N_2轰击Ti靶材，淀积TiN薄膜。Ti作为粘接层，TiN是Al的辅助层，TiN也作为夹层防止Al与二氧化硅相互扩散，TiN也可以改善Al的电迁移，TiN中的Ti会与Al反应生成$TiAl_3$，$TiAl_3$是非常稳定的物质，它可以有效抵御电迁移现象。

3）淀积AlCu金属层。通常称金属溅镀时所使用的原料为铝合金靶材，其成分为0.5%铜，1%硅及98.5%铝。最初的制程是使用99%铝和1%硅，掺杂硅是为了改善铝穿刺现象。掺杂0.5%的铜是为了降低金属电迁移。通过PVD的方式利用Ar离子轰击铝合金靶材淀积厚度为5500Å的AlCu金属层，作为第一层金属互连线。

4）淀积TiN层。通过PVD的方式利用Ar离子轰击Ti靶材，Ti与N_2反应生成TiN，淀积350Å的TiN。TiN隔离层可以防止Al和氧化硅之间相互扩散，TiN除具有改善电迁移的作用外，还作为VIA蚀刻的停止层和光刻的抗反射层。图4-87所示为淀积金属层Ti/TiN/AlCu/TiN的剖面图。

5）M1光刻处理。通过微影技术将M1掩膜版上的图形转移到晶圆上，形成M1光刻胶图案，M1区域上保留光刻胶。CT作为M1光刻曝光对准。图4-88所示为电路的版图，与图4-79比较，它多一层M1，工艺的剖面图是沿AA′方向。图4-89所示为M1光刻的剖面图；图4-90所示为M1显影的剖面图。

图4-87 淀积金属层Ti/TiN/AlCu/TiN的剖面图

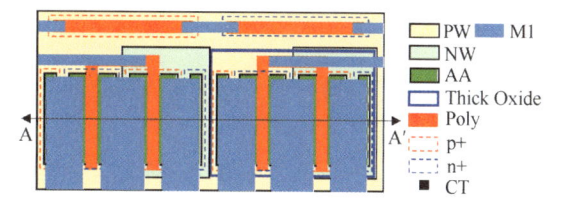

图4-88 电路的版图

6）量测M1光刻的关键尺寸。

7）量测M1的套刻，收集曝光之后的M1光刻与CT的套刻数据。

8）检查显影后曝光的图形。

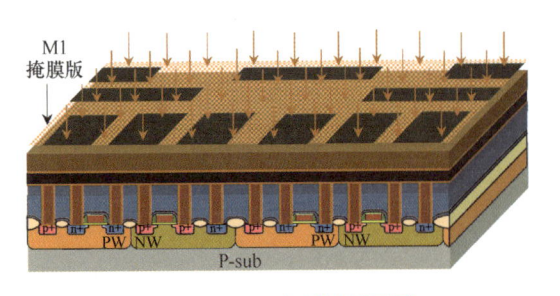

图 4-89　M1 光刻的剖面图

图 4-90　M1 显影的剖面图

9) M1 干法刻蚀。利用干法刻蚀去除没有被光刻胶覆盖的金属，保留有光刻胶区域的金属形成金属互连线，刻蚀的气体是 Cl_2。刻蚀最终停在氧化物上，终点侦查器会侦查到刻蚀氧化物的副产物。图 4-91 所示为 M1 刻蚀的剖面图。

10) 去除光刻胶。除了前面提到的干法刻蚀利用氧气形成等离子浆分解大部分光刻胶，还要通过湿法刻蚀利用有机溶剂去除金属刻蚀残留的氯离子，因为氯离子会与空气接触形成 HCl 腐蚀金属。图 4-92 所示为去除光刻胶的剖面图。

11) 量测 M1 刻蚀的关键尺寸。

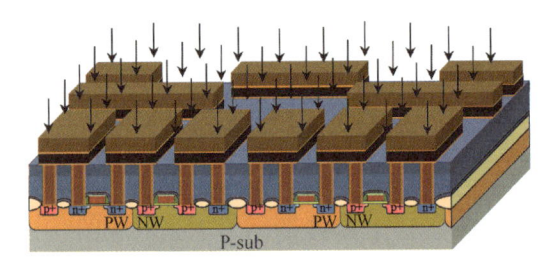

图 4-91　M1 刻蚀的剖面图

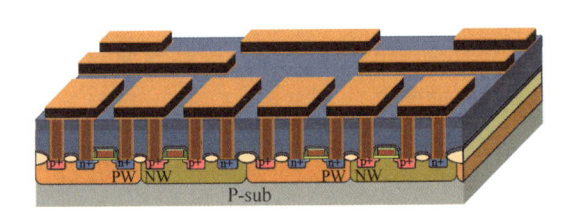

图 4-92　去除光刻胶的剖面图

4.2.4　IMD1 工艺

IMD1 工艺是指在第一层金属与第二层金属之间形成的介质材料，形成电性隔离。IMD1 的材料是氧化硅。

1) 淀积 SiO_2。通过 PECVD 淀积一层厚度约为 1000Å 的 SiO_2。淀积的方式是利用 TEOS 在 400℃ 发生分解反应形成二氧化硅淀积层。SiO_2 可以保护金属，防止后续的 HDP CVD 工艺损伤金属互连线。图 4-93 所示为淀积 SiO_2 的剖面图。

2) 淀积 USG。利用 HDP CVD 淀积一层比较厚的 SiO_2，厚度约为 7000Å。因为 HDP 台阶覆盖率非常好，可以有效地填充金属线之间的空隙。

3) 淀积 USG。利用 PECVD 淀积一层 SiO_2，厚度约为 8000Å。淀积的方式是利用 TEOS 在 400℃ 发生分解反应形成二氧化硅淀积层。因为 PECVD 的淀积速率比 HDP CVD 要高，可以提高产能。但是 PECVD 的空隙填充能力比 HDP CVD 差。图 4-94 所示为淀积 USG 的剖面图。

图 4-93 淀积 SiO$_2$ 的剖面图

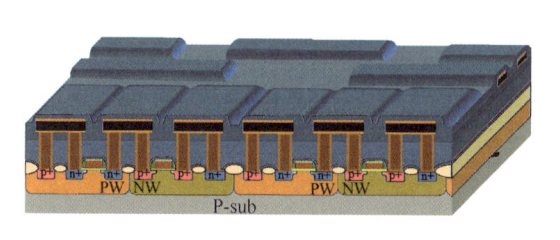

图 4-94 淀积 USG 的剖面图

4）IMD1 平坦化。利用 CMP 进行 IMD1 平坦化，以利于后续淀积金属和光刻工艺。因为 IMD1 CMP 没有停止层，所以必须通过控制 CMP 工艺的时间来达到特定的 IMD1 厚度。图 4-95 所示为 IMD1 CMP 的剖面图。

5）清洗。利用酸槽清洗晶圆，得到清洁的表面。

6）量测 IMD1 厚度。收集 CMP 之后的 IMD1 厚度数据，检查是否符合产品规格。

7）淀积 USG。利用 PECVD 淀积一层比较厚的 USG，厚度约为 2000Å。淀积的方式是利用 TEOS 在 400℃发生分解反应形成二氧化硅淀积层。修复 CMP 对表面的损伤。

8）淀积 SiON。利用 PECVD 淀积一层厚度约 200~300Å 的 SiON 层，利用硅烷（SiH$_4$）、一氧化二氮（N$_2$O）和 He 在 400℃的温度下发生化学反应形成 SiON 淀积。SiON 层作为光刻的底部抗反射层（BARC）。图 4-96 所示为淀积 SiON 的剖面图。

图 4-95 IMD1 CMP 的剖面图

图 4-96 淀积 SiON 的剖面图

4.2.5 通孔 1 工艺

通孔 1 工艺是指在 IMD1 介质层上形成金属层 1（M1）与金属层 2（M2）连接通道。通孔的填充材料也是金属钨（W），它利用 CVD 进行淀积可以实现优良的台阶覆盖率和高深宽比接触通孔无间隙的填充。

1）VIA1 光刻处理。通过微影技术将 VIA1 掩膜版上的图形转移到晶圆上，形成 VIA1 的光刻胶图案，非 VIA1 区域上保留光刻胶。M1 作为 VIA1 光刻曝光对准。图 4-97 所示为电路的版图，与图 4-88 比较，它多一层 VIA1，工艺的剖面图是沿 AA′方向。图 4-98 所示为 VIA1 光刻的剖面图；图 4-99 所示为 VIA1 显影的剖面图。

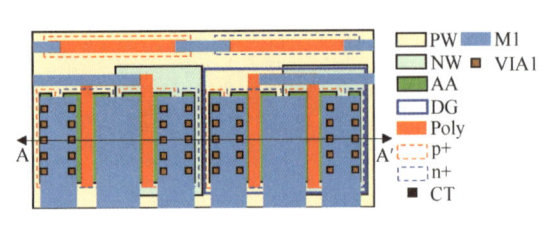

图 4-97　电路的版图

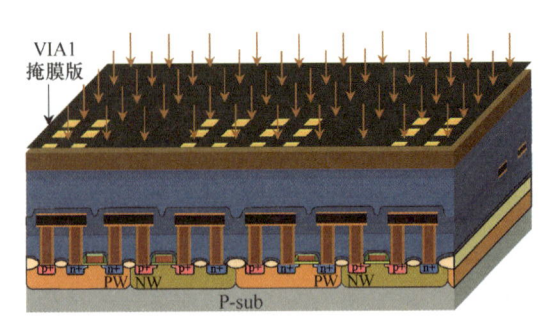

图 4-98　VIA1 光刻的剖面图

2）量测 VIA1 光刻的关键尺寸。

3）量测 VIA1 光刻套刻，收集曝光之后的 VIA1 光刻与 M1 的套刻数据。

4）检查显影后曝光的图形。

5）VIA1 刻蚀。利用干法刻蚀去除无光刻胶覆盖区域的氧化物，获得垂直的侧墙形成通孔 1，提供金属层 1 和金属层 2 的连接。刻蚀的气体是 CHF_3 和 CF_4。TiN 作为刻蚀的停止层，终点侦查器会侦查到刻蚀氧化物的副产物锐减，刻蚀最终停在 TiN 上面。图 4-100 所示为 VIA1 刻蚀的剖面图。

图 4-99　VIA1 显影的剖面图

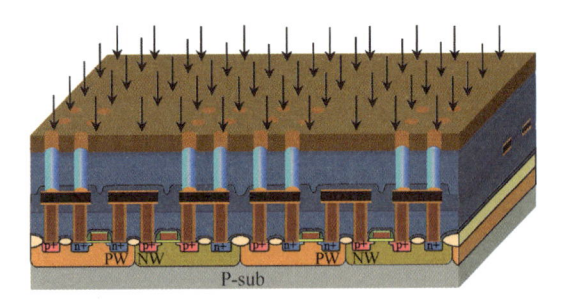

图 4-100　VIA1 刻蚀的剖面图

6）去除光刻胶。除了前面提到的干法刻蚀利用氧气形成等离子浆分解大部分光刻胶，再通过湿法刻蚀利用有机溶剂进行清洗。图 4-101 所示为去除光刻胶的剖面图。

7）量测 VIA1 刻蚀关键尺寸。

8）Ar 刻蚀。PVD 前用 Ar 离子溅射清洁表面。

9）淀积 Ti/TiN 层。利用 PVD 的方式淀积 200Å 的 Ti 和 500Å 的 TiN。首先通入气体 Ar 轰击 Ti 靶材，淀积 Ti 薄膜。再通入气体 Ar 和 N_2 轰击 Ti 靶材，淀积 TiN 薄膜。Ti/TiN 层可以防止钨与硅反应，而且有助于后续的钨层附着在氧化层上，因为钨与氧化物之间的粘附性很差，如果没有 Ti/TiN 的辅助，钨层很容易脱落。图 4-102 所示为淀积 Ti/TiN 的剖面图。

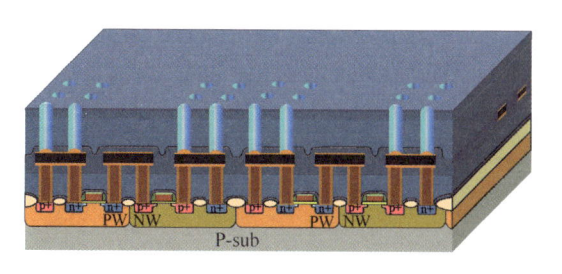

图 4-101　去除光刻胶的剖面图

图 4-102　淀积 Ti/TiN 的剖面图

10）淀积钨层。利用 CVD 的方式淀积钨层，填充通孔，通入的气体是 WF_6、SiH_4 和 H_2。淀积分两个过程：首先是利用 WF_6 和 SiH_4 淀积一层成核的钨籽晶层，再利用 WF_6 和 H_2 淀积大量的钨。钨生长是各向同性，生长的厚度不小于 VIA1 的半径。图 4-103 所示为淀积钨层的剖面图。

11）钨 CMP。利用 CMP 除去表面的钨和 TiN，防止不同区域的 VIA1 短路，留下钨塞填充通孔。氧化物是 CMP 的停止层，CMP 终点侦察器侦查到 IWD1 硅玻璃反射回来的信号，但还要考虑工艺的容忍度，防止有钨残留造成短路，所以侦查到终点时，还要进行一定时间的工艺。图 4-104 所示为钨 CMP 的剖面图。

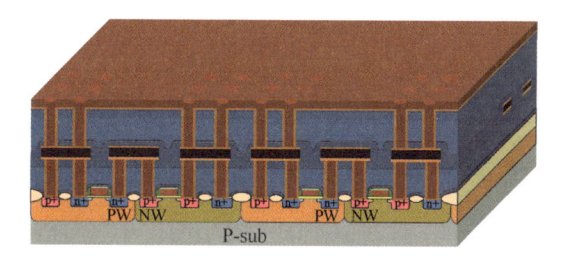

图 4-103　淀积钨层的剖面图

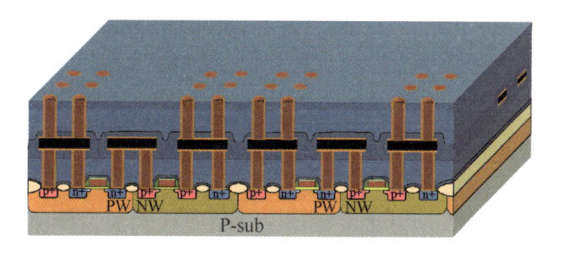

图 4-104　钨 CMP 的剖面图

12）清洗。利用酸槽清洗晶圆，纯净水清洗，得到清洁的表面。

4.2.6　金属电容（MIM）工艺

金属电容（Metal Insulator Metal，MIM）工艺是指淀积 MIM 介质层和 MIM 金属上极板，以及刻蚀 MIM 金属上极板的过程。

1）Ar 刻蚀。PVD 前用 Ar 离子溅射清洁表面。

2）淀积 Ti/TiN 层。利用 PVD 的方式淀积 300Å 的 Ti 和 500Å 的 TiN。首先通入气体 Ar 轰击 Ti 靶材，淀积 Ti 薄膜。再通入气体 Ar 和 N_2 轰击 Ti 靶材，淀积 TiN 薄膜。Ti 作为粘接层，TiN 是 Al 的辅助层，TiN 也作为夹层防止 Al 与二氧化硅相互扩散，TiN 也可以改善 Al 的电迁移，TiN 中的 Ti 会与 Al 反应生成 $TiAl_3$，$TiAl_3$ 是非常稳定的物质，它可以有效地抵御电迁移现象。

3）淀积 AlCu 金属层。使用的原料为铝合金靶材，其成分为 0.5% 铜，1% 硅及 98.5%

铝。通过 PVD 的方式利用 Ar 离子轰击铝靶材淀积 AlCu 金属层，厚度为 5500Å 作为第二层金属互连线。

4）淀积 TiN 层。通过 PVD 的方式利用 Ar 离子轰击 Ti 靶材，Ti 与 N_2 反应生成 TiN，淀积 350Å 的 TiN。TiN 隔离层可以防止 Al 和氧化硅之间相互扩散，TiN 除具有改善电迁移的作用外，还作为 VIA2 蚀刻的停止层和光刻的防反射层。图 4-105 所示为淀积金属层 Ti/TiN/AlCu/TiN 的剖面图。

5）淀积 MIM（Metal Insulator Metal）介电层 SiO_2。利用 PECVD 淀积一层很薄的 SiO_2，作为 MIM 的介电层。根据不同的单位电容值，SiO_2 的厚度会不一样。图 4-106 所示为淀积 MIM 介电层 SiO_2 的剖面图。

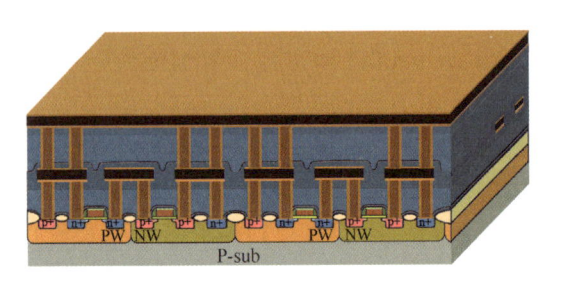

图 4-105 淀积金属层 Ti/TiN/AlCu/TiN 的剖面图

图 4-106 淀积 MIM 介电层 SiO_2 的剖面图

6）淀积 AlCu 金属层。使用的原料为铝合金靶材，其成分为 0.5% 铜，1% 硅及 98.5% 铝。通过 PVD 的方式利用 Ar 离子轰击铝靶材淀积 AlCu 金属层，厚度为 1000Å 作为 MIM 金属的上极板。

7）淀积 TiN 层。通过 PVD 的方式利用 Ar 离子轰击 Ti 靶材，Ti 与 N_2 反应生成 TiN，淀积 350Å 的 TiN。TiN 作为 VIA2 蚀刻的停止层和光刻的防反射层。图 4-107 所示为淀积 AlCu 和 TiN 的剖面图。

8）MIM 光刻处理。通过微影技术将 MIM 掩膜版上的图形转移到晶圆上，形成 MIM 光刻胶图案，MIM 区域上保留光刻胶。第零层作为 MIM 光刻曝光对准。图 4-108 所示为电路的版图，与图 4-97 比较，它多一层 MIM，工艺的剖面图是沿 AA′方向。图 4-109 所示为 MIM 光刻的剖面图；图 4-110 所示为 MIM 显影的剖面图。

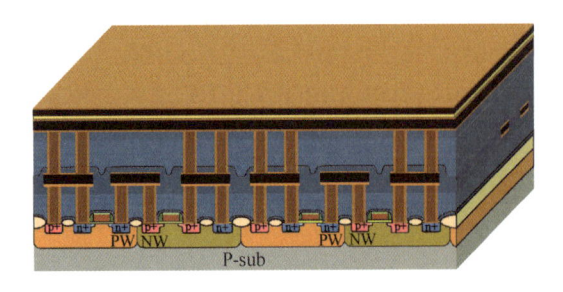

图 4-107 淀积 AlCu 和 TiN 的剖面图

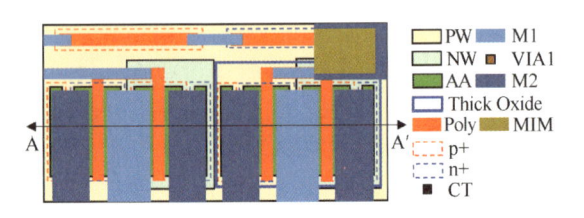

图 4-108 电路的版图

图 4-109　MIM 光刻的剖面图

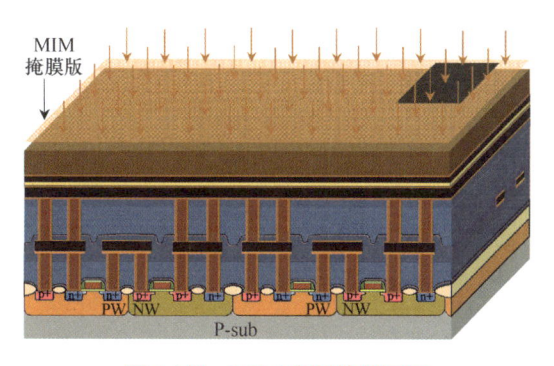

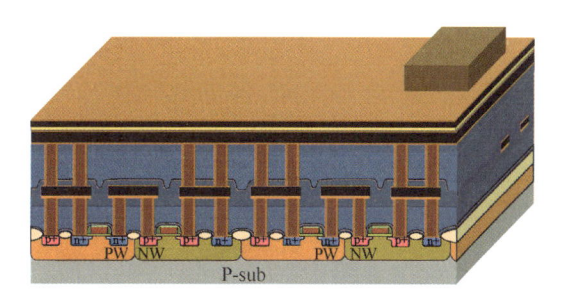

图 4-110　MIM 显影的剖面图

9) 量测 MIM 关键尺寸。

10) 量测 MIM 的套刻，收集曝光之后的 MIM 光刻与第零层的套刻数据。

11) 检查显影后曝光的图形。

12) MIM 干法刻蚀。利用干法刻蚀去除被光刻胶覆盖的金属刻蚀掉，保留有光刻胶区域的金属形成 MIM 的上极板。刻蚀的气体是 Cl_2。刻蚀停在氧化物上防止损伤 M2，终点侦查器会侦查到刻蚀氧化物的副产物。图 4-111 所示为 MIM 刻蚀的剖面图。

13) 去除光刻胶。除了前面提到的干法刻蚀利用氧气形成等离子浆分解大部分光刻胶，还要通过湿法刻蚀利用有机溶剂去除金属刻蚀残留的氯离子，因为氯离子会与空气接触形成 HCl 腐蚀金属。图 4-112 所示为去除光刻胶的剖面图。

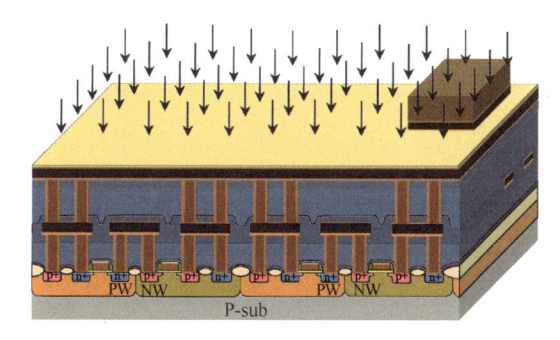

图 4-111　MIM 刻蚀的剖面图

图 4-112　去除光刻胶的剖面图

14) 量测 MIM 刻蚀的关键尺寸。

4.2.7　金属层 2 工艺

金属层 2 (M2) 工艺与金属层 1 工艺类似。金属层 2 工艺是指形成第二层金属互连线，金属互连线的目的是实现把第一层金属或者第三层金属连接起来。

1) M2 光刻处理。通过微影技术将 M2 掩膜版上的图形转移到晶圆上，形成 M2 光刻胶图案，M2 区域上保留光刻胶。VIA1 作为 M2 光刻曝光对准。图 4-113 所示为电路的版图，与图 4-108 比较，它多一层 M2，工艺的剖面图是沿 AA′方向。图 4-114 所示为 M2 光刻的剖面图；图 4-115 所示为 M2 显影的剖面图。

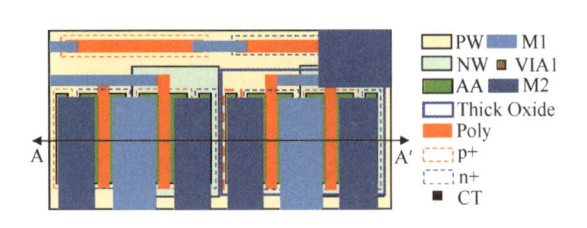

图 4-113 电路的版图

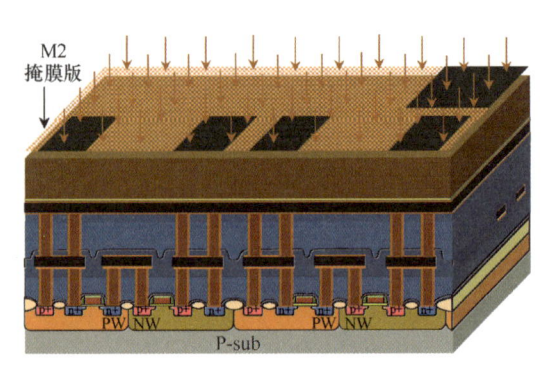

图 4-114 M2 光刻的剖面图

2）量测 M2 光刻的关键尺寸。
3）量测 M2 的套刻，收集曝光之后的 M2 光刻与 VIA1 的套刻数据。
4）检查显影后曝光的图形。
5）M2 干法刻蚀。利用干法刻蚀去除没有被光刻胶覆盖的金属，保留有光刻胶区域的金属形成金属互连线。刻蚀的气体是 Cl_2。刻蚀最终停在氧化物上，终点侦查器会侦查到刻蚀氧化物的副产物。图 4-116 所示为 M2 刻蚀的剖面图。

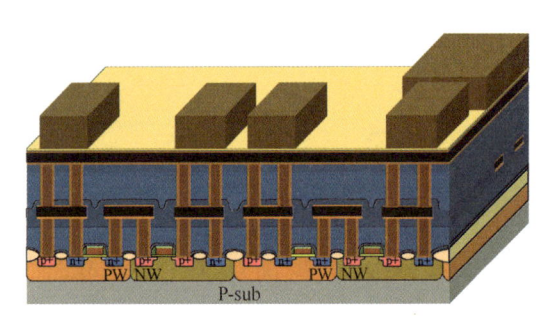

图 4-115 M2 显影的剖面图

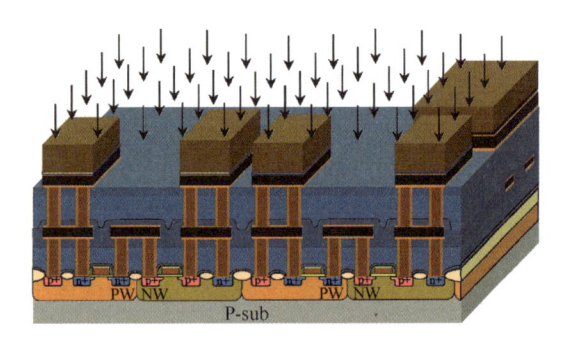

图 4-116 M2 刻蚀的剖面图

6）去除光刻胶。除了前面提到的干法刻蚀利用氧气形成等离子浆分解大部分光刻胶，还要通过湿法刻蚀利用有机溶剂去除金属刻蚀残留的氯离子，因为氯离子会与空气接触形成 HCl 腐蚀金属。图 4-117 所示为去除光刻胶后的剖面图。
7）量测 M2 刻蚀关键尺寸。
8）淀积 SiO_2。通过 PECVD 淀积一层厚度约为 1000Å 的 SiO_2。淀积的方式是利用 TEOS 在 400℃发生分解反应形成二氧化硅淀积层。SiO_2 可以保护金属，防止后续的 HDP CVD 工艺损伤金属互连线。图 4-118 所示为淀积 SiO_2 的剖面图。

图 4-117　去除光刻胶后的剖面图

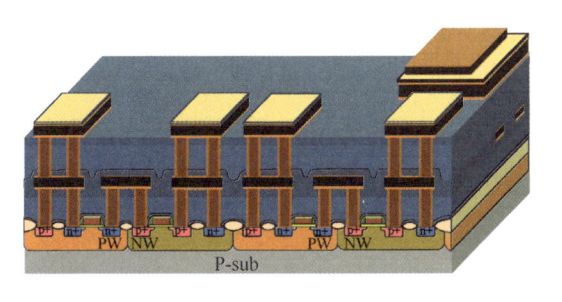

图 4-118　淀积 SiO_2 的剖面图

4.2.8　IMD2 工艺

IMD2 工艺与 IMD1 工艺类似。IMD2 工艺是指在第二层金属与第三层金属之间形成的介质材料，形成电性隔离。

1）淀积 USG。利用 HDP CVD 淀积一层比较厚的 SiO_2，厚度约为 7000Å。因为 HDP CVD 台阶覆盖率非常好，可以有效地填充金属线之间的空隙。

2）淀积 USG。通过 PECVD 淀积一层厚度约为 8000Å 的 SiO_2。淀积的方式是利用 TEOS 在 400℃发生分解反应形成二氧化硅淀积层。因为 PECVD 的淀积速率比 HDP CVD 要高，可以提高产能。但是 PECVD 的空隙填充能力比 HDP CVD 差。图 4-119 所示为淀积 USG 的剖面图。

3）IMD2 平坦化。利用 CMP 进行 IMD2 平坦化，以利于后续淀积金属和光刻工艺。因为 IMD2 CMP 没有停止层，所以必须通过控制 CMP 工艺的时间来达到特定的 IMD2 厚度。图 4-120 所示为 IMD2 CMP 的剖面图。

图 4-119　淀积 USG 的剖面图

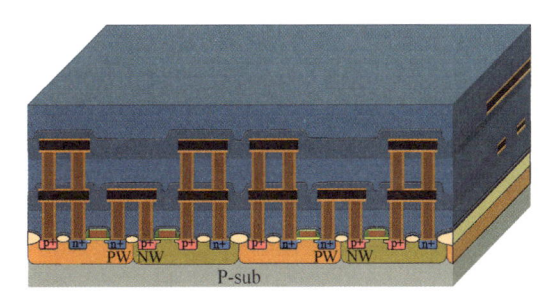

图 4-120　IMD2 CMP 的剖面图

4）量测 IMD2 厚度。收集 CMP 之后的 IMD2 厚度数据，检查是否符合产品规格。

5）清洗。利用酸槽清洗晶圆，得到清洁的表面。

6）淀积 USG。通过 PECVD 淀积一层厚度约为 2000Å 的 SiO_2。淀积的方式是利用 TEOS

在 400℃发生分解反应形成二氧化硅淀积层。修复 CMP 对表面的损伤。

7) 淀积 SiON。利用 PECVD 淀积一层 SiON 作为光刻的防反射层。图 4-121 所示为淀积 SiON 的剖面图。

4.2.9 通孔 2 工艺

通孔 2 工艺是指在 IMD2 介质层上形成金属层 2 与金属层 3 的连接通道。通孔的填充材料也是金属钨（W），它利用 CVD 进行淀积，可以实现优良的台阶覆盖率和高深宽比接触通孔无间隙的填充。

图 4-121　淀积 SiON 的剖面图

1) VIA2 光刻处理。通过微影技术将 VIA2 掩膜版上的图形转移到晶圆上，形成 VIA2 的光刻胶图案，非 VIA2 区域上保留光刻胶。M2 作为 VIA2 光刻曝光对准。图 4-122 所示为电路的版图，与图 4-113 比较，它多一层 VIA2，工艺的剖面图是沿 AA′方向。图 4-123 所示为 VIA2 光刻的剖面图；图 4-124 所示为 VIA2 显影的剖面图。

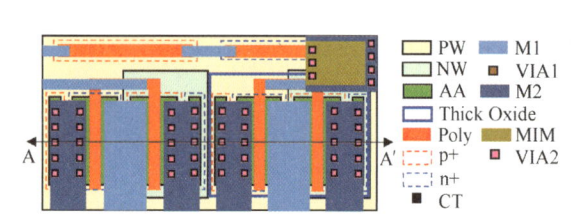

图 4-122　电路的版图（包含 VIA2 层）

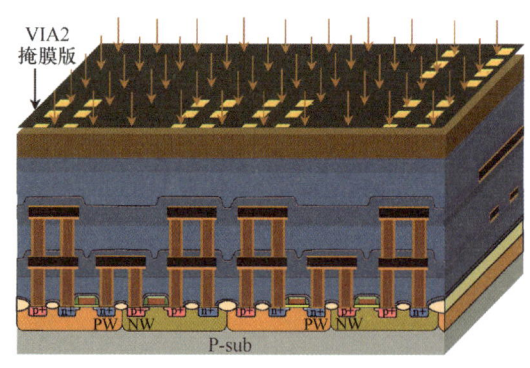

图 4-123　VIA2 光刻的剖面图

2) 量测 VIA2 光刻的关键尺寸。
3) 量测 VIA2 光刻套刻，收集曝光之后的 VIA2 光刻与 M2 的套刻数据。
4) 检查显影后曝光的图形。
5) VIA2 刻蚀。利用干法刻蚀去除无光刻胶覆盖区域的氧化物，获得垂直的侧墙形成 VIA2，提供金属层 2 和金属层 3 的连接。刻蚀的气体是 CHF_3 和 CF_4。TiN 作为刻蚀的停止层，终点侦查器会侦查到刻蚀氧化物的副产物锐减，刻蚀最终停在 TiN 上面。图 4-125 所示为 VIA2 刻蚀的剖面图。
6) 去除光刻胶。除了前面提到的干法刻蚀利用氧气形成等离子浆分解大部分光刻胶，再通过湿法刻蚀利用有机溶剂进行清洗。图 4-126 所示为去除光刻胶的剖面图。

图 4-124　VIA2 显影的剖面图

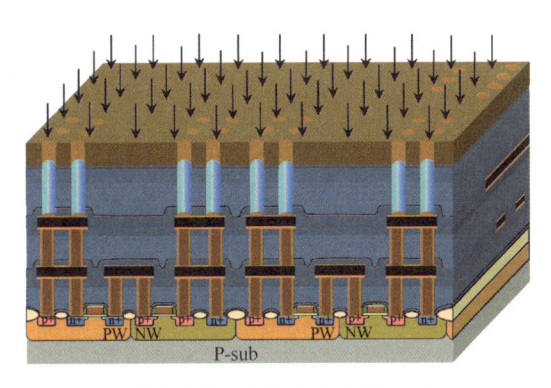

图 4-125　VIA2 刻蚀的剖面图

7）量测 VIA2 刻蚀关键尺寸。

8）Ar 刻蚀。PVD 前用 Ar 离子溅射清洁表面。

9）淀积 Ti/TiN 层。利用 PVD 的方式淀积 200Å 的 Ti 和 500Å 的 TiN。首先通入气体 Ar 轰击 Ti 靶材，淀积 Ti 薄膜。再通入气体 Ar 和 N_2 轰击 Ti 靶材，淀积 TiN 薄膜。Ti/TiN 层可以防止钨与硅反应，而且有助于后续的钨层附着在氧化层上，因为钨与氧化物之间的粘附性很差，如果没有 Ti/TiN 的辅助，钨层很容易脱落。图 4-127 所示为淀积 Ti/TiN 的剖面图。

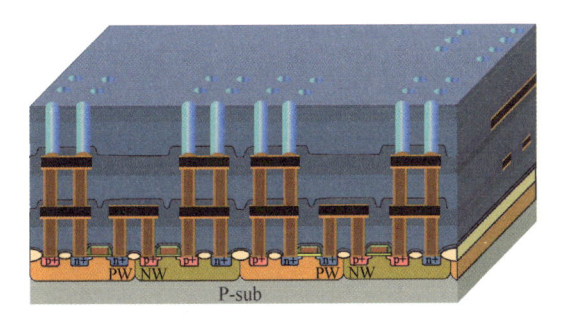

图 4-126　去除光刻胶的剖面图

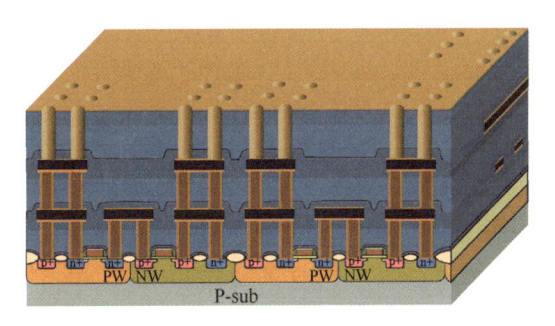

图 4-127　淀积 Ti/TiN 的剖面图

10）淀积钨层。利用 CVD 的方式淀积钨层，填充通孔，通入的气体是 WF_6、SiH_4 和 H_2。淀积分两个过程：首先是利用 WF_6 和 SiH_4 淀积一层成核的钨籽晶层，再利用 WF_6 和 H_2 淀积大量的钨。钨生长是各向同性，生长的厚度不小于 VIA2 的半径。图 4-128 所示为淀积钨层的剖面图。

11）钨 CMP。利用 CMP 除去表面的钨和 TiN，防止不同区域的 VIA2 短路，留下钨塞填充 VIA2。氧化物是 CMP 的停止层，CMP 终点侦察器侦查到 IMD2 硅玻璃反射回来的信号，但还要考虑工艺的容忍度，防止有钨残留造成短路，所以侦查到终点时，还要进行一定时间的工艺。图 4-129 所示为钨 CMP 的剖面图。

图 4-128　淀积钨层的剖面图

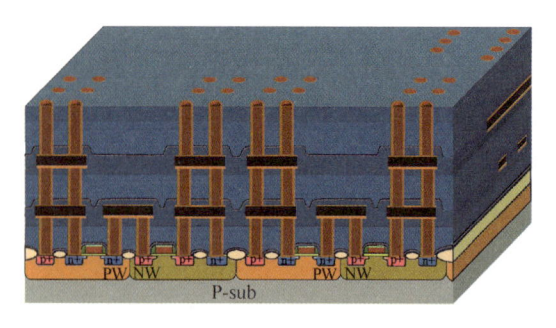

图 4-129　钨 CMP 的剖面图

12）清洗。利用酸槽清洗晶圆纯净水清洗，得到清洁的表面。

4.2.10　顶层金属工艺

顶层金属工艺是指形成最后一层金属互连线，顶层金属互连线的目的是实现把第二层金属连接起来。顶层金属需要作为电源走线，连接很长的距离，需要比较低的电阻，需要很大的宽度以支持很大的电流。顶层金属层也是三明治结构。

1）Ar 刻蚀。PVD 前用 Ar 离子溅射清洁表面。

2）淀积 Ti/TiN 层。利用 PVD 的方式淀积 300Å 的 Ti 和 500Å 的 TiN。首先通入气体 Ar 轰击 Ti 靶材，淀积 Ti 薄膜。再通入气体 Ar 和 N_2 轰击 Ti 靶材，淀积 TiN 薄膜。Ti 作为粘接层，TiN 是 Al 的辅助层，TiN 也作为夹层防止 Al 与二氧化硅相互扩散，TiN 也可以改善 Al 的电迁移，TiN 中的 Ti 会与 Al 反应生成 $TiAl_3$，$TiAl_3$ 是非常稳定的物质，它可以有效抵御电迁移现象。TiN 除具有防止电迁移的作用外还作为 VIA 蚀刻的停止层。

3）淀积 AlCu 金属层。使用的原料为铝合金靶材，其成分为 0.5% 铜，1% 硅及 98.5% 铝。通过 PVD 的方式利用 Ar 离子轰击铝靶材淀积 AlCu 金属层，厚度为 8500Å 作为顶层金属互连线。顶层金属需要作为电源走线，需要比较厚的金属从而得到较低的电阻，另外它也需要很大的线宽最终应许通过很大的电流。

4）淀积 TiN 层。通过 PVD 的方式利用 Ar 离子轰击 Ti 靶材，Ti 与 N_2 反应生成 TiN，淀积 350Å 的 TiN。TiN 隔离层可以防止 Al 和氧化硅之间相互扩散，TiN 除具有改善电迁移的作用外，还作为 PAD（钝化层）窗口蚀刻的停止层和 TM 光刻的抗反射层。图 4-130 所示为淀积金属层 Ti/TiN/AlCu/TiN 的剖面图。

图 4-130　淀积金属层 Ti/TiN/AlCu/TiN 的剖面图

5）TM（Top Metal 顶层金属）光刻处理。通过微影技术将 TM 掩膜版上的图形转移到晶圆上，形成 TM 光刻胶图案，TM 区域上保留光刻胶。VIA2 作为 TM 光刻曝光对准。图 4-131 所示为电路的版图，与图 4-122 比较，它多一层 TM，工艺的剖面图是沿 AA′方向。图 4-132 所示为 TM 光刻的剖面图；图 4-133 所示为 TM 显影的剖面图。

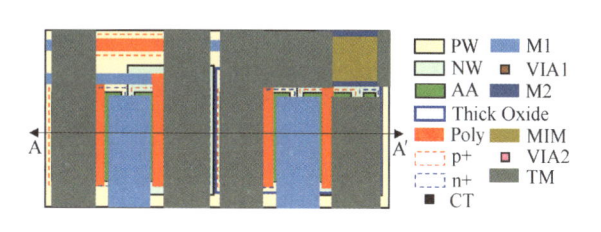

图 4-131　电路的版图（包含 TM 层）

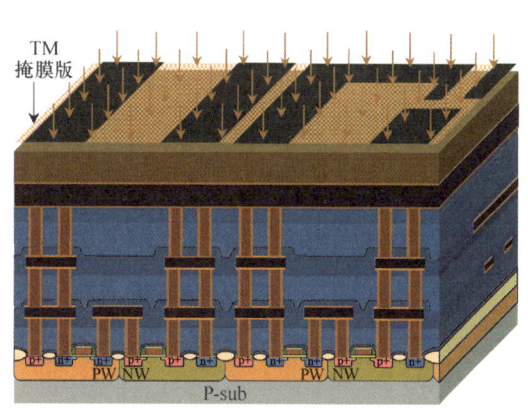

图 4-132　TM 光刻的剖面图

6）量测 TM 光刻的关键尺寸。
7）量测 TM 的套刻，收集曝光之后的 TM 光刻与 VIA2 的套刻数据。
8）检查显影后曝光的图形。
9）TM 干法刻蚀。利用干法刻蚀去除没有被光刻胶覆盖的金属，保留有光刻胶区域的金属形成金属互连线。刻蚀的气体是 Cl_2。刻蚀最终停在氧化物上，终点侦查器会侦查到刻蚀氧化物的副产物。图 4-134 所示为 TM 刻蚀的剖面图。

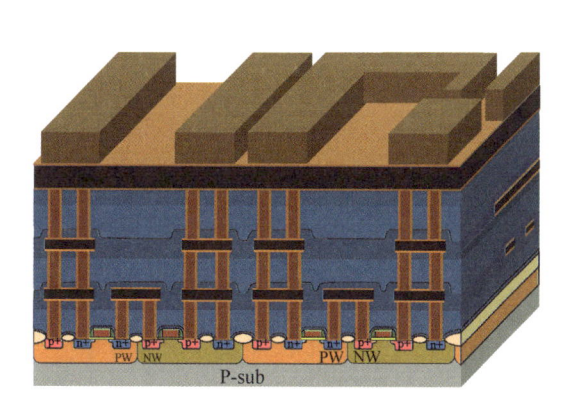

图 4-133　TM 显影的剖面图

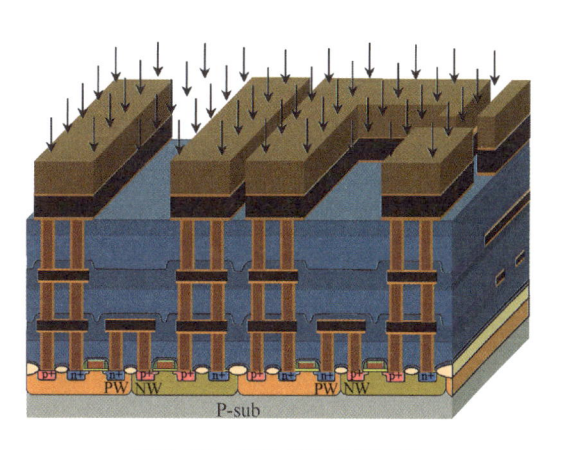

图 4-134　TM 刻蚀的剖面图

10）去除光刻胶。除了前面提到的干法刻蚀利用氧气形成等离子浆分解大部分光刻胶，还要通过湿法刻蚀利用有机溶剂去除金属刻蚀残留的氯离子，因为氯离子会与空气接触形成 HCl 腐蚀金属。图 4-135 所示为去除光刻胶的剖面图。

11）量测 TM 刻蚀关键尺寸。

12）淀积 SiO_2。通过 PECVD 淀积一层厚度约为 1000Å 的 SiO_2。淀积的方式是利用 TEOS 在 400℃发生分解反应形成二氧化硅淀积层。SiO_2 可以保护金属，防止后续的 HDP CVD 工艺损伤金属互连线。图 4-136 所示为淀积 SiO_2 的剖面图。

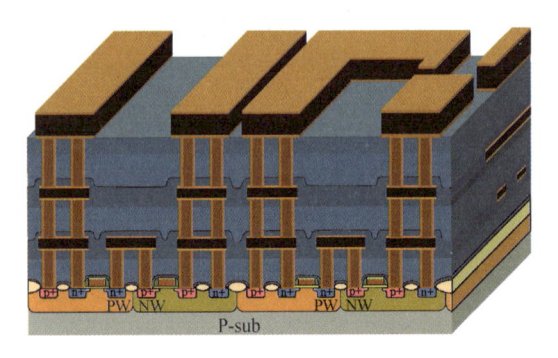

图 4-135　去除光刻胶的剖面图

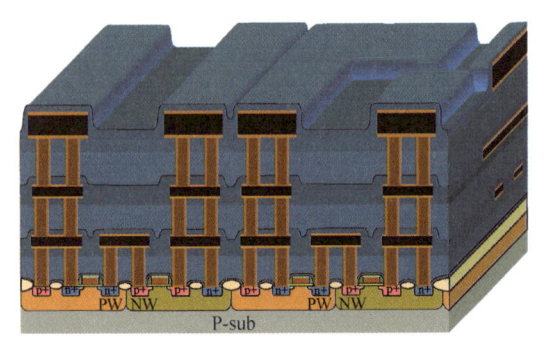

图 4-136　淀积 SiO_2 的剖面图

4.2.11　钝化层工艺

集成电路的可靠性与内部半导体器件表面的性质有密切的关系，目前大部分的集成电路采用塑料封装而非陶瓷封装，而塑料并不能很好地阻挡湿气和可移动离子。为了避免外界环境的杂质扩散进入集成电路内部对器件产生影响，必须在芯片制造的过程中淀积一层表面钝化保护膜。

由于 Si_3N_4 可以有效地阻挡水汽和可移动离子的扩散，制程工艺的最顶层是 Si_3N_4，这层 Si_3N_4 称为钝化层，它的目的是保护芯片免受潮、划伤和粘污的影响。Si_3N_4 是一种很好的绝缘介质，其结构致密、硬度大、介电强度高、化学稳定性好。Si_3N_4 除了与 HF 和 180℃以上的热磷酸有轻微作用外，几乎不与其他酸类反应。Si_3N_4 对钠离子有很好的掩蔽作用，由于钠离子在 Si_3N_4 中的固溶度大于在 Si 和 SiO_2 中的固溶度，所以它还有固定、提取钠离子的作用。

钠位于元素周期表中的ⅠA栏，最外层只有一个电子，钠很容易失去电子变成离子。钠离子非常小而且可以移动，钠离子很容易被 MOSFET 栅氧化层的界面俘获，从而影响器件的电学特性。

1）淀积 PSG。通过 HDP CVD 淀积第一层约 8000Å 含磷的 SiO_2 保护层。因为 HDP CVD 的特点是低温，它的台阶覆盖率非常好。该层 SiO_2 保护层可以防止水汽渗透进来，加磷的主要目的是吸附杂质。

2）淀积 Si_3N_4。通过 PECVD 淀积一层约 12000Å 的 Si_3N_4。利用硅烷（SiH_4）、N_2 和 NH_3 在 400℃的温度下发生化学反应形成 Si_3N_4 淀积。Si_3N_4 的硬度高和致密性好，它可以防止机械划伤的同时也防止水汽、钠金属离子渗入。图 4-137 所示为淀积 Si_3N_4 的剖面图。

3）PAD 窗口光刻处理。通过微影技术将 PAD 窗口掩膜版上的图形转移到晶圆上，形成 PAD 窗口光刻胶图案，非 PAD 窗口区域上保留光刻胶。TM 作为 PAD 窗口光刻曝光对准。图 4-138 所示为电路的版图，与图 4-131 比较，它多一层 PAD，工艺的剖面图是沿 AA′方向。图 4-139 所示为 PAD 窗口光刻的剖面图；图 4-140 所示为 PAD 窗口显影的剖面图。

图 4-137　淀积 Si_3N_4 的剖面图

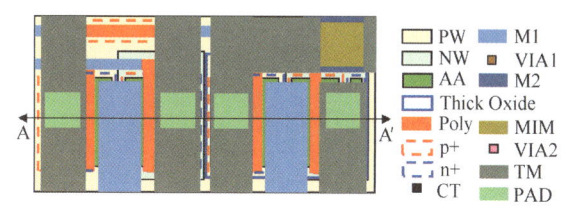

图 4-138　电路的版图

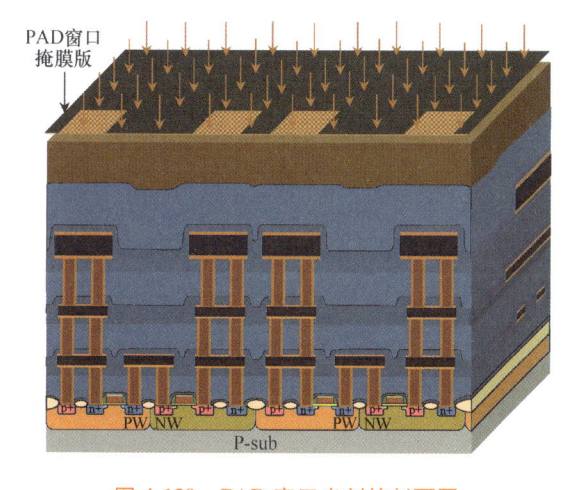

图 4-139　PAD 窗口光刻的剖面图

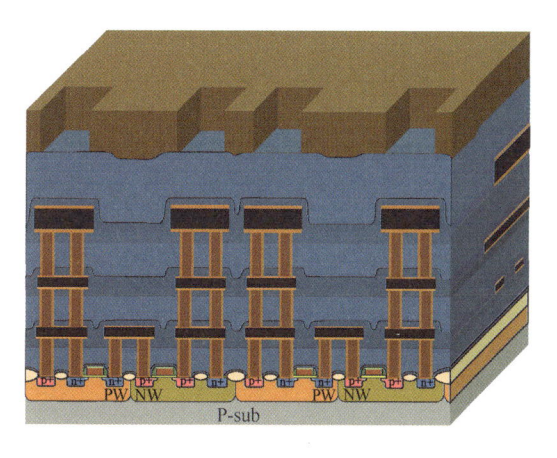

图 4-140　PAD 窗口显影的剖面图

4）量测 PAD 窗口的套刻，收集曝光之后的 PAD 窗口光刻与 TM 的套刻数据。

5）检查显影后曝光的图形。

6）PAD 窗口刻蚀。利用干法刻蚀将没有被光刻胶覆盖的区域的钝化层去除，形成绑定的窗口，作为顶层金属接受测试的连接窗口，或者是封装线的连接窗口。保留有光刻胶区域的钝化层。刻蚀的气体是 CHF_3 和 CF_4。刻蚀最终停在 TiN 上防止损伤顶层金属。终点侦查器会侦查到刻蚀氧化物的副产物锐减。图 4-141 所示为钝化层刻蚀的剖面图。

7) 去除光刻胶。除了前面提到的干法刻蚀利用氧气形成等离子浆分解大部分光刻胶，还要通过湿法刻蚀利用有机溶剂进行清洗。图 4-142 所示为去除光刻胶的剖面图。

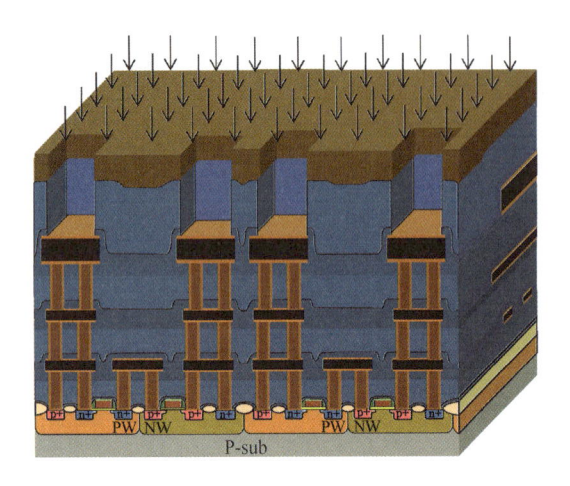

图 4-141　钝化层刻蚀的剖面图

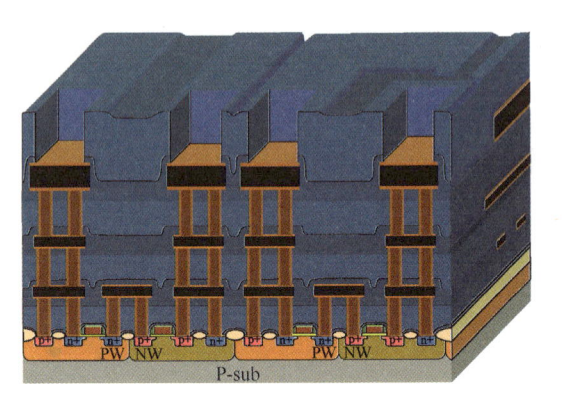

图 4-142　去除光刻胶的剖面图

8) 退火和合金化。通过高温炉管，在 400℃ 左右的高温环境中，通入 H_2 和 N_2 使金属再结晶，改善钝化层的结构使钝化层更致密，释放干法刻蚀残留的电子和释放金属的应力。

9) WAT 测试。通过测试程序测试每片圆片上、下、左、右和中间五点的 PCM 的电性参数数据。检查它们是否符合产品规格，如果不符合规格，不能出货给客户。通过收集这些数据可以监控生产线上的情况。

10) 出厂检查。FAB 生产出厂的最后检查，生产人员通过显微镜的随机检查，是否有划伤。

4.3　深亚微米 CMOS 前段工艺技术流程[1]

对于深亚微米特征尺寸的 CMOS 前段工艺技术，它与亚微米 CMOS 工艺技术的最大区别是利用 STI 结构隔离技术和形成 Co-Salicide。它是双阱结构（NW 和 PW），如果需要考虑全隔离的 NMOS 器件，那么就需要 DNW（Deep NW），为了形成 Non-Salicide 区域还需要用到 SAB 掩膜版。另外，如果要考虑高阻值多晶硅电阻，还要用到 HRP（High Resistance Poly 高阻值多晶硅电阻）掩膜版。

工艺步骤中只包含六个器件，低压 NMOS 和 PMOS 组成低压反相器，以及中压 NMOS 和 PMOS 组成中压反相器，还有 HRP 和 p 型多晶硅电阻，每一个主要步骤中都会有工艺的剖面图。深亚微米 CMOS 前段工艺技术流程见表 4-3。

第4章 工艺制程整合

表4-3 深亚微米CMOS前段工艺技术流程

1. 衬底制备	7. LDD离子注入工艺
2. 有源区工艺	8. 侧墙工艺
3. STI隔离工艺	9. 源漏离子注入工艺
4. 双阱工艺	10. HRP工艺
5. 栅氧化层工艺	11. Salicide工艺
6. 多晶硅栅工艺	

4.3.1 衬底制备

与亚微米CMOS工艺技术一样，第一步是衬底制备，选择<100>晶向上的p型裸片作为衬底。这里不再详细解释具体的工艺步骤，请参考4.1.1节的内容。

4.3.2 有源区工艺

有源区工艺是指通过刻蚀去掉非有源区的区域的硅衬底，而保留器件的有源区。

1）清洗。将晶圆放入清洗槽中清洗，得到清洁的硅表面，防止硅表面的杂质在生长前置氧化层时影响氧化层的质量。

2）生长前置氧化层。利用炉管热氧化生长一层前置二氧化硅薄膜，它是干氧氧化法。利用高纯度的氧气在900℃左右的温度下使硅氧化，形成厚度约100~200Å的二氧化硅薄膜。生长前置氧化层的目的是缓解后续步骤淀积Si_3N_4层对衬底的应力，因为衬底硅的晶格常数与Si_3N_4的晶格常数不同，直接淀积Si_3N_4会形成位错，较厚的氧化层可以有效地减小Si_3N_4层对衬底的应力。如果太薄，会托不住Si_3N_4，如果Si_3N_4层的应力超过衬底硅的屈服强度就会在衬底硅中产生位错。图4-143所示为生长前置氧化层的剖面图。

3）淀积Si_3N_4层。利用LPCVD淀积一层厚度约1600~1700Å的Si_3N_4层，利用SiH_4和NH_3在800℃的温度下发生化学反应淀积Si_3N_4。它是AA刻蚀的硬掩膜版和后续STI CMP的停止层，也是场区离子注入的阻挡层。图4-144所示为淀积Si_3N_4层的剖面图。

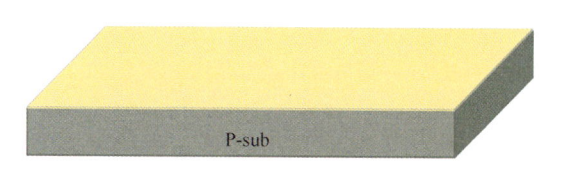

图4-143 生长前置氧化层的剖面图

图4-144 淀积Si_3N_4层的剖面图

4）淀积SiON层。利用PECVD淀积一层厚度约200~300Å的SiON层，利用SiH_4、N_2O

和 He 在 400℃ 的温度下发生化学反应形成 SiON 淀积。SiON 层作为光刻的底部抗反射层，可以降低驻波效应的影响。图 4-145 所示为淀积 SiON 层的剖面图。

5）AA 光刻处理。通过微影技术将 AA 掩膜版上的图形转移到晶圆上，形成 AA 的光刻胶图案，AA 区域上保留光刻胶。第零层作为 AA 光刻曝光对准。图 4-19 所示为电路的版图，工艺的剖面图是沿 AA′方向。图 4-146 所示为 AA 光刻的剖面图；图 4-147 所示为 AA 显影的剖面图。

图 4-145　淀积 SiON 层的剖面图

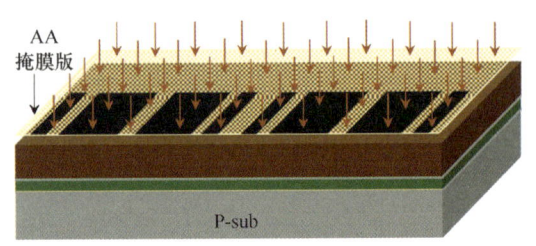

图 4-146　AA 光刻的剖面图

6）测量 AA 光刻的关键尺寸。收集刻蚀后的 AA 关键尺寸数据，检查 AA 关键尺寸是否符合产品规格。

7）测量 AA 套刻，收集曝光之后的 AA 与第零层的套刻数据。

8）检查显影后曝光的图形。

9）AA 硬掩膜版刻蚀。干法刻蚀利用 Ar 和 CF_4 形成等离子浆去除没有光刻胶覆盖的 Si_3N_4 和 SiO_2 层，刻蚀停在前置氧化层上，形成 AA 区域的硬掩膜版。图 4-148 所示为 AA 硬掩膜版刻蚀的剖面图。

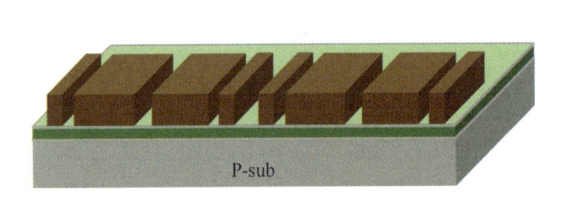

图 4-147　AA 显影的剖面图

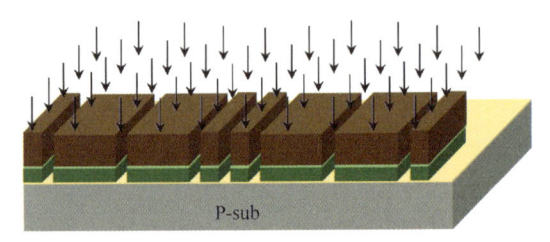

图 4-148　AA 硬掩膜版刻蚀的剖面图

10）去光刻胶。通过干法刻蚀和湿法刻蚀去除光刻胶。图 4-149 所示为去除光刻胶的剖面图。

11）AA 干法刻蚀。干法刻蚀利用 O_2 和 HBr 形成等离子浆去除没有硬掩膜版覆盖的硅形成晶体管有源区，刻蚀深度是 $0.45\sim0.55\mu m$，沟槽侧壁的角度是 75°~80°，最终形成 AA 图形和 STI。去除光刻胶再进行 AA 干法刻蚀是为了防止光刻胶与衬底硅直接接触，污染衬底硅。STI 可以有效地隔离 NMOS 与 PMOS，改善闩锁效应。图 4-150 所示为 AA 干法刻蚀的剖面图。

12）测量 AA 刻蚀关键尺寸。收集刻蚀后的 AA 关键尺寸数据，检查 AA 关键尺寸是否符合产品规格。

13）检查刻蚀后的图形。如果有重大缺陷，将不可能返工，要进行报废处理。

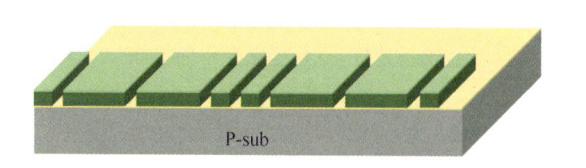

图 4-149　去除光刻胶的剖面图 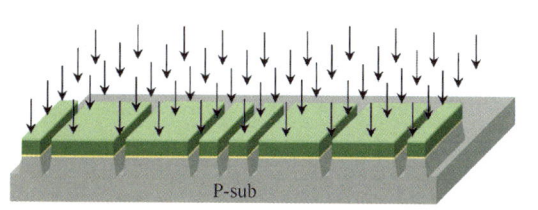　　　　图 4-150　AA 干法刻蚀的剖面图

4.3.3　STI 隔离工艺

STI 隔离工艺是指利用氧化硅填充沟槽，在器件有源区之间嵌入很厚的氧化物，从而形成器件之间的隔离。利用 STI 隔离工艺可以改善寄生场效应晶体管和闩锁效应。

1）清洗。将晶圆放入清洗槽中清洗，得到清洁的表面。

2）STI 热氧化。利用炉管热氧化生长一层厚度约 100Å 的二氧化硅薄膜，同时修复 AA 刻蚀时对沟槽边缘表面的损伤，并使 STI 底部沟槽的拐角圆一些，减小接触面。二氧化硅薄膜可以作为后续 HDP CVD 工序的缓冲，因为 HDP CVD 工艺是在淀积的同时也进行溅射刻蚀，该层二氧化硅薄膜可以保护衬底硅。图 4-151 所示为 STI 热氧化生长 SiO$_2$ 层的剖面图。

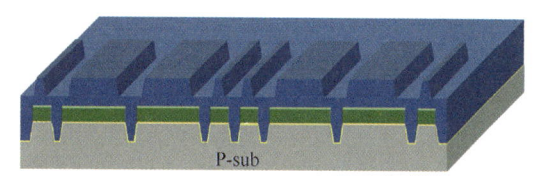

3）淀积厚的 SiO$_2$ 层。利用 HDP CVD 淀积一层很厚的 SiO$_2$ 层，厚度约 4500~5500Å。因为 HDP CVD 是用高密度的离子电浆轰击溅射刻蚀，防止 CVD 填充时洞口过早封闭和产生空洞现象，所以 HDP CVD 的台阶覆盖率非常好，它可以有效地填充 STI 的空隙。图 4-152 所示为淀积厚的 SiO$_2$ 层的剖面图。

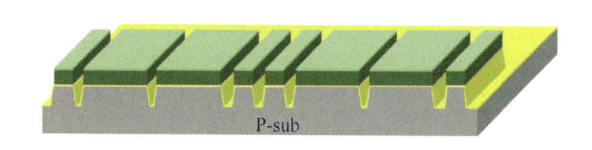

图 4-151　STI 热氧化生长　　　　图 4-152　淀积厚的 SiO$_2$ 层的剖面图
　　　　SiO$_2$ 层的剖面图

4）RTA 快速热退火。通过 RTA 快速热退火修复 HDP CVD 对衬底的损伤，因为 HDP CVD 工艺中的溅射刻蚀会损伤衬底硅。

5）AR（Active Area Reverse）光刻处理。通过微影技术将 AR 掩膜版上的图形转移到晶圆上，形成 AR 的光刻胶图案，非 AR 区域上保留光刻胶。利用 AA 层版图进行逻辑运算，得到 AR 掩膜版。AA 作为 AR 光刻曝光对准。图 4-153 所示为 AR 光刻的剖面图；图 4-154 所示为 AR 显影的剖面图。

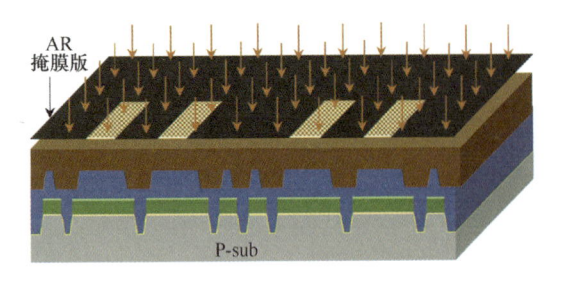

图 4-153　AR 光刻的剖面图

图 4-154　AR 显影的剖面图

6）测量 AR 套刻，收集曝光之后的 AR 与第零层的套刻数据。

7）检查显影后曝光的图形。

8）AR 刻蚀。利用干法蚀刻去除大块 AA 区域上的氧化硅，刻蚀最终停在 Si_3N_4 上。AR 刻蚀的目的是通过干法刻蚀去除大块 AA 区域上的大块氧化硅，留下小块的氧化硅，这样有助于后续 STI CMP 工艺完全去除表面凹凸不平的氧化物，得到更平整均匀的表面，同时也可以防止因为大块 AA 上的氧化硅应力过大而在 STI CMP 工艺时损伤 AA。图 4-155 所示为 AR 刻蚀的剖面图。

9）去光刻胶。利用干法刻蚀和湿法刻蚀去除光刻胶。图 4-156 所示为去除光刻胶的剖面图。

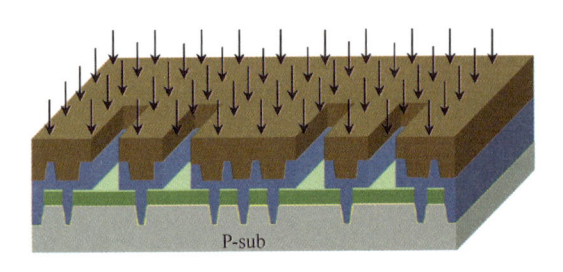

图 4-155　AR 刻蚀的剖面图

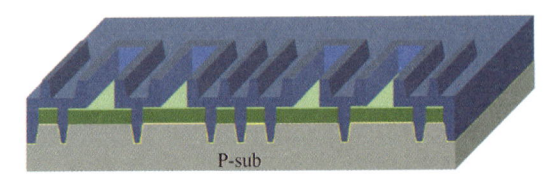

图 4-156　去除光刻胶的剖面图

10）STI CMP。通过 CMP 进行 STI 全局平坦化。Si_3N_4 作为 STI CMP 的停止层，考虑到工艺的裕量，要把 Si_3N_4 上的氧化物完全清除，防止氧化物覆盖在 Si_3N_4 上影响后续步骤 Si_3N_4 的刻蚀。当终点侦测器侦测到 Si_3N_4 的信号时还需要再研磨一段时间，但 Si_3N_4 的硬度较大，所以氧化硅研磨速率会更快，所以 STI 区域的氧化硅会比 Si_3N_4 区域低一点。图 4-157 所示为 STI 平坦化的剖面图。

11）清洗。利用酸槽清洗晶圆，得到清洁的表面。因为 STI CMP 是用化学机械的方法，会产生的颗粒很多，所以要清洗。

12）湿法刻蚀去除 Si_3N_4。利用 180℃ 浓度 91.5% 的 H_3PO_4 与 Si_3N_4 反应去除晶圆上的 Si_3N_4，刻蚀停在氧化硅上。因为热 H_3PO_4 与 Si_3N_4 对氧化物的刻蚀率非常低，另外如果 STI CMP 没有把 Si_3N_4 上的氧化物完全清除，会有残留的氧化物覆盖在 Si_3N_4 上，最终导致这一步工艺也不能完全清除 Si_3N_4。图 4-158 所示为去除 Si_3N_4 的剖面图。

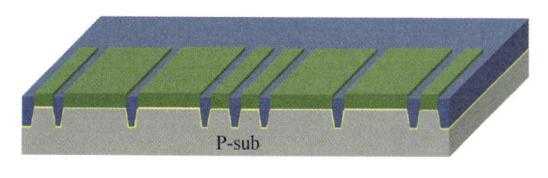

图 4-157　STI 平坦化的剖面图

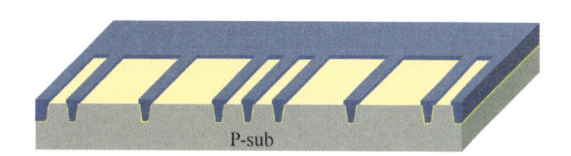

图 4-158　去除 Si_3N_4 的剖面图

13）湿法刻蚀去除前置氧化层。湿法刻蚀用一定比例的 HF、NH_4F 和 H_2O 去除前置氧化层。因为经过上面一系列的工艺，衬底硅的表面会有很多损伤，前置氧化层损伤也很严重，因此要去掉前置氧化层后生长一层氧化硅来改善这些损伤。图 4-159 所示为去除前置氧化层的剖面图。

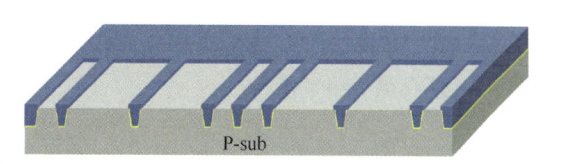

图 4-159　去除前置氧化层的剖面图

4.3.4　双阱工艺

与亚微米工艺类似，双阱工艺是指形成 NW 和 PW 的工艺，NMOS 是制造在 PW 里的，PMOS 是制造在 NW 里的。它的目的是形成 PN 结隔离，使器件之间形成电性隔离，优化晶体管的电学特性。

1）清洗。利用酸槽清洗晶圆，得到清洁的表面。

2）生长牺牲层氧化硅。利用炉管热氧化生长一层二氧化硅薄膜，它是干氧氧化法。利用高纯度的氧气在 900℃ 左右的温度下使硅氧化，形成厚度约 200~300Å 的二氧化硅。牺牲层氧化硅可以防止离子注入隧道效应，隔离光刻胶与硅衬底，防止光刻胶接触污染硅衬底，也可以捕获硅表面的缺陷。同时为了消除 Si_3N_4 对有源区表面的影响，改善表面状态，生长牺牲层氧化硅是必需的。如图 4-160 所示，是生长牺牲层氧化硅的剖面图。

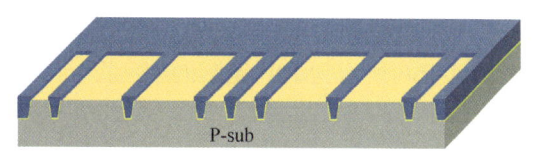

图 4-160　生长牺牲层氧化硅的剖面图

3）NW 光刻处理。通过微影技术将 NW 掩膜版上的图形转移到晶圆上，形成 NW 的光刻胶图案，非 NW 区域保留光刻胶。AA 作为 NW 光刻曝光对准。图 4-5 所示为电路的版图，工艺的剖面图是沿 AA′ 方向。图 4-161 所示为 NW 光刻的剖面图；图 4-162 所示为 NW 显影的剖面图。

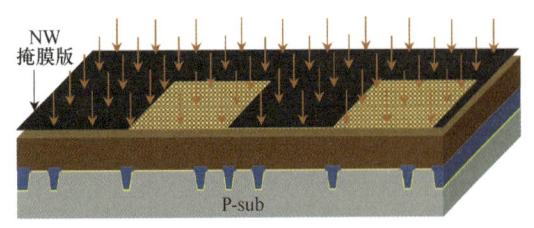

图 4-161　NW 光刻的剖面图

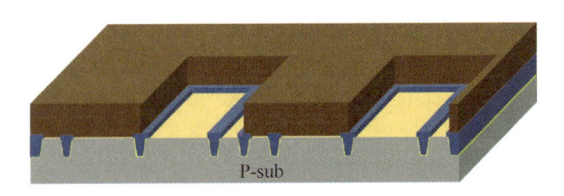

图 4-162　NW 显影的剖面图

4) 测量 NW 套刻，收集曝光之后的 NW 与 AA 的套刻数据。

5) 检查显影后曝光的图形。

6) NW 离子注入。利用离子注入形成 n 型的阱。图 4-163 所示为 NW 离子注入的剖面图。NW 离子注入包括三道工序：

a) 第一道离子注入磷，离子注入得比较深，能量很高，用以调节阱的浓度，降低阱的电阻，可以有效防止闩锁效应。

b) 第二道离子注入磷，离子注入得比较浅，能量比较低，作为沟道浓度调节，加大 LDD 以下局部阱的浓度，使器件工作时该位置的耗尽层更窄，防止器件源漏穿通漏电。

c) 第三道离子注入砷，离子注入表面，能量很低，调节 PMOS 阈值电压 V_t。

7) 去光刻胶。利用干法刻蚀和湿法刻蚀去除光刻胶。图 4-164 所示为去除光刻胶的剖面图。

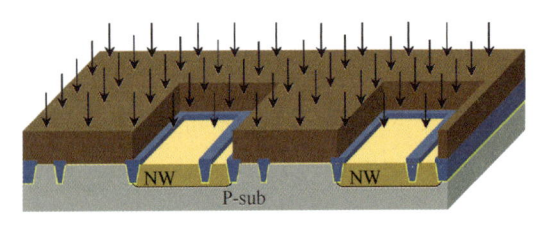

图 4-163　NW 离子注入的剖面图

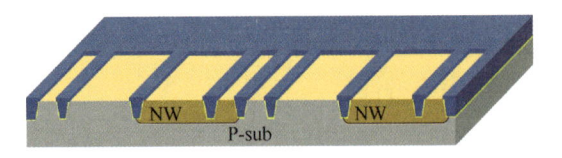

图 4-164　去除光刻胶的剖面图

8) PW 光刻处理。与 NW 光刻处理类似，通过微影技术将 PW 掩膜版上的图形转移到晶圆上，形成 PW 的光刻胶图案，非 PW 区域保留光刻胶。AA 作为 PW 光刻曝光对准。图 4-5 所示为电路的版图，工艺的剖面图是沿 AA′方向，图 4-165 所示为 PW 光刻的剖面图；图 4-166 所示为 PW 显影的剖面图。

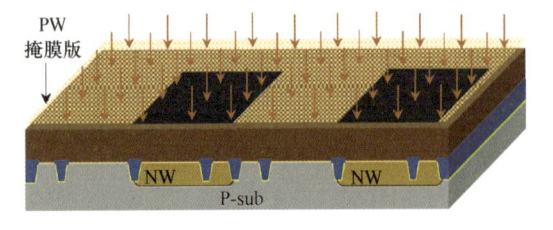

图 4-165　PW 光刻的剖面图

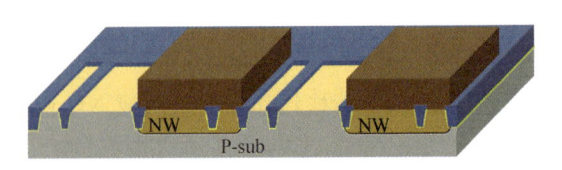

图 4-166　PW 显影的剖面图

9）测量 PW 套刻。收集曝光之后的 PW 与 AA 的套刻数据。

10）检查显影后曝光的图形。

11）PW 离子注入。利用离子注入形成 P 型的阱。图 4-167 所示为 PW 离子注入的剖面图。PW 离子注入包括三道工序：

a）第一道离子注入硼，离子注入得比较深，能量很高，用以调节阱的浓度，降低阱的电阻，可以有效防止闩锁效应。

b）第二道离子注入硼，离子注入得比较浅，能量比较低，作为沟道浓度调节，加大 LDD 以下局部阱的浓度，使器件工作时该位置的耗尽层更窄，防止器件源漏穿通漏电。

c）第三道离子注入 BF_2，离子注入表面，能量很低，调节 NMOS 阈值电压 V_t。

12）去光刻胶。利用干法刻蚀和湿法刻蚀去除光刻胶。图 4-168 所示为去除光刻胶的剖面图。

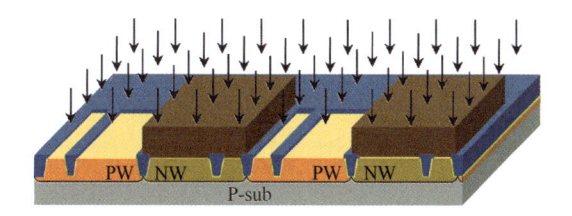

图 4-167　PW 离子注入的剖面图

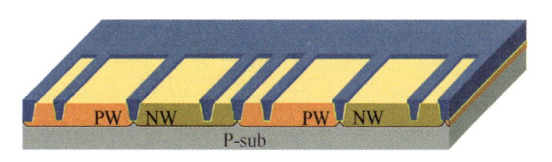

图 4-168　去除光刻胶的剖面图

13）NW 和 PW 阱离子注入退火。利用 RTA 在 H_2 环境中加热退火激活 NW 和 PW 的杂质离子，修复离子注入造成的硅衬底晶格损伤，同时会造成杂质的进一步扩散，快速热退火可以降低杂质的扩散。

14）湿法刻蚀去除牺牲层氧化硅。利用 HF 和 H_2O（比例是 50∶1）去除牺牲层氧化硅。图 4-169 所示为去除牺牲层氧化硅的剖面图。

图 4-169　去除牺牲层氧化硅的剖面图

4.3.5　栅氧化层工艺

与亚微米工艺类似，栅氧化层工艺是通过热氧化形成高质量的栅氧化层，它的热稳定性和界面态都非常好。

1）清洗。将晶圆放入清洗槽中清洗，得到清洁的表面。因为后面一道工序是生长栅氧化层，对氧化膜的质量要求非常高，不能有缺陷，所以生长氧化硅前再过一道酸槽清除自然氧化层，同时热氧化生长的栅氧化层厚度会更精确。

2）生长厚栅氧化层。利用炉管热氧化生长一层厚的二氧化硅栅氧化层，温度为 850℃ 左右。先用湿氧氧化法，通入 H_2 和 O_2 的混合气体，然后用干氧氧化法，通入高纯度的氧气使硅氧化。干氧生长的氧化物结构、质地和均匀性均比湿氧生长的氧化物好，但用湿氧形成的氧化物的 TDDB 比较长。图 4-170 所示为生长厚栅氧化层后的剖面图。

3）厚栅氧光刻处理。通过微影技术将厚栅氧掩膜版上的图形转移到晶圆上，形成中压器件栅氧化层的图案，保留中压器件区域的光刻胶。AA 作为厚栅氧光刻曝光对准。图 4-39 所示为电路的版图，工艺的剖面图是沿 AA′方向，图 4-171 所示为厚栅氧光刻的剖面图；图 4-172 所示为厚栅氧显影的剖面图。

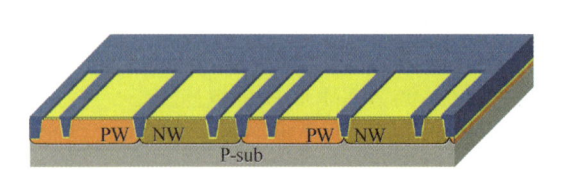

图 4-170　生长厚栅氧化层后的剖面图

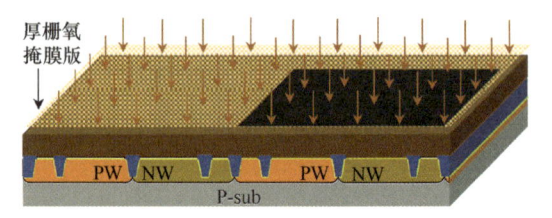

图 4-171　厚栅氧光刻的剖面图

4）测量厚栅氧光刻套刻，收集曝光之后的厚栅氧光刻与 AA 的套刻数据。

5）检查显影后曝光的图形。

6）湿法刻蚀去除低压器件区域氧化层。通过湿法刻蚀去掉低压器件区域的氧化层，留下中压器件区域的栅氧。图 4-173 所示为去除低压器件区域氧化层的剖面图。

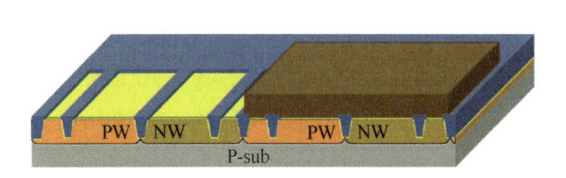

图 4-172　厚栅氧显影的剖面图

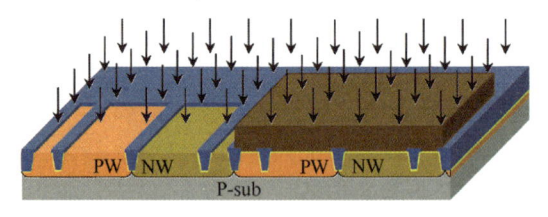

图 4-173　去除低压器件区域氧化层的剖面图

7）去光刻胶。通过干法刻蚀和湿法刻蚀去除光刻胶。图 4-174 所示为去除光刻胶后的剖面图。

8）清洗。将晶圆放入清洗槽中清洗，得到清洁的表面，防止表面的杂质在生长薄栅氧化层时影响氧化层的质量。

9）生长薄栅氧化层。利用炉管热氧化生长一层薄的二氧化硅栅氧，温度为 800℃ 左右，先用湿氧氧化法，通入 H_2 和 O_2 的混合气体，然后用干氧氧化法，通入高纯度的氧气使硅氧化。该步骤为低压器件的栅氧，中压器件的栅氧就是两次所生长的栅氧，但不是相加，因为有氧化层覆盖的区域和没有氧化层覆盖的区域栅氧的生长速率是不一样的。图 4-175 所示为生长薄栅氧和厚栅氧的剖面图。

10）通过炉管氮化形成 SiON 薄膜。利用原位热处理氮化二氧化硅薄膜形成 SiON 薄膜，氮化的气体是 N_2O、NO 和 NH_3 中的一种或几种。

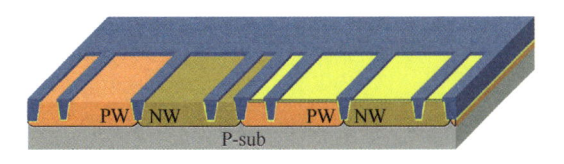

图 4-174 去除光刻胶后的剖面图

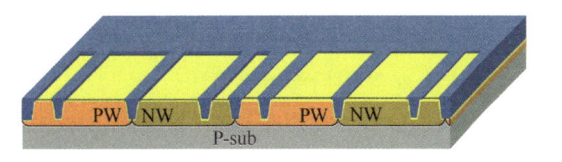

图 4-175 生长薄栅氧和厚栅氧的剖面图

4.3.6 多晶硅栅工艺

与亚微米工艺类似，多晶硅栅工艺是指形成 MOS 器件的多晶硅栅极，栅极的作用是控制器件的关闭或者导通。淀积的多晶硅是未掺杂的，它是通过后续的源漏离子注入进行掺杂，PMOS 的栅是 p 型掺杂，NMOS 的栅是 n 型掺杂。

1）淀积多晶硅栅。利用 LPCVD 沉积一层多晶硅，利用 SiH_4 在 630℃左右的温度下发生分解并淀积在加热的晶圆表面，形成厚度约 3000Å 的多晶硅。在 CMOS 工艺中掺杂的多晶硅会对器件的阈值电压有较大影响，而不掺杂多晶硅的掺杂可以由后面的源漏离子注入来完成，这样容易控制器件的阈值电压。图 4-176 所示为淀积多晶硅的剖面图。

2）淀积 SiON。利用 PECVD 淀积一层厚度约 200~300Å 的 SiON 层，利用 SiH_4、N_2O 和 He 在 400℃的温度下发生化学反应形成 SiON 淀积。SiON 层作为光刻的底部抗反射层。图 4-177 所示为淀积 SiON 层的剖面图。

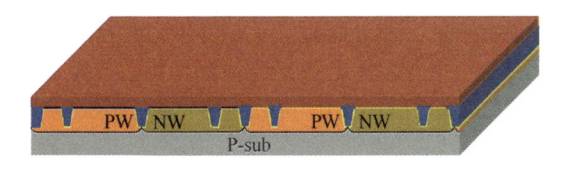

图 4-176 淀积多晶硅的剖面图

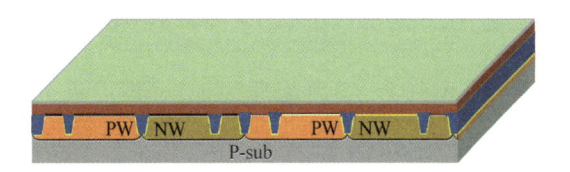

图 4-177 淀积 SiON 层的剖面图

3）栅光刻处理。通过微影技术将栅极掩膜版上的图形转移到晶圆上，形成栅极的光刻胶图案，器件栅极区域上保留光刻胶。AA 作为栅极光刻曝光对准。图 4-47 所示为电路的版图，工艺的剖面图是沿 AA'方向。图 4-178 所示为栅光刻的剖面图；图 4-179 所示为栅显影的剖面图。

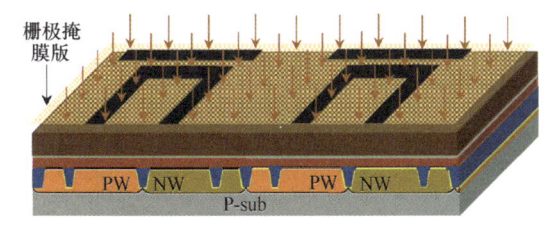

图 4-178 栅光刻的剖面图

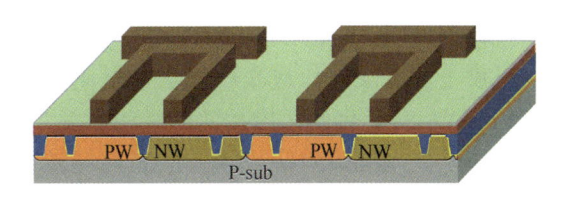

图 4-179 栅显影的剖面图

4）测量栅极光刻关键尺寸。

5）测量栅极光刻套刻，收集曝光之后的栅极光刻与 AA 的套刻数据。

6）检查显影后曝光的图形。

7）栅刻蚀。利用干法刻蚀去除没有光刻胶覆盖的多晶硅形成器件的栅极，刻蚀的气体是 CF_4、CHF_3、Cl_2 和 HBr。刻蚀分两步：第一步是利用 CF_4 和 CHF_3 去除 SiON；第二步是利用 Cl_2 和 HBr 刻蚀多晶硅。刻蚀会停止在氧化物上，因为当刻蚀到氧化物时，终点侦测器会侦查到硅的副产物的浓度减小，提示多晶硅刻蚀已经完成，为防止有多晶硅残留导致短路，还会刻蚀一段时间。图 4-180 所示为栅刻蚀的剖面图。

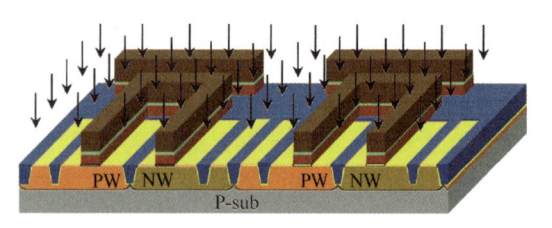

图 4-180　栅刻蚀的剖面图

8）去除光刻胶。利用干法刻蚀和湿法刻蚀去除光刻胶。图 4-181 所示为去除光刻胶后的剖面图。

9）去除 SiON。利用热 H_3PO_4 与 SiON 反应去除栅极上的 SiON。如图 4-182 所示，是去除 SiON 的剖面图。

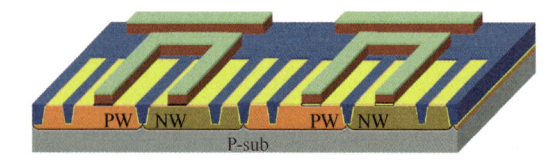

图 4-181　去除光刻胶后的剖面图

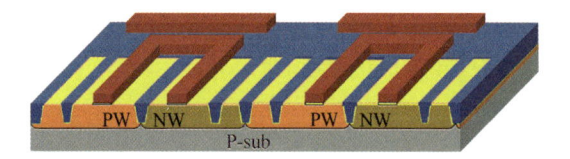

图 4-182　去除 SiON 的剖面图

4.3.7　轻掺杂漏（LDD）离子注入工艺

与亚微米工艺类似，轻掺杂漏离子注入工艺是指在栅极的边界下方与源漏之间形成低掺杂的扩展区，该扩展区在源漏与沟道之间形成杂质浓度梯度。与亚微米工艺不同的是深亚微米工艺中 LDD 离子注入还包括口袋或者晕环离子注入，口袋或者晕环离子注入的目的是为了改善低压器件的短沟道效应。口袋或者晕环离子注入的杂质类型与阱的类型是一样的。

1）清洗。将晶圆放入清洗槽中清洗，得到清洁的表面。

2）衬底和多晶硅氧化。利用炉管热氧化生长一层薄的氧化层，利用 O_2 在 850℃ 左右的温度下使多晶硅和衬底硅氧化，形成厚度约 150Å 的氧化硅，修复蚀刻时的损伤，防止离子注入隧道效应，隔离衬底硅与光刻胶，防止光刻胶中的有机物与硅接触污染硅衬底。图 4-183 所示为有源区氧化的

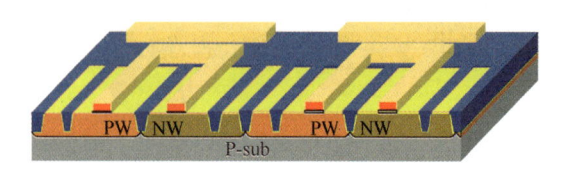

图 4-183　有源区氧化的剖面图

剖面图。

3）NLDD 光刻处理。通过微影技术将 NLDD 掩膜版上的图形转移到晶圆上，形成 NLDD 的光刻胶图案，非 NLDD 区域上保留光刻胶。NLDD 掩膜版是通过逻辑运算得到的。AA 作为 NLDD 光刻曝光对准。图 4-184 所示为 NLDD 光刻的剖面图；图 4-185 所示为 NLDD 显影的剖面图。

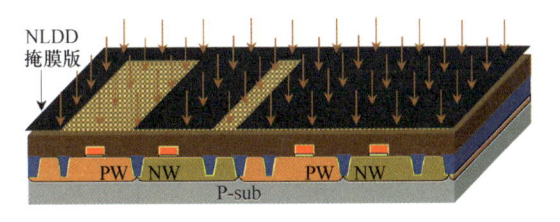

图 4-184　NLDD 光刻的剖面图

图 4-185　NLDD 显影的剖面图

4）测量 NLDD 光刻套刻，收集曝光之后的 NLDD 光刻与 AA 的套刻数据。

5）检查显影后曝光的图形。

6）NLDD 离子注入。低能量、浅深度、低掺杂的砷离子注入，NLDD 可以有效地削弱低压 NMOS 的 HCI 效应，但是采用 NLDD 离子注入法的缺点是使制程变复杂，并且轻掺杂使源和漏串联电阻增大，导致 NMOS 的速度降低。图 4-186 所示为 NLDD 离子注入的剖面图。

NLDD 离子注入包括两道工序：

a）第一道离子注入砷，离子注入得比较浅，能量比较低，主要是削弱 HCI 效应。

b）第二道离子注入硼，离子注入得深一点，能量高一点，作为晕环/口袋离子注入。晶圆要调成 45°，以及晶圆旋转四次。口袋离子注入的作用是防止低压 NMOS 源漏穿通。因为低压 NMOS 是短沟道器件，如果没有口袋离子注入，当器件工作在最大电压时，会发生源漏穿通。

7）去除光刻胶。干法刻蚀和湿法刻蚀去除光刻胶。图 4-187 所示为去除光刻胶的剖面图。

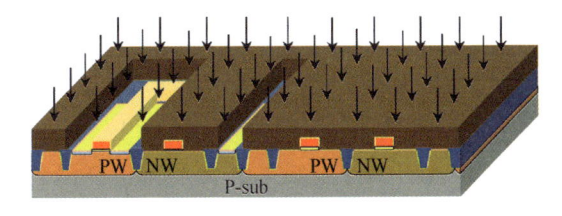

图 4-186　NLDD 离子注入的剖面图

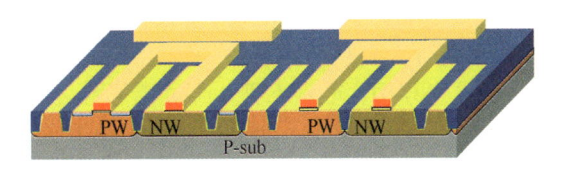

图 4-187　去除光刻胶的剖面图

8）PLDD 光刻处理。通过微影技术将 PLDD 掩膜版上的图形转移到晶圆上，形成 PLDD 的光刻胶图案，非 PLDD 区域上保留光刻胶。PLDD 掩膜版是通过逻辑运算得到的。AA 作为 PLDD 光刻曝光对准。图 4-188 所示为 PLDD 光刻的剖面图；图 4-189 所示为 PLDD 显影的剖面图。

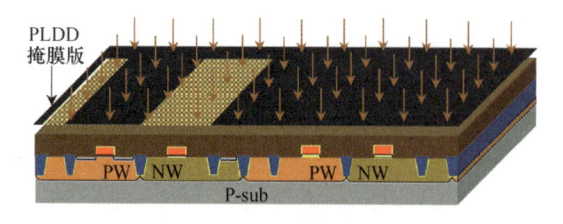

图 4-188　PLDD 光刻的剖面图

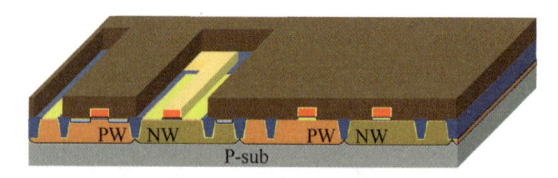

图 4-189　PLDD 显影的剖面图

9）测量 PLDD 光刻套刻，收集曝光之后的 PLDD 光刻与 AA 的套刻数据。

10）检查显影后曝光的图形。

11）PLDD 离子注入。低能量、浅深度、低掺杂的离子注入。PLDD 可以有效地削弱低压 PMOS 的 HCI 效应，但是采用 PLDD 离子注入法会使源和漏串联电阻增大，导致低压 PMOS 速度降低。图 4-190 所示为 PLDD 离子注入的剖面图。

PLDD 离子注入包括两道工序：

a）第一道离子注入 BF_2，离子注入得比较浅，能量比较低，主要是削弱 HCI 效应。

b）第二道离子注入磷，离子注入得深一点，能量高一点，作为晕环/口袋离子注入，晶圆要调成 45 度角，以及晶圆旋转四次。口袋离子注入的作用是防止低压 PMOS 源漏穿通。因为低压 PMOS 是短沟道器件，如果没有口袋离子注入，当器件工作在最大电压时，会发生源漏穿通。

12）去除光刻胶。干法刻蚀和湿法刻蚀去除光刻胶。图 4-191 所示为去除光刻胶的剖面图。

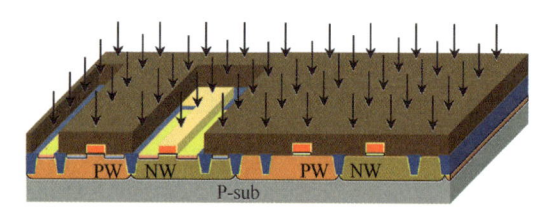

图 4-190　PLDD 离子注入的剖面图

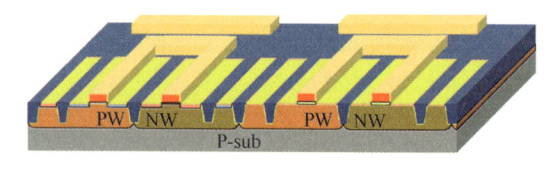

图 4-191　去除光刻胶的剖面图

13）NLDD1 光刻处理。通过微影技术将 NLDD1 掩膜版上的图形转移到晶圆上，形成 NLDD1 的光刻胶图案，非 NLDD1 区域上保留光刻胶。NLDD1 掩膜版是通过逻辑运算得到的。AA 作为 NLDD1 光刻曝光对准。图 4-192 所示为 NLDD1 光刻的剖面图；图 4-193 所示为 NLDD1 显影的剖面图。

14）测量 NLDD1 光刻套刻，收集曝光之后的 NLDD1 光刻与 AA 的套刻数据。

15）检查显影后曝光的图形。

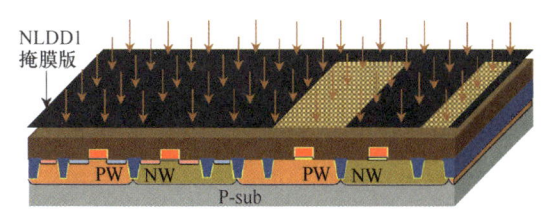

图 4-192　NLDD1 光刻的剖面图

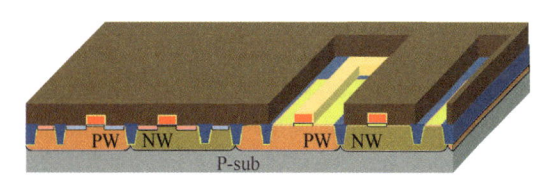

图 4-193　NLDD1 显影的剖面图

16）NLDD1 离子注入。低能量、浅深度、低掺杂的砷离子注入，NLDD1 可以有效地削弱中压 NMOS 的 HCI 效应，但是采用 NLDD1 离子注入法的缺点使制程复杂，并且轻掺杂使源和漏串联电阻增大，导致中压 NMOS 的速度降低。NLDD1 只有一道离子注入，没有口袋离子注入。因为中压 NMOS 并不是短沟道器件，当器件工作在最大电压时，不会发生源漏穿通。图 4-194 所示为 NLDD1 离子注入的剖面图。

17）去除光刻胶。干法刻蚀和湿法刻蚀去除光刻胶。图 4-195 所示为去除光刻胶的剖面图。

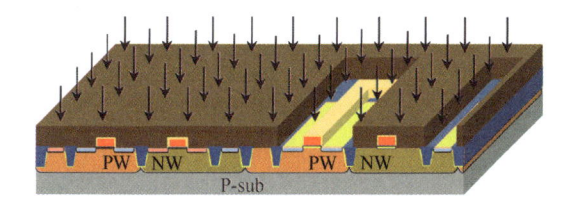

图 4-194　NLDD1 离子注入的剖面图

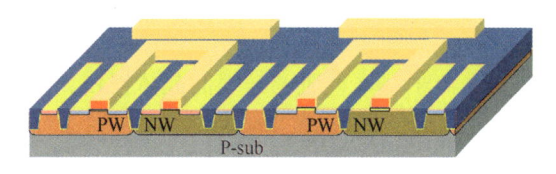

图 4-195　去除光刻胶的剖面图

18）PLDD1 光刻处理。通过微影技术将 PLDD1 掩膜版上的图形转移到晶圆上，形成 NLDD1 的光刻胶图案，非 PLDD1 区域上保留光刻胶。PLDD1 掩膜版是通过逻辑运算得到的。AA 作为 PLDD1 光刻曝光对准。图 4-196 所示为 PLDD1 光刻的剖面图；图 4-197 所示为 PLDD1 显影的剖面图。

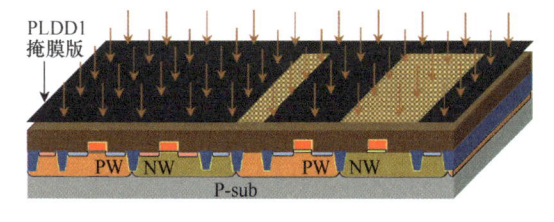

图 4-196　PLDD1 光刻的剖面图

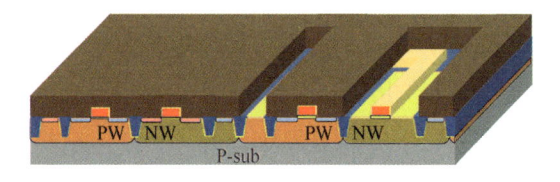

图 4-197　PLDD1 显影剖面图

19）测量 PLDD1 光刻套刻，收集曝光之后的 PLDD1 光刻与 AA 的套刻数据。
20）检查显影后曝光的图形。

21）PLDD1 离子注入。低能量、浅深度、低掺杂的 BF_2 离子注入。PLDD1 可以有效削弱中压 PMOS 的 HCI 效应，但是采用 PLDD1 离子注入法会使源和漏串联电阻增大，导致中压 PMOS 速度降低。PLDD1 只有一道离子注入，没有口袋离子注入。因为中压 PMOS 并不是短沟道器件，当器件工作在最大电压时，不会发生源漏穿通。图 4-198 所示为 PLDD1 离子注入的剖面图。

22）去除光刻胶。干法刻蚀和湿法刻蚀去除光刻胶。图 4-199 所示为去除光刻胶的剖面图。

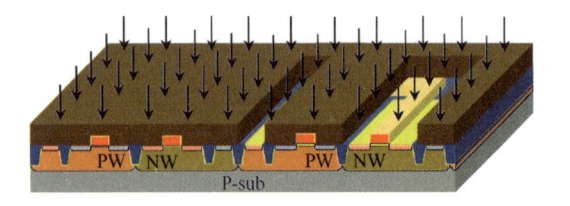

图 4-198　PLDD1 离子注入的剖面图

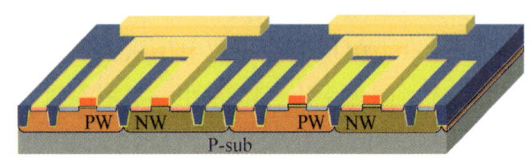

图 4-199　去除光刻胶的剖面图

23）清洗。将晶圆放入清洗槽中清洗，得到清洁的表面，防止表面的杂质在后续退火工艺中扩散到内部。

24）LDD 退火激活。利用快速热退火在 950℃ 的 H_2 环境中，退火时间是 5s 作用，目的是修复离子注入造成的硅表面晶体损伤，激活离子注入的杂质。

4.3.8　侧墙工艺

与亚微米工艺类似，侧墙工艺是指形成环绕多晶硅的氧化介质层，从而保护 LDD 结构，防止重掺杂的源漏离子注入 LDD 结构的扩展区。侧墙是由两个主要工艺步骤形成，首先淀积 ONO 结构，再利用各向异性干法刻蚀去除表面的 ONO，最终多晶硅栅侧面保留一部分二氧化硅。侧墙工艺不需要掩膜版，它仅仅是利用各向异性干法刻蚀的回刻形成的。

1）淀积 ONO 介质层。ONO 是二氧化硅，Si_3N_4 和二氧化硅。首先利用 LPCVD 淀积一层厚度约 200~300Å 的二氧化硅层，它作为 Si_3N_4 刻蚀的停止层，另外它也可以作为缓冲层减少 Si_3N_4 对硅的应力。再利用 LPCVD 淀积一层厚度约 300~400Å 的 Si_3N_4 层，它可以防止栅与源漏的相互漏电。最后一层二氧化硅是利用 TEOS 发生分解反应生成二氧化硅层，厚度约 1200Å。图 4-200 所示为淀积 ONO 的剖面图。

2）侧墙刻蚀。利用干法蚀刻去除二氧化硅和 Si_3N_4，刻蚀停在底部的二氧化硅上。因为在栅两边的氧化物在垂直方向较厚，在蚀刻同样厚度的情况下，拐角处留下一些不能被蚀刻的氧化物，因此形成侧墙。侧墙结构可以保护 LDD 结构，也可以防止栅和源漏之间发生漏电。图 4-201 所示为侧墙刻蚀的剖面图。

图 4-200　淀积 ONO 的剖面图

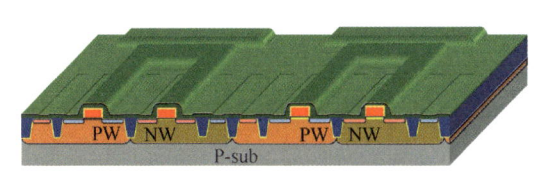

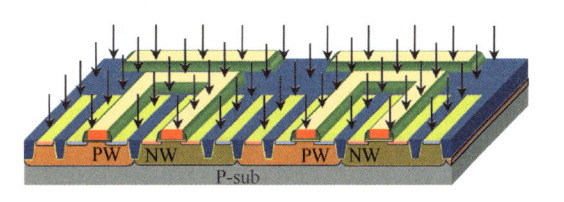

图 4-201　侧墙刻蚀的剖面图

4.3.9　源漏离子注入工艺

与亚微米工艺类似，源漏离子注入工艺是指形成器件的源漏有源区重掺杂的工艺，降低器件有源区的串联电阻，提高器件的速度。同时源漏离子注入也会形成 n 型和 p 型阱接触的有源区，或者 n 型和 p 型有源区电阻，以及 n 型和 p 型多晶硅电阻。

1）清洗。将晶圆放入清洗槽中清洗，得到清洁的表面，防止表面的杂质在生长氧化层时影响氧化层的质量。

2）衬底氧化。利用炉管热氧化生长一层薄的氧化层，利用 O_2 在 850℃ 左右的温度下使多晶硅和衬底硅氧化，形成厚度约 100Å 的氧化硅，修复蚀刻时的损伤，表面的氧化硅可以防止离子注入隧道效应，隔离硅衬底与光刻胶，防止光刻胶中的有机物与硅接触污染硅衬底。

3）n+光刻处理。通过微影技术将 n+掩膜版上的图形转移到晶圆上，形成 n+的光刻胶图案，非 n+区域上保留光刻胶。n+为 NMOS 源和漏的离子重掺杂离子注入，以及有源区和多晶硅重掺杂离子注入。AA 作为 n+光刻曝光对准。图 4-58 所示为电路的版图，工艺的剖面图是沿 AA′方向。图 4-202 所示为 n+光刻的剖面图；图 4-203 所示为 n+显影的剖面图。

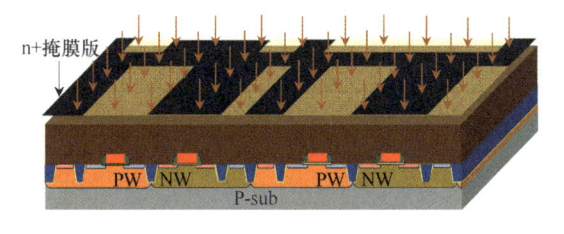

图 4-202　n+光刻的剖面图

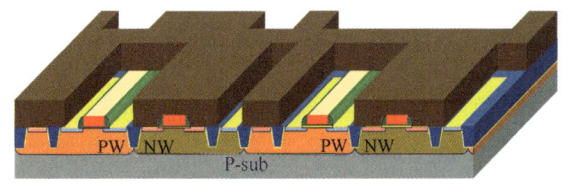

图 4-203　n+显影的剖面图

4）测量 n+光刻套刻，收集曝光之后的 n+光刻与 AA 的套刻数据。

5）检查显影后曝光的图形。

6）n+离子注入。通过低能量、浅深度、重掺杂的砷离子注入，形成重掺杂 NMOS 的源和漏，以及形成 n 型有源区电阻和多晶硅电阻。采用离子注入法，降低 NMOS 源和漏的串联电阻，提高 NMOS 的速度。图 4-204 所示为 n+离子注入的剖面图。

7）去除光刻胶。干法刻蚀和湿法刻蚀去除光刻胶。图 4-205 所示为去除光刻胶的剖面图。

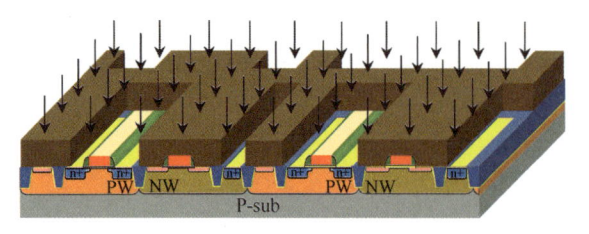

图 4-204　n+离子注入的剖面图

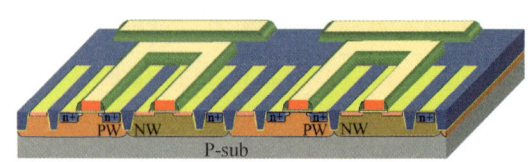

图 4-205　去除光刻胶的剖面图

8）n+退火激活。利用快速热退火在 800℃的 H_2 环境中，修复 n+离子注入造成硅表面的晶体损伤，恢复晶格结构，激活砷离子。

9）p+光刻处理。通过微影技术将 p+掩膜版上的图形转移到晶圆上，形成 p+的光刻胶图案，非 p+区域上保留光刻胶。p+为 PMOS 源和漏的重掺杂离子注入，以及有源区的离子重掺杂注入。AA 作为 p+光刻曝光对准。图 4-58 所示为电路的版图，工艺的剖面图是沿 AA′方向。图 4-206 所示为 p+光刻的剖面图；图 4-207 所示为 p+显影的剖面图。

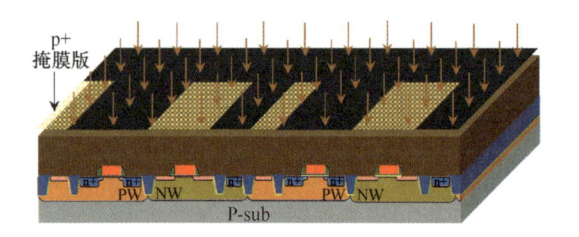

图 4-206　p+光刻的剖面图

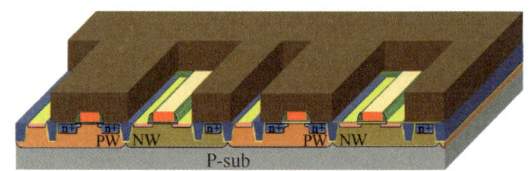

图 4-207　p+显影的剖面图

10）测量 p+光刻套刻，收集曝光之后的 p+光刻与 AA 的套刻数据。

11）检查显影后曝光的图形。

12）p+离子注入。通过低能量、浅深度、重掺杂的二氟化硼离子注入，形成重掺杂 PMOS 的源和漏，以及形成 p 型有源区电阻和多晶硅电阻。采用离子注入法，降低 PMOS 源和漏的串联电阻，提高 PMOS 的速度。图 4-208 所示为 p+离子注入的剖面图。

13）去除光刻胶。干法刻蚀和湿法刻蚀去除光刻胶。图 4-209 所示为去除光刻胶的剖面图。

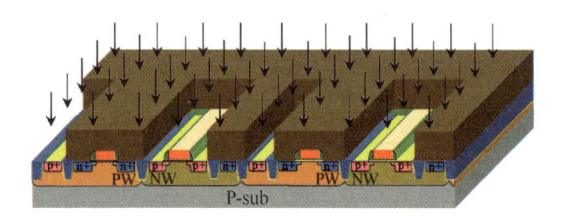

图 4-208　p+离子注入的剖面图

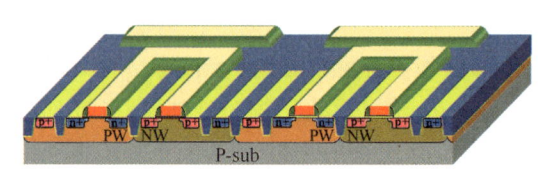

图 4-209　去除光刻胶的剖面图

14) p+退火激活。利用快速热退火在800℃的H_2环境中，修复p+离子注入造成硅表面的晶体损伤，恢复晶格结构，激活硼离子。

4.3.10　HRP 工艺

HRP 工艺是指形成高阻值多晶硅电阻离子注入的工艺，利用离子注入来注入氟离子改变多晶硅的物理特性，形成高阻抗的多晶硅电阻。

1) HRP 光刻处理。通过微影技术将 HRP 掩膜版上的图形转移到晶圆上，形成 HRP 的光刻胶图案，非 HRP 区域上保留光刻胶。HRP 为高阻值多晶硅电阻的离子注入。AA 作为 HRP 光刻曝光对准。图 4-210 所示为电路的版图，工艺的剖面图是沿 AA′方向。图 4-211 所示为 HRP 光刻的剖面图；图 4-212 所示为 HRP 显影的剖面图。

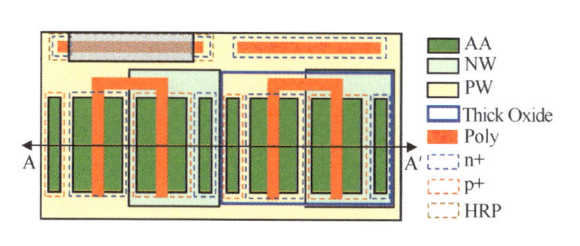

图 4-210　电路的版图

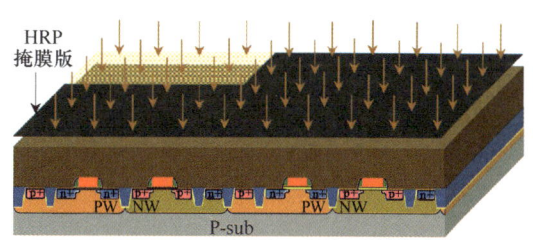

图 4-211　HRP 光刻的剖面图

2) 测量 HRP 光刻套刻。收集曝光之后的 HRP 光刻与 AA 的套刻数据。
3) 检查显影后曝光的图形。
4) HRP 离子注入。利用离子注入氟离子改变多晶硅的电性，形成高阻抗的多晶硅电阻。图 4-213 所示为 HRP 离子注入的剖面图。

图 4-212　HRP 显影的剖面图

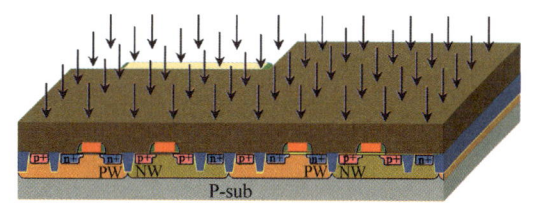

图 4-213　HRP 离子注入的剖面图

5) 去除光刻胶。干法刻蚀和湿法刻蚀去除光刻胶。图 4-214 所示为去除光刻胶的剖面图。
6) 湿法刻蚀去除表面氧化硅。利用 HF 和 H_2O（比例是 50∶1）去除表面氧化硅。图 4-215 所示为去除表面氧化硅后的剖面图。

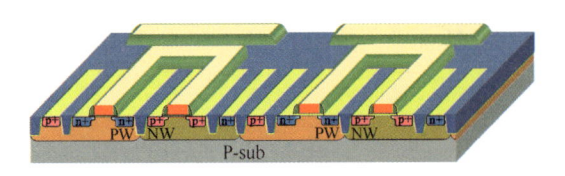

图 4-214 去除光刻胶的剖面图

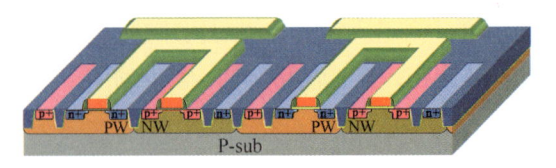

图 4-215 去除表面氧化硅后的剖面图

4.3.11 Salicide 工艺

Salicide 工艺是指在没有氧化物覆盖的衬底硅和多晶硅上形成金属硅化物,从而得到低阻的有源区和多晶硅。

1)淀积 SAB（Salicide Block,金属硅化物阻挡层）。利用 PECVD 淀积一层 SiO_2,目的是形成 SiO_2 把不需要形成金属硅化物的衬底硅和多晶硅覆盖住,防止形成 Salicide。图 4-216 所示为淀积 SiO_2 的剖面图。

2)SAB 光刻处理。通过微影技术将 SAB 掩膜版上的图形转移到晶圆上,形成 SAB 的光刻胶图案,非 SAB 区域上保留光刻胶。AA 作为 SAB 光刻曝光对准。图 4-217 所示为电路的版图,工艺的剖面图是沿 AA′方向。图 4-218 所示为 SAB 光刻的剖面图;图 4-219 所示为 SAB 显影的剖面图。

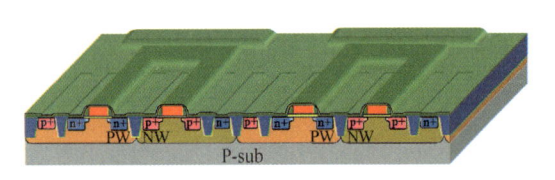

图 4-216 淀积 SiO_2 的剖面图

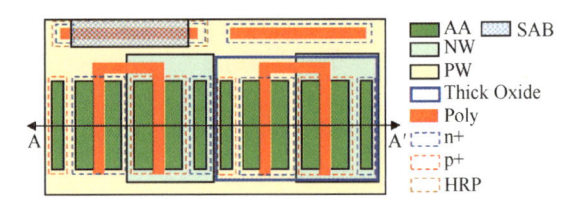

图 4-217 电路的版图

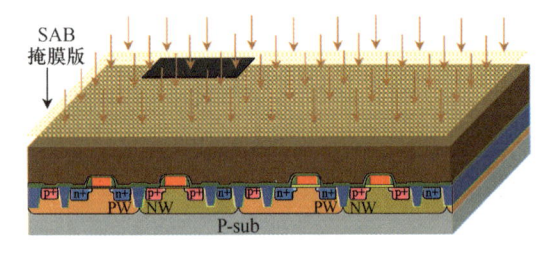

图 4-218 SAB 光刻的剖面图

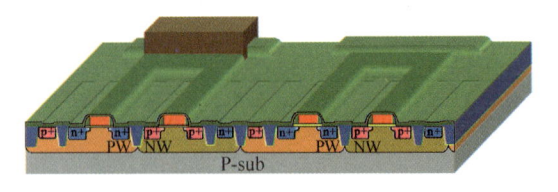

图 4-219 SAB 显影的剖面图

3)测量 SAB 光刻套刻,收集曝光之后的 SAB 光刻与 AA 的套刻数据。

4)检查显影后曝光的图形。

5)SAB 刻蚀处理。干法刻蚀和湿法刻蚀结合,把没有被光刻胶覆盖的 SiO_2 清除,裸露出需要形成 Salicide 的衬底硅和多晶硅,为下一步形成 Salicide 做准备。图 4-220 所示为 SAB 刻蚀的剖面图。

6）去除光刻胶。利用干法刻蚀和湿法刻蚀去除光刻胶。图 4-221 所示为去除光刻胶的剖面图。

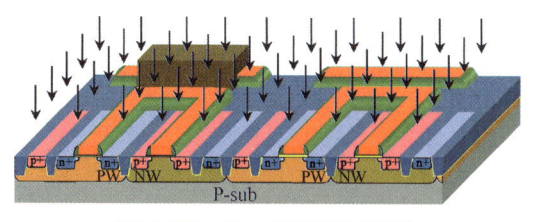

图 4-220　SAB 刻蚀的剖面图

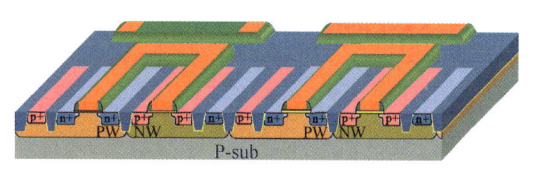

图 4-221　去除光刻胶的剖面图

7）清洗自然氧化层。利用化学溶液 NH_4OH 和 HF 清除自然氧化层，因为后面一道工艺是淀积 Co，把硅表面的氧化物清除的更干净，使 Co 跟衬底硅和多晶硅的清洁表面接触，更易的形成金属硅化物，所以淀积 Co 前再过一道酸槽清除自然氧化层。

8）淀积 Co 和 TiN。利用 PVD 溅射工艺淀积一层厚度约 100Å 的 Co 和厚度约 250Å 的 TiN，TiN 的作用是防止 Co 在 RTA 阶段流动导致金属硅化物厚度不一，电阻值局部不均匀。图 4-222 所示为淀积 Co 和 TiN 的剖面图。

图 4-222　淀积 Co 和 TiN 的剖面图

9）第一步 Salicide RTA-1。在高温约 550℃的环境下，通入 N_2 使 Co 与衬底硅和多晶硅反应生成高阻的金属硅化物 Co_2Si。

10）Co 和 TiN 选择性刻蚀。利用湿法刻蚀清除 TiN 和没有与 Si 反应的 Co，防止它们桥连造成电路短路。图 4-223 所示为选择性刻蚀的剖面图。

11）第二步 Salicide RTA-2。在高温约 850℃的环境下，通入 N_2 把高阻态的 Co_2Si 转化为低阻态的 $CoSi_2$。

12）淀积 SiON。利用 PECVD 淀积一层 SiON 薄膜，利用硅烷（SiH_4）、一氧化二氮（N_2O）和 He 在 400℃的温度下发生化学反应形成 SiON 淀积，厚度约 300Å。SiON 层可以防止 BPSG 中的 B、P 析出向衬底扩散，影响器件性能。图 4-224 所示为淀积 SiON 的剖面图。

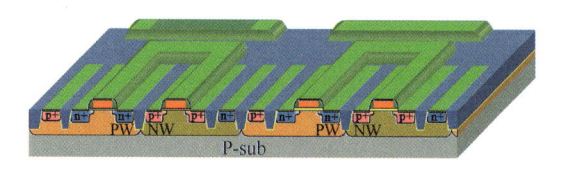

图 4-223　选择性刻蚀的剖面图

图 4-224　淀积 SiON 的剖面图

4.4　深亚微米 CMOS 后段工艺技术

深亚微米 CMOS 后段工艺与亚微米 CMOS 后段工艺非常类似，0.13μm 以上是采用钨作为通孔互连材料，铝合金作为金属互连线材料，0.13μm 及以下是采用钨作为第一层金属与器件的连接材料，而不同的金属层之间的通孔材料以及金属层的互连材料都是铜。集成电路后段的金属互连线之间会产生寄生电容 C，金属连线也会有等效电阻 R，它们会形成 RC 延时影响集成电路的速度，RC 延时成为影响深亚微米工艺集成电路速度的瓶颈，为了改善 RC 对深亚微米工艺集成电路的影响，必须设法降低 RC。深亚微米工艺采用 FSG 作为后段金属间的隔离材料，FSG 是掺氟的硅玻璃，它是低 K 的介质材料，所以利用 FSG 代替 USG 可以降低金属间的寄生电容 C，0.13μm 以下采用铜代替铝合金材料降低金属互连线的电阻 R。

为了简单化，这里不再具体介绍深亚微米后段工艺流程，可以参考亚微米 CMOS 后段工艺技术流程。图 4-225 所示为深亚微米工艺完成后段后的示意图。

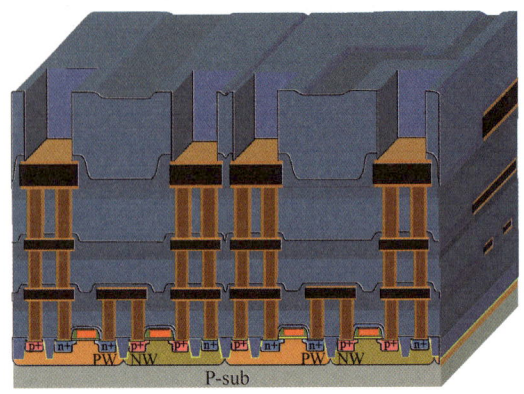

图 4-225　深亚微米工艺完成后段后的示意图

4.5　纳米 CMOS 前段工艺技术流程

对于纳米特征尺寸的 CMOS 前段工艺技术，它与深亚微米 CMOS 工艺技术的最大区别是还需要阈值电压离子注入和两次侧墙工艺。它也是双阱结构（NW 和 PW），如果需要考虑全隔离的 NMOS 器件，那么就需要 DNW，90nm 及以上技术的金属硅化物 Co-Salicide，65nm 及以下技术的金属硅化物 NiPt-Salicide，为了形成 Non-Salicide 区域也需要用到 SAB 掩膜版。另外，如果要考虑高阻值多晶硅电阻，也要用到 HRP 掩膜版。关于纳米工艺技术的侧墙工艺和 NiPt-Salicide 可以参考第 3 章的内容。先进的纳米工艺还会用到应变硅和 HKMG 技术，关于这应变硅和 HKMG 技术的内容可以参考第 2 章，此处不再讲述。纳米 CMOS 前段工艺技术流程见表 4-4。

表 4-4　纳米 CMOS 前段工艺技术流程

1. 衬底制备	8. 侧墙 1 工艺
2. 有源区工艺	9. LDD 工艺
3. STI 隔离工艺	10. 侧墙 2 工艺
4. 双阱工艺	11. 源漏离子注入工艺
5. 阈值电压离子注入工艺	12. HRP 工艺
6. 栅氧化层工艺	13. Salicide 工艺
7. 多晶硅栅工艺	

4.6　纳米 CMOS 后段工艺技术流程[1]

纳米 CMOS 后段工艺利用钨作为器件与第一层金属的连接材料，而不同的金属层之间的通孔材料以及金属层的互连材料都是铜。为了改善 RC 延时，纳米工艺技术采用 ULK（Ultra

第 4 章　工艺制程整合

Low K，超低介电常数）介质材料 SiCOH 作为后段金属间的隔离材料，利用 SiCOH 代替 FSG 可以有效地降低金属间的寄生电容 C，从而降低 RC 延时。工艺步骤中每一个主要步骤中都会有工艺的剖面图。纳米 CMOS 后段工艺技术流程见表 4-5。

表 4-5　纳米 CMOS 后段工艺技术流程

1. ILD 工艺	7. IMD3 工艺
2. 接触孔工艺	8. 通孔 2 和金属层 3 工艺
3. IMD1 工艺	9. IMD4 工艺
4. 金属层 1 工艺	10. 顶层金属 Al 工艺
5. IMD2 工艺	11. 钝化层工艺
6. 通孔 1 和金属层 2 工艺	

4.6.1　ILD 工艺

ILD 工艺是指在器件与第一层金属之间形成的介质材料，形成电性隔离。ILD 介质层可以有效地隔离金属互连线与器件，降低金属与衬底之间的寄生电容，改善金属横跨不同的区域而形成寄生的场效应晶体管。ILD 的介质材料是氧化硅。

1）淀积 SiON。利用 PECVD 淀积一层厚度约 400~500Å 的 SiON 薄膜，利用硅烷（SiH_4）、一氧化二氮（N_2O）和 He 在 400℃ 的温度下发生化学反应形成 SiON 淀积。SiON 层可以防止 BPSG 中的 B、P 析出向衬底扩散，影响器件性能。图 4-226 所示为淀积 SiON 的剖面图。

2）淀积 USG。通过 SACVD O_3-TEOS 淀积一层厚度约为 500~600Å 的 USG。淀积的方式是利用 TEOS 和 O_3 在 400℃ 发生反应形成二氧化硅淀积层。USG 为不掺杂的 SiO_2，USG 可以防止 BPSG 中析出的硼和磷扩散到衬底，造成衬底污染。

3）淀积 BPSG。利用 APCVD 淀积一层厚度约为 8000~9000Å 的 BPSG。利用 O_3、TEOS、B$(OC_2H_5)_3$ 和 PO$(OC_2H_5)_3$ 在加热的条件下发生反应形成 BPSG 淀积层。BPSG 是含硼（B）和磷（P）的硅玻璃，它们的含量控制在 3%~5%。BPSG 有利于平坦化，BPSG 中掺硼可以降低回流所需的温度，掺磷可吸收钠离子和防潮。

4）BPSG 回流。利用 LPCVD 加热到 660℃，在 N_2 的环境下，使 BPSG 回流，填充空隙，从而实现局部平坦化，以利于后续的工艺。在回流的过程中，BPSG 中的 B 和 P 会析出。图 4-227 所示为 BPSG 回流后的剖面图。

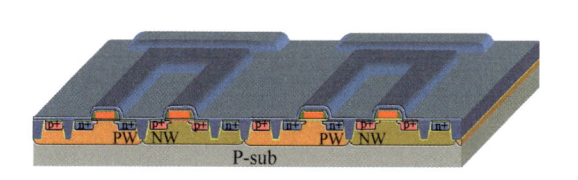

图 4-226　淀积 SiON 的剖面图

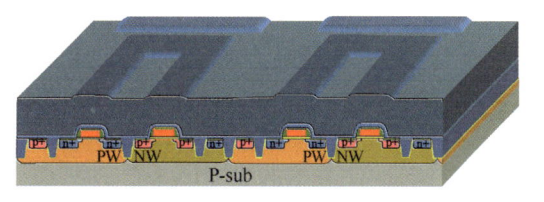

图 4-227　BPSG 回流后的剖面图

213

5）酸槽清洗去除硼和磷离子。将晶圆放入清洗槽中清洗，利用酸槽将 BPSG 回流时析出的硼和磷清除。

6）淀积 USG。通过 SACVD O_3-TEOS 淀积一层厚度约为 5000Å 的 USG。淀积的方式是利用 TEOS 和 O_3 在 400℃发生反应形成二氧化硅淀积层。因为 BPSG 的研磨速率较慢和硬度过小，所以淀积一层 USG，避免 BPSG 被 CMP 划伤和提高效率。

7）ILD CMP。通过 CMP 实现 ILD 平坦化，以利于后续淀积金属互连线和光刻工艺。因为 ILD CMP 没有停止层，所以必须通过控制 CMP 工艺的时间来达到特定的 ILD 厚度。图 4-228 所示为 ILD CMP 后的剖面图。

8）测量 ILD 厚度。收集 CMP 之后的 ILD 厚度数据，检查是否符合产品规格。

9）清洗。利用酸槽清洗，得到清洁的表面。

10）淀积 USG。通过 SACVD O_3-TEOS 淀积一层厚度约为 5000Å 的 USG。淀积的方式是利用 TEOS 和 O_3 在 400℃发生反应形成二氧化硅淀积层。目的是隔离 BPSG 与上层金属，防止 BPSG 中析出的硼和磷扩散影响上层金属，以及修复 CMP 对表面的损伤。

11）淀积 SiON。利用 PECVD 淀积一层厚度约 200~300Å 的 SiON 层，利用硅烷（SiH_4）、一氧化二氮（N_2O）和 He 在 400℃的温度下发生化学反应形成 SiON 淀积。SiON 层作为光刻的底部抗反射层（BARC）。图 4-229 所示为淀积 SiON 的剖面图。

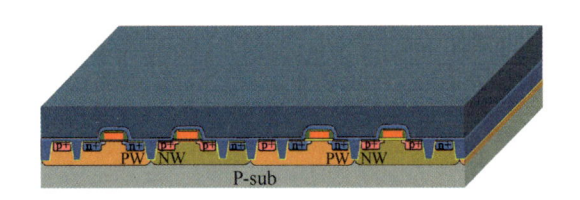

图 4-228　ILD CMP 后的剖面图

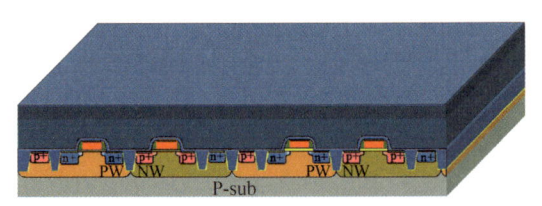

图 4-229　淀积 SiON 的剖面图

4.6.2　接触孔工艺

接触孔工艺是指在 ILD 介质层上形成很多细小的垂直通孔，它是器件与第一层金属层的连接通道。通孔的填充材料是金属钨（W），接触孔材料不能用 Cu，因为 Cu 很容易在氧化硅和衬底硅中扩散，Cu 扩散会造成器件短路。因为淀积钨的工艺是金属 CVD，金属 CVD 具有优良的台阶覆盖率以及对高深宽比接触通孔无间隙的填充。

1）CT 光刻处理。通过微影技术将 CT 掩膜版上的图形转移到晶圆上，形成 CT 的光刻胶图案，非 CT 区域上保留光刻胶。AA 作为 CT 光刻曝光对准。图 4-230 所示为电路的版图，工艺的剖面图是沿 AA′方向。图 4-231 所示为 CT 光刻的剖面图；图 4-232 所示为 CT 显影的剖面图。

2）测量 CT 光刻的关键尺寸。

3）测量 CT 光刻套刻，收集曝光之后的 CT 光刻与 AA 的套刻数据。

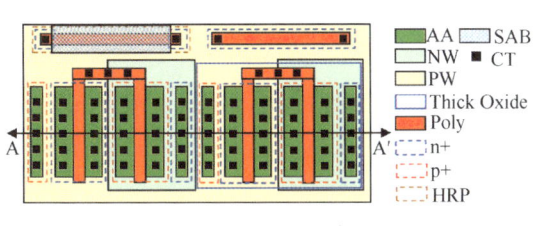

图 4-230 电路的版图

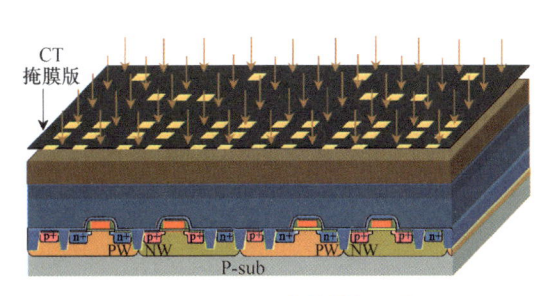

图 4-231 CT 光刻的剖面图

4）检查显影后曝光的图形。

5）CT 干法刻蚀。干法刻蚀利用 CHF_3 和 CF_4 等气体形成等离子体轰击去除无光刻胶覆盖区域的氧化物，获得垂直的侧墙形成接触通孔，提供金属和底层器件的连接。SiON 作为刻蚀的缓冲层，终点侦查器会侦查到刻蚀氧化物的副产物锐减，刻蚀最终停在硅上面。图 4-233 所示为 CT 刻蚀的剖面图。

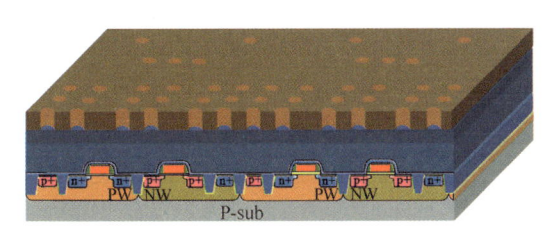

图 4-232 CT 显影的剖面图

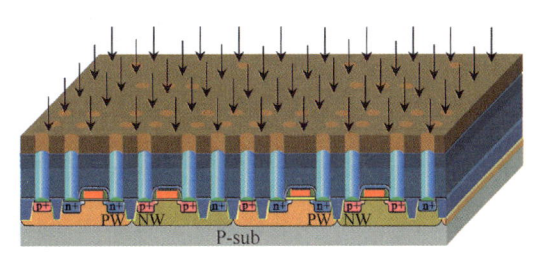

图 4-233 CT 刻蚀的剖面图

6）去除光刻胶。通过干法刻蚀和湿法刻蚀去除光刻胶。图 4-234 所示为去除光刻胶的剖面图。

7）清洗。将晶圆放入清洗槽中清洗，得到清洁的表面。

8）测量 CT 刻蚀关键尺寸。

9）Ar 刻蚀。PVD 前用 Ar 离子溅射清洁表面。

10）淀积 Ti/TiN 层。利用 PVD 淀积 200Å 的 Ti 和 500Å 的 TiN。通入气体 Ar 轰击 Ti 靶材，淀积 Ti 薄膜。通入气体 Ar 和 N_2 轰击 Ti 靶材，淀积 TiN 薄膜。Ti/TiN 层可以防止钨与硅反应，而且有助于后续的钨层附着在氧化层上，因为钨与氧化物之间的粘附性很差，如果没有 Ti/TiN 的辅助，钨层很容易脱落。图 4-235 所示为淀积 Ti/TiN 的剖面图。

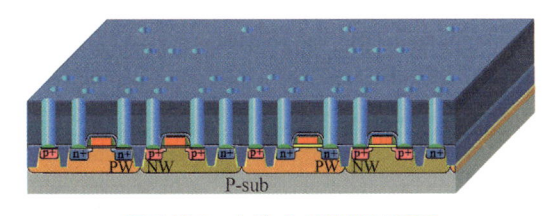

图 4-234 去除光刻胶的剖面图

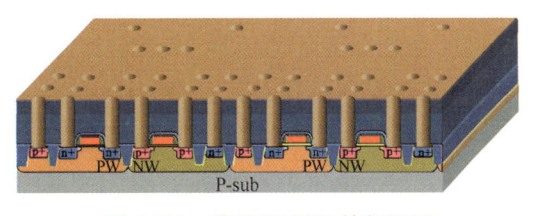

图 4-235 淀积 Ti/TiN 的剖面图

11）退火。利用快速热退火加热到700℃，在N_2环境中，修复刻蚀造成的硅表面晶体损伤，同时 Ti/TiN 层与硅合金化。

12）淀积钨层。利用 WCVD 的方式淀积钨层，填充接触孔，通入的气体是 WF_6、SiH_4 和 H_2。淀积分两个过程：首先是利用 WF_6 和 SiH_4 淀积一层成核的钨籽晶层，再利用 WF_6 和 H_2 淀积大量的钨。钨生长是各向同性，生长的厚度不小于 CT 的半径。图 4-236 所示为淀积钨层的剖面图。

13）钨 CMP。利用 CMP 除去表面的钨和 Ti/TiN 层，防止不同区域的接触孔短路，留下钨塞填充接触孔。氧化物是 CMP 的停止层，CMP 终点侦察器侦查到 ILD 硅玻璃的信号，但还要考虑工艺的容忍度，防止有钨残留造成短路，所以侦查到终点时，还要进行一定时间的工艺。图 4-237 所示为钨 CMP 的剖面图。

图 4-236 淀积钨层的剖面图

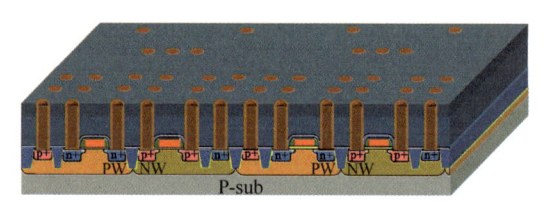

图 4-237 钨 CMP 的剖面图

14）清洗。利用酸槽清洗，得到清洁的表面。

4.6.3 IMD1 工艺

IMD1 工艺是指在第一层金属之间的介质隔离材料。IMD1 的材料是 ULK（Ultra Low K）SiCOH 材料。

1）淀积 SiCN 刻蚀停止层（Etch Stop Layer，ESL）。利用 PECVD 淀积一层厚度为 600Å 的 SiCN，SiCN 作为第一层金属刻蚀停止层。图 4-238 所示为淀积 SiCN 的剖面图。

2）淀积 SiCOH 层。利用 PECVD 淀积一层厚度为 3000Å 的 SiCOH。利用 DEMS（Di-甲基乙氧基硅烷）和 CHO（氧化环乙烯或 $C_6H_{10}O$），可以淀积具有 C_xH_y 的 OSG 有机复合膜。利用超紫外（UV）和可见光处理排除有机气体，最终形成多孔的 SiCOH 介质薄膜。SiCOH 作为内部金属氧化物隔离层，可以有效地减小金属层之间的寄生电容。

3）淀积 USG。通过 PECVD 淀积一层厚度约为 500Å 的 USG。淀积的方式是利用 TEOS 在 400℃发生分解反应形成二氧化硅淀积层。USG 和 TiN 硬掩膜可以防止去光刻胶工艺中的氧自由基破坏 ULK 薄膜。

4）淀积 TiN 硬掩膜版层。利用 PVD 淀积一层厚度约为 300Å 的 TiN。通入气体 Ar 和 N_2 轰击 Ti 靶材，淀积 TiN 薄膜。TiN 为硬掩膜版层和抗反射层。图 4-239 所示为淀积 TiN 的剖面图。

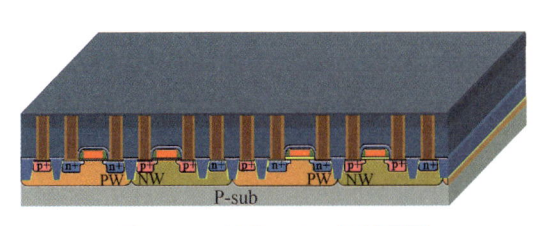

图 4-238　淀积 SiCN 的剖面图

图 4-239　淀积 TiN 的剖面图

4.6.4　金属层 1 工艺

金属层 1 工艺是指形成第一层金属互连线，第一层金属互连线的目的是实现把不同区域的接触孔连起来，以及把不同区域的通孔 1 连起来。第一金属层是大马士革的铜结构，先在介质层上挖沟槽，再利用电镀（Electro Chemical Plating，ECP）在沟槽里填充 Cu。

1）M1 光刻处理。通过微影技术将 M1 掩膜版上的图形转移到晶圆上，形成 M1 光刻胶图案，M1 区域上保留光刻胶。CT 作为 M1 光刻曝光对准。图 4-240 所示为电路的版图，工艺的剖面图是沿 AA′方向。图 4-241 所示为 M1 光刻的剖面图；图 4-242 所示为 M1 显影的剖面图。

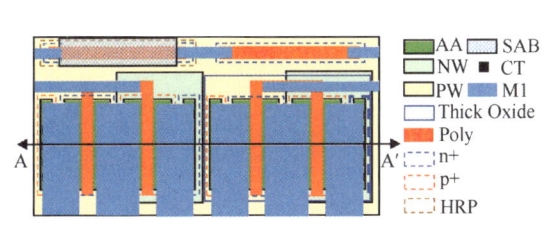

图 4-240　电路的版图

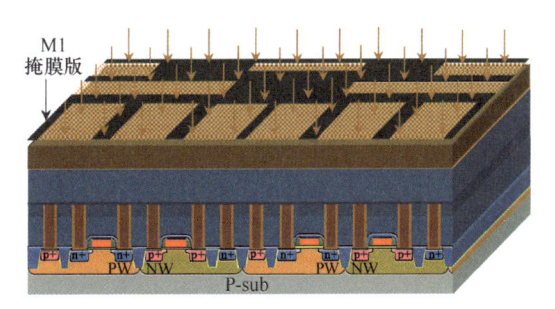

图 4-241　M1 光刻的剖面图

2）测量 M1 光刻的关键尺寸。

3）测量 M1 套刻数据。收集曝光之后的 M1 光刻图形与 CT 对准图形的套刻数据。

4）检查显影后曝光的图形。

5）M1 硬掩膜干法刻蚀。利用干法刻蚀去除没有光刻胶覆盖的 TiN 区域。图 4-243 所示为 M1 硬掩膜刻蚀的剖面图。

6）去除光刻胶。通过干法刻蚀和湿法刻蚀去除光刻胶。图 4-244 所示为去除光刻胶的剖面图。

7）测量 M1 的关键尺寸。收集刻蚀后的 M1 的关键尺寸数据，检查 M1 的关键尺寸是否符合产品规格。

8）M1 干法刻蚀。干法刻蚀利用 CF_4，CHF_3 和 CO 等混合气体产生等离子电浆刻蚀 SiCOH 层，SiCN 作为停止层。

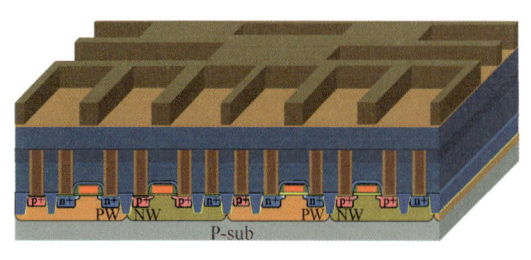

图 4-242 M1 显影的剖面图

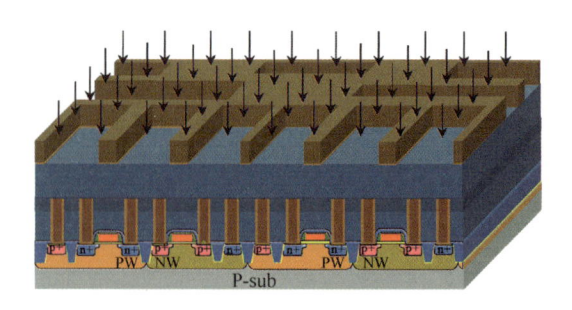

图 4-243 M1 硬掩膜刻蚀的剖面图

9）去除 ESL SiCN 层。利用湿法刻蚀去除 SiCN 层。图 4-245 所示为去除 SiCN 层的剖面图。

图 4-244 去除光刻胶的剖面图

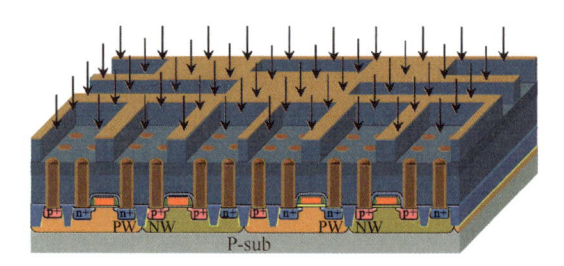

图 4-245 去除 SiCN 层的剖面图

10）淀积 Ta/TaN。利用 PVD 淀积 Ta/TaN。预淀积一层 Ta/TaN 有助于后续的 Cu 附着在氧化层上，因为 Cu 与氧化物之间的粘附性很差，如果没有 Ta/TaN 的辅助，Cu 层很容易脱落。另外 Cu 在氧化物中很容易扩散，Ta/TaN 层作为阻挡层可以有效地防止 Cu 扩散。

11）淀积 Cu 薄籽晶层。利用 PVD 淀积一层 Cu 薄籽晶层。预淀积一层厚度约 500Å 的 Cu 薄籽晶层，Cu 薄籽晶层作为电镀的阴极。图 4-246 所示为淀积 Cu 薄籽晶层的剖面图。

12）电镀淀积铜。利用 ECP 电镀淀积一层铜作为金属连接层，化学溶液是 H_2SO_4，$CuSO_4$ 和 H_2O。图 4-247 所示为电镀淀积铜的剖面图。

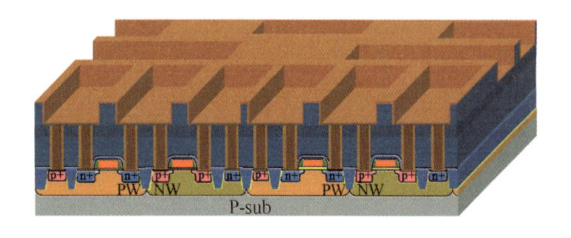

图 4-246 淀积 Cu 薄籽晶层的剖面图

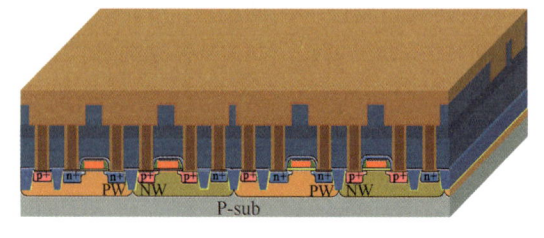

图 4-247 电镀淀积铜的剖面图

13）Cu CMP。利用 CMP 去除表面多余的铜，防止不同区域的金属线短路，留下 Cu 填充金属互连线区域。氧化层作为 CMP 的停止层。CMP 终点侦察器侦查到 IMD1 硅玻璃的信号，但还要考虑工艺的容忍度，防止有铜残留造成短路，所以侦查到终点时，还要进行一定时间的工艺。图 4-248 所示为 Cu CMP 的剖面图。

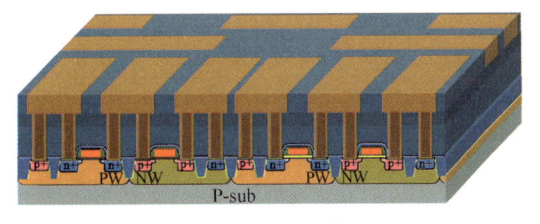

图 4-248　Cu CMP 的剖面图

14）清洗。首先利用 NH_4OH 和 H_2O 清洗，再使用 $HF:H_2O$（100:1）清洗，最后用超纯净水清洗，得到清洁的表面。

4.6.5　IMD2 工艺

IMD2 工艺包括 IMD2a 工艺和 IMD2b 工艺。IMD2a 工艺是形成 VIA1 的介质隔离材料，同时 IMD2a 会隔离第一层金属和第二层金属，IMD2b 工艺是形成第二层金属的介质隔离材料。IMD2 的材料也是 ULK SiCOH 材料。

1）淀积 SiCN 刻蚀停止层。利用 PECVD 淀积一层厚度约为 600Å 的 SiCN，SiCN 作为刻蚀停止层和 M1 的覆盖层，SiCN 可以防止 Cu 扩散。这样 Ta/TaN 和 SiCN 就形成一个容器包裹着 Cu，防止 Cu 向外扩散。图 4-249 所示为淀积 SiCN 的剖面图。

2）淀积 IMD2a SiCOH 层。利用 PECVD 淀积一层厚度为 3500Å 的 SiCOH。利用 DEMS（Di-甲基乙氧基硅烷）和 CHO（氧化环乙烯或 $C_6H_{10}O$），可以淀积具有 C_xH_y 的 OSG 有机复合膜。利用超紫外（UV）和可见光处理排除有机气体，最终形成多孔的 SiCOH 介质薄膜。SiCOH 作为内部金属氧化物隔离层，可以有效减小金属层之间的寄生电容。

图 4-249　淀积 SiCN 的剖面图

3）淀积 SiCN 刻蚀停止层。利用 PECVD 淀积一层厚度约为 600Å 的 SiCN，SiCN 作为刻蚀停止层。图 4-250 所示为淀积 SiCN 的剖面图。

4）淀积 IMD2b SiCOH 层。利用 PECVD 淀积一层厚度为 3000Å 的 SiCOH。利用 DEMS（Di-甲基乙氧基硅烷）和 CHO（氧化环乙烯或 $C_6H_{10}O$），可以淀积具有 C_xH_y 的 OSG 有机复合膜。利用超紫外（UV）和可见光处理排除有机气体，最终形成多孔的 SiCOH 介质薄膜。SiCOH 作为内部金属氧化物隔离层，可以有效地减小金属层之间的寄生电容。

5）淀积 USG。通过 PECVD 淀积一层厚度约为 500Å 的 USG。淀积的方式是利用 TEOS 在 400℃发生分解反应形成二氧化硅淀积层。USG 和 TiN 硬掩膜可以防止去光刻胶工艺中的氧自由基破坏 ULK 薄膜。

6）淀积 TiN 硬掩膜版层。利用 PVD 淀积一层厚度约为 300Å 的 TiN。通入气体 Ar 和 N_2

轰击 Ti 靶材，淀积 TiN 薄膜。TiN 为硬掩膜版层和抗反射层。图 4-251 所示为淀积 TiN 的剖面图。

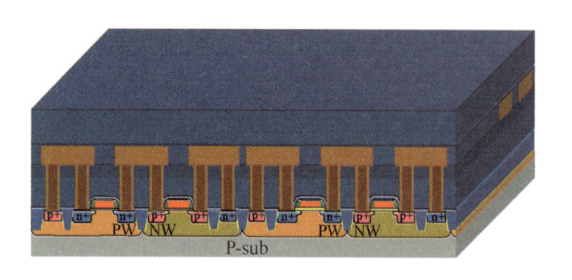

图 4-250　淀积 SiCN 的剖面图

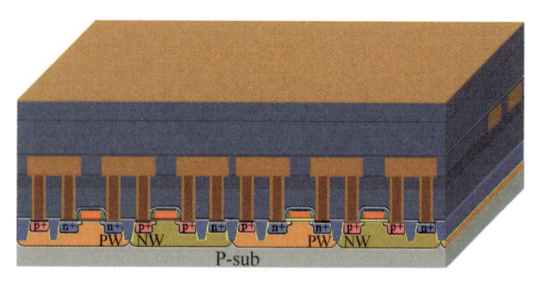

图 4-251　淀积 TiN 的剖面图

4.6.6　通孔 1 和金属层 2 工艺

通孔 1（VIA1）工艺是指形成第一层金属和第二层金属的通孔连接互连线。金属层 2（M2）工艺是指形成第二层金属互连线，第二层金属互连线的目的是实现把不同区域的通孔 1 连起来，以及把不同区域的通孔 2（VIA2）连起来。VIA1 和 M2 是都是大马士革的铜结构，先在介质层上挖出一部分 VIA1 的沟槽，然后再在 VIA1 沟槽的基础上挖出 M2 的沟槽，最后利用 ECP 在沟槽里填充 Cu。

1）M2 光刻处理。通过微影技术将 M2 掩膜版上的图形转移到晶圆上，形成 M2 光刻胶图案，M2 区域上保留光刻胶。M1 作为 M2 光刻曝光对准。图 4-252 所示为电路的版图，工艺的剖面图是沿 AA′方向。图 4-253 所示为 M2 光刻的剖面图；图 4-254 所示为 M2 显影的剖面图。

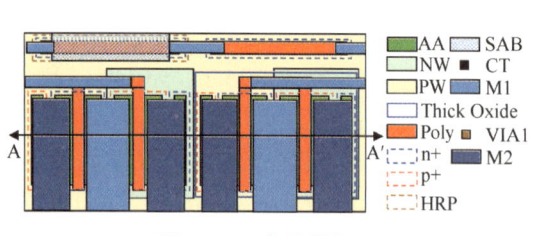

图 4-252　电路的版图

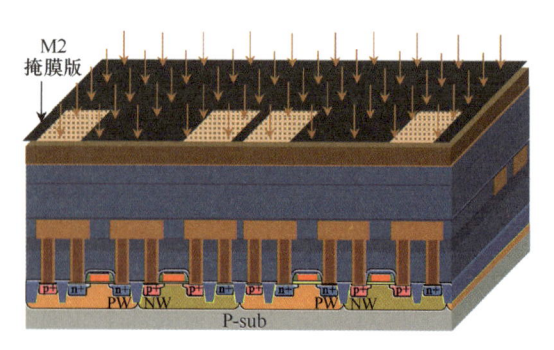

图 4-253　M2 光刻的剖面图

2）测量 M2 光刻的关键尺寸。

3）测量 M2 套刻数据。收集曝光之后的 M2 光刻图形与 M1 对准图形的套刻数据。

4）检查显影后曝光的图形。

5）M2 硬掩膜干法刻蚀。利用干法刻蚀去除没有光刻胶覆盖的 TiN 区域。图 4-255 所示为 M2 硬掩膜刻蚀的剖面图。

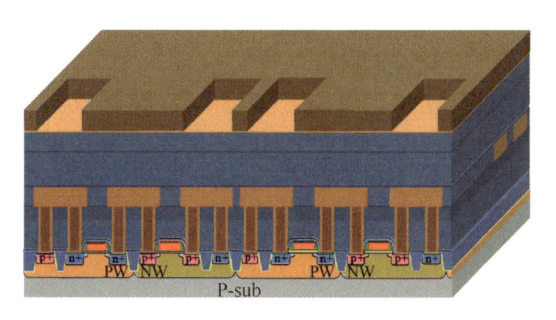

图 4-254 M2 显影的剖面图

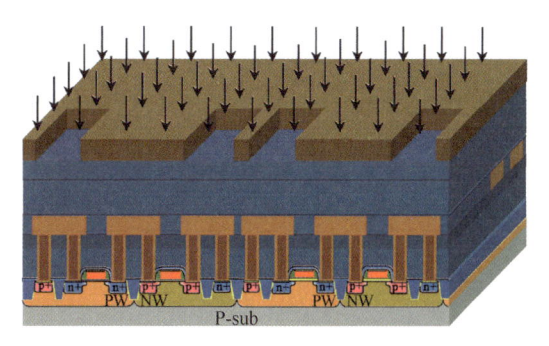

图 4-255 M2 硬掩膜刻蚀的剖面图

6）去除光刻胶。通过干法刻蚀和湿法刻蚀去除光刻胶。图 4-256 所示为去除光刻胶的剖面图。

7）VIA1 光刻处理。通过微影技术将 VIA1 掩膜版上的图形转移到晶圆上，形成 VIA1 光刻胶图案，VIA1 区域上保留光刻胶。M1 作为 VIA1 光刻曝光对准。图 4-257 所示为电路的版图，工艺的剖面图是沿 AA′方向。图 4-258 所示为 VIA1 光刻的剖面图；图 4-259 所示为 VIA1 显影的剖面图。

图 4-256 去除光刻胶的剖面图

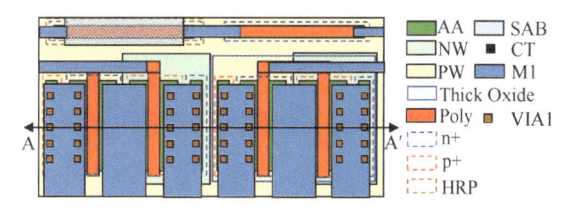

图 4-257 电路的版图

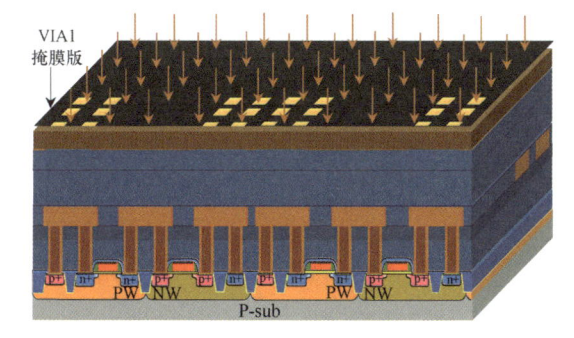

图 4-258 VIA1 光刻的剖面图

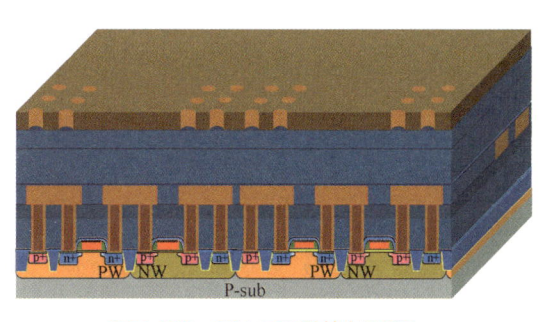

图 4-259 VIA1 显影的剖面图

8）测量 VIA1 光刻的关键尺寸。

9）测量 VIA1 套刻数据。收集曝光之后的 VIA1 光刻图形与 M1 对准图形的套刻数据。

10）检查显影后曝光的图形。

11）VIA1 干法刻蚀。干法刻蚀利用 CF_4，CHF_3 和 CO 等混合气体产生等离子电浆刻蚀 SiCOH 层，SiCN 作为停止层。图 4-260 所示为 VIA1 刻蚀的剖面图。

12）去除 ESL SiCN 层。利用湿法刻蚀去除 SiCN 层。

13）去除光刻胶。通过干法刻蚀和湿法刻蚀去除光刻胶。图 4-261 所示为去除光刻胶的剖面图。

14）M2 干法刻蚀。干法刻蚀利用 CF_4，CHF_3 和 CO 等混合气体产生等离子电浆刻蚀 SiCOH 层，SiCN 作为停止层。

15）去除 ESL SiCN 层。利用湿法刻蚀去除 SiCN 层。图 4-262 所示为去除 SiCN 层的剖面图。

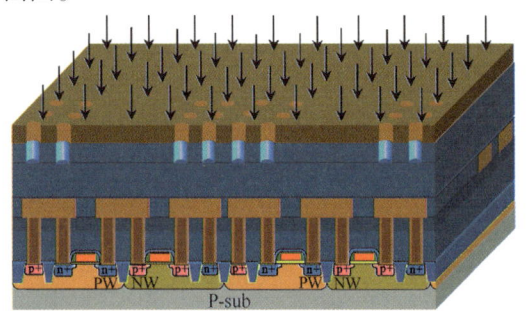

图 4-260　VIA1 刻蚀的剖面图

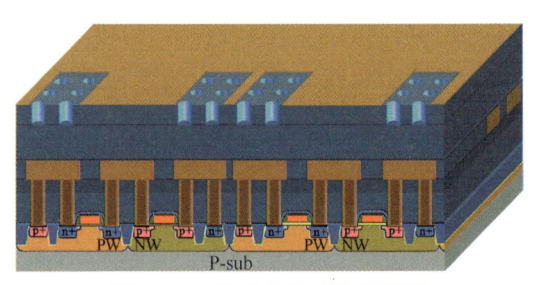

图 4-261　去除光刻胶的剖面图

16）淀积 Ta/TaN。利用 PVD 淀积 Ta/TaN。预淀积一层 Ta/TaN 有助于后续的 Cu 附着在氧化层上，因为 Cu 与氧化物之间的粘附性很差，如果没有 Ta/TaN 的辅助，Cu 层很容易脱落。另外 Cu 在氧化物中很容易扩散，Ta/TaN 层作为阻挡层可以有效防止 Cu 扩散。

17）淀积 Cu 薄籽晶层。利用 PVD 淀积一层 Cu 薄籽晶层。预淀积一层厚度约 500Å 的 Cu 薄籽晶层，Cu 薄籽晶层作为电镀的阴极。图 4-263 所示为淀积 Cu 薄籽晶层的剖面图。

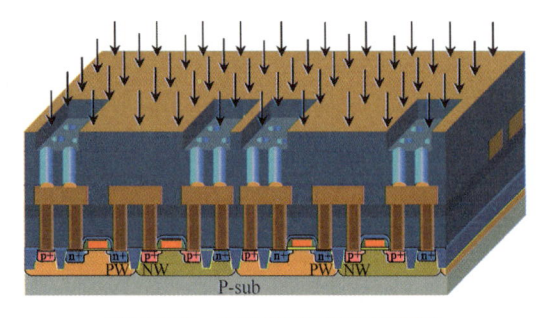

图 4-262　去除 SiCN 层的剖面图

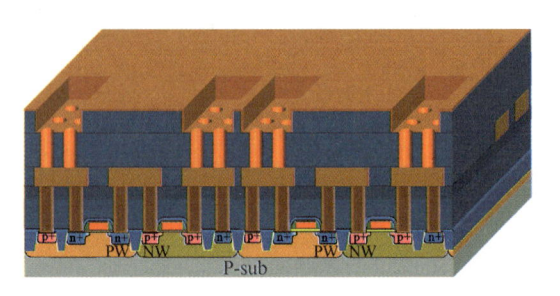

图 4-263　淀积 Cu 薄籽晶层的剖面图

18）电镀淀积铜。利用 ECP 电镀淀积一层铜作为金属连接层，化学溶液是 H_2SO_4，$CuSO_4$ 和 H_2O。图 4-264 所示为电镀淀积铜的剖面图。

19）Cu CMP。利用 CMP 去除表面多余的铜，防止不同区域的金属线短路，留下 Cu 填充金属互连线区域。氧化层作为 CMP 的停止层。CMP 终点侦察器侦查到 IMD2b 硅玻璃的信号，但还要考虑工艺的容忍度，防止有铜残留造成短路，所以侦查到终点时，还要进行一定时间的工艺。图 4-265 所示为 Cu CMP 的剖面图。

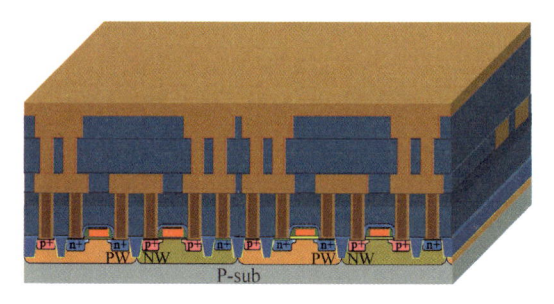

图 4-264　电镀淀积铜的剖面图

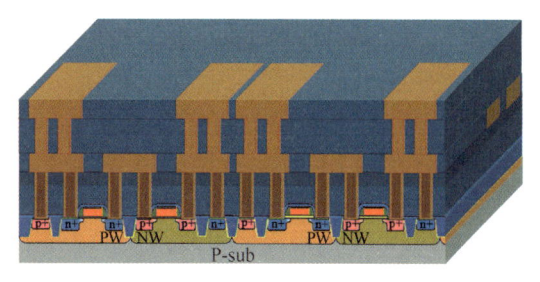

图 4-265　Cu CMP 的剖面图

20）清洗。利用酸槽清洗晶圆，得到清洁的表面。

4.6.7　IMD3 工艺

IMD3 工艺包括 IMD3a 工艺和 IMD3b 工艺。IMD3a 工艺是形成 VIA2 的介质隔离材料，同时 IMD3a 会隔离第二层金属和第三层金属，IMD3b 工艺是形成第三层金属的介质隔离材料。IMD3 的材料也是 ULK SiCOH 材料。

1）淀积 SiCN 刻蚀停止层。利用 PECVD 淀积一层厚度约为 600Å 的 SiCN，SiCN 作为刻蚀停止层和 M2 的覆盖层，SiCN 可以防止 Cu 扩散。这样 Ta/TaN 和 SiCN 就形成一个容器包裹着 Cu，防止 Cu 向外扩散。图 4-266 所示为淀积 SiCN 的剖面图。

2）淀积 IMD2a SiCOH 层。利用 PECVD 淀积一层厚度为 4500Å 的 SiCOH。利用 DEMS（Di-甲基乙氧基硅烷）和 CHO（氧化环乙烯或 $C_6H_{10}O$），可以淀积具有 C_xH_y 的 OSG 有机复合膜。利用超紫外（UV）和可见光处理排除有机气体，最终形成多孔的 SiCOH 介质薄膜。SiCOH 作为内部金属氧化物隔离层，可以有效减小金属层之间的寄生电容。

3）淀积 SiCN 刻蚀停止层。利用 PECVD 淀积一层厚度约为 600Å 的 SiCN，SiCN 作为刻蚀停止层。图 4-267 所示为淀积 SiCN 的剖面图。

4）淀积 IMD2b SiCOH 层。利用 PECVD 淀积一层厚度为 6000Å 的 SiCOH。利用 DEMS（Di-甲基乙氧基硅烷）和 CHO（氧化环乙烯或 $C_6H_{10}O$），可以淀积具有 C_xH_y 的 OSG 有机复合膜。利用超紫外（UV）和可见光处理排除有机气体，最终形成多孔的 SiCOH 介质薄膜。SiCOH 作为内部金属氧化物隔离层，可以有效减小金属层之间的寄生电容。

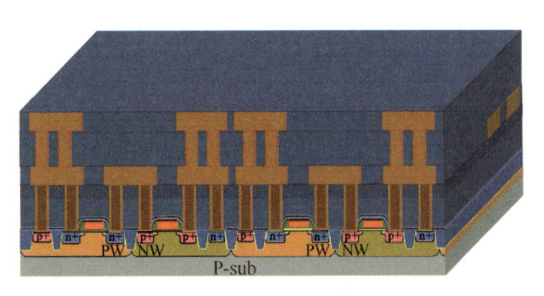

图 4-266 淀积 SiCN 的剖面图

图 4-267 淀积 SiCN 的剖面图

5）淀积 USG。通过 PECVD 淀积一层厚度约为 500Å 的 USG。淀积的方式是利用 TEOS 在 400℃发生分解反应形成二氧化硅淀积层。USG 和 TiN 硬掩膜可以防止去光刻胶工艺中的氧自由基破坏 ULK 介电薄膜。

6）淀积 TiN 硬掩膜版层。利用 PVD 淀积一层厚度约为 300Å 的 TiN。通入气体 Ar 和 N₂ 轰击 Ti 靶材，淀积 TiN 薄膜。TiN 为硬掩膜版层和抗反射层。图 4-268 所示为淀积 TiN 的剖面图。

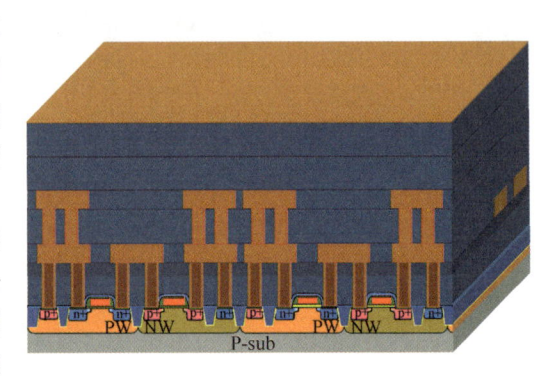

图 4-268 淀积 TiN 的剖面图

4.6.8 通孔 2 和金属层 3 工艺

通孔 2（VIA2）工艺是指形成第二层金属和第三层金属的通孔连接互连线。金属层 3（M3）工艺是指形成第三层金属互连线，第三层金属互连线的目的是实现把不同区域的 VIA2 连起来，以及把不同区域的顶层金属孔 3 连起来。VIA2 和 M3 是都是大马士革的铜结构，先在介质层上挖出一部分 VIA2 的沟槽，然后再在 VIA2 沟槽的基础上挖出 M3 的沟槽，最后利用 ECP 在沟槽里填充 Cu。M3 作为电源走线，连接很长的距离，需要比较低的电阻，所以第三层金属的厚度比较厚。

1）M3 光刻处理。通过微影技术将 M3 掩膜版上的图形转移到晶圆上，形成 M3 光刻胶图案，M3 区域上保留光刻胶。M2 作为 M3 光刻曝光对准。图 4-269 所示为电路的版图，工艺的剖面图是沿 AA′方向。图 4-270 所示为 M3 光刻的剖面图；图 4-271 所示为 M3 显影的剖面图。

2）测量 M3 光刻的关键尺寸。

3）测量 M3 套刻数据。收集曝光之后的 M3 光刻图形与 M2 对准图形的套刻数据。

4）检查显影后曝光的图形。

5）M3 硬掩膜干法刻蚀。利用干法刻蚀去除没有光刻胶覆盖的 TiN 区域。图 4-272 所示为 M3 硬掩膜刻蚀的剖面图。

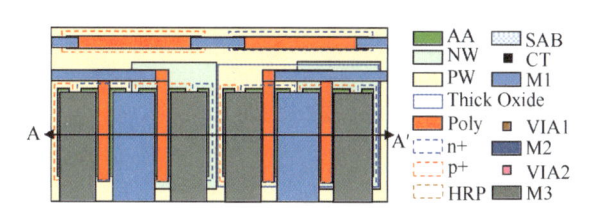

图 4-269 电路的版图

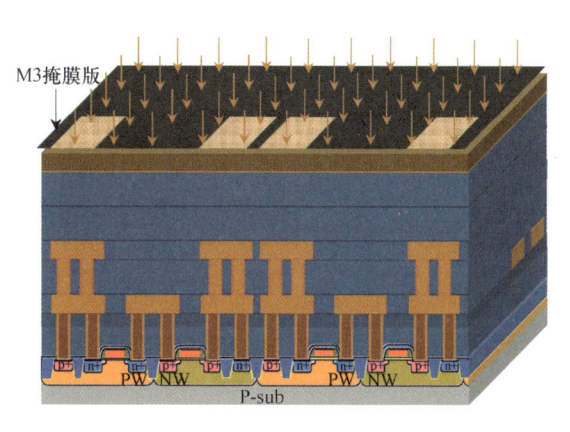

图 4-270 M3 光刻的剖面图

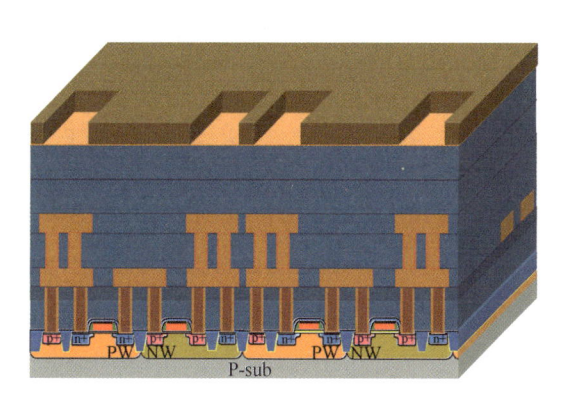

图 4-271 M3 显影的剖面图

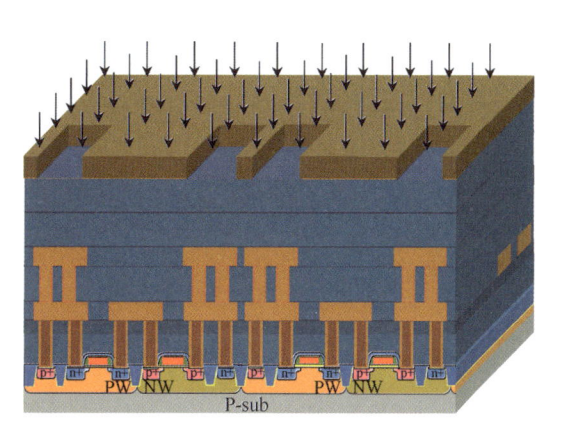

图 4-272 M3 硬掩膜刻蚀的剖面图

6) 去除光刻胶。通过干法刻蚀和湿法刻蚀去除光刻胶。图 4-273 所示为去除光刻胶的剖面图。

7) VIA2 光刻处理。通过微影技术将 VIA2 掩膜版上的图形转移到晶圆上，形成 VIA2 光刻胶图案，VIA2 区域上保留光刻胶。M2 作为 VIA2 光刻曝光对准。图 4-274 所示为电路的版图，工艺的剖面图是沿 AA′方向。图 4-275 所示为 VIA2 光刻的剖面图；图 4-276 所示为 VIA2 显影的剖面图。

8) 测量 VIA2 光刻的关键尺寸。

9) 测量 VIA2 套刻数据。收集曝光之后的 VIA2 光刻图形与 M2 对准图形的套刻数据。

10) 检查显影后曝光的图形。

11) VIA2 干法刻蚀。干法刻蚀利用 CF_4，CHF_3 和 CO 等混合气体产生等离子电浆刻蚀 SiCOH 层，SiCN 作为停止层。图 4-277 所示为 VIA2 刻蚀的剖面图。

图 4-273　去除光刻胶的剖面图

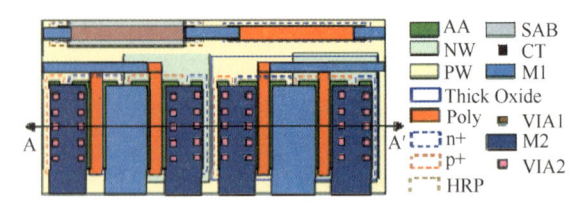

图 4-274　电路的版图

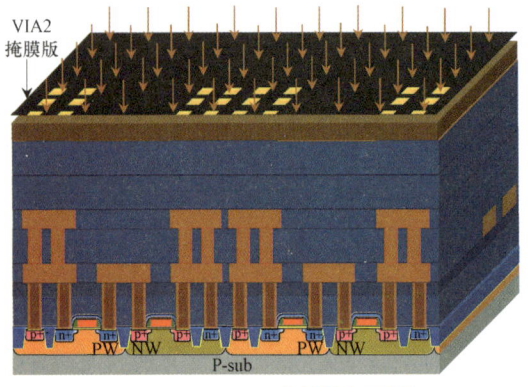

图 4-275　VIA2 光刻的剖面图

图 4-276　VIA2 显影的剖面图

12) 去除 ESL SiCN 层。利用湿法刻蚀去除 SiCN 层。

13) 去除光刻胶。通过干法刻蚀和湿法刻蚀去除光刻胶。图 4-278 所示为去除光刻胶的剖面图。

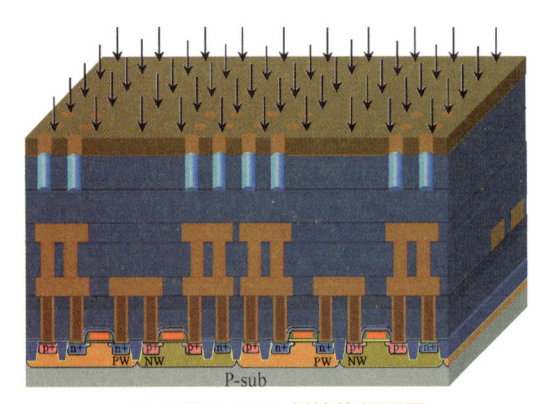

图 4-277　VIA2 刻蚀的剖面图

图 4-278　去除光刻胶的剖面图

14) M3 干法刻蚀。干法刻蚀利用 CF_4，CHF_3 和 CO 等混合气体产生等离子电浆刻蚀

SiCOH层，SiCN作为停止层。

15）去除ESL SiCN层。利用湿法刻蚀去除SiCN层。图4-279所示为去除SiCN层的剖面图。

16）淀积Ta/TaN。利用PVD淀积Ta/TaN。预淀积一层Ta/TaN有助于后续的Cu附着在氧化层上，因为Cu与氧化物之间的粘附性很差，如果没有Ta/TaN的辅助，Cu层很容易脱落。另外Cu在氧化物中很容易扩散，Ta/TaN层作为阻挡层可以有效防止Cu扩散。

17）淀积Cu薄籽晶层。利用PVD淀积一层Cu薄籽晶层。预淀积一层厚度约500Å的Cu薄籽晶层，Cu薄籽晶层作为电镀的阴极。图4-280所示为淀积Cu薄籽晶层的剖面图。

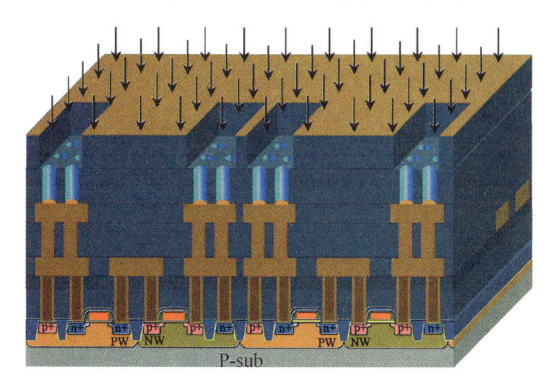

图4-279　去除SiCN层的剖面图

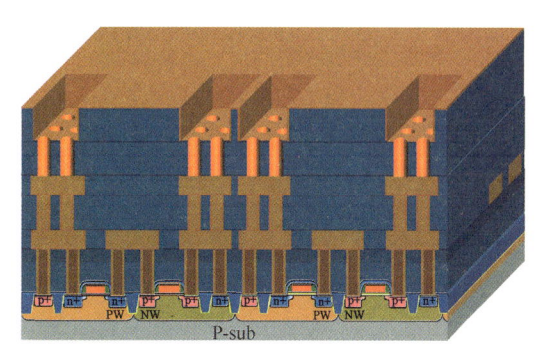

图4-280　淀积Cu薄籽晶层的剖面图

18）电镀淀积铜。利用ECP电镀淀积一层铜作为金属连接层，化学溶液是H_2SO_4、$CuSO_4$和H_2O。图4-281所示为电镀淀积铜的剖面图。

19）Cu CMP。利用CMP去除表面多余的铜，防止不同区域的金属线短路，留下Cu填充金属互连线区域。氧化层作为CMP的停止层。CMP终点侦察器侦查到IMD3b硅玻璃的信号，但还要考虑工艺的容忍度，防止有铜残留造成短路，所以侦查到终点时，还要进行一定时间的工艺。图4-282所示为Cu CMP的剖面图。

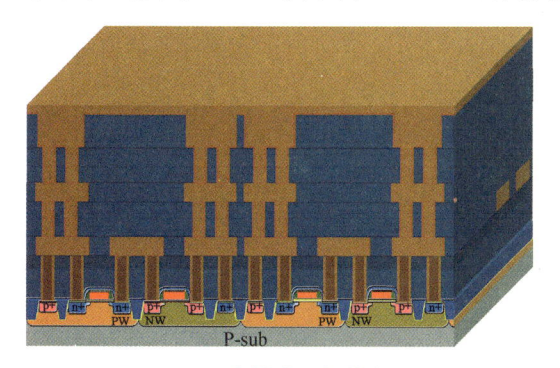

图4-281　电镀淀积铜的剖面图

图4-282　Cu CMP的剖面图

20）清洗。利用酸槽清洗，得到清洁的表面。

4.6.9 IMD4 工艺

IMD4 工艺是形成 TMV（Top Metal VIA，顶层金属通孔）的介质隔离材料，同时 IMD4 会隔离第三层金属和顶层 AL 金属。IMD4 的材料也是 USG 和 SiON 材料。

1）淀积 SiCN 刻蚀停止层。利用 PECVD 淀积一层厚度约为 600Å 的 SiCN，SiCN 作为刻蚀停止层和 M3 的覆盖层，SiCN 可以防止 Cu 扩散。这样 Ta/TaN 和 SiCN 就形成一个容器包裹着 Cu，防止 Cu 向外扩散。图 4-283 所示为淀积 SiCN 的剖面图。

2）淀积 USG。通过 PECVD 淀积一层厚度约为 3000Å 的 USG。淀积的方式是利用 TEOS 在 400℃发生分解反应形成二氧化硅淀积层。

3）淀积 SiON。利用 PECVD 淀积一层厚度约为 300Å 的 SiON 层，利用硅烷（SiH_4）、一氧化二氮（N_2O）和 He 在 400℃的温度下发生化学反应形成 SiON 淀积。图 4-284 所示为淀积 SiON 的剖面图。

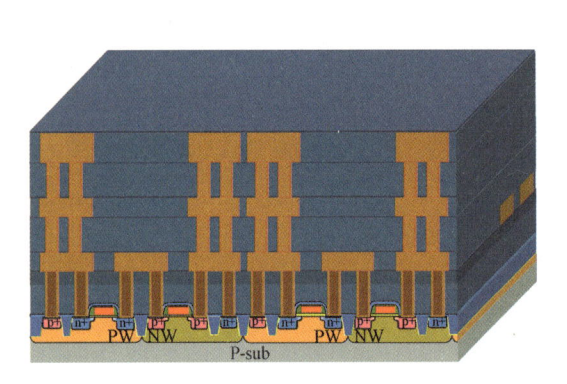

图 4-283　淀积 SiCN 的剖面图

图 4-284　淀积 SiON 的剖面图

4.6.10　顶层金属 Al 工艺

顶层金属 Al 工艺是指形成顶层金属 Al 互连线。因为 Cu 很容易在空气中氧化，形成疏松的氧化铜，而且不会形成保护层防止铜进一步氧化，另外，Cu 是软金属，不能作为绑定的金属，所以必须利用 Al 金属作为顶层金属。顶层金属 Al 工艺还包括 TMV 工艺，TMV 工艺是指形成第三层金属和顶层金属 Al 的通孔连接互连线。

1）TMV 光刻处理。通过微影技术将 TMV 掩膜版上的图形转移到晶圆上，形成 TMV 光刻胶图案，非 TMV 区域上保留光刻胶。M3 作为 TMV 光刻曝光对准。图 4-285 所示为电路的版图，工艺的剖面图是沿 AA′

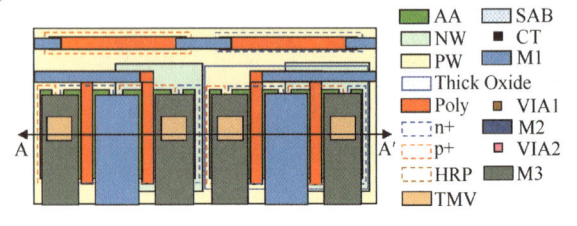

图 4-285　电路的版图

方向。图 4-286 所示为 TMV 光刻的剖面图；图 4-287 所示为 TMV 显影的剖面图。

图 4-286　TMV 光刻的剖面图

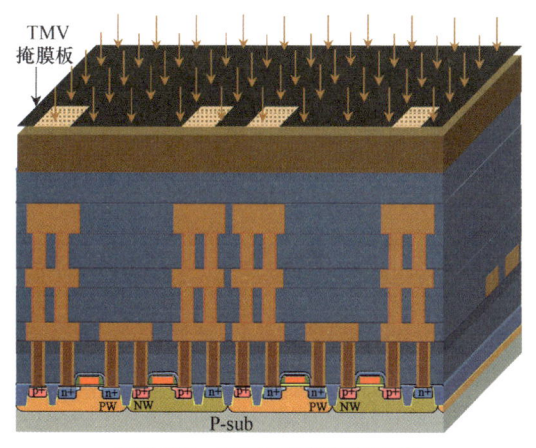

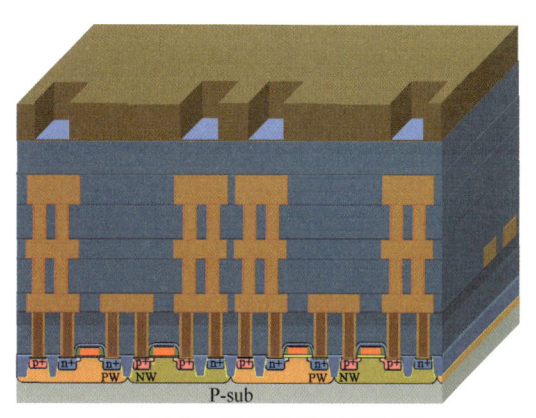

图 4-287　TMV 显影的剖面图

2）量测 TMV 光刻的关键尺寸。

3）量测 TMV 的套刻，收集曝光之后的 TMV 光刻与 M3 的套刻数据。

4）检查显影后曝光的图形。

5）TMV 干法刻蚀。干法刻蚀利用 CF_4 和 CHF_3 等混合气体产生等离子电浆刻蚀 USG 和 SiON 层，SiCN 作为停止层。图 4-288 所示为 TMV 刻蚀的剖面图。

6）去除 ESL SiCN 层。利用湿法刻蚀去除 SiCN 层。

7）去除光刻胶。通过干法刻蚀和湿法刻蚀去除光刻胶。图 4-289 所示为去除光刻胶的剖面图。

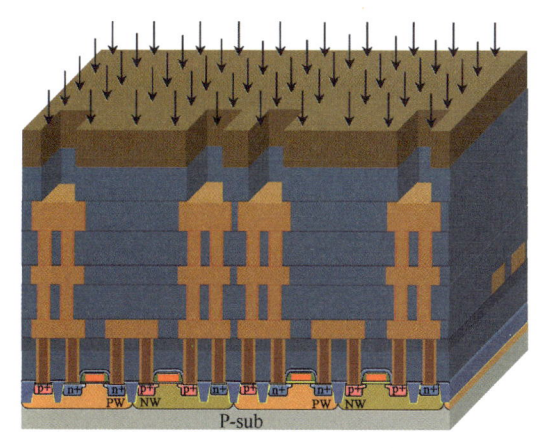

图 4-288　TMV 刻蚀的剖面图

图 4-289　去除光刻胶的剖面图

8）Ar 刻蚀。PVD 前用 Ar 离子溅射清洁表面。

9）淀积 Ti/TiN 层。利用 PVD 的方式淀积 300Å 的 Ti 和 500Å 的 TiN。通入气体 Ar 轰击 Ti 靶材，淀积 Ti 薄膜。通入气体 Ar 和 N_2 轰击 Ti 靶材，淀积 TiN 薄膜。Ti 作为粘接层，TiN 是

Al 的辅助层，TiN 也作为夹层防止 Al 与二氧化硅相互扩散，TiN 也可以改善 Al 的电迁移，TiN 中的 Ti 会与 Al 反应生成 TiAl$_3$，TiAl$_3$ 是非常稳定的物质，它可以有效地抵御电迁移现象。

10）淀积 AlCu 金属层。使用的原料为铝合金靶材，其成分为 0.5% 的 Cu，1% 的 Si 及 98.5% 的 Al 通过 PVD 的方式利用 Ar 离子轰击铝靶材淀积 AlCu 金属层，厚度为 8500Å 作为顶层金属互连线。顶层金属需要作为电源走线，需要比较厚的金属从而得到较低的电阻，另外它也需要很大的线宽最终应允许通过很大的电流。

11）淀积 TiN 层。通过 PVD 的方式利用 Ar 离子轰击 Ti 靶材，Ti 与 N$_2$ 反应生成 TiN，淀积 350Å 的 TiN。TiN 隔离层可以防止 Al 和氧化硅之间相互扩散，TiN 除具有防止电迁移的作用外，还作为 PAD 窗口蚀刻的停止层和 TM 光刻的抗反射层。图 4-290 所示为淀积金属层 Ti/TiN/AlCu/TiN 的剖面图。

12）TM 顶层金属光刻处理。通过微影技术将 TM 掩膜版上的图形转移到晶圆上，形成 TM 光刻胶图案，TM 区域上保留光刻胶。TMV 作为 TM 光刻曝光对准。图 4-291 所示为电路的版图，工艺的剖面图是沿 AA′ 方向。图 4-292 所示为 TM 光刻的剖面图；图 4-293 所示为 TM 显影的剖面图。

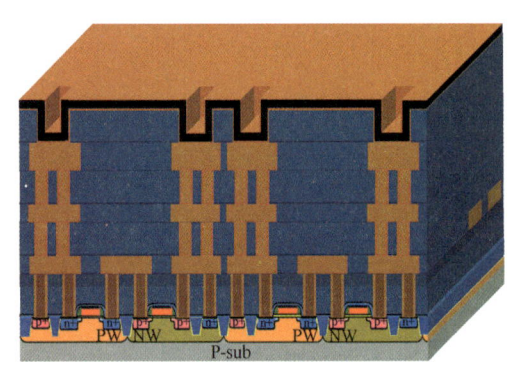

图 4-290　淀积金属层 Ti/TiN/AlCu/TiN 的剖面图

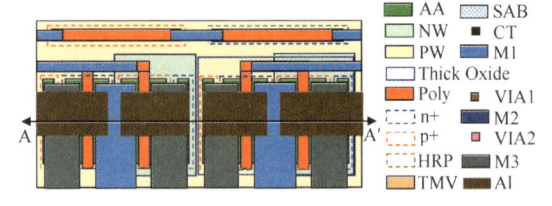

图 4-291　电路的版图

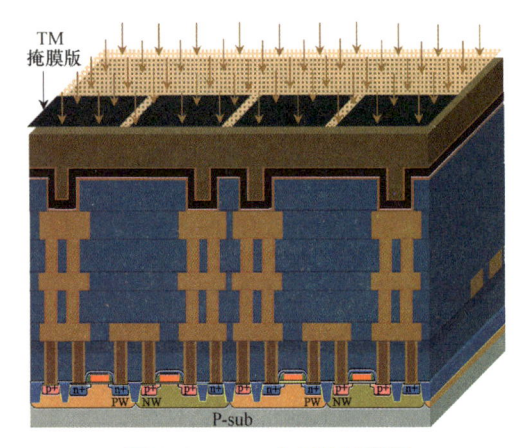

图 4-292　TM 光刻的剖面图

图 4-293　TM 显影的剖面图

13）量测 TM 光刻的关键尺寸。

14）量测 TM 的套刻，收集曝光之后的 TM 光刻与 TMV 的套刻数据。

15）检查显影后曝光的图形。

16）TM 干法刻蚀。利用干法刻蚀去除没有被光刻胶覆盖的金属，保留有光刻胶区域的金属形成金属互连线。刻蚀的气体是 Cl_2。刻蚀最终停在氧化物上，终点侦查器会侦查到刻蚀氧化物的副产物。图 4-294 所示为 TM 刻蚀的剖面图。

17）去除光刻胶。干法刻蚀利用氧气形成等离子浆分解大部分光刻胶，再通过湿法刻蚀利用有机溶剂去除金属刻蚀残留的氯离子，因为氯离子会与空气接触形成 HCl 腐蚀金属。图 4-295 所示为去除光刻胶的剖面图。

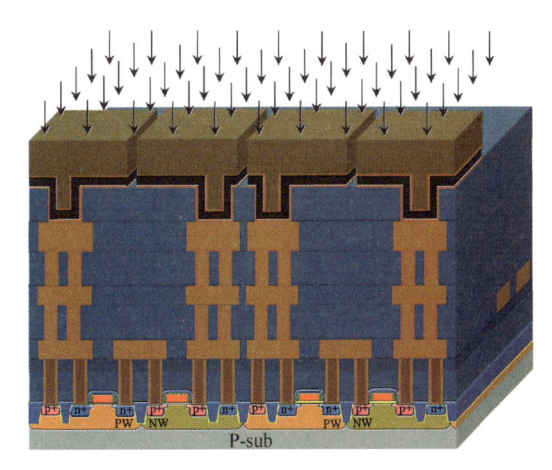

图 4-294 TM 刻蚀的剖面图

18）量测 TM 刻蚀关键尺寸。

19）淀积 SiO_2。通过 PECVD 淀积一层厚度约为 1000Å 的 SiO_2。淀积的方式是利用 TEOS 在 400℃ 发生分解反应形成二氧化硅淀积层。SiO_2 可以保护金属，防止后续的 HDP CVD 工艺损伤金属互连线。图 4-296 所示为淀积 SiO_2 的剖面图。

图 4-295 去除光刻胶的剖面图

图 4-296 淀积 SiO_2 的剖面图

4.6.11 钝化层工艺

钝化层工艺是指淀积 USG 和 Si_3N_4 形成钝化层，钝化层可以有效地阻挡水蒸气和可移动离子的扩散，从而保护芯片免受潮、划伤和粘污的影响。

1）淀积 PSG。通过 HDP CVD 淀积一层约 8000Å 含磷的 SiO_2 保护层。因为 HDP CVD 的特点是低温，它的台阶覆盖率非常好。该层 SiO_2 保护层可以防止水汽渗透进来，加磷的主要目的是吸附杂质。

2）淀积 Si_3N_4。通过 PECVD 淀积一层约 12000Å 的 Si_3N_4。利用硅烷（SiH_4）、N_2 和 NH_3 在 400℃的温度下发生化学反应形成 Si_3N_4 淀积。Si_3N_4 的硬度高和致密性好，它可以防止机械划伤的同时也防止水汽、钠金属离子渗入。图 4-297 所示为淀积 Si_3N_4 的剖面图。

3）PAD 窗口光刻处理。通过微影技术将 PAD 窗口掩膜版上的图形转移到晶圆上，形成 PAD 窗口光刻胶图案，非 PAD 窗口区域上保留光刻胶。TM 作为 PAD 窗口光刻曝光对准。图 4-298 所示为电路的版图，工艺的剖面图是沿 AA′方向。图 4-299 所示为 PAD 窗口光刻的剖面图；图 4-300 所示为 PAD 窗口显影的剖面图。

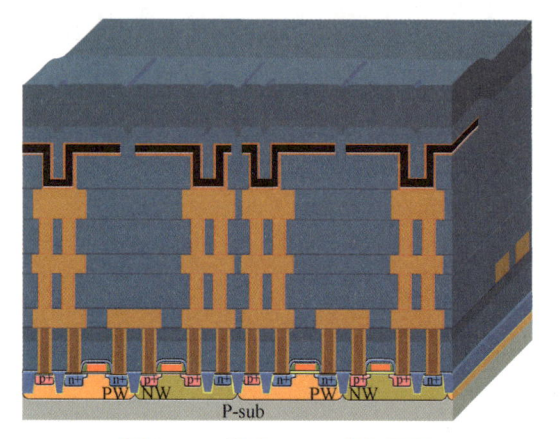

图 4-297　淀积 Si_3N_4 的剖面图

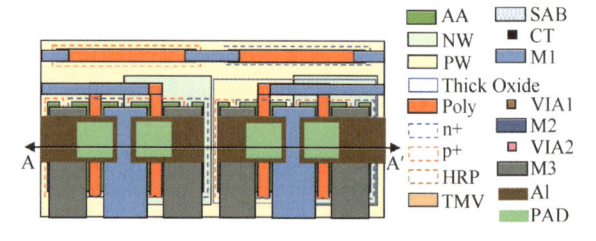

图 4-298　电路的版图

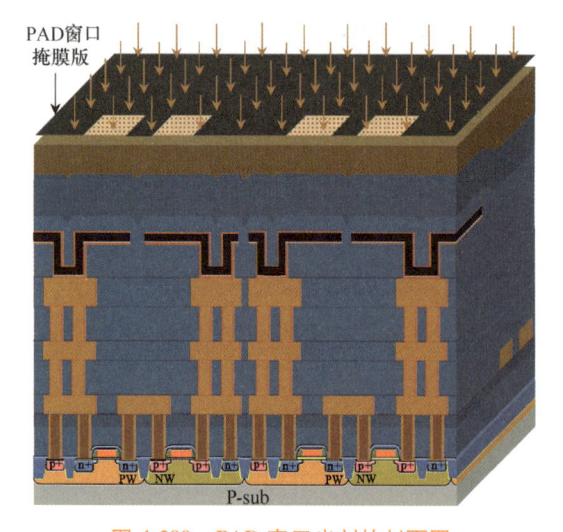

图 4-299　PAD 窗口光刻的剖面图

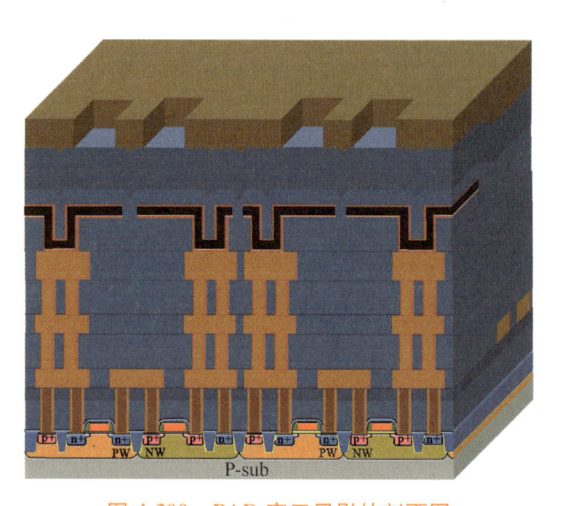

图 4-300　PAD 窗口显影的剖面图

4）量测 PAD 窗口的套刻，收集曝光之后的 PAD 窗口光刻与 TM 的套刻数据。

5）检查显影后曝光的图形。

6）PAD 窗口刻蚀。利用干法刻蚀将没有被光刻胶覆盖的区域的钝化层去除，形成绑定的窗口，作为顶层金属接受测试的连接窗口，或者是封装线的连接窗口。保留有光刻胶区域的钝化层。刻蚀的气体是 CHF_3 和 CF_4。刻蚀最终停在 TiN 上防止损伤顶层金属。终点侦查器会侦查到刻蚀氧化物的副产物锐减。图 4-301 所示为钝化层刻蚀的剖面图。

7）去光刻胶。干法刻蚀和湿法刻蚀去除光刻胶，图 4-302 所示为去除光刻胶后的剖面图。

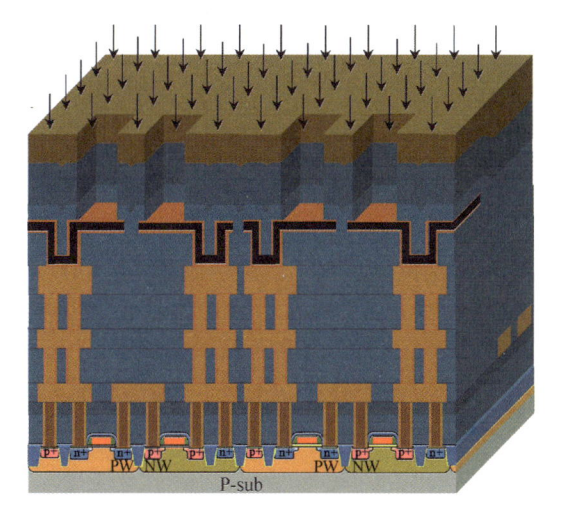

图 4-301　钝化层刻蚀的剖面图

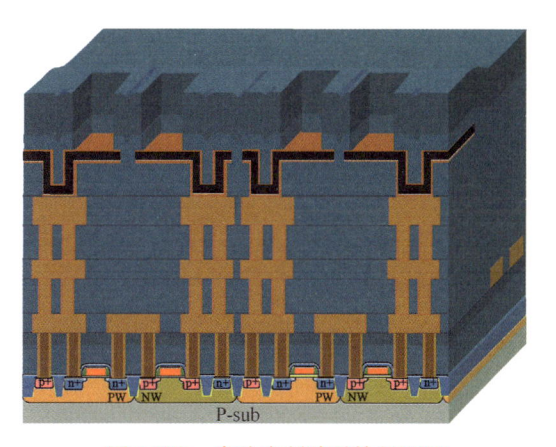

图 4-302　去除光刻胶后的剖面图

8）退火和合金化。通过高温炉管，在 400℃左右的高温环境中，通入 H_2 和 N_2，时间是 30min。目的是使金属再结晶，改善金属层与氧化硅的界面，使它们更紧密，减少欧姆接触的电阻值，减小接触电阻。改善钝化层的结构使钝化层增密，释放金属的应力。

9）WAT 测试。通过测试程序测试每片圆片上、下、左、右和中间五点的 PCM 的电性参数数据。检查它们是否符合产品规格，如果不符合规格，不能出货给客户。通过收集这些数据可以监控生产线上的情况。

10）出厂检查。FAB 生产出厂的最后检查，生产人员通过显微镜的随机检查，是否有划伤。

参 考 文 献

[1] Hong Xiao. 半导体制造技术导论（第二版）[M]. 杨银堂，段宝兴，译. 北京：电子工业出版社，2013.

第 5 章

晶圆接受测试（WAT）

对晶圆的生产制造的精确控制和评估贯穿晶圆生产的整个工艺制造过程，从而验证晶圆产品是否符合产品规格。要达到这一点，除了在生产的过程中精确监控每一步生产步骤中的关键尺寸或者淀积薄膜的厚度外，还需要在晶圆出货前进行 WAT 电学测试确保芯片的关键器件的电学参数符合电学设计规则。

本章 PPT 下载

本章内容的目的是让读者了解 CMOS 工艺技术中的关键器件电学参数的测试结构、版图结构和测试条件，例如 MOS 器件、电容、方块电阻和接触电阻等。

5.1　WAT 概述

5.1.1　WAT 简介

WAT 是英文 Wafer Acceptance Test 的缩写，意思是晶圆接受测试，业界也称 WAT 为工艺控制监测（Process Control Monitor，PCM）。WAT 是在晶圆产品流片结束之后和品质检验之前，测量特定测试结构的电性参数。WAT 的目的是通过测试晶圆上特定测试结构的电性参数，检测每片晶圆产品的工艺情况，评估半导体制造过程的质量和稳定性，判断晶圆产品是否符合该工艺技术平台的电性规格要求。WAT 数据可以作为晶圆产品交货的质量凭证，另外 WAT 数据还可以反映生产线的实际生产情况，通过收集和分析 WAT 数据可以监测生产线的情况，也可以判断生产线变化的趋势，对可能发生的情况进行预警。

晶圆上用于收集 WAT 数据的测试结构称为 WAT 测试结构（WAT testkey）。WAT 测试结构并不是设计在实际产品芯片内部的，因为设计在芯片内部要占用额外的芯片面积，而额外的芯片面积会增加芯片的成本，芯片代工厂仅仅把 WAT 测试结构设计在晶圆上芯片（die）之间的划片槽（Scribe Line）。划片槽的宽度可以从最小的 60μm 做到 150μm，芯片代工厂依据芯片切割机器（Die Saw）的精度要求制定划片槽的宽度设计要求，力求做到最小宽度及最小面积。图 5-1 所示为划片槽中的 WAT 测试结构，图 5-1a 是整块晶圆产品上的芯片，每一个小格子代表一颗芯片；图 5-1b 是放大后的图形，可以看到芯片间的划片槽；

图 5-1c 是显微镜下的芯片划片槽，白色的方块区域是顶层金属窗口，通常称为封装金属窗口（Bonding PAD），WAT 测试结构在 PAD 与 PAD 之间，很多不同的测试结构组成一组测试模组，芯片代工厂会给每组测试模组定义一个名称，每一片晶圆会包含很多这样的不同的 WAT 测试模组。

WAT 测试结构通常包含该工艺技术平台所有的有源器件、无源器件和特定的隔离结构。例如，有源器件包括 MOS 晶体管、寄生 MOS 晶体管、二极管和双极型晶体管等，但是在标准的 CMOS 工艺技术中，仅仅把 MOS 晶体管和寄生 MOS 晶体管作为必要的 WAT 测试结构，而二极管和双极型晶体管是非必要的 WAT 测试结构。无源器件包括方块电阻、通孔接触电阻、金属导线电阻和电容等。隔离结构包括有源区（AA）之间的隔离，多晶硅之间的隔离和金属之间的隔离。WAT 参数是指有源器件、无源器件和隔离结构的电学特性参数。

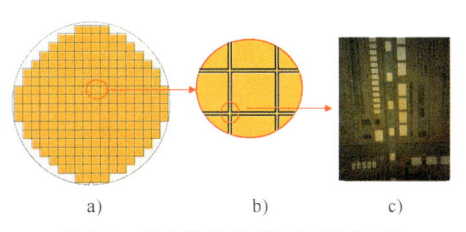

图 5-1 划片槽中的 WAT 测试结构

WAT 测试是非常重要的，因为这是晶圆产品出货前第一次经过一套完整的电学特性测试流程，通过 WAT 数据来检验晶圆产品是否符合该工艺技术平台的电性规格要求，以及工艺制造过程是否存在异常。

WAT 数据有很多方面的用途，把它归纳为以下七大类：

第一类，WAT 数据可以作为晶圆产品出货的判断依据，对晶圆产品进行质量检验。所有的 WAT 数据必须符合电性规格要求，否则不允许出货给客户。

第二类，对 WAT 数据进行数理统计分析。通过收集 WAT 数据，获取工艺技术平台生产线的工艺信息，检测各个 WAT 参数的波动问题，评估工艺的变化的趋势（如最近一段时间某一技术平台 MOS 晶体管 V_t 的数值按生产时间排列是否有逐渐变大或者变小趋势），从而可以对工艺生产线进行预警，还可以通过分析特定的 WAT 参数的数据得知相关工艺步骤的工艺稳定性。

第三类，通过特定的 WAT 测试结构监测客户特别要求的器件结构，检测它们是否符合电性规格要求。

第四类，通过 WAT 数据对客户反馈回来的异常晶圆产品进行分析。对 WAT 数据与良率（CP）做相关性，可以得到每个 WAT 参数与 CP 的相关性，再检查相关性最强的 WAT 参数的相关工艺情况，这样可以快速找出有问题的相关工艺步骤。

第五类，代工厂内部随机审查晶圆的可靠性测试（金属互连线电迁移和栅氧化层的寿命等）。

第六类，为器件工艺建模提供数据，通过测试不同尺寸器件的 WAT 参数数据，进行器件建模。

第七类，测试和分析特定的 WAT 测试结构，改善工艺，或者开发下一代工艺技术平台。

5.1.2 WAT 测试类型

虽然 WAT 测试类型非常多，不过业界对于 WAT 测试类型都有一个明确的要求，就是包括该工艺技术平台所有的有源器件和无源器件的典型尺寸。芯片代工厂会依据这些典型尺寸的特点，制定一套 WAT 参数，或者一份 PCM 文件或者电性设计规则（Electrical Design Rule，EDR）给客户作为设计阶段的参考。

以 CMOS 工艺技术平台的 WAT 测试类型为例，图 5-2 所示为 WAT 测试类型的几种简单电路示意图。根据 CMOS 工艺技术平台的特点，可以把 WAT 测试类型分为 8 大类：MOS 晶体管、栅氧化层的完整性（Gate Oxide Integrity，GOI）、多晶硅栅场效应晶体管（Poly Field Device）和第 1 层金属栅场效应晶体管（Metal1 Field Device）、n 型结（n-diode 结构）和 p 型结（p-diode 结构）、方块电阻 R_s（Sheet Resistance）、接触电阻 R_c（Contact Resistance）、隔离、金属电容（MIM Capacitor）和多晶硅电容（PIP Capacitor）。

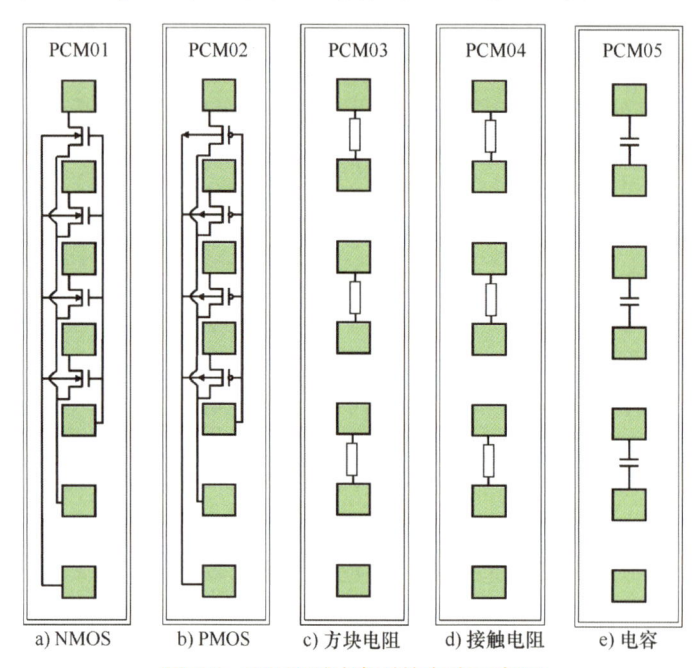

图 5-2 WAT 测试类型的电路示意图

1）MOS 晶体管包括低压 NMOS 和 PMOS，以及中压 NMOS 和 PMOS，它的参数见表 5-1。

表 5-1 MOS 晶体管测试参数

序　号	参　　数
1	阈值电压（V_t）
2	饱和电流（I_{dsat}）
3	源漏击穿电压（BVD）
4	漏电流（I_{off}）
5	衬底电流（I_{sub}）

2）栅氧化层完整性，它的参数见表 5-2。

表 5-2 栅氧化层的完整性测试参数

序号	参 数
1	GOI 电容（C_{gox}）
2	GOI 击穿电压（BV_{gox}）
3	GOI 电性厚度（T_{gox}）

3）多晶硅栅场效应晶体管和第 1 层金属栅场效应晶体管，它的参数见表 5-3。

表 5-3 多晶硅栅场效应晶体管和第 1 层金属栅场效应晶体管测试参数

序号	参 数
1	多晶硅栅 Vt_Poly_Field
2	第 1 层金属栅 Vt_M1_Field

4）n 型结和 p 型结，它的参数见表 5-4。

表 5-4 n 型结和 p 型结测试参数

序号	参 数
1	结电容 C_{jun}
2	结击穿电压 BV_{jun}

5）方块电阻 R_s，它的参数见表 5-5。

表 5-5 方块电阻 R_s 测试参数

序号	参 数
1	N 型多晶硅金属硅化物方块电阻（Rs_NPoly）
2	N 型多晶硅非金属硅化物方块电阻（Rs_NPoly_SAB）
3	P 型多晶硅金属硅化物方块电阻（Rs_PPoly）
4	P 型多晶硅非金属硅化物方块电阻（Rs_PPoly_SAB）
5	NW 方块电阻（Rs_NW）
6	PW 方块电阻（Rs_PW）
7	N 型有源区金属硅化物方块电阻（Rs_NAA）
8	N 型有源区非金属硅化物方块电阻（Rs_NAA_SAB）
9	P 型有源区金属硅化物方块电阻（Rs_PAA）
10	P 型有源区非金属硅化物方块电阻（Rs_PAA_SAB）
11	金属方块电阻（Rs_M1，Rs_M2 和 Rs_M3）

6）接触电阻 R_c，它的参数见表 5-6。

表 5-6　接触电阻 R_c 测试参数

序号	参数
1	N 型多晶硅接触电阻（Rc_NPoly）
2	P 型多晶硅接触电阻（Rc_PPoly）
3	通孔接触电阻（Rc_VIA1，Rc_VIA2 和 Rc_VIA3）
4	N 型有源区接触电阻（Rc_NAA）
5	P 型有源区接触电阻（Rc_PAA）

7）隔离，它的参数见表 5-7。

表 5-7　隔离的测试参数

序号	参数
1	N 型多晶硅击穿电压（BV_NPoly）
2	P 型多晶硅击穿电压（BV_PPoly）
3	金属击穿电压（BV_M1，BV_M2 和 BV_M3）
4	N 型有源区击穿电压（BV_NAA）
5	P 型有源区击穿电压（BV_PAA）

8）金属电容和多晶硅电容，它的参数见表 5-8。

表 5-8　金属电容和多晶硅电容测试参数

序号	参数
1	电容 C_{MIM}
2	击穿电压 BV_{MIM}
3	电容 C_{PIP}
4	击穿电压 BV_{PIP}

5.2　MOS 参数的测试条件

CMOS 工艺技术平台的 MOS 晶体管包括低压 NMOS 和 PMOS，以及中压 NMOS 和 PMOS。MOS 晶体管测试结构的版图尺寸都是按标准的沟道宽度和沟道长度来设计的。图 5-3 所示为它们的版图；图 5-4 所示为它们的剖面图；图 5-5 所示为它们的电路连接图。它们的 4 个端口栅（Gate）、源（Source）、漏（Drain）和衬底（Body）分别连到 PAD_G、PAD_S、PAD_D 和 PAD_B，WAT 测试机器通过这 4 个端口把电压激励信号加载在 MOS 晶体管，从而测得所需的电性特性参数数据。

MOS 晶体管是整个芯片的有源器件，它的电性特性是非常重要的，芯片代工厂通过五个 WAT 参数监测 MOS 晶体管，这五个 WAT 参数分别是 V_t、I_{dsat}、BVD、I_{off} 和 I_{sub}。

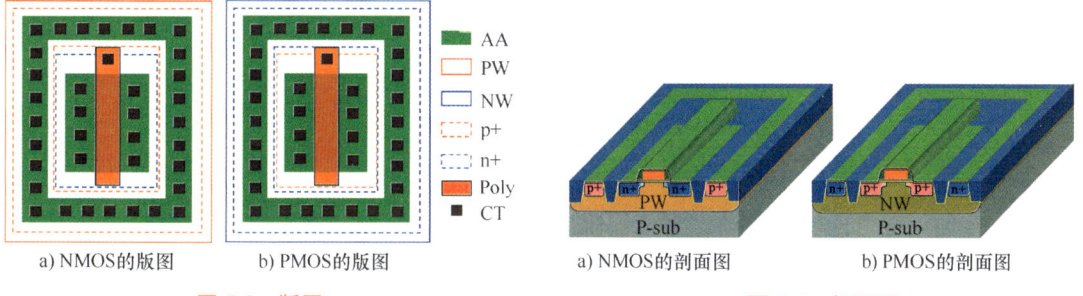

图 5-3　版图

图 5-4　剖面图

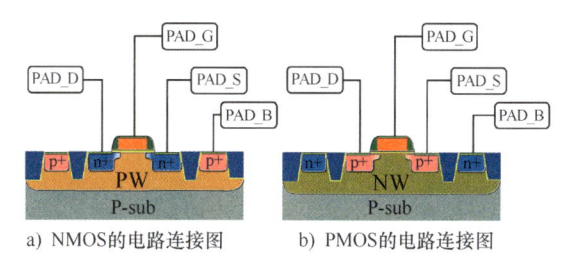

图 5-5　电路连接图

5.2.1　阈值电压 V_t 的测试条件

测量 MOS 晶体管阈值电压的基本原理是在晶体管的四端分别加载电压，源漏之间存在一定电压差，栅和衬底之间也存在一定电压差，使衬底沟道形成反型层在源和漏之间形成通路，源和漏之间产生电流的过程。

测量 MOS 晶体管阈值电压的方法有两种：第一种方式是利用最大电导的原理测量；第二种方式是利用电流常数测量。

第一种方式利用最大电导测量阈值电压的基本原理如下：

线性区电流公式为

$$I_d = \mu_n \frac{W}{L} C_{ox} \left[V_g - V_{th} - \frac{1}{2} V_d \right] V_d \tag{5-1}$$

饱和区电流公式为

$$I_{dsat} = \frac{1}{2} \mu_n \frac{W}{L} C_{ox} (V_g - V_{th})^2 \tag{5-2}$$

当式（5-1）与式（5-2）相等时，$I_d = I_{dsat}$，那么
$$V_d = V_g - V_{th}。$$

利用式（5-1）对 V_g 求导得到

239

$$g_m = \frac{\partial I_d}{\partial V_g} = \mu_n \frac{W}{L} C_{ox} V_d \tag{5-3}$$

将式（5-3）的结果代入式（5-1）得到

$$I_d = \frac{\partial I_d}{\partial V_g} \left[(V_g - V_{th}) - \frac{1}{2} V_d \right] = g_m [(V_g - V_{th}) - 0.5 V_d] \tag{5-4}$$

那么最终化简得到

$$V_{th} = \left[V_g - \frac{I_d}{g_m} \right] - 0.5 V_d \tag{5-5}$$

为什么 g_m 是首先逐渐从零变大然后再逐渐变小的呢？根据式（5-3），当晶体管没开启之前，电流非常小（接近零），所以 g_m 在晶体管没开启之前为零，开启之后晶体管处于饱和区，电流 I_d 上升得非常快，I_d 的变化幅度比栅极电压 V_g 大，所以 g_m 在饱和区是变大的，当晶体并进入线性区时，I_d 的变化趋于平缓，而 V_g 一直变大，所以 g_m 在线性区是变小的。它的物理意义是随着 V_g 的不断增大，载流子在沟道中受到晶格散射的概率不断增大，载流子的迁移率不断下降，g_m 的最大值会发生在饱和区和线性区的交界处，此时 $V_g = V_d + V_{th}$。

图 5-6 所示为低压 NMOS 利用最大电导测量阈值电压的基本方法。首先设定 $V_d = 0.1V$ 和 $V_s = V_b = 0V$，然后线性扫描 V_g 从 0V 到 VDD 或者 VDDA（VDD 为低压器件的最大工作电压，VDDA 为中压器件的最大工作电压。），测得最大电导时 V_g 的值，求该点的斜率，通过该点利用斜率作斜线相交于 x 轴得到数值 $V_g(x)$，那么 $V_t = V_g(x) - 0.5 V_d$。图 5-7a 所示为测量 NMOS 阈值电压 V_{tgm} 的示意图。

PMOS 利用最大电导测量阈值电压的基本方法与 NMOS 的类似：首先设定 $V_d = -0.1V$ 和 $V_s = V_b = 0V$，然后线性扫描 V_g 从 0V 到 -VDD 或者 -VDDA，测得最大电导时 V_g 的值，求该点的斜率，通过该点利用斜率作斜线相交于 x 轴得到数值 $V_g(x)$，那么 $V_t = V_g(x) - 0.5 V_d$。图 5-7b 所示为测量 PMOS 阈值电压 V_{tgm} 的示意图。

第二种方式是利用电流常数测量阈值电压。它的基本原理是首先简单认为当 $I_d = 0.1\mu A$ 时，晶体管开启导通，此时的栅极电压就是晶体管的阈值电压。

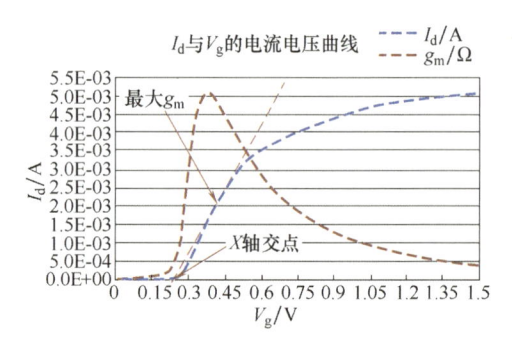

图 5-6 低压 NMOS 利用最大电导测量阈值电压的基本方法

图 5-7a 所示为测量 NMOS 阈值电压 V_{tlin} 的示意图。它的基本方法是首先设定 $V_d = 0.1V$ 和 $V_s = V_b = 0V$，然后线性扫描 V_g 从 0V 到 VDD 或者 VDDA，测得 V_g 在 $I_d = 0.1\mu A * (W/L)$ 时的值，那么 $V_{tlin} = V_g$。

图 5-7b 所示为测量 PMOS 阈值电压 V_{tlin} 的示意图。它的基本方法是首先设定 $V_d = -0.1V$ 和 $V_s = V_b = 0V$，然后线性扫描 V_g 从 0V 到 -VDD 或者 -VDDA，测得 V_g 在 $I_d = -0.1\mu A * (W/L)$ 时的值，那么 $V_{tlin} = V_g$。

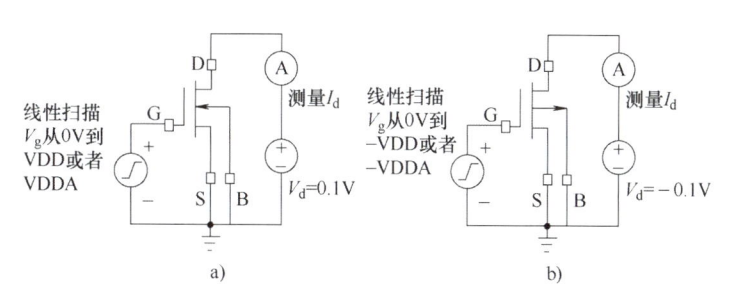

图 5-7 测量 MOS 阈值电压的示意图

影响晶体管阈值电压的因素包括以下四个方面：
1）阱离子注入异常；
2）离子注入损伤在退火过程中没有激活；
3）AA 或多晶硅栅刻蚀后的尺寸异常；
4）栅氧化层的厚度异常。

5.2.2 饱和电流 I_{dsat} 的测试条件

测量 MOS 晶体管饱和电流的基本原理是在晶体管的四端分别加载电压，栅极加载最大电压使衬底沟道形成反型层在源和漏之间形成通路，漏极加载最大电压使沟道夹断，晶体管工作在饱和区，沟道中电流达到最大值。此时测得的电流是饱和电流（μA），在实际工程中，一般会将这个数据以单位化的方式表示，也就是将测得的饱和电流值除以沟道宽度，得到单位宽度的电流，即所测饱和电流 I_{dsat} 的单位实际上为 μA/μm。

图 5-8a 所示为测量 NMOS 饱和电流 I_{dsat} 的示意图。首它的基本方法是先设定 $V_d = V_g = $ VDD 或者 VDDA，$V_s = V_b = 0$V，测量电流 I_d，那么 $I_{dsat} = I_d/W$，W 为沟道宽度。

图 5-8b 所示为测量 PMOS 饱和电流 I_{dsat} 的示意图。它的基本方法是首先设定 $V_d = V_g = $ −VDD 或者 −VDDA，$V_s = V_b = 0$V，测量电流 I_d，那么 $I_{dsat} = I_d/W$。

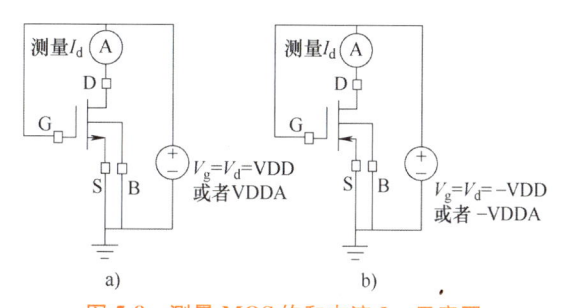

图 5-8 测量 MOS 饱和电流 I_{dsat} 示意图

影响晶体管饱和电流的因素包括以下几方面：
1）阱离子注入异常；
2）n+ 或者 p+ 离子注入异常；
3）LDD 离子注入异常；
4）离子注入损伤在退火过程中没有激活；
5）AA 或多晶硅栅刻蚀后的尺寸异常；
6）栅氧化层的厚度异常。

5.2.3 漏电流 I_{off} 的测试条件

测量 MOS 晶体管漏电流的基本原理是在晶体管的四端分别加载电压，栅极和衬底之间没有电压差，衬底没有形成反型层，晶体管工作在截止区，漏极加载 1.1 倍最大电压，量测沟道中的漏电流。此时测得的电流是漏电流，除以沟道宽度后得到单位宽度的漏电流。

图 5-9a 所示为测量 NMOS 漏电流 I_{off} 的示意图。它的基本方法是首先设定 V_d = 1.1VDD 或者 1.1VDDA，$V_g = V_s = V_b = 0V$，测量电流 I_d，那么 $I_{off} = I_d/W$。

图 5-9b 所示为测量 PMOS 漏电流 I_{off} 的示意图。它的基本方法是首先设定 $V_d = -1.1VDD$ 或者 $-1.1VDDA$，$V_g = V_s = V_b = 0V$，测量电流 I_d，那么 $I_{off} = I_d/W$。

影响晶体管漏电流的因素包括以下三个方面：

1) 阱离子注入异常；
2) LDD 离子注入异常；
3) 接触孔刻蚀异常。

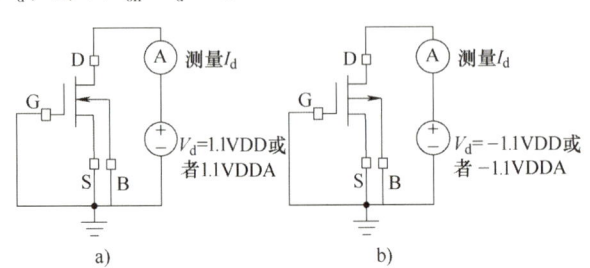

图 5-9 测量 MOS 漏电流 I_{off} 示意图

5.2.4 源漏击穿电压 BVD 的测试条件

测量 MOS 晶体管击穿电压的基本原理是在晶体管的四端分别加载电压，栅极与衬底没有形成压差，衬底没有形成反型层，此时的晶体管处于截止状态，漏极加载的电压不断增大，量测沟道中漏电流。当漏极上电压还没有达到击穿电压时，源和漏之间的电流是非常小的，当电压达到击穿电压时，源和漏之间的电流会突然增大，达到微安级甚至更高。此时加载在漏极的电压就是击穿电压。

图 5-10a 所示为测量 NMOS 击穿电压 BVD 的示意图。它的基本方法是首先设定 $V_g = V_s = V_b = 0V$，然后线性扫描 V_d 从 0V 到 12V，得到 V_d 在 $I_d = 0.1\mu A * W$ 时的值，该点的电压值就是击穿电压 BVD。

图 5-10b 所示为测量 PMOS 击穿电压 BVD 的示意图。它的基本方法是首先设定 $V_g = V_s = V_b = 0V$，然后线性扫描 V_d 从 0V 到 -12V，得到 V_d 在 $I_d/W = 0.1\mu A * W$ 时的值，该点的电压值就是击穿电压 BVD。

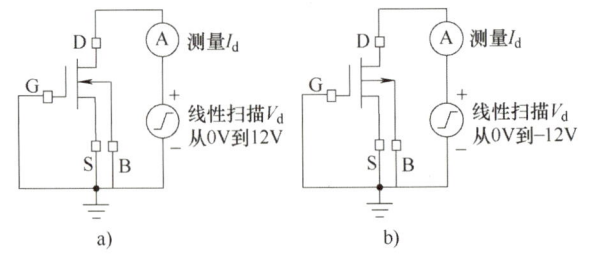

图 5-10 测量 MOS 击穿电压 BVD 示意图

影响晶体管击穿电压的因素包括以下五个方面：

1) 阱离子注入异常；
2) LDD 离子注入异常；

3) 离子注入损伤在退火过程中没有激活；
4) 多晶硅栅刻蚀后的尺寸异常；
5) 接触孔刻蚀异常。

5.2.5 衬底电流 I_{sub} 的测试条件

本节以 NMOS 的衬底电流为例，解释衬底电流的测量方法。NMOS 的衬底电流 I_{sub} 是空穴流向衬底形成的，因为沟道中的电子流通过源和漏之间的电场加速形成高速电子流，高速电子流会撞击漏极附近耗尽区的电子空穴对离化出热空穴和热电子，热空穴会被最低电位的衬底收集形成衬底电流 I_{sub}，热电子会在栅极和漏极电场的作用下形成栅漏电流 I_g。

假设漏极附近夹断区的长度是 ΔL，电离率是 α，那么 $I_{sub} = I_d \alpha \Delta L$。随着 V_g 从 0V 不断升高，I_{sub} 也不断增大，上升到最大值后 I_{sub} 下降。最初 I_{sub} 增加是因为 I_d 随着 V_g 而增加。当 $V_g > 0.5 V_d$ 时，随着栅极电压升高漏极附近的横向峰值电场开始减弱，导致电离率 α 下降，所以 I_{sub} 上升到最大值后就会下降。图 5-11 所示为 NMOS 衬底电流 I_{sub}。

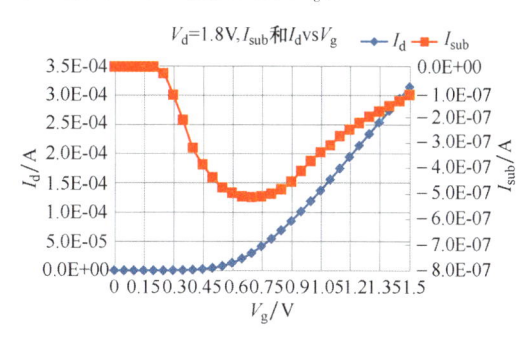

图 5-11　NMOS 衬底电流 I_{sub}

测量 MOS 晶体管衬底电流 I_{sub} 的原理就是在漏极上加一个最高电压，在源和漏之间产生电场，然后不断提高栅电压，测量最大衬底电流 I_b，除以沟道宽度后得到单位宽度的衬底电流 I_{sub}（μA/μm）。

图 5-12a 所示为测量 NMOS 衬底电流 I_{sub} 的示意图。它的基本方法是首先设定 V_d = VDD 或者 VDDA，$V_s = V_b = 0V$，然后线性扫描 V_g 从 0V 到 VDD 或者 VDDA，测得最大衬底电流 I_b，那么 $I_{sub} = I_b / W$。

图 5-12b 所示为测量 PMOS 衬底电流 I_{sub} 的示意图。它的基本方法是首先设定 V_d = -VDD 或者 -VDDA，$V_s = V_b = 0V$，然后线性扫描 V_g 从 0V 到 -VDD 或者 -VDDA，测得最大衬底电流 I_b，那么 $I_{sub} = I_b / W$。

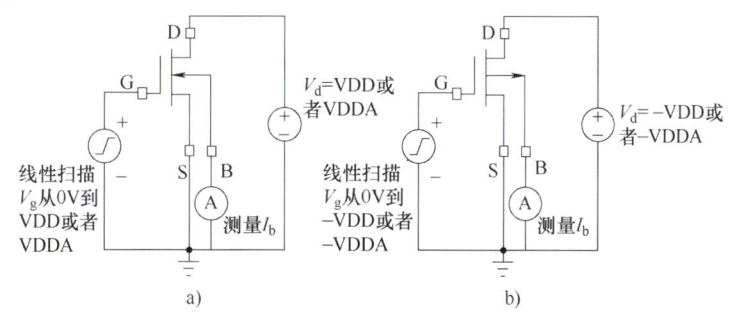

图 5-12　测量 MOS 衬底电流 I_{sub} 的示意图

影响晶体管衬底电流 I_{sub} 的因素包括以下三个方面：
1）阱离子注入异常；
2）LDD 离子注入异常；
3）离子注入损伤在退火过程中没有激活。

5.3 栅氧化层参数的测试条件

CMOS 工艺技术平台的 MOS 晶体管栅氧化层完整性（GOI）的测试结构是多晶硅栅-氧化层-PW 衬底（NMOS 栅氧化层）和多晶硅栅-氧化层-NW 衬底（PMOS 栅氧化层）的电容结构，它们的版图尺寸是依据工艺技术平台的设计规则设计的。图 5-13 所示为它们的版图；图 5-14 所示为它们的剖面图；图 5-15 所示为它们的电路连接图。它们的两个端口栅（Gate）和衬底（Body）分别连到 PAD_G 和 PAD_B，WAT 测试机器通过这两个端口把电压激励信号加载在这个电容结构的两端，从而测得所需的电性特性参数数据。

栅氧化层在整个工艺流程里是非常关键，它的质量直接影响的 MOS 晶体管的电性特性，所以利用 NMOS 栅氧化层和 PMOS 栅氧化层的参数栅氧化层的电容（C_{gox}）、栅氧化层的厚度（T_{gox}）和栅氧化层的击穿电压（BV_{gox}）检测它。

a) NMOS 栅氧化层的版图　　b) PMOS 栅氧化层的版图

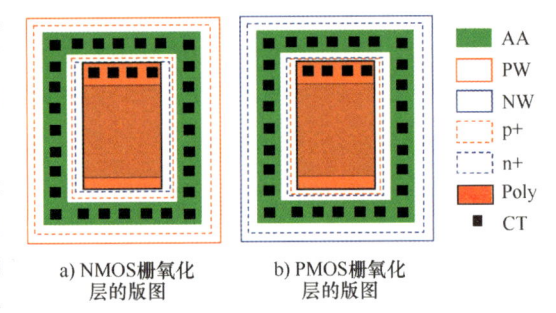

图 5-13　版图

a) NMOS 栅氧化层的剖面图　　b) PMOS 栅氧化层的剖面图

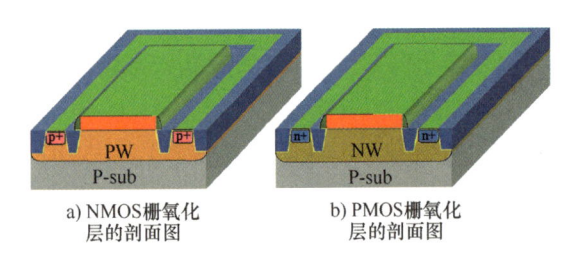

图 5-14　剖面图

a) NMOS 栅氧化层的电路连接图　　b) PMOS 栅氧化层的电路连接图

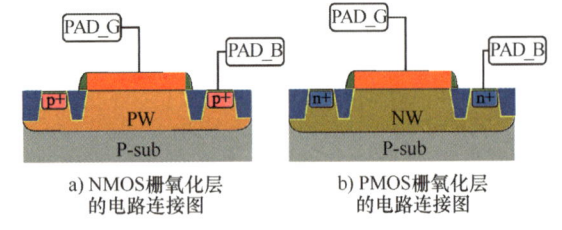

图 5-15　电路连接图

5.3.1 电容 C_{gox} 的测试条件

测量栅氧化层电容 C_{gox} 的基本原理是在电容的一端加载 AC 100kHz 扫描电压，另一端接地，从而测得电容 C，单位化后的电容 $C_{gox} = C/\text{Area}$，Area 是电容的面积。

图 5-16a 所示为测量 NMOS 栅氧化层电容 C_{gox} 的示意图。它的基本方法是首先在栅电容的一端多晶硅栅上加载 100kHz（VDD 或者 VDDA）扫描电压，另一端 PW 衬底接地，来测试电容 C，$C_{gox} = C/\text{Area}$。

图 5-16b 所示为测量 PMOS 栅氧化层电容 C_{gox} 的示意图。它的基本方法是首先在栅电容的一端 NW 衬底上加载 100kHz（VDD 或者 VDDA）扫描电压，另一端多晶硅栅上接地，来测试电容 C，$C_{gox} = C/\text{Area}$。

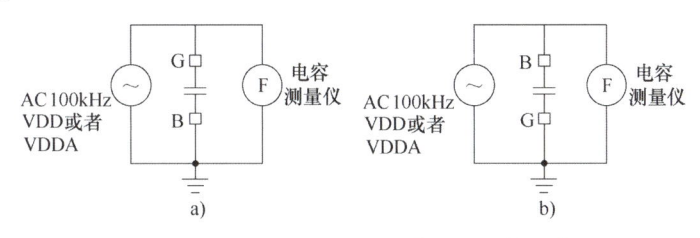

图 5-16 测量 MOS 栅氧化层电容 C_{gox} 的示意图

影响电容 C_{gox} 的因素包括以下三个方面：
1）阱离子注入异常；
2）离子注入损伤在退火过程中没有激活；
3）栅氧化层的厚度异常。

5.3.2 电性厚度 T_{gox} 的测试条件

测量栅氧化层电性厚度 T_{gox} 的基本原理是在电容的一端加载 AC 100kHz 扫描电压，另一端接地，从而测得电容 C，利用公式 $T_{gox} = (\varepsilon_o \varepsilon_{ox} \text{Area})/C$，$\varepsilon_o = 3.9$，$\varepsilon_{ox} = 8.85418$，求得电性厚度 T_{gox}。实际上栅氧化层电性厚度 T_{gox} 是在栅氧化层电容 C 的基础上进行计算得到的。

测量 NMOS 栅氧化层电性厚度的基本方法是首先在栅电容的一端多晶硅栅上加载 AC 100kHz（VDD 或者 VDDA）扫描电压，另一端 PW 衬底接地，来测试电容 C，$T_{gox} = (\varepsilon_o \varepsilon_{ox} \text{Area})/C$。

测量 PMOS 栅氧化层电性厚度的基本方法是首先在栅电容的一端 NW 衬底上加载 AC 100kHz（VDD 或者 VDDA）扫描电压，另一端多晶硅栅上接地，来测试电容 C，$T_{gox} = (\varepsilon_o \varepsilon_{ox} \text{Area})/C$。

影响电容 T_{gox} 的因素与影响电容 C_{gox} 的因素类似。

5.3.3 击穿电压 BV_{gox} 的测试条件

栅氧化层电容的介质是二氧化硅。由于二氧化硅是绝缘体，在一般情况下是不导电的。但是当有一个外加电场存在时，随着外加电场的不断增大，当外加电场强度所提供的能量足以把一部分价带的电子激发到导带时，这时二氧化硅不再表现为绝缘性质，而是开始导电，这时所加的外加电压的值就是所测试的电容击穿电压值。

测量栅氧化层电容的击穿电压 BV_{gox} 的基本原理是在电容的一端加载反向电压，另一端接地，从而测得栅漏电流 I_g 或者衬底漏电流 I_b，得到单位面积电流强度 I_g/Area 或者 I_b/Area，当漏电流强度达到 $100\text{pA}/\mu m^2$ 时，认为电容被电压击穿。此时加载在电容两端的电压就是击穿电压。

图 5-17a 所示为测量 NMOS 栅氧化层击穿电压 BV_{gox} 的示意图。它的基本方法是首先在栅电容的一端多晶硅栅上加载 DC 扫描电压，V_g 从 0V 到 12V，另一端 PW 衬底接地，测试电流 I_g，得到单位面积电流强度 I_g/Area，当电流强度达到 $100\text{pA}/\mu\text{m}^2$ 时，此时测得的电压 V_g 就是击穿电压 BV_{gox}。

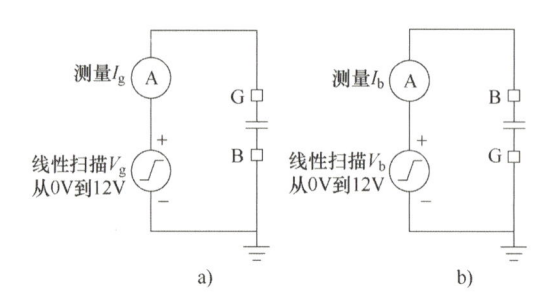

图 5-17 测量 MOS 栅氧化层击穿电压 BV_{gox} 的示意图

图 5-17b 所示为测量 PMOS 栅氧化层击穿电压 BV_{gox} 的示意图。它的基本方法是首先在栅电容的一端衬底上加载 DC 扫描电压，V_b 从 0V 到 12V，另一端多晶硅栅接地，测试电流 I_b，得到单位面积电流强度 I_b/Area，当电流强度达到 $100\text{pA}/\mu\text{m}^2$ 时，此时测得的电压 V_b 就是击穿电压 BV_{gox}。

影响电容 BV_{gox} 的因素与影响电容 C_{gox} 的因素类似。

5.4 寄生 MOS 参数的测试条件

CMOS 工艺技术平台的寄生 MOS 晶体管的结构分别是 Poly（多晶硅）栅和 M1 栅场效应晶体管测试结构，它们的版图尺寸是依据工艺技术平台的设计规则设计的。

对于 Poly 栅场效应晶体管测试结构，图 5-18 所示为它们的版图；图 5-19 所示为它们的剖面图；图 5-20 所示为 Poly 栅场效应 NMOS 和 PMOS 的电路连接图。

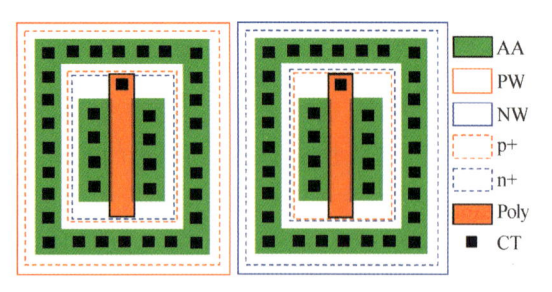

图 5-18 Poly 栅场效应 NMOS 和 PMOS 的版图

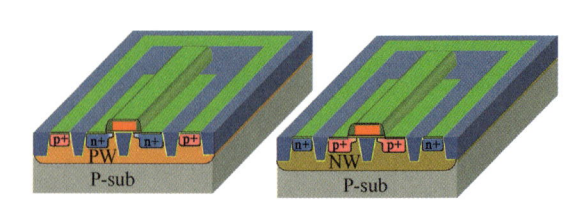

图 5-19 Poly 栅场效应 NMOS 和 PMOS 的剖面图

对于 M1 栅场效应晶体管测试结构，图 5-21 所示为它们的版图；图 5-22 所示为它们的剖面

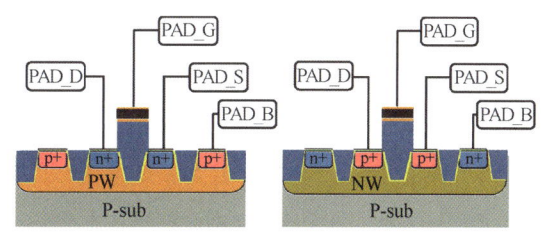

图；图 5-23 所示为 M1 栅场效应 NMOS 和 PMOS 的电路连接图。它们的四个端口栅（Gate）、源（Source）、漏（Drain）和衬底（Body）分别连到 PAD_G、PAD_S、PAD_D 和 PAD_B。WAT 测试机器通过这四个端口把电压激励信号加载在 MOS 晶体管，从而测得所需的电性特性参数数据。

Poly 栅和 M1 栅场效应晶体管会导致漏电的问题，它的电性特性是非常重要的，芯片代工厂通过 WAT 参数阈值电压 V_t 监测 Poly 栅和 M1 栅场效应晶体管。

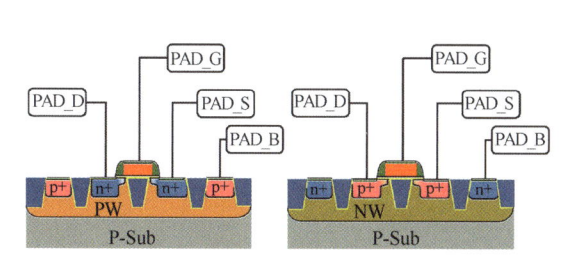

图 5-20　Poly 栅场效应 NMOS 和 PMOS 的电路连接图

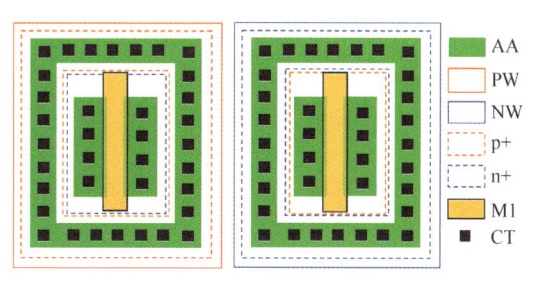

图 5-21　M1 栅场效应 NMOS 和 PMOS 的版图

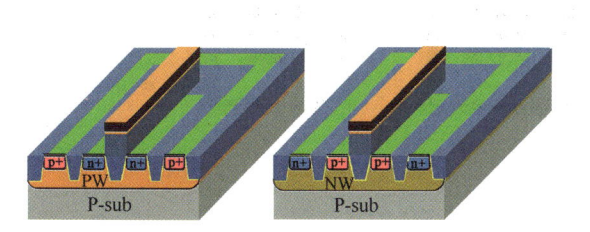

图 5-22　M1 栅场效应 NMOS 和 PMOS 剖面图

图 5-23　M1 栅场效应 NMOS 和 PMOS 的电路连接图

测量 Poly 栅和 M1 栅场效应晶体管的阈值电压 V_t 的基本原理是电流常数测量，首先设定当 $I_d/W = 0.1\mu A/\mu m$ 时，Poly 栅和 M1 栅场效应晶体管开启导通，此时的栅极电压就是晶体管的阈值电压。

图 5-24a 所示为测量 Poly 和 M1 栅 NMOS 阈值电压 V_t 的示意图。它的基本方法是首先设定 $V_d = 1.1\text{VDD}$ 或者 1.1VDDA，$V_s = V_b = 0\text{V}$，线性扫描 V_g 从 0V 到 12V，测得 V_g 在 $I_d/W = 0.1\mu A/\mu m$ 时的值，那么 $V_t = V_g$。

图 5-24b 所示为测量 Poly 和 M1 栅 PMOS 阈值电压 V_t 的示意图。它的基本方法是首先设定 $V_d = -1.1\text{VDD}$ 或者 -1.1VDDA，$V_s = V_b = 0\text{V}$，线性扫描 V_g 从 0V 到 -12V，测得 V_g 在 $I_d/W = -0.1\mu A/\mu m$ 时的值，那么 $V_t = V_g$。

影响 Poly 和 M1 栅场效应晶体管阈值电压的因素包括以下三个方面：

1）阱离子注入异常；

图 5-24 测量 Poly 和 M1 栅 MOS 阈值电压 V_t 的示意图

2) 离子注入损伤在退火过程中没有激活；
3) AA 或多晶硅栅刻蚀后尺寸的异常。

5.5 pn 结参数的测试条件

CMOS 工艺技术平台的 pn 结的测试结构是 n 型二极管和 p 型二极管的结构，它们的版图尺寸是依据工艺技术平台的设计规则设计的。图 5-25 所示为它们的版图；图 5-26 所示为它们的剖面图；图 5-27 所示为它们的电路连接图。对于 n 型二极管，它是两端器件，它的两个端口阴极（n 型有源区）和阳极（PW）分别连到 PAD_N 和 PAD_P。

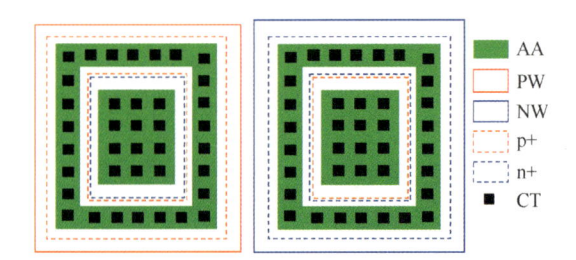

图 5-25 n 型二极管和 p 型二极管的版图

对于 p 型二极管，它是二端器件，它的二个端口阴极（p 型有源区）和阳极（NW）分别连到 PAD_P 和 PAD_N。WAT 测试机器通过这二个端口把电压激励信号加载在二极管两端，从而测得所需的电性特性参数数据。

CMOS 工艺技术平台是同时依靠 STI 和 pn 结进行隔离的，所以 pn 结在整个工艺流程里也是非常关键，芯片代工厂利用二极管的参数电容（C_{jun}）和击穿电压（BV_{jun}）来监测它们。

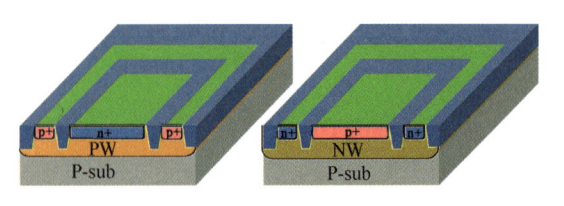

图 5-26 n 型二极管和 p 型二极管的剖面图

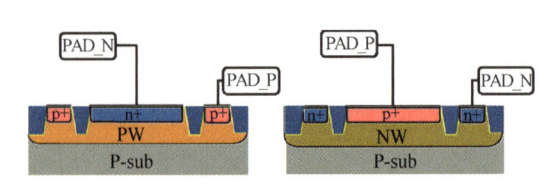

图 5-27 n 型二极管和 p 型二极管的电路连接图

5.5.1 电容 C_{jun} 的测试条件

测量 n 型二极管和 p 型二极管的结电容 C_{jun} 的基本原理是在二极管的一端加载 AC 100kHz 扫描电压，另一端接地，从而测得电容 $C(\mu F)$，单位化后的电容 $C_{jun}=C/Area$。其示意图如图 5-28 所示。

测量 n 型二极管结电容 C_{jun} 的基本方法是首先在 n 型二极管的一端 n 型有源区上加载 AC 100kHz（VDD 或者 VDDA）扫描电压，另一端 PW 上接地，从而测得电容 C，$C_{jun}=C/Area$。

测量 p 型二极管结电容 C_{jun} 的基本方法是首先在 p 型二极管的一端 NW 衬底上加载 AC 100kHz（VDD 或者 VDDA）扫描电压，另一端 p 型有源区上接地，从而测得电容 C，$C_{jun}=C/Area$。

影响 pn 结电容 C_{jun} 的因素包括以下几方面：
1) 阱离子注入异常；
2) n+或者 p+离子注入异常；
3) 离子注入损伤在退火过程中没有激活；
4) AA 刻蚀尺寸异常。

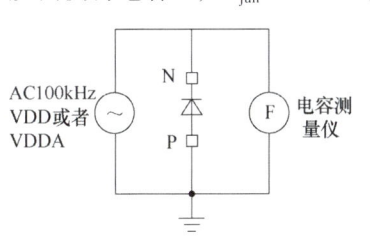

图 5-28 测量 n 型二极管和 p 型二极管结电容 C_{jun} 的示意图

5.5.2 击穿电压 BV_{jun} 的测试条件

测量 n 型二极管和 p 型二极管的击穿电压 BV_{jun} 的基本原理是在二极管的一端加载反向电压，另一端接地，从而测得漏电流 I_b，得到单位面积电流强度 $I_b/Area$，当电流强度达到 $100pA/\mu m^2$ 时，pn 结被电压击穿。此时加载在二极管两端的电压就是击穿电压。其示意图如图 5-29 所示。

测量 n 型二极管击穿电压 BV_{jun} 的基本方法是首先在 n 型二极管的一端 n 型有源区上加载 DC 扫描电压 V_b，V_b 从 0V 到 12V，另一端 PW 上接地，从而测得漏电流 I_b，得到单位面积电流强度 $I_b/Area$，当电流强度达到 $100pA/\mu m^2$ 时，此时测得的电压 V_b 就是击穿电压 BV_{jun}。

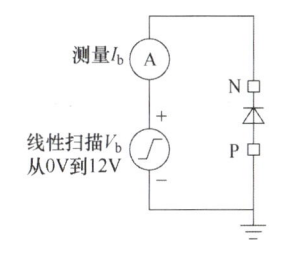

图 5-29 测量 n 型二极管和 p 型二极管 BV_{jun} 的示意图

测量 p 型二极管击穿电压 BV_{jun} 的基本方法是首先在 p 型二极管的一端 NW 上加载 DC 扫描电压 V_b，V_b 从 0V 到 12V，另一端 p 型有源区上接地，从而测得漏电流 I_b，得到单位面积电流强度 $I_b/Area$，当电流强度达到 $100pA/\mu m^2$ 时，此时测得的电压 V_b 就是击穿电压 BV_{jun}。

影响 pn 结击穿电压 BV_{jun} 的因素与影响 pn 结电容 C_{jun} 的因素类似。

5.6 方块电阻的测试条件

CMOS 工艺技术平台的方块电阻的测试结构是 NW 方块电阻、PW 方块电阻、Poly 方块电阻、AA 方块电阻和金属方块电阻，它们的版图尺寸是依据工艺技术平台的设计规则设计的。

目前半导体业界通用的方块电阻的测试方法有三种：第一种是电阻条图形；第二种是范德堡图形；第三种是开尔文图形。本书仅仅以电阻条图形测量方法为例去介绍方块电阻的测试原理和方法。

方块电阻是电路设计的重要组成部分，方块电阻的准确性严重影响电路的性能，所以方块电阻在整个工艺流程里也是非常关键，芯片代工厂通过WAT参数方块电阻R_s监测它们。

5.6.1 NW方块电阻的测试条件

图5-30所示为NW方块电阻的版图；图5-31所示为它的剖面图；图5-32所示为它的电路连接图。NW方块电阻是三端器件，它的三个端口分别是电阻的两端和衬底（P-sub），它们分别连到PAD_N1、PAD_N2和PAD_B，WAT测试机器通过这三个端口把电压激励信号加载在电阻的两端和衬底，从而测得所需的电性特性参数数据。

NW方块电阻的WAT参数是R_s_NW。

图5-33所示为测量NW方块电阻的示意图。测量NW方块电阻R_s_NW的基本原理是在电阻的一端加载DC电压1V，另一端和衬底接地，从而测得电流I_n，$R_s\_NW = (1/I_n)/(L/W)$，W和L分别是NW方块电阻的宽度和长度。

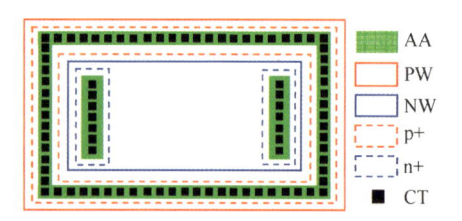

图5-30　NW方块电阻的版图

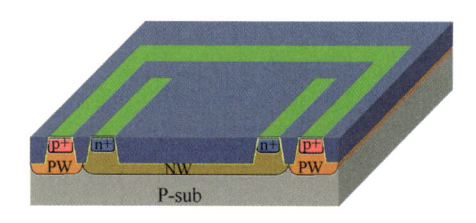

图5-31　NW方块电阻的剖面图

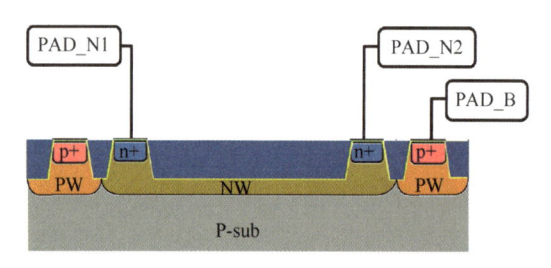

图5-32　NW方块电阻的电路连接图

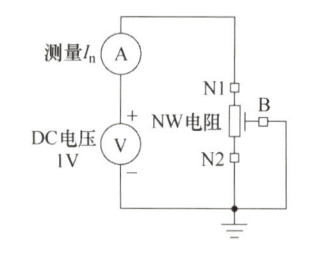

图5-33　测量NW方块电阻的示意图

影响方块电阻R_s_NW的因素包括以下两个方面：
1) NW离子注入异常；
2) 离子注入损伤在退火过程中没有激活。

5.6.2 PW方块电阻的测试条件

图5-34所示为PW方块电阻的版图；图5-35所示为它的剖面图。PW方块电阻是通过

DNW 隔离衬底（P-sub），如果没有 DNW 的隔离，这个 PW 方块电阻会与 P-sub 短路。

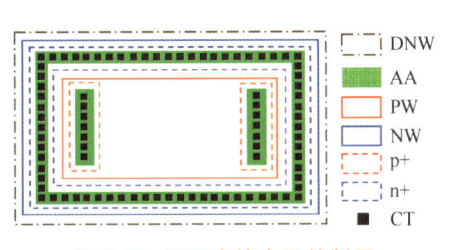

图 5-34　PW 方块电阻的版图

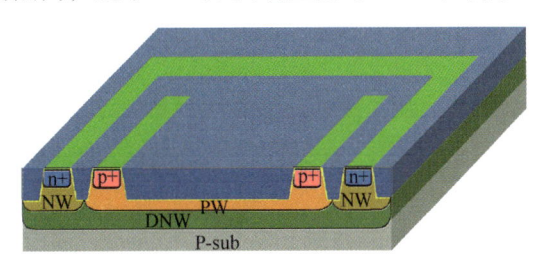

图 5-35　PW 方块电阻的剖面图

图 5-36 所示为 PW 方块电阻的电路连接图。PW 方块电阻是三端器件，它的三个端口分别是电阻的两端和衬底（DNW），它们分别连到 PAD_P1、PAD_P2 和 PAD_B，WAT 测试机器通过这三个端口把电压激励信号加载在电阻的两端和衬底，从而测得所需的电性特性参数数据。

PW 方块电阻的 WAT 参数是 R_s_PW。

图 5-37 所示为测量 PW 方块电阻的示意图。测量 PW 方块电阻 R_s_PW 的基本原理是在电阻的一端和衬底加载电压 DC 电压 1V，另一端接地，从而测得电流 I_p，$R_s\_PW=(1/I_p)/(L/W)$，W 和 L 分别是 PW 方块电阻的宽度和长度。

影响方块电阻 R_s_PW 的因素包括以下两个方面：

1）PW 离子注入异常；

2）离子注入损伤在退火过程中没有激活。

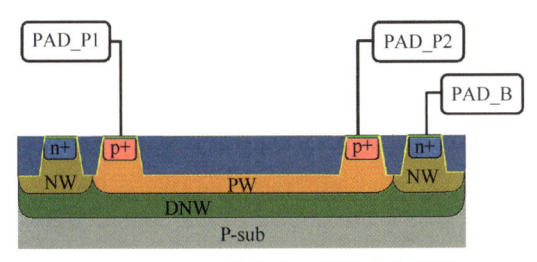

图 5-36　PW 方块电阻的电路连接图

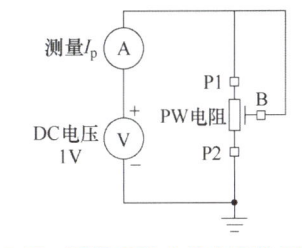

图 5-37　测量 PW 方块电阻的示意图

5.6.3　Poly 方块电阻的测试条件

CMOS 工艺平台的 Poly 方块电阻有四种类型的电阻，它们分别是 n 型金属硅化物 Poly 方块电阻、p 型金属硅化物 Poly 方块电阻、n 型非金属硅化物 Poly 方块电阻和 p 型非金属硅化物 Poly 方块电阻。

根据测试结构形状的不同，Poly 方块电阻的测试结构有两种：第一种是狗骨头状的测试结构，它的测试结构的长度受到 PAD 与 PAD 之间的距离限制，通常最大的长度是 100μm；第二种是蛇形的测试结构，它的测试结构的长度可以有效利用 PAD 与 PAD 之间的面积，最大的长度可达几千微米。

图 5-38 和图 5-39 所示为第一种测试结构的 Poly 方块电阻的版图；图 5-40 所示为它们的剖面图；图 5-41 所示为它们的电路连接图。Poly 方块电阻的版图是狗骨头状的，两端引线的面积很大，可以容纳更多的接触孔，从而减小接触电阻，达到忽略接触电阻对 Poly 方块电阻的影响的目的，那么测得的电阻值就是 Poly 的方块电阻。虽然 Poly 方块电阻是设计在 STI 上的，并且它与衬底 Psub 是完全隔离的，但是为了更好的隔离衬底的噪音，通常会把 Poly 方块电阻设计在 NW 里。

图 5-42~图 5-45 所示为第二种测试结构的 Poly 方块电阻的版图。Poly 方块电阻的版图是蛇形的。蛇形的测试结构可以增大方块电阻的个数，平均化的方块电阻，可以有效地减小两端接触电阻的影响。利用蛇形设计的测试结构的测试结果会比用狗骨头状设计的测试结构更准确。蛇形的 Poly 方块电阻也是设计在 NW 里。

a) n 型金属硅化物Poly 方块电阻的版图　　b) n 型非金属硅化物 Poly 方块电阻的版图

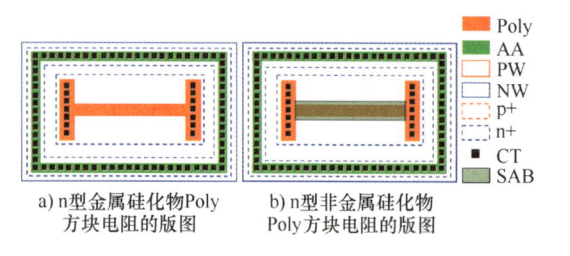

图 5-38　第一种测试结构的 n 型 Poly 方块电阻版图

a) p 型金属硅化物Poly 方块电阻的版图　　b) p 型非金属硅化物 Poly 方块电阻的版图

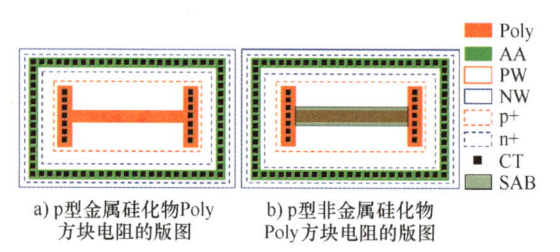

图 5-39　第一种测试结构的 p 型 Poly 方块电阻版图

a) 金属硅化物Poly 方块电阻的剖面图　　b) 非金属硅化物Poly 方块电阻的剖面图

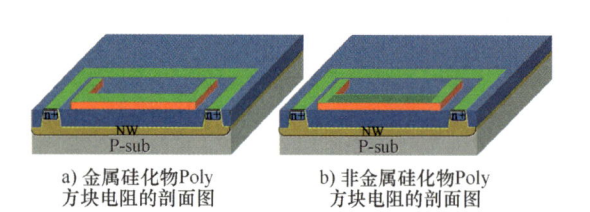

图 5-40　狗骨头状 Poly 方块电阻的剖面图

a) 金属硅化物Poly方块电阻的电路连接图　　b) 非金属硅化物Poly方块电阻的电路连接图

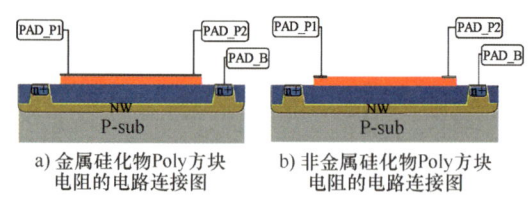

图 5-41　电路连接图

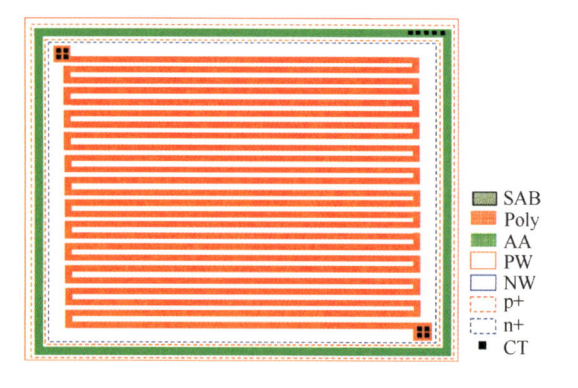

图 5-42　蛇形的 n 型金属硅化物 Poly 方块电阻的版图

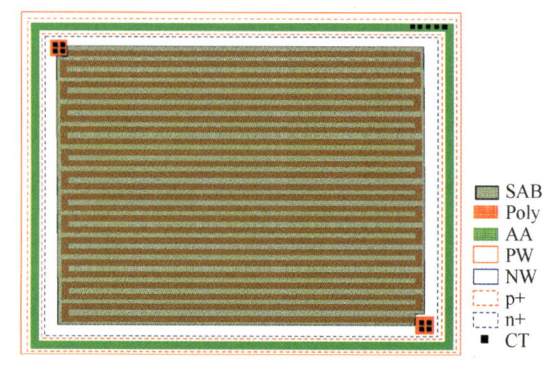

图 5-43　蛇形的 n 型非金属硅化物 Poly 方块电阻的版图

图 5-44　蛇形的 p 型金属硅化物 Poly 方块电阻的版图

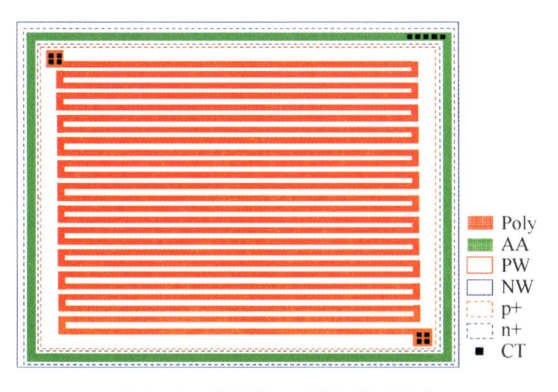

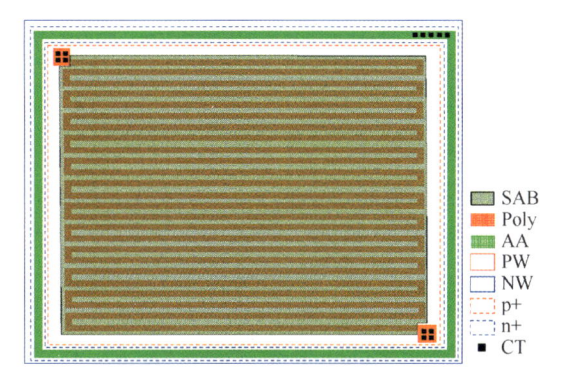

图 5-45　蛇形的 p 型非金属硅化物 Poly 方块电阻的版图

Poly 方块电阻是三端器件，它的三个端口分别是电阻的两端和衬底（NW），它们分别连到 PAD_P1、PAD_P2 和 PAD_B。WAT 测试机器通过电阻两端的端口把电压激励信号加载在电阻的两端，从而测得所需的电性特征参数数据。衬底的偏置电压对 Poly 的方块电阻没有影响，所以测试时衬底是悬空的。

Poly 方块电阻的 WAT 参数包括 Rs_NPoly（n 型金属硅化物 Poly 方块电阻），Rs_PPoly（p 型金属硅化物 Poly 方块电阻），Rs_NPoly_SAB（n 型非金属硅化物 Poly 方块电阻）和 Rs_PPoly_SAB（p 型非金属硅化物 Poly 方块电阻）。

图 5-46 所示为测量 Poly 方块电阻的示意图。测量这四种 Poly 方块电阻的基本原理都是一样的，在电阻的一端加载 DC 电压 1V，另一端接地，从而测得电流 I_p，Poly 方块电阻 $=(1/I_p)/(L/W)$，W 和 L 分别是 Poly 方块电阻的宽度和长度。

影响 Poly 方块电阻的因素包括以下三个方面：
1）n+ 和 p+ 离子注入异常；
2）Poly 刻蚀尺寸异常；
3）硅金属化（Salicide）相关工艺异常。

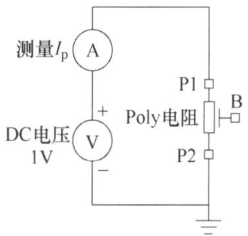

图 5-46　测量 Poly 方块电阻的示意图

5.6.4　AA 方块电阻的测试条件

CMOS 工艺平台的 AA 方块电阻有四种类型的电阻，它们分别是 n 型金属硅化物 AA 方块电阻、p 型金属硅化物 AA 方块电阻、n 型非金属硅化物 AA 方块电阻和 p 型非金属硅化物 AA 方块电阻。

与 Poly 方块电阻类似，AA 方块电阻的测试结构也有两种：第一种是狗骨头状的测试结构，它的测试结构的长度受到 PAD 与 PAD 之间的距离限制，通常最大的长度是 100μm；第二种是蛇形的测试结构，它的测试结构的长度可以有效利用 PAD 与 PAD 之间的面积，最大的长度可达几千微米。

图 5-47 所示为狗骨头状 n 型 AA 方块电阻的版图；图 5-48 所示为狗骨头状 n 型 AA 方块电阻的剖面图；图 5-49 所示为 n 型 AA 方块电阻的电路连接图；图 5-50 所示为狗骨头状 p 型 AA 方块电阻的版图；图 5-51 所示为狗骨头状 p 型 AA 方块电阻的剖面图；图 5-52 所示为 p 型 AA 方块电阻的电路连接图。AA 方块电阻的版图也是狗骨头状的，目的是减小接触电阻对 AA 方块电阻的影响。n 型 AA 方块电阻必须设计在 PW 里面，p 型 AA 方块电阻必须设计在 NW 里面。

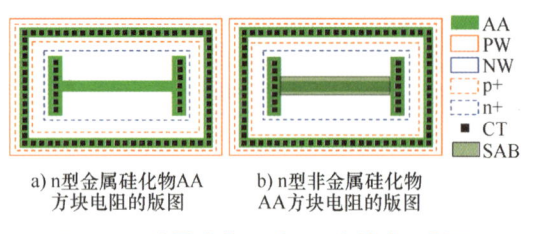

a) n 型金属硅化物 AA 方块电阻的版图　　b) n 型非金属硅化物 AA 方块电阻的版图

图 5-47　狗骨头状 n 型 AA 方块电阻版图

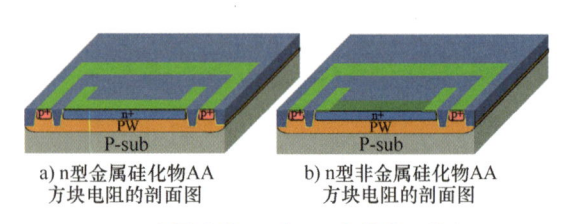

a) n 型金属硅化物 AA 方块电阻的剖面图　　b) n 型非金属硅化物 AA 方块电阻的剖面图

图 5-48　狗骨头状 n 型 AA 方块电阻的剖面图

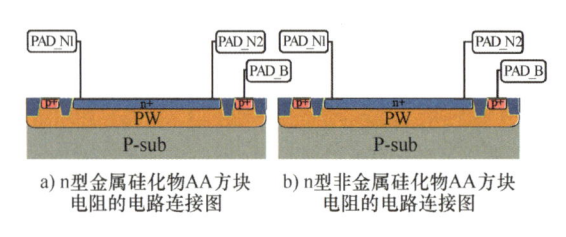

a) n 型金属硅化物 AA 方块电阻的电路连接图　　b) n 型非金属硅化物 AA 方块电阻的电路连接图

图 5-49　n 型 AA 方块电阻的电路连接图

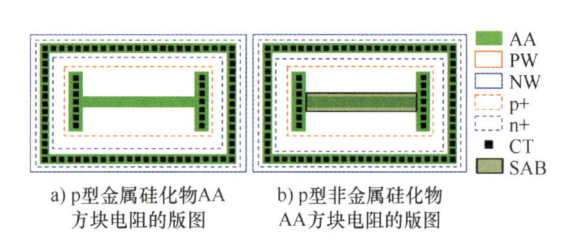

a) p 型金属硅化物 AA 方块电阻的版图　　b) p 型非金属硅化物 AA 方块电阻的版图

图 5-50　狗骨头状 p 型 AA 方块电阻版图

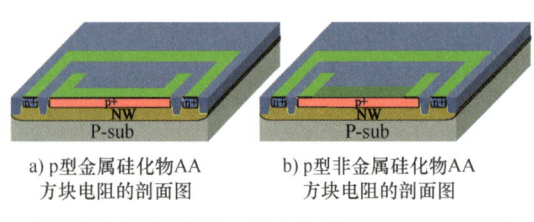

a) p 型金属硅化物 AA 方块电阻的剖面图　　b) p 型非金属硅化物 AA 方块电阻的剖面图

图 5-51　狗骨头状 p 型 AA 方块电阻的剖面图

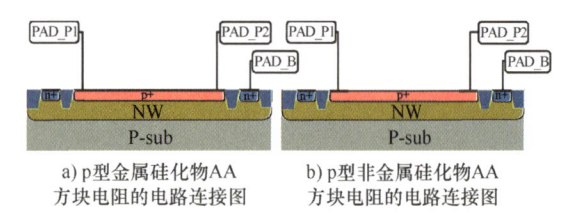

a) p 型金属硅化物 AA 方块电阻的电路连接图　　b) p 型非金属硅化物 AA 方块电阻的电路连接图

图 5-52　p 型 AA 方块电阻的电路连接图

图 5-53～图 5-56 所示为第二种测试结构的 AA 方块电阻的版图。AA 方块电阻的版图是蛇形的。蛇形的测试结构可以增大方块电阻的个数，平均化的方块电阻，可以有效地减小两端接触电阻的影响。利用蛇形设计的测试结构的测试结果会比用狗骨头状设计的测试结构更准确。蛇形的 n 型 AA 方块电阻必须设计在 PW 里面，蛇形的 p 型 AA 方块电阻必须设计在 NW 里面。

n 型 AA 方块电阻是三端器件，它的三个端口分别是电阻的两端和衬底（PW），它们分别连到 PAD_N1、PAD_N2 和 PAD_B。p 型 AA 方块电阻是三端器件，它的三个端口分别是电阻的两端和衬底（NW），它们分别连到 PAD_P1、PAD_P2 和 PAD_B。WAT 测试机器通过这三个端口把电压激励信号加载在电阻的两端和衬底，从而测得所需的电性特性参数数据。

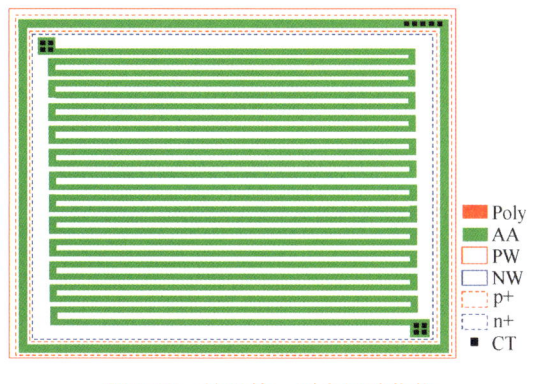

图 5-53　蛇形的 n 型金属硅化物 AA 方块电阻的版图

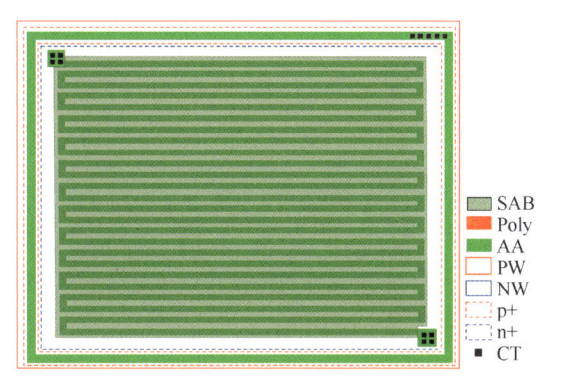

图 5-54　蛇形的 n 型非金属硅化物 AA 方块电阻的版图

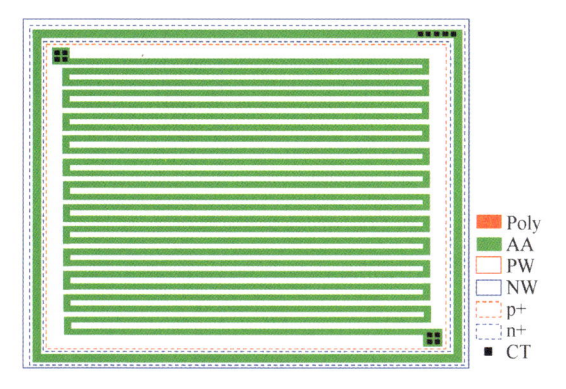

图 5-55　蛇形的 p 型金属硅化物 AA 方块电阻的版图

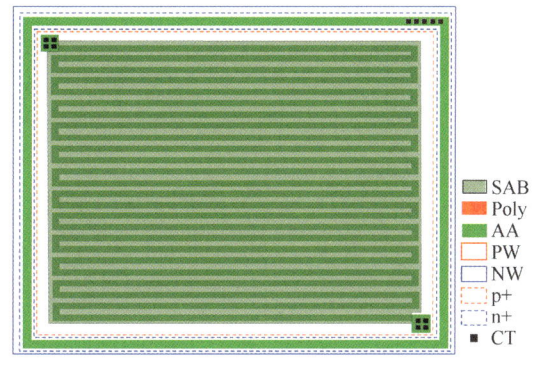

图 5-56　蛇形的 p 型非金属硅化物 AA 方块电阻的版图

AA 方块电阻的 WAT 参数包括 R_s_NAA（n 型金属硅化物 AA 方块电阻），R_s_PAA（p 型金属硅化物 AA 方块电阻），R_s_NAA_SAB（n 型非金属硅化物 AA 方块电阻）和 R_s_PAA_SAB（p 型非金属硅化物 AA 方块电阻）。

图 5-57a 所示为 R_s_NAA 和 R_s_NAA_SAB 的测量示意图。测量 n 型 AA 方块电阻的基本原理是在电阻的一端加载电压 DC 电压 1V，另一端和衬底接地，从而测得电流 I_n，R_s_NAA = $(1/I_n)/(L/W)$，W 和 L 分别是 AA 方块电阻的宽度和长度。

图 5-57b 所示为测量 R_s_PAA 和 R_s_PAA_SAB 的示意图。测量 p 型 AA 方块电阻的基本原理是在电阻的一端和衬底加载电压 DC 电压 1V，另一端接地，从而测得电流 I_p，R_s_PAA = $(1/I_p)/(L/W)$。

255

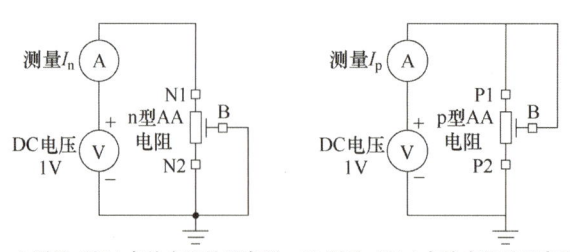

a) 测量n型AA方块电阻的示意图　　b) 测量p型AA方块电阻的示意图

图 5-57　测量 AA 方块电阻的示意图

影响 AA 方块电阻的因素包括以下三个方面：
1）n+和 p+离子注入异常；
2）AA 刻蚀尺寸异常；
3）硅金属化（Salicide）相关工艺。

5.6.5　金属方块电阻的测试条件

CMOS 工艺平台的金属方块电阻的测试结构包含该平台的所有金属层，例如如果该平台使用五层金属层，那么金属方块电阻的测试结构就有第一层金属（M1）方块电阻、第二层金属（M2）方块电阻、第三层金属（M3）方块电阻、第四层金属（M4）方块电阻和第五层金属（M5）方块电阻（也称顶层金属）。这节内容仅仅以后段 Al 制程工艺的第一层金属方块电阻为例。

图 5-58 所示为 M1 方块电阻的版图。M1 方块电阻的版图是蛇形的两端器件，设计成蛇形的目的是尽量增加 M1 金属电阻线的长度，得到更多数目的 M1 方块电阻的整体阻值，对测试结果平均化后，可以减小两端接触电阻对单个 M1 方块电阻的影响。

图 5-59 所示为 M1 方块电阻的剖面图和电路连接图。M1 方块电阻是两端器件，它们分别连到 PAD_P1 和 PAD_P2。WAT 测试机器通过这两个端口把电压激励信号加载在电阻的两端，从而测得所需的电性特性参数数据。

图 5-58　M1 方块电阻的版图

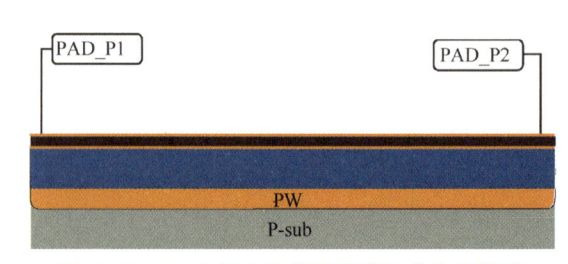

图 5-59　M1 方块电阻的剖面图和电路连接图

M1 方块电阻的 WAT 参数是 R_s_M1。

图 5-60 所示为测量 M1 方块电阻的示意图。测量 M1 方块电阻的基本原理是在电阻的一端加载电压 DC 电压 1V，另一端接地，从而测得电流 I_d，$R_s\_PW = (1/I_d)/(L/W)$，W 和 L 分别是 M1 方块电阻的宽度和长度。

影响金属方块电阻的因素包括以下两个方面：
1）M1 刻蚀尺寸异常；
2）淀积金属层的厚度异常。

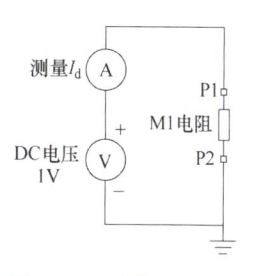

图 5-60 测量 M1 方块电阻的示意图

5.7 接触电阻的测试条件

CMOS 工艺技术平台的接触电阻的测试结构是链条结构，它包括 AA 接触电阻、Poly 接触电阻和金属通孔接触电阻。它们的版图尺寸是依据工艺技术平台的设计规则设计的。

接触电阻的准确性严重影响电路的额外串联电阻，所以接触电阻在整个工艺流程里也是非常关键，芯片代工厂检测它们的 WAT 参数是接触电阻 R_c。

5.7.1 AA 接触电阻的测试条件

CMOS 工艺平台的 AA 接触电阻有两种类型的电阻，它们分别是 n 型 AA 接触电阻和 p 型 AA 接触电阻。

n 型 AA 接触电阻的版图如图 5-61 所示；n 型 AA 接触电阻的剖面图和电路连接图如图 5-62 所示；p 型 AA 接触电阻的版图如图 5-63 所示；p 型 AA 接触电阻的剖面图和电路连接图如图 5-64 所示。AA 接触电阻的版图是链条结构的两端器件，设计成链条结构的目的是尽量增加接触孔的数目，得到更多数目的 AA 接触电阻的整体阻值，对测试结果平均化后，可以减小其他的影响因素，从而得到一个更精确的阻值。n 型 AA 接触电阻必须设计在 PW 里面，p 型 AA 接触电阻必须设计在 NW 里面。

n 型 AA 接触电阻是三端器件，它的三个端口分别是电阻的两端和衬底（PW），它们分别连到 PAD_N1、PAD_N2 和 PAD_B。p 型 AA 接触电阻是三端器件，它的三个端口分别是电阻的两端和衬底（NW），它们分别连到 PAD_P1、PAD_P2 和 PAD_B。WAT 测试机器通过这三个端口把电压激励信号加载在电阻的两端和衬底，从而测得所需的电性特性参数数据。

AA 接触电阻的 WAT 参数包括 R_c_NAA（n 型 AA 接触电阻）和 R_c_PAA（p 型 AA 接触电阻）。

图 5-65a 所示为测量 n 型 AA 接触电阻的示意图。测量 n 型 AA 接触电阻的基本原理是在电阻的一端加载电压 DC 电压 1V，另一端和衬底接地，从而测得电流 I_n，$R_c\_NAA = [1/I_n - (N/2)R_s\_NAA]/N$，$N$ 是 AA 接触孔的数目，$N/2$ 是测试结构中 n 型 AA 方块电阻的数目。

而金属电阻的影响可以忽略。

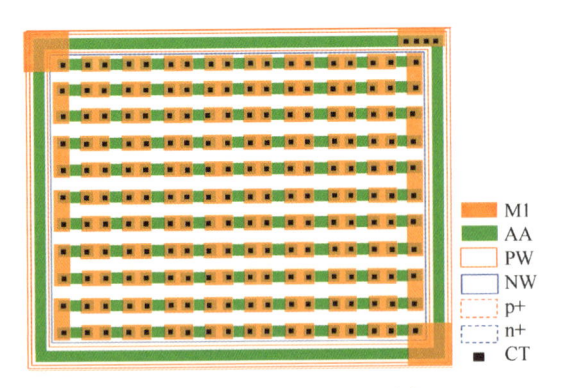

图 5-61　n 型 AA 接触电阻的版图

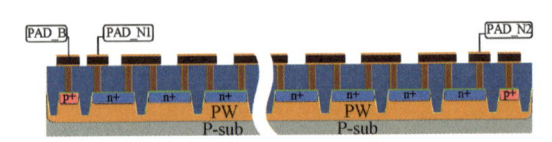

图 5-62　n 型 AA 接触电阻的剖面图和电路连接图

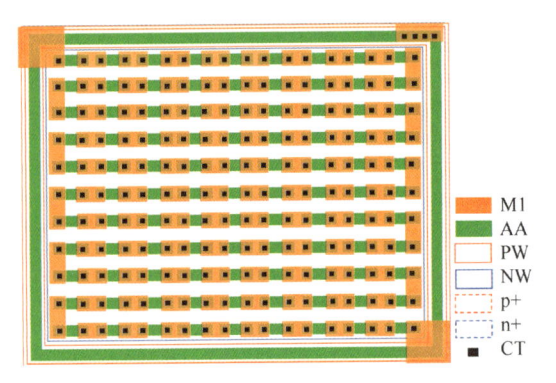

图 5-63　p 型 AA 接触电阻的版图

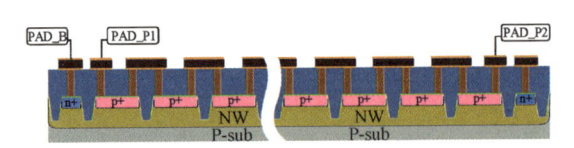

图 5-64　p 型 AA 接触电阻的剖面图和电路连接图

a) 测量 n 型 AA 接触电阻的示意图　　b) 测量 p 型 AA 接触电阻的示意图

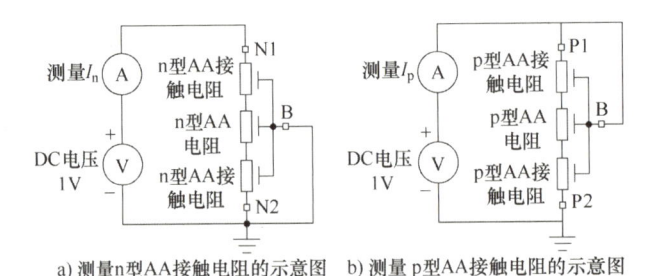

图 5-65　测量 AA 接触电阻的示意图

图 5-65b 所示为测量 p 型 AA 接触电阻的示意图。测量 p 型 AA 接触电阻的基本原理是在电阻的一端和衬底加载电压 DC 电压 1V，另一端接地，从而测得电流 I_p，$Rc\_PAA = [1/I_p -$

$(N/2)Rs\_PAA]/N$，N 是 AA 接触孔的数目，$N/2$ 是测试结构中 p 型 AA 方块电阻的数目。而金属电阻的影响可以忽略。

影响 AA 接触电阻的因素包括以下三个方面：
1）n+ 和 p+ 离子注入异常；
2）接触孔刻蚀尺寸异常；
3）硅金属化相关工艺异常。

5.7.2　Poly 接触电阻的测试条件

CMOS 工艺平台的 Poly 接触电阻有两种类型的电阻，它们分别是 n 型 Poly 接触电阻和 p 型 Poly 接触电阻。

n 型 Poly 接触电阻的版图如图 5-66 所示；p 型 Poly 接触电阻的版图如图 5-67 所示。与 AA 接触电阻类似，Poly 接触电阻的版图也是链条结构的两端器件，设计成链条结构的目的也是减小其他的影响因素，从而得到一个更精确的阻值。参考 Poly 方块电阻测试结构的设计，Poly 接触电阻是在 STI 上的，并且它与衬底是完全隔离的，通常也会把 Poly 接触电阻设计在 NW 里。

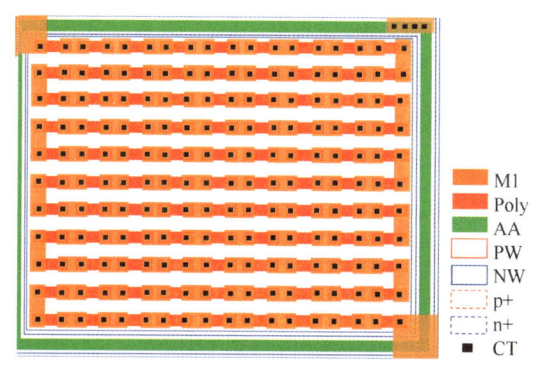

图 5-66　n 型 Poly 接触电阻的版图 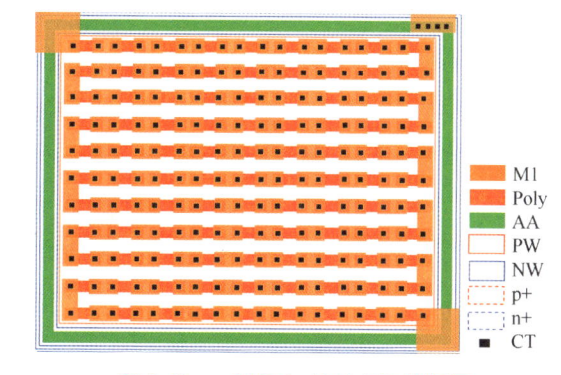　　　　图 5-67　p 型 Poly 接触电阻的版图

Poly 接触电阻的剖面图如图 5-68 所示。n 型 Poly 接触电阻是三端器件，它的三个端口分别是电阻的两端和衬底（NW），它们分别连到 PAD_P1、PAD_P2 和 PAD_B。WAT 测试机器通过电阻两端的端口把电压激励信号加载在电阻的两端，衬底是悬空的，从而测得所需的电性特性参数数据。

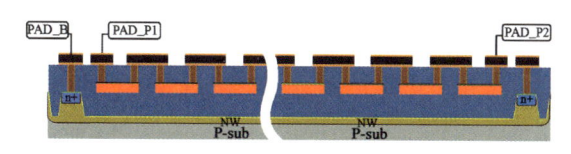

图 5-68　Poly 接触电阻的剖面图

Poly 接触电阻的 WAT 参数包括 Rc_NPoly（n 型 Poly 接触电阻）和 Rc_PPoly（p 型 Poly 接触电阻）。

测量 Poly 接触电阻的示意图如图 5-69 所示。测量 Poly 接触电阻的基本原理是在电阻的一端加载电压 DC 电压 1V，另一端接地，从而测得电流 I_n 或者 I_p，$Rc\_NPoly = [1/I_n - (N/2)Rs\_NPoly]/N$ 或者 $Rc\_PPoly = [1/I_p - (N/2)Rs\_PPoly]/N$，$N$ 是 AA 接触孔的数目，$N/2$ 是测试结构中 Poly 方块电阻的数目。而金属电阻的影响可以忽略。

影响 Poly 接触电阻的因素包括以下三个方面：

1）n+和 p+离子注入异常；
2）接触孔刻蚀尺寸异常；
3）硅金属化相关工艺异常。

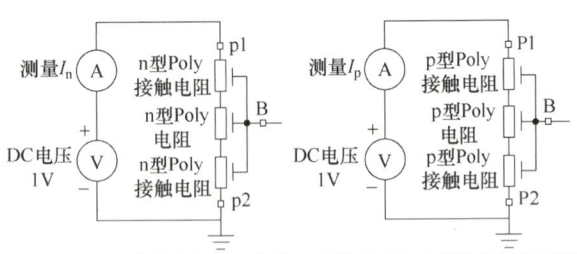

图 5-69 测量 **Poly** 接触电阻的示意图

5.7.3 金属通孔接触电阻的测试条件

CMOS 工艺平台的金属通孔（VIA）接触电阻包含该平台的所有通孔层，例如如果该平台使用五层金属层，那么金属通孔接触电阻就有第一层金属与第二层金属间的通孔、第二层金属与第三层金属间的通孔、第三层金属与第四层金属间的通孔、第四层金属与第五层金属间的通孔（也称顶层通孔）。这节内容仅仅以后段 Al 制程工艺的第一层金属与第二层金属间的通孔接触电阻（VIA1 接触电阻）为例。

图 5-70 所示为 VIA1 接触电阻的版图。与 AA 接触电阻类似，VIA1 接触电阻的版图也是链条结构的两端器件，设计成链条结构的目的也是减小其他的影响因素，从而得到一个更精确的阻值。

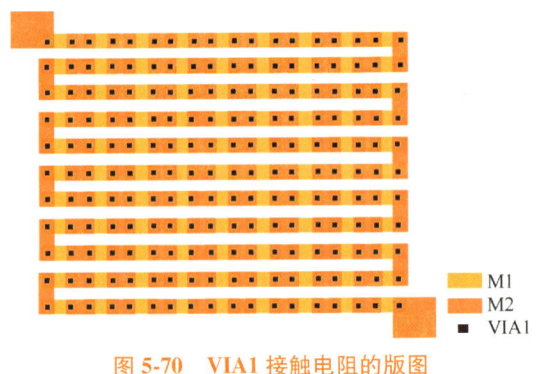

图 5-71 所示为 VIA1 接触电阻的剖面图和电路连接图。VIA1 接触电阻是两端器件，它的两个端口分别是电阻的两端，它们分别连到 PAD_P1 和 PAD_P2，WAT 测试机器通过这两个端口把电压激励信号加载在电阻的两端，从而测得所需的电性特性参数数据。

图 5-70 VIA1 接触电阻的版图

VIA1 接触电阻的 WAT 参数是 Rc_VIA1（第一层金属与第二层金属间的通孔）。

图 5-72 所示为测量 VIA1 接触电阻的示意图。测量 VIA1 接触电阻的基本原理是在电阻的一端加载 DC 电压 1V，另一端接地，从而测得电流 I_b，$Rc\_VIA1 = (1/I_b)/N$，N 是 VIA1 接触孔的数目。而金属电阻的影响可以忽略。

影响金属通孔接触电阻的因素包括以下两个方面：

1）通孔刻蚀尺寸异常；
2）Ti/TiN 相关工艺异常。

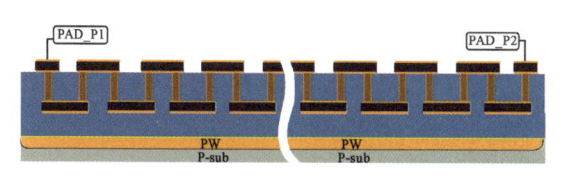

第 5 章　晶圆接受测试（WAT）

图 5-71　VIA1 接触电阻的
剖面图和电路连接图

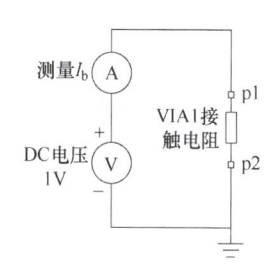

图 5-72　测量 VIA1 接触
电阻的示意图

5.8　隔离的测试条件

CMOS 工艺技术平台关于隔离的测试结构是梳状结构，它们测试结构分别有 AA 层、Poly 层和金属层。它们的版图尺寸是依据工艺技术平台的设计规则设计的。

隔离测试结构的结果反映了器件相互隔离的效果，也就是漏电情况，器件相互隔离效果的好坏严重影响电路的性能，芯片代工厂检测它们的 WAT 参数是击穿电压 BV，BV 是 Breakdown Voltage 的缩写。

5.8.1　AA 隔离的测试条件

CMOS 工艺平台的检测 AA 隔离的结构有两种类型，它们分别是 n 型 AA 隔离和 p 型 AA 隔离。

图 5-73 所示为 n 型 AA 隔离测试结构的版图；图 5-74 所示为 n 型 AA 隔离测试结构的剖面图和电路连接图；图 5-75 所示为 p 型 AA 隔离测试结构的版图；图 5-76 所示为 p 型 AA 隔离测试结构的剖面图和电路连接图。AA 隔离测试结构的版图是交叉梳状非串联的两端器件。n 型 AA 隔离测试结构必须设计在 PW 里面，p 型 AA 隔离测试结构必须设计在 NW 里面。

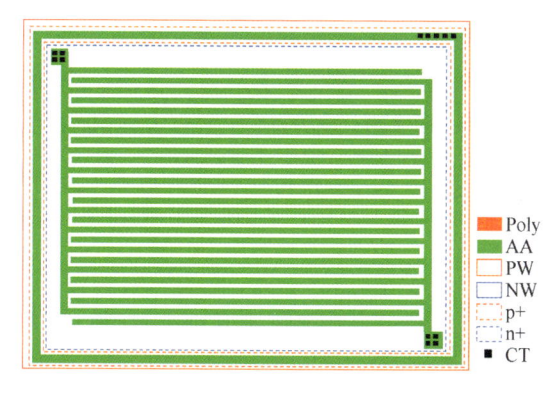

图 5-73　n 型 AA 隔离测试
结构的版图

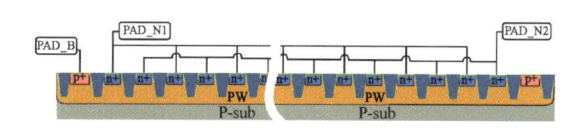

图 5-74　n 型 AA 隔离测试结构的
剖面图和电路连接图

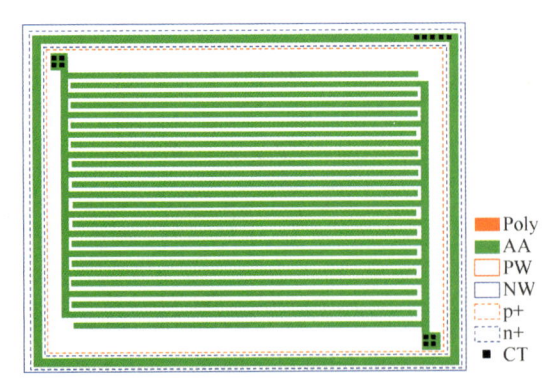

图 5-75　p 型 AA 隔离测试结构的版图

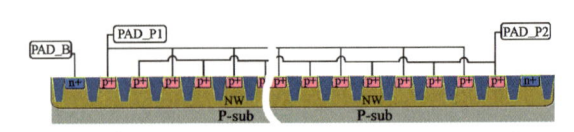

图 5-76　p 型 AA 隔离测试结构的剖面图和电路连接图

n 型 AA 隔离测试结构是三端器件，它的三个端口分别是测试结构的两端和衬底（PW），它们分别连到 PAD_N1、PAD_N2 和 PAD_B。p 型 AA 隔离测试结构也是三端器件，它的三个端口分别是测试结构的两端和衬底（NW），它们分别连到 PAD_P1、PAD_P2 和 PAD_B。WAT 测试机器通过这三个端口把电压激励信号加载在测试结构的两端和衬底，从而测得所需的电性特性参数数据。

AA 隔离的 WAT 参数包括 BV_NAA（n 型 AA 隔离）和 BV_PAA（p 型 AA 隔离）。

测量 AA 击穿电压的基本原理是在测试结构的一端加载反向电压，另一端和衬底接地，从而测得漏电流 I_b，当漏电流达到 1μA 时，此时测试结构击穿。此时加载在测试结构两端的电压就是击穿电压。

图 5-77a 所示为测量 n 型 AA 隔离击穿电压的示意图。它的基本方法是首先在测试结构的一端 n 型有源区加载 DC 扫描电压 V_b，V_b 从 0V 到 12V，另一端 n 型有源区和衬底

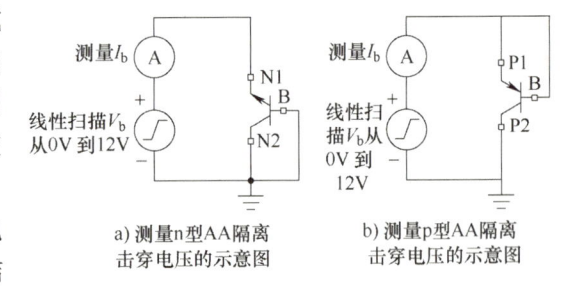

图 5-77　测量 AA 隔离击穿电压的示意图

接地，从而测得漏电流 I_b，得到 V_b 在 I_b = 1μA 时的值，BV_NAA = V_b 就是击穿电压。

图 5-77b 所示为测量 p 型 AA 隔离击穿电压的示意图。它的基本方法是首先在测试结构的一端 p 型有源区和衬底加载 DC 扫描电压 V_b，V_b 从 0V 到 12V，另一端 p 型有源区和衬底接地，从而测得漏电流 I_b，那么 V_b 在 I_b = 1μA 时的值就是击穿电压。

影响 AA 隔离的因素包括以下三个方面：
1）n+ 和 p+ 离子注入异常；
2）AA 刻蚀尺寸异常；
3）阱离子注入工艺异常。

5.8.2　Poly 隔离的测试条件

CMOS 工艺平台的检测 Poly 隔离的结构有两种类型，它们分别是 n 型 Poly 隔离和 p 型

Poly 隔离。

图 5-78 所示为 n 型 Poly 隔离测试结构的版图；图 5-79 所示为 p 型 Poly 隔离测试结构的版图。Poly 隔离测试结构的版图也是交叉梳状非串联的两端器件。参考 Poly 方块电阻测试结构的设计，Poly 隔离测试结构是在 STI 上的，并且它与衬底是完全隔离的，Poly 隔离测试结构可以设计在 NW 或者 PW 里，这一节以设计在 NW 里为例。

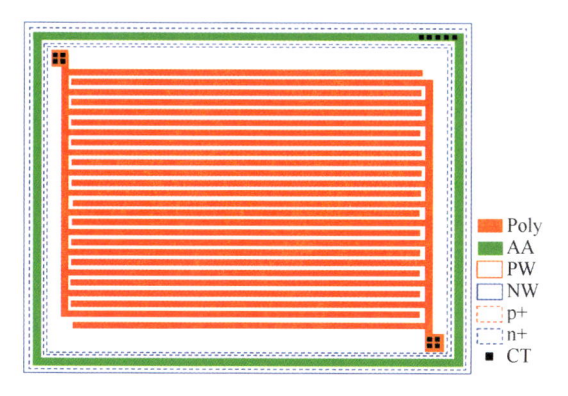

图 5-78　n 型 Poly 隔离测试结构的版图

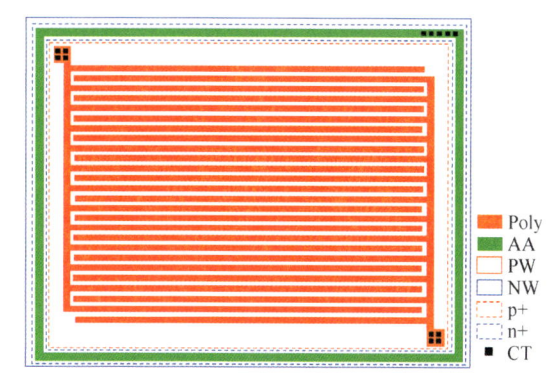

图 5-79　p 型 Poly 隔离测试结构的版图

图 5-80 所示为 Poly 隔离测试结构的剖面图和电路连接图。Poly 隔离测试结构是三端器件，它的三个端口分别是结构的两端和衬底（NW），它们分别连到 PAD_P1、PAD_P2 和 PAD_B。WAT 测试机器把电压激励信号加载在测试结构的两端，衬底是悬空的，从而测得所需的电性特性参数数据。

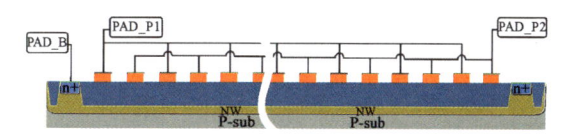

图 5-80　Poly 隔离测试结构的剖面图和电路连接图

Poly 隔离的 WAT 参数包括 BV_NPoly（n 型 Poly 隔离）和 BV_PPoly（p 型 Poly 隔离）。

测量 Poly 隔离击穿电压的基本原理是在测试结构的一端加载反向电压，另一端接地，从而测得漏电流 I_b，当漏电流达到 1μA 时，此时测试结构击穿，加载在测试结构两端的电压就是击穿电压。

图 5-81 所示为测量 Poly 隔离击穿电压的示意图。n 型 Poly 隔离击穿电压和 p 型 Poly 隔离击穿电压的测试方法是一样的。首先在测试结构的一端加载 DC 扫描电压 V_b，V_b 从 0V 到 20V，另一端接地，从而测得漏电流 I_b，那么 V_b 在 $I_b=1μA$ 时的值就是击穿电压。

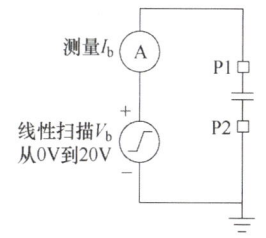

影响 Poly 隔离的因素包括以下两个方面：
1）Poly 刻蚀尺寸异常；
2）侧墙工艺异常。

图 5-81　测量 Poly 隔离击穿电压的示意图

5.8.3　金属隔离的测试条件

CMOS 工艺平台的检测金属隔离的结构包含该平台的所有金属层，例如如果该平台使用五层金属层，那么检测金属隔离的结构就有第一层金属隔离、第二层金属隔离、第三层金属隔离、第四层金属隔离和第五层金属隔离。这节内容仅仅以后段 Al 制程工艺的第一层金属隔离为例。

图 5-82 所示为 M1 隔离测试结构的版图；图 5-83 所示为它的剖面图和电路连接图。M1 隔离测试结构的版图也是交叉梳状非串联的两端器件，它的两个端口分别是结构的两端，它们分别连到 PAD_P1 和 PAD_P2。WAT 测试机器把电压激励信号加载在结构的两端，从而测得所需的电性特性参数数据。

M1 隔离的 WAT 参数是 BV_M1（第一层金属隔离）。

测量 M1 隔离击穿电压的示意图也可以参见图 5-81。测量 M1 隔离击穿电压与测量 Poly 隔离击穿电压的测试方法是一样的。首先在测试结构的一端加载 DC 扫描电压 V_b，V_b 从 0V 到 20V，另一端接地，从而测得漏电流 I_b，那么 V_b 在 $I_b=1\mu A$ 时的值就是击穿电压。

影响 M1 隔离的因素包括以下两个方面：

1）M1 刻蚀尺寸异常；
2）淀积 IMD1 工艺异常。

图 5-82　M1 隔离测试结构的版图

图 5-83　M1 隔离测试结构的剖面图和电路连接图

5.9　电容的测试条件

CMOS 工艺技术平台的电容包括 MIM 和 PIP（Poly Insulator Poly）。PIP 主要应用在 0.35μm 及以上的亚微米及微米工艺技术，MIM 主要应用在 0.35μm 及以下的深亚微米工艺技术，纳米工艺技术会用到 MOM（Metal Oxide Metal），本节内容没有讲述 MOM。它们的测试结构版图尺寸是依据工艺技术平台的设计规则设计的。

图 5-84 所示为 PIP 和 MIM 的版图；图 5-85 所示为它们的剖面图，图 5-86 所示为它们的电路连接图。它们的两个端口是上极板（Top）和下极板（Bottom）分别连接到 PAD_P1 和 PAD_P2。为了更好地与衬底隔离，PIP 测试结构是设计在 NW 里，NW 连接到 PAD_B，

第 5 章　晶圆接受测试（WAT）

PAD_B 接地。衬底对 MIM 的影响非常小，把 MIM 测试结构设计在 PW 里，WAT 测试机器通过上极板和下极板这两个端口把电压激励信号加载在 MIM 和 PIP，从而测得所需的电性特性参数数据。

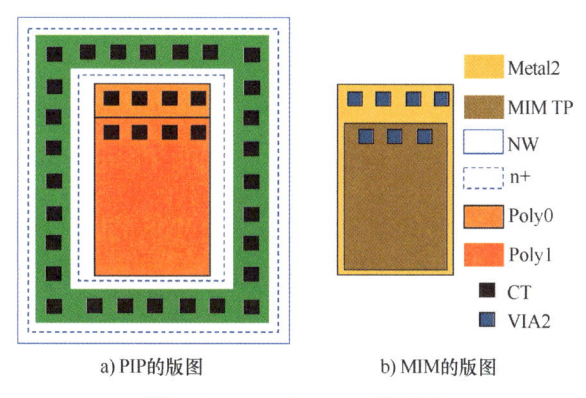

图 5-84　PIP 和 MIM 的版图

MIM 和 PIP 电容是设计混合信号电路的重要器件，它们的准确性严重影响电路性能，芯片代工厂通过两个 WAT 参数监测 MIM 和 PIP，这两个 WAT 参数分别是电容 C 和击穿电压 BV。

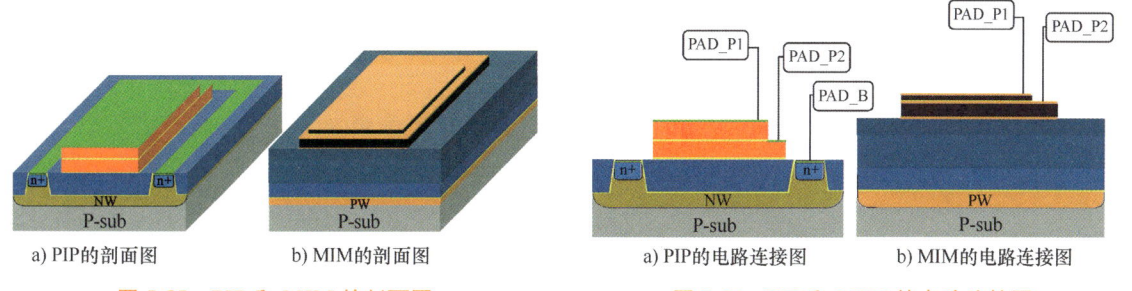

图 5-85　PIP 和 MIM 的剖面图

图 5-86　PIP 和 MIM 的电路连接图

5.9.1　电容的测试条件

测量 MIM 和 PIP 电容的基本原理与测量 MOS 晶体管器件栅极氧化层电容类似，它的基本原理是在电容的上极板加载 100kHz 扫描电压，下极板接地，从而测得电容 C，$C_{jun} = C/\text{Area}$，Area 是电容的面积。

图 5-87 所示为测量 MIM 和 PIP 电容的电路示意图，左边是测量 PIP 电容的电路示意图，右边是测量 MIM 电容的电路示意图。PIP 电容的测量方法是在电容的上极板加载 AC 100kHz（VDD 或者 VDDA）扫描电压，

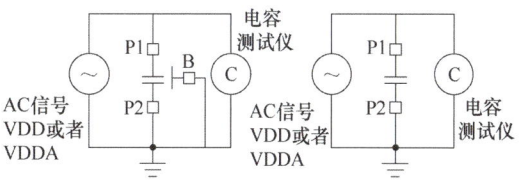

图 5-87　测量 MIM 和 PIP 电容的电路示意图

下极板和衬底接地。MIM 电容的测量方法是在电容的上极板加载 AC 100kHz（VDD 或者 VDDA）扫描电压，下极板接地。分别测得它们的电容 C，那么单位面积的电容 C_{PIP} 或者 $C_{MIM} = C/\text{Area}$。

影响 MIM 和 PIP 的因素包括以下两个方面：

1）PIP 和 MIM 的刻蚀尺寸异常；
2）PIP 和 MIM 的电介质厚度异常。

5.9.2 电容击穿电压的测试条件

测量 MIM 和 PIP 电容击穿电压的基本原理与测量 MOS 晶体管器件栅极氧化层击穿电压类似，它的测量原理在电容的上极板加载 DC 扫描电压，另一端接地，从而测得漏电流 I_b，得到单位面积电流强度为 I_b/Area，当电流强度达到 $100\text{pA}/\mu\text{m}^2$ 时，电容被电压击穿，此时加载在电容两端的电压就是击穿电压。

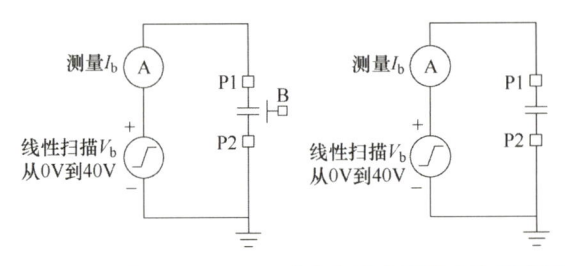

图 5-88 所示为测量 MIM 和 PIP 电容击穿电压的电路示意图，左边是测量 PIP 电容的电路示意图，右边是测量 MIM 电容的电路示意图。测量 PIP 电容击穿电压的基本方法是在 PIP 电容的上极板加载从 0V 到 40V 的 DC 扫描电压，下极板接地，衬底悬空，从而测得漏电流 I_b，得到单位面积电流强度为 I_b/Area，当电流强度达到 $100\text{pA}/\mu\text{m}^2$ 时，此时测得的电压 V_b 就是 PIP 电容的击穿电压 BV_{PIP}。测量 MIM 电容击穿电压的基本方法是在 MIM 电容的上极板加载从 0V 到 40V 的 DC 扫描电压，下极板接地，从而测得漏电流 I_b，得到单位面积电流强度为 I_b/Area，当电流强度达到 $100\text{pA}/\mu\text{m}^2$ 时，此时测得的电压 V_b 就是 MIM 电容的击穿电压 BV_{MIM}。"

影响 PIP 和 MIM 的因素主要是 PIP 和 MIM 的电介质厚度异常。

图 5-88　测量 MIM 和 PIP 电容击穿电压的电路示意图

后　记

　　从集成电路发明到现在，六十多年来，集成电路工艺技术在所谓的"摩尔定律"推动下，器件的线宽不断缩小，基本上是按每两年缩小30%的比例前进，例如，半导体业界在2009年达到32nm工艺技术，2011年达到22nm工艺技术，但是到了2013年的14nm工艺技术时开始出现偏差，直到2014年14nm工艺技术集成电路才开始量产，类似的情况也出现在10nm工艺技术，2018年10nm工艺技术集成电路才会量产。这反映出工艺技术在14nm以下面临技术瓶颈，工艺技术未来的发展难以维持"摩尔定律"每两年集成度翻一番的周期。在可以预见的将来，"摩尔定律"将会成为历史。10nm以下的工艺节点不具有实际的物理意义，只是一个代号，代表工艺性能比前一代更优，单位面积可以容纳更多的晶体管。10nm以下的工艺节点是7nm、5nm、3nm、20Å和18Å等。

　　对于45nm以下的工艺技术，由于出现了明显的量子效应，导致栅漏电流突然增大，衬底出现量子效应和栅耗尽问题导致栅的等效电容减小，需要新的技术去改善这些问题，所以研发的费用大幅提升。而对于22nm及以下的工艺技术，需要采用新的晶体管结构来改善亚阈值区的漏电问题，晶体管从传统的平面结构演变为立体的三维FinFET结构，另外工艺上需要采用193nm浸液式深紫外光（Deep Ultra-Violet，DUV）光刻技术加上两次图形曝光等辅助技术，而10nm工艺技术需要用到超紫外光（Extreme Ultra-Violet，EUV）光刻技术，所以研发的费用会成倍增长，除了追求高性能的CPU，其他传统的集成电路已经不会再采用成本如此高昂的工艺技术。

　　对于22nm以下工艺技术，在晶体管的结构上除了三维FinFET结构，还出现了对传统的平面MOS进行改良的FD-SOI，FD-SOI工艺技术是与传统的平面MOS兼容的，在成本上比FinFET更低，但是性能方面会比FinFET差。综合考虑成本、功耗和性能三个要素，FD-SOI是工艺技术向10nm发展的另外一个选择。

　　其实推动集成电路工艺技术不断进步的不是"摩尔定律"，而是"超摩尔定律"，通过不断缩小器件的特征尺寸，在同一个晶圆上可以制造更多的芯片，从而减小制造成本，提高利润。利润提高了，IC制造商会投入更多的资金去发展新的半导体技术，从而使半导体技术获得更大的发展。

　　集成电路被广泛应用于消费电子产品，汽车行业，医疗行业和军事领域等。集成电路的发展和成本的降低，极大地促进了这些行业的发展，并促进国民经济的稳定发展，以及国防事业的发展。

　　消费电子产品包括智能手机、平板电视、数码相机、摄像机和个人电脑等。随着半导体技术的发展，智能手机和个人电脑成为人们获取信息、学习知识和交流思想的重要工具，互联网通过它们进行信息传播，使信息行业得到更快的发展和普及。

汽车行业的芯片包括微控制器、功率半导体器件、电源管理芯片、LED 驱动器和 CCFL 驱动器等，这些集成电路的应用使汽车变得更安全和更高效。

医疗行业的电子产品包括电子助听器、电子血压计和便携血糖仪等便携式设备。另外还包括更先进的核磁共振仪、计算机断层扫描仪、超声诊断仪和 X 光机等医疗设备。以集成电路为基础的医疗设备和医疗产品飞速发展，各种治疗和监护手段也越来越先进，使医疗事业发展得更高效和健全。

集成电路在军事领域的应用包括通信卫星，雷达和导弹等。其中通信卫星被广泛应用于海陆空交通运输、无线通信、地质勘探、资源调查、森林防火、医疗急救、海上搜救、精密测量和目标监控等领域，它具有重大的国防意义和经济价值。

半导体技术是一个集材料、物理、化学、机械、光学和电学的学科，半导体技术产业是技术密集型和大资金投入的产业，它的发展强烈依赖于科学技术的发展和技术创新。

谨以本书，献给所有热爱半导体技术和半导体行业的朋友们。

缩 略 语

A

AA	Active Area	有源区
ALD	Atomic Layer Deposition	原子层淀积
APCVD	Atmospheric Pressure Chemical Vapor Deposition	常压化学气相淀积
AR	Active Area Reverse	有源区反转

B

BARC	Bottom Anti-Reflective Coating	底部抗反射涂层
BCD	Bipolar CMOS DMOS	双极型-互补金属氧化物半导体-双扩散金属氧化物半导体
BESOI	Bond and Etch-back SOI	键合回蚀绝缘体上硅
BiCMOS	Bipolar CMOS	双极型-互补金属氧化物半导体
BOX	Buried Oxide	埋层氧化物
BPSG	Boro-Phospho-Silicate-Glass	硼磷硅玻璃
BTS	Body-Tied-to-Source	源极和体区相接
BV	Breakdown Voltage	击穿电压

C

CD	Critical Dimension	关键尺寸
CESL	Contact Etch Stop Layer	接触孔刻蚀阻挡层
CET	Capacitance Effective Thickness	电容的有效厚度
CMOS	Complementary Metal Oxide Semiconductor	互补金属氧化物半导体
CMP	Chemical Machine Polishing	化学机械抛光

D

DDD	Double Diffuse Drain	双扩散漏
DDDMOS	Double Drift Drain MOS	双扩散漏金属氧化物半导体
DELTA	Depleted Lean-Channel Transistor	耗尽侧向沟道晶体管
DIBL	Drain Induced Barrier Lowering	漏端导致势垒降低效应
DMOS	Double Diffused MOS	双扩散金属氧化物半导体

DNW	Deep N Type Well	深 n 型阱
DTI	Deep Trench Isolation	深槽隔离
DUV	Deep Ultra Violet	深紫外光
DARPA	Advance Research Projects Agency	美国国防部高级研究项目局

E

ECL	Emitter Couple Logic	射极耦合逻辑
ECP	Electro Chemical Plating	化学电镀
EDR	Electrical Design Rule	电性设计规则
EDV	Extreme Ultra Violet	极紫外光
EOT	Equivalent Oxide Thickness	等效氧化层厚度
ESD	Electro Static Discharge	静电放电
ESL	Etch Stop Layer	刻蚀阻挡层

F

FDMOS	Field Oxide Drift MOS	场氧化漂移金属氧化物半导体
FD-SOI	Fully Depleted Silicon On Insulator	全耗尽绝缘体上硅
FinFET	Fin Field-Effect Transistor	鳍式场效应晶体管
FSG	Fluorinated-silicate-glass	掺氟硅玻璃

G

GGNMOS	Gate Ground NMOS	栅极接地 NMOS
GIDL	Gate Induced Drain Leakage	栅感应漏漏电流
GOI	Gate Oxide Integrity	栅氧化层的完整性

H

HCI	Hot Carrier Inject	热载流子注入效应
HDP CVD	High Density Plasma CVD	高密度等离子体化学气相淀积
HKMG	High K Metal Gate	高 K 金属栅极
HRP	High Resistance Poly	高阻值多晶硅电阻
HV-CMOS	High Voltage CMOS	高压-互补金属氧化物半导体
HVNW	High Voltage N-WELL	高压 n 型阱
HVPW	High Voltage P-WELL	高压 p 型阱

I

IGBT	Insulated Gate Bipolar Transistor	绝缘栅双极型晶体管
I^2L	Integrated Injection Logic	集成注入逻辑
ILD	Inter Layer Dielectric	层间介质

IMD	Inter Metal Dielectric	金属层间介质
ISSG	In-Situ Steam Generation	原位水气生成

L

LDD	Lightly Doped Drain	轻掺杂漏
LDMOS	Lateral Double Diffused MOSFET	横向双扩散金属氧化物半导体场效应管
LOCOS	Local Oxidation of Silicon	硅的局部氧化
LOD	Length of Diffusion effect	扩散区长度效应
LPCVD	Low Pressure Chemical Vapor Deposition	低压化学气相淀积
LPNP	Lateral PNP	横向 PNP

M

MIM	Metal Insulator Metal	金属-绝缘体-金属
MOCVD	Metal Organic Chemical Vapor Deposition	金属有机化合物化学气相淀积
MOM	Metal Oxide Metal	金属-氧化物-金属

N

NBL	N Type Buried Layer	N 型埋层
N-EPI	N Type Epitaxial	N 型外延
NLDD	N Type Lightly Doped Drain	N 型轻掺杂漏
NMOS	Negative channel Metal Oxide Semiconductor	N 沟道金属氧化物半导体
N-sub	N Type Substrate	N 型衬底
NW	N Type WELL	N 型阱

O

ONO	Oxide Nitride Oxide	氧化硅-氮化硅-氧化硅

P

PCM	Process Control Monitor	工艺控制监测
PECVD	Plasma Enhanced Chemical Vapor Deposition	等离子体增强化学气相淀积
PD-SOI	Partially Depleted SOI	部分耗尽绝缘体上硅
PIP	Poly Insulator Poly	多晶硅-绝缘体-多晶硅
PLDD	P Type Lightly Doped Drain	p 型轻掺杂漏
PMOS	Positive channel Metal Oxide Semiconductor	p 沟道金属氧化物半导体
P-sub	P Type Substrate	p 型衬底
PVD	Physical Vapor Deposition	物理气相淀积
PW	P Type WELL	p 型阱

R

RFPVD	Radio Frequency Physical Vapor Deposition	射频物理气相淀积
RSD	Raise Source and Drain	提高源和漏
RTA	Rapid Thermal Anneal	快速热退火
RTP	Rapid Thermal Processing	快速热处理
RPO	Resist Protection Oxide	电阻保护氧化层

S

Salicide	Self Aligned Silicide	自对准硅化物
SAB	Salicide Block	自对准硅化物阻挡层
SACVD	Sub-atmospheric Pressure Chemical Vapor Deposition	次常压化学气相淀积
SADP	Self-Aligned Double Patterning	自对准双图形
SCE	Short Channel Effect	短沟道效应
SEG	Selective Epitaxial Growth	选择外延生长
SFB	Silicon Fusion Bonding	硅熔融键合
SIMOX	Separation by Implanted Oxygen	注入氧分离
SMT	Stress Memorization Technique	应力记忆技术
SOC	System on a Chip	片上系统芯片
SOI	Silicon On Insulator	绝缘体上硅
SOI FinFET	Silicon On Insulator FinFET	绝缘体上硅鳍式场效应晶体管
SOS	Silicon-on-Sapphire	硅蓝宝石
SRO	Silicon Rich Oxide	富硅氧化物
STI	Shallow Trench Isolation	浅沟槽隔离
STTL	Schottky Transistor Transistor Logic	肖特基晶体管-晶体管逻辑

T

TDDB	Time Dependent Dielectric Breakdown	与时间相关的电介质击穿/经时击穿
TEOS	Tetraethylor Thosilicate	正硅酸乙酯
TM	Top Metal	顶层金属
TMV	Top Metal VIA	顶层金属通孔
TTL	Transistor Transistor Logic	晶体管-晶体管逻辑

U

ULK	Ultra Low K	超低介电常数 K
ULSI	Ultra Large Scale Integration	特大规模集成电路
USG	Un-Doped Silicate Glass	硅玻璃
UTBO	Ultra Thin Body Oxide	超薄体氧化物

UTB-SOI	Ultra Thin Body-SOI	超薄绝缘体上硅

V

VDMOS	Vertical Double Diffused MOSFET	垂直双扩散金属氧化物半导体场效应管
VLSI	Very Large Scale Integration	超大规模集成电路
VNPN	Vertical NPN	纵向 NPN

W

WAT	Wafer Acceptance Test	晶圆接受测试
WCVD	Tungsten Chemical Vapor Deposition	钨化学气相淀积
WPE	Well Proximity Effect	阱邻近效应

本书配套视频课程

序号	视频名称	扫码看视频
引言		
1	崛起的 CMOS 工艺技术	
2	特殊工艺技术	
3	MOS 器件的发展和面临的挑战（上）	
4	MOS 器件的发展和面临的挑战（下）	
工艺集成		
5	隔离技术	
6	STI 隔离技术	

（续）

序号	视频名称	扫码看视频
工艺集成		
7	硬掩膜版（Hard Mask）工艺技术	
8	漏致势垒降低效应和沟道离子注入（上）	
9	漏致势垒降低效应和沟道离子注入（下）	
10	热载流子注入效应与轻掺杂漏工艺技术（上）	
11	热载流子注入效应与轻掺杂漏工艺技术（中）	
12	热载流子注入效应与轻掺杂漏工艺技术（下）	
13	金属硅化物技术（上）	
14	金属硅化物技术（下）	

（续）

序号	视频名称	扫码看视频
工艺集成		
15	静电放电离子注入技术（上）	
16	静电放电离子注入技术（下）	
17	金属互连技术（上）	
18	金属互连技术（中）	
19	金属互连技术（下）	
工艺制程整合		
20	亚微米前段工艺制程技术 — 衬底制备、双阱工艺	
21	亚微米前段工艺制程技术 — 有源区工艺、LOCOS 隔离工艺	
22	亚微米前段工艺制程技术 — 阈值电压离子注入工艺、栅氧化层工艺	

（续）

序号		视频名称	扫码看视频
工艺制程整合			
23	亚微米前段工艺制程技术	多晶硅栅工艺、轻掺杂漏（LDD）离子注入工艺	
24		侧墙工艺、源漏离子注入工艺	
25	亚微米后段工艺制程技术	ILD 工艺、接触孔工艺	
26		金属层 1 工艺、IMD1 和通孔 1 工艺	
27		金属电容工艺、金属层 2 工艺	
28		IMD2 和通孔 2 工艺	
29		顶层金属工艺、钝化层工艺	
30	深亚微米工艺制程技术	衬底制备、有源区工艺	

（续）

序号		视频名称	扫码看视频
工艺制程整合			
31	深亚微米工艺制程技术	STI 隔离工艺、双阱工艺	
32		栅氧化层工艺、多晶硅工艺	
33		轻掺杂漏（LDD）离子注入工艺、侧墙工艺	
34		源漏离子注入工艺、HRP 工艺、Salicide 工艺	
35	纳米工艺制程技术	ILD 工艺、接触孔工艺	
36		IMD1 工艺、金属层 1 工艺、IMD2 工艺	
37		通孔 1 和金属层 2 工艺、IMD3 工艺	
38		通孔 2 和金属层 3 工艺	

（续）

序号	视频名称		扫码看视频
工艺制程整合			
39	纳米工艺制程技术	IMD4 工艺、顶层金属 Al 工艺	
40		钝化层工艺、钝化层开窗工艺	
晶圆接受测试（WAT）			
41	WAT 简介、WAT 测试类型		
42	MOS 参数的测试条件		
43	栅氧化层完整性参数的测试条件		
44	寄生 MOS 参数的测试条件		
45	pn 结参数的测试条件		
46	NW、PW 方块电阻的测试条件		

（续）

序号	视频名称	扫码看视频
晶圆接受测试（WAT）		
47	Poly 方块电阻的测试条件	
48	AA 方块电阻、金属方块电阻的测试条件	
49	接触电阻的测试条件	
50	隔离的测试条件	
51	电容的测试条件	

注：若要获取视频中的 PPT 课件，请关注"机工电子"公众号，发送"76462 视频课件"，即可获取下载链接。